狭长空间烟气流动特性及控制方法

纪　杰　钟　委　高子鹤　著

科学出版社
北　京

内 容 简 介

本书较为详尽地介绍了作者及国内外同行多年来在狭长空间火灾烟气流动特性及控制方法方面的研究成果，内容主要包括典型狭长空间建筑火灾危险性及发展特性，狭长空间火灾的模型实验、全尺寸实验和基本的数值模拟研究方法，狭长空间烟气流动特性，城市地下公路隧道竖井自然排烟机理，公路隧道机械防排烟有效性，地铁站内紧急通风控制模式等。

本书可作为从事火灾安全工程、建筑防火设计等的研究人员和工程技术人员的参考书籍，也可作为高等学校消防工程、安全工程、工程热物理、城市地下空间工程等专业高年级本科生和研究生的教材。

图书在版编目(CIP)数据

狭长空间烟气流动特性及控制方法/纪杰，钟委，高子鹤著．—北京：科学出版社，2015.5

ISBN 978-7-03-044441-7

Ⅰ．①狭…　Ⅱ．①纪…　②钟…　③高…　Ⅲ．①火灾-烟气-气体流动-流动特性　②火灾-烟气控制　Ⅳ．①TU998.12

中国版本图书馆CIP数据核字（2015）第114381号

责任编辑：刘凤娟　赵敬伟／责任校对：邹慧卿
责任印制：吴兆东／封面设计：陈　敬　涂　然

科学出版社 出版
北京东黄城根北街16号
邮政编码：100717
http://www.sciencep.com
北京中石油彩色印刷有限责任公司 印刷
科学出版社发行　各地新华书店经销
*
2015年10月第　一　版　　开本：720×1000　B5
2023年 5 月第四次印刷　　印张：21 5/8
字数：425 000

定价：108.00元

（如有印装质量问题，我社负责调换）

前　　言

随着社会经济的飞速发展和城市化进程的不断加快，复杂、特殊的建筑结构形式越来越多，如各类隧道和以大型交通枢纽为代表的大体量建筑。在这些建筑内部，普遍存在一类特殊的建筑空间形式——狭长型空间。就结构特点而言，狭长空间纵向尺度远大于竖向和横向尺度，出口一般较少，且多位于两端；就功能特点而言，各类狭长空间作为人员通行和交通运输的主要通道，也是火灾时人员逃生的必经路径。这种建筑结构形式在发挥自身重要作用的同时，也存在着较高的火灾风险。近年来，国内外发生了多起重特大隧道、地铁火灾等狭长空间火灾事故，造成了惨重的人员伤亡和财产损失。统计结果表明，火灾中的人员伤亡主要源于烟气中毒和窒息。为有效地抑制狭长空间内的火灾蔓延并控制高温有毒烟气的扩散，需要对受限火羽流的行为特征、烟气在狭长空间内的流动特性及其特征参数的沿程分布规律等进行系统研究，提出切实可行的防火设计对策，提高狭长空间的消防安全性。

本书较为详尽地介绍了作者及国内外同行多年来在狭长空间火灾烟气流动特性及控制方法方面的研究成果，可作为从事火灾安全工程、建筑防火设计等的研究人员和工程技术人员的参考书籍，也可作为高等学校工程热物理、安全工程等专业高年级本科生和研究生的教材。全书共 6 章，由纪杰、钟委、高子鹤等共同撰写，纪杰和钟委对全书进行了统稿。第 1 章主要由纪杰、高子鹤、韩见云撰写，主要介绍了典型狭长空间建筑内的火灾危险性、烟气流动理论基础以及主要的烟气控制方式。第 2 章主要由钟委、杨健鹏、高子鹤撰写，主要介绍了模型实验的流动相似理论，小尺寸和全尺寸实验方法以及数值模拟方法和常用的数值模拟工具。第 3 章主要由付艳云、纪杰、蒋亚强撰写，主要介绍了顶棚射流火焰长度和顶棚下方最高温度的预测关系式，狭长空间烟气层中 CO 的输运特性、烟气蔓延各阶段的质量卷吸模型。第 4 章主要由范传刚、纪杰、高子鹤撰写，重点对城市地下公路隧道采用自然排烟的有效性进行了介绍，并得到了计算竖井最佳排烟高度的判据，提出了改进竖井排烟效果的方法。第 5 章主要由纪杰、高子鹤、彭伟撰写，主要介绍了隧道型狭长空间机械防排烟的有效性，对机械排烟中存在的烟气层吸穿现象和烟气层分叉等现象进行了系统分析。第 6 章主要由钟委、杨健鹏、高子鹤撰写，主要对地铁站台和站厅的机械排烟有效性进行了介绍，分析了正压送风挡烟和空气幕挡烟的烟气控制效果以及活塞风等对站台和站厅火灾的影响。

在本书的撰写过程中，得到了范维澄院士、张和平教授、孙金华教授、刘乃安教授、杨立中教授等多位老师和学者的支持和帮助，并引用了国内外同行的相关研究结论，在此一并表示感谢。本书是作者们诸多科研项目研究成果的结晶，包括国家自然科学基金面上项目“纵向风作用下不同海拔公路隧道受限火羽流行为特征研究（51376173）”，国家自然科学基金青年基金“城市地下公路隧道竖井自然排烟时烟气层吸穿临界判据及卷吸特性研究（50904055）”、“纵向风作用下城市隧道车辆火灾顶棚射流火焰动力学特性研究（51104132）”，国家重点基础研究发展计划（973）项目“城市高层建筑重大火灾防控关键基础问题研究（2012CB719700）”，中央高校基本科研业务费专项资金资助项目、中国科学院青年创新促进会资助项目等。在此衷心感谢国家自然科学基金委员会、国家科学技术部、国家教育部、中国科学院等部门在研究经费上给予的大力资助。

虽然作者们在撰写过程中尽了自己最大的努力，但由于水平有限加上时间仓促，错误和疏漏在所难免，敬请读者批评指正。

作　者

2014 年 10 月

目　　录

第1章　概　　论

随着社会经济的飞速发展和城市化进程的不断加快，复杂、特殊的建筑结构形式越来越多，如各类隧道和以大型交通枢纽为代表的大体量建筑。在这些建筑内部，普遍存在一类特殊的建筑空间形式——狭长型空间。就其结构特点而言，狭长空间纵向尺度远大于竖向和横向尺度，出口一般较少，且多位于两端；就其功能特点而言，各类狭长空间作为人员通行和交通运输的主要通道，也是火灾时人员逃生的必经路径，这种建筑结构形式在发挥自身重要作用的同时，也存在着较高的火灾风险[1~6]。大量的火灾事故表明狭长空间火灾呈现出一些有别于常规建筑空间火灾的特点：一方面，由于空间相对狭长，烟气向两端蔓延积累并迅速沉降；另一方面，人员密集且只能向两端疏散，即烟气蔓延和人员疏散路径一致，极易造成群死群伤的惨剧。狭长空间建筑的大量出现，给建筑防火提出了新的难题。

1.1　典型的狭长空间建筑形式

典型的狭长空间包括：交通隧道、电缆隧道、地铁站、地下商业街、民用建筑走廊、立体式交通中的地下公路、地下人行通道等。要研究狭长空间的火灾发展及烟气控制，需首先分析其结构和功能。

1.1.1　交通隧道

交通隧道主要包括公路隧道、铁路隧道及城市地铁隧道[7]。公路隧道和铁路隧道是为使道路从地表之下通过而修建的建筑物，分别供汽车和火车通行。这一类隧道通常用于穿越某一山脉或水域，如山岭隧道、过江隧道、海底隧道等，为车辆行驶提供较为平缓的道路。城市地铁隧道是一种特殊的铁路隧道，是为了解决城市交通问题而建造的特殊轨道交通隧道。近年来，我国的大中型城市为缓解交通压力，大力打造立体式交通隧道网络和枢纽，如上海虹桥机场高铁站、北京西单地下立体交通工程[8]、武汉街道口立体交通网[9]等。由于立体式交通枢纽结构复杂，车辆和人员密集，在提高了城市用地的使用率，缓解了交通压力的同时，也给消防安全提出了更高的要求。

交通隧道的兴起最早源于铁路隧道的修建。世界上首条铁路隧道出现于1826年，是英国修建的770m长的泰勒山隧道。2010年10月15日，世界最长的铁路隧道瑞士戈特哈德铁路隧道贯通，全长 57km。世界上首条公路隧道则出现于 1927 年，是美国修建的纽约哈德逊河底隧道，同时也是首条河底隧道。日本的青函隧道是世界上最长的穿越海峡的隧道，连接了本州的青森与北海道的函馆两个城市，隧道全长 53.85km，该隧道工程非常庞大，1971 年 4 月正式动工开挖主坑道，1988 年 3 月 13 日才正式通车[10]。

我国自从 1965 年修建了第一条城市地铁隧道开始，目前已经成为铁路隧道、公路隧道以及地铁隧道建设规模最大、发展最快的国家之一[11~13]。统计资料表明，截至 2013 年底，我国大陆拥有铁路隧道 11074 座，总长度达 8938.78km。2014 年贯通的新关角隧道，全长 32.645km，为中国最长的铁路隧道及世界最长的高原铁路隧道。2014 年贯通的兰新客运专线达坂山隧道，全长 15.918km，是世界上最长的高原高速铁路隧道。规划建设的烟大海底隧道，全长 123km，预计 2024 年建成，将成为世界上最长的海底隧道和铁路隧道。图 1.1（a）为世界上海拔最高的铁路隧道——青藏高原风火山隧道，2003 年 9 月 31 日建成通车，位于青藏高原腹地的风火山地区，全长 1338m，轨面海拔 4905.4m。截至 2013 年底，我国大陆拥有公路隧道 11359 座，总长 9605.6km，目前运营最长的公路隧道为秦岭终南山隧道，长 18020m，它也是我国自行设计施工的世界最长的双洞单向公路隧道[14]，如图 1.1（b）所示。近十年来，我国隧道建设规模和速度都有了较快的发展，单洞长度达 20km 的特长铁路隧道和连拱、单洞双车道和四车道的公路隧道、双层水下公路隧道不断涌现，而且在技术上也得到了快速发展，在各种工法的应用方面也有不断突破。

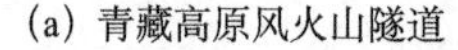

(a) 青藏高原风火山隧道

(b) 秦岭终南山隧道

图 1.1　交通隧道

1.1.2　地铁站

随着城市经济的不断发展和人口的不断增长，地铁系统已经成为缓解城市交通压力的重要工具。

1863 年，英国开通了世界上第一条地铁“大都会号”。时至今日，英国伦敦已经建成 12 条，总长度超过 400km 的线路网，有 160 余公里的线路位于隧道内，地铁站多达270个，地铁已经成为伦敦市最重要的交通工具[15]。世界上拥有地铁最多的国家是美国，它的线路总长占世界的20%，共有14座城市建有地铁。其中，纽约市拥有世界上最大、最复杂的地铁网络，共计27条地铁线路，地铁站多达468个[16]。近年来，我国地铁建设也发展迅速。北京是最早建设地铁的城市，目前北京地铁共有18条运营线路（包括17条地铁线路和1条机场轨道），组成覆盖北京市11个市辖区，拥有318座运营车站、总长527km运营线路的轨道交通系统。上海利用2010年世博会的发展契机，目前已开通运营14条线路、337座车站，运营里程548km，是世界上规模最大的城市地铁系统。截至2013年底，中国大陆已有19个城市开通了地铁，拥有83条运营线路，总里程达2746km，另有15个城市的首条地铁线正在建设中，目前全部在建的地铁线路达106条，总里程超过2400km[17]。

2014年，北京地铁的工作日日均客运量在1000万人次以上，并在2014年4月30日创下单日客运量最高值，达到1155.95万人次[18]。地铁站是整个地铁系统中一个非常重要的组成部分，也是人流最密集的区域。因此，地铁站中的火灾安全是消防工程和管理的重中之重。地铁站大致可分为三个部分，包括：站台和站厅、出入口及通道、通风系统[19]。站台和站厅构成了狭长空间的主体，也是人员流动的主要区域；出入口及通道既是旅客进出地铁站的通道又是火灾发生时新鲜空气的进入通道；通风系统用于机械补风，保持地铁站内的空气质量，并用于火灾时的机械排烟。图1.2是地铁站站台结构，为典型的狭长空间建筑。

图1.2　地铁站台

1.1.3　人行通道

为适应城市现代化建设和可持续发展的需要，开发利用城市地下空间是城市发展的必然选择与趋势。合理利用和开发地下空间已为解决大城市资源与环境危机的重要途径。近年来，我国地下建筑发展的步伐也在加快[20～22]。地下餐厅、地下旅馆、地下商场、地下娱乐中心、地下商业街等建筑形式大量涌现出来[22～25]，其中地下通道是通向或连接这些地下设施的主要建筑形式[26]，既可以拓展城市平面交通为立体交通，缓解交通压力，将机动车与行人进行分流；又扩展了城市空间，不但使商业、交通领域向下发展，还将已开拓的地下空间结构有机地结合了起来[27]，在社会中发挥着巨大作用。

多数地下通道具有较长的纵向尺度，可视为狭长空间，图 1.3 为典型的地下通道结构。

图 1.3　地下通道

1.1.4　地下商业街

很多大中型城市为了充分开发商业区的建筑用地，将商业街的地下也开发为宽阔的街道，街道两旁商店林立，同时避免了地上街道的车辆、噪音和灰尘。地下商业街是指修建在城市地下，并在其一侧或两侧开设商店和布置各种服务设施的建筑空间，简称地下街[28]，如图 1.4。

图 1.4　地下商业街

世界上第一条地下商业街出现在日本。1931 年 12 月日本将上野火车站的地下通道改建成“上野地铁商店”，成为最早的地下商业街。之后的几十年中，日本的地下商业街逐年增长，仅东京就有 14 条，总面积达 223000m^2，日本各地大于 10000m^2 的地下商业街共计 26 条[29]。我国地下商业街的开发相对较晚。20 世纪 60 年代，地下空间的开发以人防工程为主；进入 80 年代中后期，随着市场经济和城市化的发展，开始出现了以商业发展为目的的地下街[30]。随着我国经济高速腾飞，各大城市已开始大规模利用地下空间，如沈阳长江街地下商业街最宽处 7m，长度达到 1300m；拟建的南京湖南路地下商业街，设计宽度 20m，全长 1130m，包括地下商场、餐饮和停车场三层；上海市人民广场地下商业街宽 36m，长约 300m，总面积 50000m^2，已形成一个非常繁华的地下商业网络，同时广州、重庆、沈阳、哈尔滨、西安、郑州、石家庄等地也都在建或新建了多条地下商业街[31]。

地下商业街按照建筑模式和功能大致可分为 5 类，包括：作为地面商业街的延伸而建成的地下街，如纽约市的曼哈顿区、多伦多市的中心区等；利用地下通道建成的地下商业街，如重庆江北金观地下商业街；用人防工程改造的地下商业街，如包头钢铁大街地下商业街、哈尔滨红博地下商业街等；结合地铁站综合利用而建成的地下商业街，如上海人民广场地下商业街；在城市主干道下建设的商业街，如哈尔滨东大直街地下商业街。

1.1.5 民用建筑长走廊

随着建筑功能多元化、建筑造型美观化需求的提高，以及建筑空间和城市规划结合度的提高，建筑物结构呈现高、大型化，复杂化的趋势。因此，建筑内部和相邻建筑之间也出现了越来越多的狭长走廊。走廊是建筑物的水平交通空间，一般宽度较窄而具有较长的纵向尺度，包括建筑内部走廊和连接相邻建筑的架空走廊，所谓架空走廊是指建筑物与建筑物之间，在两层或两层以上专门为水平交通设置的走廊。建筑长走廊是典型的狭长空间，如图 1.5 所示。

建筑物发生火灾后，烟气从起火房间通过走廊向建筑物其他部位流动蔓延。火灾情况下，建筑内人员的安全疏散主要靠楼梯，人员疏散方向为：起火房间—走廊—楼梯间前室—楼梯间—室外[32]。可见，走廊不仅是建筑物结构的重要组成部分，更是人员向消防通道疏散的必经之路，所以走廊烟气能否及时向外排出很大程度决定着建筑内人员是否可以安全逃生。

(a) 相邻建筑间架空走廊

(b) 建筑内部走廊

图 1.5 建筑长走廊

1.2 狭长空间建筑火灾危险性及发展特性

随着城市化进程的加快，隧道、地铁、地下商业街及各类通道等狭长空间建筑大量涌现，这些建筑在给我们的生活带来便利、美化城市的同时也增加了火灾事故发生的风险。20 世纪下半叶以来，狭长空间火灾进入了一个多发阶段，呈逐年上升趋势且重特大事故时有发生，消防安全形势十分严峻。由于狭长空间纵横比大，横截面小，空间相对受限，一旦发生火灾，火势迅速蔓延、高温有毒烟雾易积累、火灾扑救难度大，很容易造成严重的经济损失和人员伤亡[33~36]，其中尤以地铁和隧道火灾事故造成的损失最为严重，影响也最大。

1.2.1 地铁火灾

自地铁诞生之日起，火灾就时有发生。随着世界地铁建设的飞速发展，地铁线路和车辆不断增加，另外，经过多年运营，地铁站内各种设备逐渐老化，更是增大了发生火灾的可能性。20 世纪下半叶，世界范围内地铁火灾事故频发，损失惨重[4,37~45]。日本在 1961～1975 年共发生地铁火灾 45 起，平均每年 3 起；美国纽约地铁仅在 1980～1982 年就发生了 10 次火灾，造成了 53 人死亡，136 人受伤，损失巨大。20 世纪 80 年代末以来，地铁火灾又出现了新的特点，群死群伤的重特大火灾事故不断出现。1987 年发生在英国伦敦的金十字地铁站火灾造成了 31 人死亡，100 多人受伤；1995 年发生在阿塞拜疆首都巴库的地铁火灾造成了 558 人死亡，269 人受伤，这迄今伤亡最惨重的地铁火灾事故；1995 年和 2003 年发生在韩国大邱的两次地铁火灾也分别造成 101 人死亡，143 人受伤和 198 人死亡，146 人受伤，289 人失踪。国外地铁重大火灾事故如表 1.1 所示[46]。

表 1.1 国外地铁重大火灾情况[46]

时间	火灾发生地点	原因	后果
1903.8	法国巴黎	列车在运行中起火	死亡 84 人
1971.12	加拿大蒙特利尔	列车撞击隧道端引起电路短路	毁车 36 辆，司机死亡
1972.10	德国东柏林		车站和 4 辆车被毁
1972	瑞典斯德哥尔摩	纵火	
1973.3	法国巴黎	纵火	车辆被毁，死亡 2 人
1974.1	加拿大蒙特利尔	废旧轮胎引发电路短路	毁车 9 辆
1974	苏联莫斯科	车站平台大火	
1975.7	美国波士顿	隧道照明线路拉断引发大火	
1976.5	葡萄牙里斯本	车头牵引失败引发火灾	毁车 4 辆
1976.10	加拿大多伦多	纵火	毁车 4 辆
1977.3	法国巴黎	天花板坠落引发火灾	

续表

时间	火灾发生地点	原因	后果
1978.10	德国科隆	丢弃烟头引发火灾	伤8人
1979.1	美国旧金山	电路短路引发大火	死亡1人，伤56人
1979.3	法国巴黎	车厢电路短路引发大火	毁车1辆，伤26人
1979.9	美国费城	变压器火灾引起爆炸	伤148人
1979.9	美国纽约	丢弃烟头引燃油箱	毁车2辆，伤4人
1980.4	德国汉堡	车厢座位着火	毁车2辆，伤4人
1980.6	英国伦敦	丢弃烟头引发大火	死亡1人
1980～1981	美国纽约	发生8次火灾	死亡53人，重伤50人
1981.6	苏联莫斯科	电路引发火灾	死亡7人
1981.9	德国波恩	操作失误火灾	车辆报废
1982.3	美国纽约	传动装置故障	伤86人，毁车1辆
1982.6	美国纽约		毁车4辆
1982.8	英国伦敦	电路短路引起火灾	伤15人，毁车1辆
1983.8	日本名古屋	变电所整流器短路引起大火	死亡3人，伤3人
1983.9	德国慕尼黑	电路着火	毁车2辆，伤7人
1984.9	德国汉堡	列车座位着火	毁车2辆，伤1人
1984.11	英国伦敦	车站站台引发大火	车站损失巨大
1985.4	英国伦敦	垃圾引发大火	伤6人
1987.6	比利时布鲁塞尔	自助餐厅引起火灾	
1987	苏联莫斯科	火车燃烧	
1987.11	英国伦敦	烟头引燃木质扶梯引发大火	死亡31人，伤100余人
1991.4	瑞士苏黎世	电路短路导致车厢起火	重伤58人
1991.6	德国柏林		伤18人
1991.8	美国纽约	列车在运行中脱轨引起火灾	死亡5人，伤155人
1995.4	韩国大邱	施工损坏煤气管道导致爆炸	死亡101人，伤143人
1995.10	阿塞拜疆巴库	电动机车电路故障	死亡558人，伤269人
1995.7	英国伦敦	车站连续爆炸	死亡8人，伤200余人
1998	俄罗斯莫斯科	地铁爆炸	伤3人
1999.10	韩国汉城郊外	地铁发生火灾事故	死亡55人
2000.4	美国华盛顿	隧道内电缆故障引发火灾	伤10余人
2000.11	奥地利萨尔茨州	空调过热	死亡155人，伤18人
2001.8	英国伦敦	地铁爆炸	伤6人
2001.8	巴西圣保罗		死亡1人死亡，伤27人
2003.1	英国伦敦	机械故障导致列车脱轨	至少伤32人
2003.2	韩国大邱	纵火	死亡198人，伤146人
2004.2	俄罗斯莫斯科	恐怖袭击，爆炸引发大火	死亡近50人，伤100余人

我国地铁自1969年以来，共发生火灾156起，其中重大火灾3起，特大火灾1起[47～48]，其中，仅北京地铁火灾就造成36人死亡。目前，我国有多个城市已经拥有或正在建设地铁，其中北京、上海、广州等地铁已经过多年运营，从国外地铁火灾的统计资料来看，这个时期正是地铁火灾的频发期。可以预见我国在未来几十年内地铁火灾安全形势不容乐观，因此，对地铁火灾的研究已成

为当前火灾安全中的热点问题。我国发生的地铁火灾情况如表 1.2 所示[40]。

表 1.2 我国部分地铁火灾情况

城市	地铁简况	火灾原因	火灾情况
北京	运行路线：18 条 线路总长：527km	电器故障、违章操作	共发生火灾 156 起，36 人死亡，烧毁客车 4 辆
天津	运行路线：4 条 线路总长：140km	值班室棉被被引燃	1 次火灾
上海	运行路线：15 条 线路总长：578km	设备过载、短路	2 次火灾，经济损失 1725 万元
广州	运行路线：9 条 线路总长：260km	电气元件故障	1 次火灾，直接损失 20 万元

上述国内外统计数据充分表明了地铁火灾的严重性，一旦地铁火灾没有得到有效控制而充分发展的话，将造成车辆烧毁、地铁站建筑结构受损和重大人员伤亡等直接损失，而由火灾引起的交通中断等间接损失更是无法估量。下文以国内外几次重大地铁火灾事故为例，详细论述地铁火灾的发展过程及其后果的严重性。

1. 阿塞拜疆地铁火灾[39,40]

1995 年 10 月 28 日，一列满载旅客的地铁列车，刚刚驶离乌尔杜斯站站台进入地铁隧道，由于机车电路故障诱发火灾，导致第 3、4 节列车车厢着火。司机慌乱中紧急刹车将列车停在了隧道内。隧道内的大火直到第二天清晨才被最后扑灭，救援工作持续了十多个小时，整个隧道内和车厢内的残骸焦黑一片，遍布死难者遗体。灾后调查显示造成大批乘客死亡的原因是神经麻痹毒气，这是因为 60 年代制造的列车过多地采用可燃化合材料装饰车厢，燃烧时产生了大量烟雾和有毒气体。此次火灾造成 558 人死亡，269 人受伤，是阿塞拜疆自苏联时期至今发生的伤亡最惨重的一次火灾。图 1.6（a）为事故图片。

2. 韩国大邱地铁火灾[42~45]

2003 年 2 月 18 日，当载有约 400 名旅客的韩国大邱市地铁 1 号线 1079 号列车驶进中央路车站时，车厢内一名男子点燃随身携带的装满液体燃料的瓶子，引燃了座椅上的塑料物质和地板革，整个列车随之起火。1079 号列车着火 4 分钟后，车站的地铁调度员又错误地允许 1080 号列车进入中央路车站，该列车载有旅客约 400 人。1080 号列车的驾驶员将列车驶入车站后，发现黑烟渗入车厢，遂试图将列车驶出车站，但因为电流中断，列车已无法移动。在一片混乱和黑暗中，该列车所有乘客都被关在车厢内。某些乘客找到了应急装置，用手动方式打开了车门得以逃生，但是多数车门始终未能打开，大部分乘客受困于车厢内，遭浓烟窒息。1079 号列车的车厢门是敞开的，大多数乘客得以及时逃生。此次火灾最终导致198人死亡，146人受伤，其中受害者多为1080号列车乘客，如图1.6（b）。

3. 英国伦敦国王十字街站火灾[40,41]

1987年11月18日，伦敦地铁国王十字街圣潘可拉斯站内一位旅客不小心将未熄灭的烟头扔在了自动扶梯中，由于当时的扶梯为木质结构，烟头引起扶梯中的垃圾阴燃。之后，火焰从木质的自动扶梯底部燃起。火势很快就从自动扶梯蔓延到了售票大厅，许多乘客因为浓烟被困在了售票厅内，有毒气体导致多人昏迷乃至窒息。同时，一些刚下车的乘客在发现车站起火后便乘车离开。车辆进出车站所引起的活塞作用助长了火势的蔓延。有目击者称在18点30分左右报告过闻到怪异气味，而消防局是在19点36分接到的报警，于19点42分赶到现场。由于当时火势发展迅猛，直到第二天凌晨1点30分，火灾才被彻底扑灭。这起事故共造成31人死亡，100余人受伤，在英国社会乃至世界各国造成了很大反响，如图1.6（c）。

4. 北京地铁火灾[41]

1969年11月11日，北京地铁万寿路站至五棵松站之间，由于电动机车短路引起火灾。在消防救援中，火场照明设备不足，防烟滤毒设备缺乏，大大影响了救援活动。火灾造成地铁站内和列车内电源中断，车站内烟雾浓、毒气大、能见度极低，消防部门调来京西矿山救护队协助，历经8小时，方完成救援任务。此次火灾导致6人死亡，200多人中毒受伤。

(a) 阿塞拜疆地铁火灾

(b) 韩国大邱地铁火灾

(c) 英国伦敦国王十字街站火灾

图1.6 地铁火灾事故

1.2.2 交通隧道火灾

据国外20世纪90年代的统计资料显示，隧道火灾的发生频率为10次/（亿车·km）～17次/（亿车·km）[51]。但是随着交通隧道通车里程数的不断增加，行车速度和行车密度日益加大，各类隧道事故发生的数量和频率也相应增加。隧道火灾虽然是一种小概率事件，但其一旦发生且得不到有效控制的话，最终将导致严重的后果。表1.3列出了近年来发生的重大交通隧道火灾事故的情况。

表1.3 近年来国内外发生的重大交通隧道火灾事故[2～4,49～53]

时间	地点	事故原因	损失情况	中断行车时间
2007.10	美国洛杉矶州际公路隧道	货车连环相撞	死亡3人，受伤10人，失踪1人，5货车损毁	
2006.10.1	石太铁路太行山隧道	电线短路引燃防水板和通风管道	死亡4人	
2005.12	四川都汶高速董家山隧道	瓦斯爆炸	死亡44人，受伤11人，损失2035万	
2005.6.4	法国弗瑞斯隧道(Frejus Tunnel)		死亡2人	
2004.9.8	瑞士北鲁根隧道(Baregg Tunnel)		死亡1人	
2003.6.6	韩国汉城	公共汽车与吉普车相撞起火	受伤30人	
2002.1.10	浙江猫狸岭隧道		重大经济损失	18天
2001.10.24	瑞士圣哥达隧道(St. Gotthard Tunnel)		死亡11人，约100辆车被损毁	约2个月
2000.11.11	奥地利Kitzsteinhorn Funicular隧道	列车电暖空调过热着火	死亡155人，受伤8人	
1999.5.29	奥地利托恩隧道(Tarern Tunnel)		死亡13人，34辆车被损毁	约3个月
1999.3.24	法国勃朗峰隧道(Mont Blanc Tunnel)	一辆满载面粉和黄油的卡车在隧道中部起火	死亡41人，43辆车被损毁	一年半以上
1998.7.13	贵州省镇远县朝阳坝2号隧道	1913次货物列车爆炸起火	死亡6人，重伤20人	湘黔线中断21天
1996.11.18	英法海底隧道	列车起火	34人受伤，重伤2人	半年
1993.6.12	西延线蔺家川隧道	制动火花引燃油罐车后爆炸	死亡8人，受伤10人，直接经济损失561.42万元	579小时
1990.7.3	襄渝线梨子园隧道	0210次罐车汽油及油气外溢被电火花点燃爆炸	死亡4人，重伤7人，轻伤7人，直接经济损失500万元	550小时

续表

时间	地点	事故原因	损失情况	中断行车时间
1987.8.23	陇海线兰州市东郊十里山2号隧道	钢轨折断致货物列车脱轨颠覆起火，并致颠覆的16节油罐车燃烧爆炸	死亡2人，直接经济损失240万元	201小时
1982.11	阿富汗萨朗隧道(Salang Tunnel)		死亡700人	
1976.10.18	宝成线白水江140号隧道	1111次货物列车脱线致罐车破裂燃烧爆炸	死亡75人，重伤9人，直接经济损失107.684万元	382小时
1972.11.6	日本国铁北陆干线北陆隧道	501次旅客列车餐车着火	死亡30人，重轻伤715人	
1947.4.10	日本铁道奈良线旧生驹山隧道	车辆超负荷使用致主变阻器过热着火	死亡28人，重轻伤73人	

可见，如果隧道火灾得不到有效控制，不仅会造成重大的人员伤亡、车辆损毁、隧道结构及隧道内辅助设施（如通信、电力、能源等）严重损坏等直接损失，且相应的交通、通信、能源供给等系统的中断，也将造成无法估量的间接损失。下面以两次重大交通隧道火灾事故为例，详述隧道火灾发展过程及其严重后果。

1. 勃朗峰隧道（Mont Blanc）火灾[51]

勃朗峰隧道位于法国与意大利之间，全长11.6km，建于1965年，为单洞双向交通隧道，原设计年通过能力为35万辆车，近年来实际年通行量多达200万辆，其中75万辆为载重车。隧道采用全横向通风，送、排风道设于隧道底部，有主从式监控中心两个。隧道由法国和意大利共同管理。1999年3月24日，一辆装黄油的车自燃引起大火，尽管实施了紧急救援，仍造成41人死亡、43辆车焚毁、交通中断一年半以上的重大损失。按照紧急事故应急程序，当第一辆车着火后，应立即发出警报，在10分钟内关闭隧道。但由于意方隧道经营公司没有消防救护队，火灾发生后只能消极等待。15分钟后，法方消防车才赶到现场。由于法意双方互不协调，使救援工作受到影响。大火持续燃烧了55个小时。隧道没有通风井和疏散通道，41名死者中，34人死于车内，7人死于车外隧道内。这表明，当时大多数人都没有意识到危险，并没有设法逃生，最后窒息或中毒身亡。图1.7为事故现场图片。

2. 英法海底隧道火灾[52]

1996年11月18日晚9时许，一列由29节运载卡车的货车组成的高速列车，沿英法海底隧道从法国驶往英国。当列车还未全部进入隧道时，两名法国

图 1.7 勃朗峰隧道火灾事故

工作人员发现该列车的一节车厢正在冒烟，并立即报告了英法海峡隧道控制中心，但此时已经无法阻止列车进入隧道。在列车运行过程中，火势快速发展，在驶入隧道约 2km 处时，隧道内的火灾报警器开始报警。由于按照规定列车不能退出隧道，列车只得继续前进，希望将列车驶出隧道后再进行灭火（全程需 20 多分钟）。当列车驶到距入口 17km 处时，司机室内的信号灯显示列车桥板脱落，为了避免列车继续行驶而发生失控撞车，按照紧急事故应急程序，列车立即停止，紧急通风系统及所有应急措施也相应启动。34 名乘客及司乘人员在安全系统协助下顺利地通过人行通道进入了服务隧道，再经人行通道进入对面的运行隧道内，乘坐从英国方向驶来的救援列车撤出隧道。大火持续 6 小时，造成 34 人受伤，其中重伤 2 人。燃烧的列车上载有大量的聚苯乙烯等化工产品。火灾严重破坏了隧道内的许多设备，以及几百米长的拼装式钢筋混凝土衬砌，导致该隧道停运半年。

1.2.3 狭长空间火灾发展特性

狭长空间火灾特点主要表现在如下几个方面。

1. 火灾规模大、增长迅速[54~56]

交通隧道中最常见的可燃物就是车辆，地下商业街的店铺中也存在大量的可燃物，包括各式各样的商品，如服装布料、家具、纸张、玩具、食品、家电等。据研究资料表明，一辆载人汽车的热释放速率峰值为 3～5MW，一辆大客车的热释放速率峰值为 20～30MW，而一辆重型卡车的热释放速率峰值可以超过 100MW。除了火灾规模大以外，火灾增长速度也非常迅速。根据 2003 年欧盟在挪威 Runehamar 隧道进行的全尺寸火灾实验结果显示，火灾热释放速率能在 10 分钟之内超过 100MW。另外，2001 年 10 月发生的瑞士 St. Gotthard 隧道火灾，隧道内部的温度在几分钟之内就达到 1000℃。如图 1.8 所示，当时的火灾已处于完全发展阶段，火焰充满整个隧道断面。

(a) 火焰迅速蔓延

(b) 隧道结构遭到重大破坏

图 1.8 瑞士 St. Gotthard 隧道火灾

2. 火灾容易迅速蔓延[57,58]

狭长空间长度方向尺寸较长，内部多需布置大量照明、通风、监测等系统，还有电缆桥架和电缆沟等，发生火灾时，这些部位极可能成为火灾快速蔓延的途径。在交通隧道中行驶的车辆会产生活塞风效应，也会对火灾蔓延和烟气流动造成一定影响。另外，由于隧道火灾中燃料的不完全燃烧程度很高，因此产生的CO等高温不完全燃烧产物较多，在其流动过程中一旦与新鲜空气相遇，则可能会发生新的剧烈燃烧，使火灾以“跳跃式蔓延”——从一处跳跃蔓延到另一处；若车辆着火后仍然继续行驶，也会造成起火范围的迅速扩大。由此可见，狭长空间特别是交通隧道内具有很多容易发生火灾蔓延的潜在因素，如果在发生火灾时通风控制措施不合理，则有可能加快火灾蔓延，造成更大的损失。

3. 烟气温度高、毒性气体浓度大[59,60]

狭长空间由于相对密闭，空间受限，通常只有端部开口与外界联通，通道结构内部空间较为狭小。由此造成火灾时通道中空气不足，从而导致燃料的不完全燃烧程度很高，生成大量有毒烟气，如图 1.9 所示。

图 1.9 隧道火灾燃烧产生的浓烟

烟气的定义为液体和固体燃烧产生的可燃气体、空气与固体颗粒的混合物[61]。燃烧消耗大量的氧气，并产生 CO、HCN 和丙烯醛等有毒成分，导致受害者被困在浓烟中窒息。据统计，火灾中85%以上死者是由于吸入了烟尘及有毒气体昏迷后致死的[63]。通常情况下，火灾烟气的毒性气体主要是燃烧生成物中的麻醉性气体和刺激性气体。在通风不足情况下，狭长空间内可燃物的燃烧不完全，烟气中的有毒成分的含量会急剧升高。其中最常见的有毒气体是CO，实验表明，当CO浓度超过1000ppm时，就会对人体造成严重的危害。同样，烟气中的CO_2对人的危害也非常大。CO_2体积分数小于空气体积的5%时，不会对人员造成伤害；达到5%时，人的呼吸就显得较为困难；大于5%时，会对人产生一定的麻醉作用；达到7%～10%时，人会在数分钟内出现昏迷而丧失行为能力。烟气中的主要有毒气体，见表1.4。

表1.4 狭长空间火灾烟气中有毒成分

有毒气体	可燃物材料
CO_2	所有含有碳元素的可燃材料
CO	所有含有碳元素的可燃材料
NOX	明胶、聚氨基甲酸脂
HCN	棉毛、丝绸、皮革、含氮塑料、纤维塑料和人造纤维
SO_2	橡胶、聚硫橡胶
NH_3	尼龙、尿素、甲醛、树脂
—CHO	苯酚、甲醛、木材、尼龙、树脂

同时，由于狭长空间内积累的热烟气不易排出，燃烧产生的热量也会带来潜在的危险，高温聚集产生强烈热辐射，散热缓慢，导致建筑内部温度骤升，较短时间内就可能会发生轰燃，轰燃发生后狭长空间内温度会急剧上升到800～900℃，最高可达1200℃，迅速进入通风控制阶段。随着火灾的发展，烟气层中有毒气体的浓度会进一步增大，对人员的安全疏散和救援队员的及时抢救构成极大威胁。交通隧道内典型车辆火灾烟气产生率与温度，如表1.5所示。

表1.5 典型车辆火灾烟气产生率与温度[63]

交通工具类型	火灾热释放速率/MW	烟气产生率/(m^3/s)	温度/℃
载人汽车	5	20	400
公共汽车/卡车	20	60	700
油罐车	100	100～200	1000

注：表中温度为在防止回流发生的最小风速下，火源下风侧10m处的温度。

4. 人员疏散困难[64]

狭长空间往往是人员密集的受限场所，火灾发生时其又成为人员逃生的主要路径。据统计，上海市几个大型的地下商业街中，节假日的日客流量可达15万～20万人次，火灾时很难在短时间内完成如此规模的人员疏散。

一方面，狭长空间的建筑结构特点导致其疏散距离长，疏散出口少，空间狭小，这增加了疏散难度。对于地铁站台来说，人员的疏散距离很长，并且垂向深度大。以上海地铁人民广场站为例，该站共有12个出入口，其中5个直通地面，有7个通道连通地下商场。12条疏散通道中有10条距离在100m以上，最远路线的距离达260m。另一方面，由于狭长空间的自然通风口面积相对较小，火灾产生的高温、有毒烟气难以及时排出。对于地下狭长空间，发生火灾后其内部热烟气的运动方向与人员疏散方向一致，烟气的蔓延通道同时也是人员的逃生通道，这更增加了狭长空间内人员安全疏散的难度。由于有宽度方向的限制，狭长空间火灾在纵向方向烟气运输能力明显增强，火灾产生的高温烟气受到浮力驱动，极易迅速蔓延并充斥整个狭长空间，浓烟导致能见度降低。狭长空间出入口少、通道狭窄、疏散距离长、人员多，加上发生火灾时高温、有毒烟气对人员造成身体伤害和心理刺激，所造成的人员恐慌和行动混乱程度要比普通建筑中严重很多，更易造成逃生通道混乱拥挤、发生拥挤踩踏事故。以隧道这一类狭长空间为例，美国消防协会NFPA502[65]给出了人员疏散的耐受极限，如表1.6所示。

表1.6 狭长空间（隧道）火灾人员疏散的耐受极限[65]

空气温度	短时间最高耐受温度60℃，耐受平均温度49℃
热辐射	短时间最高耐受热辐射6305W/m^2，平均耐受热辐射1576W/m^2
CO气体	短时间最高浓度2000ppm，6分钟内平均浓度1500ppm，15分钟内平均浓度800ppm，超出时间的平均浓度50ppm
能见度	80lx亮度的疏散标识分辨距离为30m，门和墙的分辨距离为10m
烟气速度	大于等于0.82m/s以及小于等于12m/s

5. 火灾扑救难度大[66]

一方面，狭长空间结构狭窄、出入口少且通常相距较远。因此，狭长空间具有救援面窄、火灾扑救路线单一，且扑救路线易与疏散路线、烟气流动方向冲突的特点，救援和疏散互相干扰，增大了救援难度。另一方面，在狭长空间中，火灾类型和蔓延规律不确定，火灾中产生的高温有毒烟气浓度高、烟雾重、能见度低，这使得救援人员无法迅速确定并接近起火点，在大型设备无法进入的情况下，需要对扑救人员进行特殊的防护，增加了扑救的难度；此外，在燃烧过于强烈、火场温度过高时，建筑物拱顶混凝土有烧塌的危险，使得灭火救援的难度进一步增加。以交通隧道火灾为例，隧道中车流量不均匀，车型多变，车载物品与火灾荷载不确定，起火位置不确定，这些因素决定了此类隧道火灾具有多样性和不确定性。隧道越长、交通量越大，发生火灾的概率越大，这些因素都增加了狭长空间火灾扑救和预防的难度。因此，狭长空间内消防设施设置的合理性和有效性、狭长空间建筑的管理效率和自救、应急能力等都对火灾延续时间和火灾扑救的成功率具有重要影响。

6. 火灾损失大[67,68]

鉴于以上特点，狭长空间火灾极易造成严重损失。无论是交通隧道火灾造成人员群死群伤、车辆损毁、隧道破坏、交通中断，还是电缆隧道火灾导致的电气设备损毁、大面积停电、停产等都会造成巨大的直接和间接经济损失以及恶劣的社会影响。前文以列表和实例说明了火灾后果的严重性，此处不再赘述。

1.3 狭长空间烟气流动理论基础

1.3.1 火灾燃烧基础

1. 火灾中的热释放速率[69]

热释放速率（Heat release rate）是表征火灾发展的一个重要参数。理论上说，如果知道火灾中可燃物的质量燃烧速率就能够按下式计算热释放速率[70]：

$$\dot{Q}=\varphi\times\dot{m}\times\Delta H \tag{1.1}$$

式中，$\dot{m}$ 为可燃物的质量燃烧速率，φ 为燃烧效率因子，反映不完全燃烧的程度，ΔH 为该可燃物的热值。实际火灾中，仅依靠计算确定火源的热释放速率是困难的，主要原因有：火灾中的可燃物组分变化很大，热值也不固定；直接使用物质的燃烧热不符合火灾实际；且火灾燃烧通常是不完全的，燃烧效率因子一般在 0.3～0.9 范围内变化。因此，可以采用锥形量热计和家具量热仪等设备进行全尺寸实验来测量典型物品的火灾燃烧特性，并据此估计特定火灾中的热释放速率。

（1）锥形量热计

锥形量热计（Cone calorimeter）是 1982 年美国建筑与火灾研究所 Babrauskas 等[71]开发的专门用于测量材料热释放速率的仪器，后来又作了扩展，还可用于测量烟气浓度及 CO 和 CO_2的产生速率，如图 1.10 所示。

锥形量热计根据氧耗法测定热释放速率，其基本原理是：在燃烧大多数天然有机材料、塑料、橡胶等物品时，每消耗 1m^3 的氧气约放出 17.2MJ 的热量（或说每消耗 1kg 氧气约放出 13.1 $\times10^3$ kJ 的热量），其精度在 5%以内。

Parker 等[72]提出仅采用氧气分析情况下材料的热释放速率计算方程如下：

$$\dot{q}=E\dot{m}_{O_2}^{0}\varphi \tag{1.2}$$

式中，φ 是氧消耗因子，E 是每消耗单位质量氧气所释放的热量（MJ/kg），$\dot{m}_{O_2}^{0}$ 是环境中流入的氧气质量流量（kg/s）。氧消耗因子计算方程为：

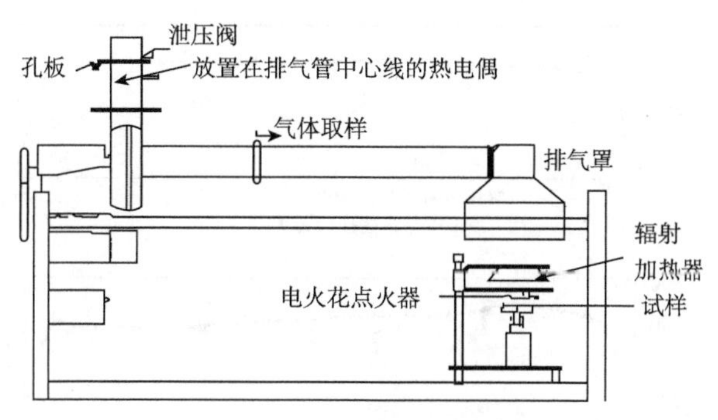

图 1.10 锥形量热计结构简图

$$\varphi = \frac{(X_{O_2}^0 - X_{O_2})}{(1 - X_{O_2})X_{O_2}^0} \tag{1.3}$$

式中，$X_{O_2}^0$是环境中的 O_2 摩尔分数，X_{O_2}是实验中测得的 O_2 的摩尔分数。进入系统中的环境空气中氧气质量流量为：

$$\dot{m}_{O_2}^0 = X_{O_2}^0(1 - X_{CO_2}^0 - X_{H_2O}^0)\frac{M_{O_2}}{M_a}\frac{\dot{m}_e}{1+\varphi(\alpha-1)} \tag{1.4}$$

式中，$X_{O_2}^0$是环境中 O_2 摩尔分数，$X_{CO_2}^0$ 环境中 CO_2 摩尔分数，$X_{H_2O}^0$环境中 H_2O 蒸汽摩尔分数，M_{O_2}是 O_2 摩尔质量，M_a 是空气摩尔质量，$\dot{m}_e$ 是管道中测量的气体质量流量（kg/s），α 是氧气消耗完全的空气膨胀因子。$\dot{m}_e$ 可以通过管道中压差计测得的压差和热电偶测量的温度计算，公式为：

$$\dot{m}_e = C\sqrt{\frac{\Delta p}{T_s}} \tag{1.5}$$

式中，T_s 是排气管道中的气体温度（K），Δp 是经过节流板的压差（Pa），C 是管道常数，通过实验标定得出（$kg \times K^{1/2} \times s \times Pa^{-1/2}$）。

把上述方程式整合即可得到

$$\dot{q} = EX_{O_2}^0(1 - X_{CO_2}^0 - X_{H_2O}^0)\frac{M_{O_2}}{M_a}\frac{\varphi}{1+\varphi(\alpha-1)} \cdot C\sqrt{\frac{\Delta p}{T_s}} \tag{1.6}$$

该仪器使用前应当进行标定，其使用说明规定，标定材料用厚度为 25mm 的黑色聚甲基丙烯酸甲酯（PMMA）。这种材料的材质均匀，燃烧稳定，当加热到 300℃以上时，几乎完全分解为易燃气体，黑色则可保持吸热性能稳定。测量结果表明，这种材料燃烧过程的再现性很好，如图 1.11 所示。

完成仪器校准后即可测量有关材料热释放速率。许多材料的热释放速率是不均匀的，常用平均值和峰值两个参数来表示材料的热释放速率特性。

(2) 家具量热仪[69]

由于锥形量热计只能测定一些小试样，不适于测量建筑物内质量和体积较

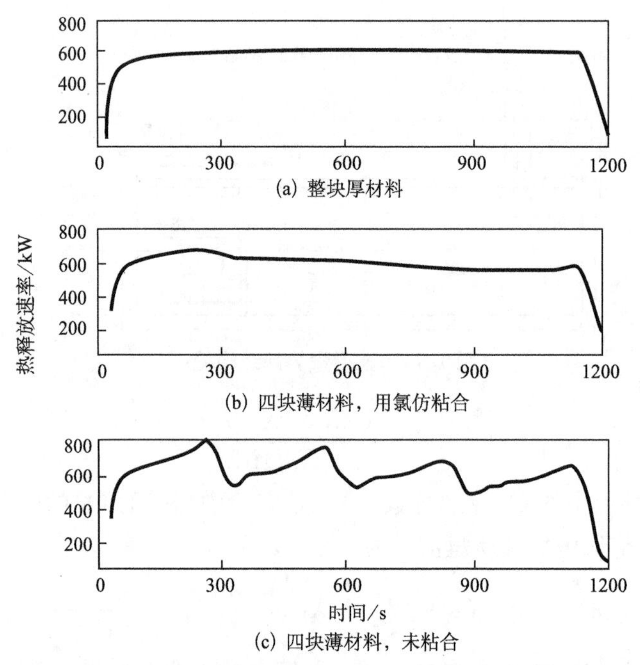

图 1.11　25mm 厚 PMMA 材料的热释放速率曲线

大的物品。家具量热计（Furniture calorimeter）的出现解决了这个问题。图 1.12 为家具量热计示意图，其测量原理仍是氧耗法，但由于燃烧物品的体积较大，试样上方未设锥形辐射加热器，而是一个集烟罩。

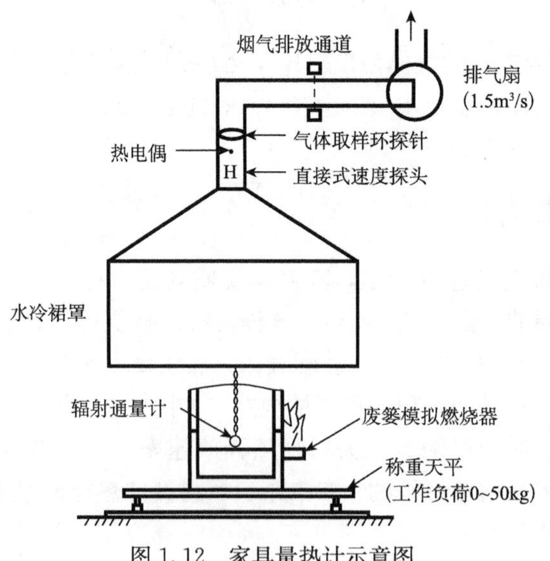

图 1.12　家具量热计示意图

家具量热计获得的数据直接表示为热释放速率随时间变化的曲线，且很接近实际火灾环境的结果，因此，很有实用价值。Babrauskas 等[69,71]在测定与收集室内物品热释放速率数据方面做了大量工作，包括液体及热塑料池、木垛、木板架、沙发、枕头、床垫、衣柜、电视机、圣诞树、帘布、电缆等，表 1.7～表 1.12 给出了一些常见材料的热释放速率。

表 1.7 若干家具组成材料的有效燃烧热

家具组成部分			平均燃烧热/(MJ/kg)
衬垫材料	纤维材料	框 架	
PU 塑料泡沫	聚烯烃树酯	木料	18.0
PU 塑料泡沫	棉花	木料	14.6
棉花	聚烯烃树酯	木料	16.1
棉花	棉花	木料	14.9
PU 塑料泡沫	聚烯烃树酯	聚氨酯	20.9
PU 塑料泡沫	聚烯烃树酯	聚丙烯	35.1
PU 塑料泡沫	聚烯烃树酯	*	30.4
PU 塑料泡沫	棉花	*	25.2
PU 塑料泡沫	羊毛	*	21.7
PU 塑料泡沫	棉花和尼龙	*	14.4～23.0
PU 塑料泡沫	PVC	*	12.7～24.9
棉花	棉花	*	5.7
棉花	PVC	*	7.5
乳胶	PVC	*	28.0
聚丁橡胶	棉花	*	6.7

表 1.8 一些垫枕的热释放速率数据

填充材料	纤维布料	垫枕质量/kg	总质量/kg	最大热释放速率/kW	总放热量/MJ	平均燃烧热/(MJ/kg)
乳胶泡沫(整块)	50%棉花+50%聚酯	1.003	1.238	117	27.5	27.6
聚氨酯填料#1	无纺	0.650	0.885	43	18.4	22.0
聚氨酯填料#2	无纺	0.628	0.863	35	18.9	23.7
聚酯纤维	80%聚酯+20%棉花	0.602	0.837	33	10.2	20.0
羽毛	棉花	0.996	1.201	16	8.9	18.3
聚酯纤维	玻璃纤维	0.687	0.922	22	3.1	17.4

表 1.9 衣橱的热释放速率及有关参数

结构	衣橱可燃物质量/kg	衣物和纸张/kg	热释放速率峰值/kW	总体热值/MJ	平均燃烧热/(MJ/kg)
金属	0	3.18*	770	70	14.8
金属	0	1.93**	270	50	18.8
多层胶合板#1	68.5	1.93**	3500	1067	—
多层胶合板#2	68.3	1.93**	3100	1068	14.9
续表多层胶合板#3	36.0	1.93**	6400	590	16.9

续表

结构	衣橱可燃物质量/kg	衣物和纸张/kg	热释放速率峰值/kW	总体热值/MJ	平均燃烧热/(MJ/kg)
多层胶合板＃4	37.3	1.93**	5300	486	15.9
多层胶合板＃5	37.3	1.93**	2900	408	14.2
颗粒压层板	120.3	0.81**	1900	1349	17.5

* 挂纤维材料碎布

** 挂模拟的衣服

表 1.10 若干帘布的热释放速率

纤维类型	重量/(g/m²)	布置形式	热释放速率峰值/kW	引燃的板条数
棉花	124	靠墙	188	1
棉花	260	靠墙	130	7
棉花	124	敞开	157	0
棉花	260	敞开	152	7
棉花	124	靠墙	188	1
棉花	313	靠墙	600	3
人造丝/棉花	126	靠墙	214	0
人造丝/棉花	288	靠墙	133	6
人造丝/棉花	126	敞开	176	0
人造丝/棉花	288	敞开	196	2
人造丝/棉花	310	靠墙	177	8
人造丝/醋酸纤维	296	靠墙	105	4
醋酸纤维	116	靠墙	155	0
棉花/聚酯纤维	117	靠墙	267	1
棉花/聚酯纤维	328	靠墙	338	5
棉花/聚酯纤维	117	敞开	303	0
棉花/聚酯纤维	328	敞开	236	7
人造丝/聚酯纤维	367	靠墙	658	2
人造丝/聚酯纤维	268	靠墙	329	7
人造丝/聚酯纤维	53	靠墙	219	0
聚酯纤维	108	靠墙	202	1
丙烯酸纤维	99	靠墙	231	0
丙烯酸纤维	354	靠墙	1177	8
丙烯酸纤维	99	敞开	360	0
丙烯酸纤维	354	敞开	231	7
棉花/聚酯纤维/泡沫	305	靠墙	385	1
人造丝/聚酯纤维/泡沫	371	靠墙	129	5
人造丝/玻璃纤维	371	靠墙	106	5

表 1.11 若干小尺寸电缆试样的热释放速率峰值（FM 的测定值）

试样号	电缆材料	热释放速率/kW	试样号	电缆材料	热释放速率/kW
20	聚四氟乙烯	98	8	PE，PP/Cl. S PE	299
21	硅酮与玻璃丝编织衬垫	128	17	XPE / 氯丁橡胶	302

续表

试样号	电缆材料	热释放速率/kW	试样号	电缆材料	热释放速率/kW
10	PE，PP/Cl. S . PE	177	3	PE / PVC	312
14	XPE/XPE	178	12	PE，PP/Cl. S PE	345
22	硅酮，玻璃丝编织衬垫，石棉	182	2	XPE / 氯丁橡胶	354
16	XPE/Cl. S. PE	204	6	PE/PVC	359
18	PE，尼龙/PVC，尼龙	218	4	PE/PVC 275	395
19	PE，尼龙/PVC，尼龙	231	13	XPE/FRXPE	475
15	FRXPE/Cl. S. PE	258	5	PE/PVC	589
11	PE，PP/Cl. S PE	271	1	idPE	1071

表 1.12　若干存储商品的热释放速率数据（FM 的测定值）

商品名称	单位地板面积的热释放速率峰值/(kW/m²)	增大到 1MW 所用的时间/s
装满的邮包，堆高 1.5m	400	190
纸板箱，隔离分，堆高 4.6m	2282	60
PE 塑料瓶，装在纸箱内，样式同前	1940	75
PS 塑料罐，装在纸箱内，样式同前	13692	55
PVC 塑料瓶，装在纸箱内，样式同前	3423	9
PP 食品导管，装在纸箱内，样式同前	4450	10
PE 薄盘，在车上堆高 1.5m	8558	190
PE 废物桶，装在纸箱内，堆高 4.6m	2853	55
PE 瓶，装在纸箱内，堆高 4.6m	1940	75
PF 硬泡沫绝缘板，堆高 4.6m	1940	8
PS 硬泡沫绝缘板，堆高 4.3m	3309	7
PS 食品导管，带盖，盘卷在纸箱内，堆高 4.3m	5135	105
PS 玩具组件，在纸箱内，堆高 4.6m	2054	110
PE 与 PP 薄片，成卷，堆高 4.3m	3994	40

2. 经典羽流模型与区域模拟

羽流是一种主要由浮力驱动的流动，在这种流动中，由于介质温度增加或密度降低所产生的浮力作用使得流体向上流动，同时诱导周边介质流向羽流。火羽流可以简单描述为由火焰产生的垂直上升的气柱。术语羽流通常用来描述非燃烧区，广义地说，羽流可表征为上升的、有浮力的流动，浮力来源于强烈的局部热源和（或）质量源。

(1) 经典羽流模型

目前，常用的计算羽流质量卷吸流率的经典模型有 Zukoski 模型、Heskestad 模型和 McCaffrey 模型。

① Zukoski 模型[77]

Zukoski 基于 Morton 等提出的弱羽流 Boussinesq 假设，且认为远域羽流的温度差 ΔT 与上升速度具有相似性，沿半径方向具有高斯分布特征。Zukoski 采用图 1.13 的实验装置测量了直径为 0.10～0.50m、火源功率为 10～200kW 的多孔天然气燃烧器的羽流质量流量，并与理想羽流的质量流量公式计算结果进行了对比，据实验数据将常系数由 0.20 修正为 0.21。

$$\dot{m}_{\mathrm{p}} = 0.21\left(\frac{\rho_{\mathrm{a}}^{2} g}{c_{\mathrm{p}} T_{\mathrm{a}}}\right)^{1/3} \dot{Q}^{1/3} Z^{5/3} \tag{1.7}$$

其中，$\dot{m}_{\mathrm{p}}$ 为高度 z 处的羽流质量流量（kg/s），T_{a} 为环境空气温度（K），ρ_{a} 为环境空气密度（kg/m^3），c_{p} 为空气比热［kJ/（kg·K)］，g 为重力加速度（m/s^2），$\dot{Q}$ 为火源的热释放速率（kW），z 为距离火源的高度（m）。如果将环境参数取为：T_{a}＝293K，ρ_{a}＝1.1kg/m^3，c_{p}＝1.0kJ/（kg·K），g＝9.81m/s^2，则上式可以改写为

$$\dot{m}_{\mathrm{p}} = 0.071\dot{Q}^{1/3} Z^{5/3} \tag{1.8}$$

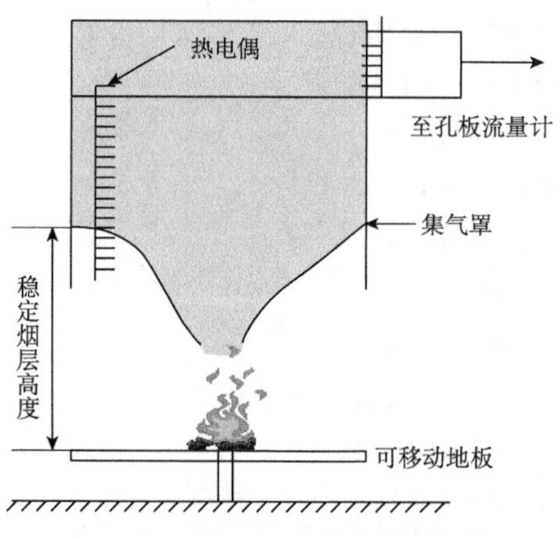

图 1.13　Zukoski 的实验测量装置

② Heskestad 模型[78～80]

Heskestad 引入“虚点源”概念，认为羽流源于火源上方或下方的某点，在计算时考虑的是指定位置到“虚点源”的竖直距离，而不仅是由指定位置到火源表面的竖直距离，如图 1.14 所示。同时，Heskestad 认为火源热释放速率对羽流质量卷吸率的影响取决于其中通过对流传热方式进入羽流的能量，即 $\dot{Q}_{\mathrm{c}}$，一般来说，$\dot{Q}_{\mathrm{c}}$＝0.6～0.8$\dot{Q}$。该模性考虑到较大的羽流密度差 $\Delta\rho$ 情况，不再符

合 Boussinesq 假设，且认为密度差 $\Delta\rho$ 和 w 具有相似性，因此，该模型被认为可以描述强羽流，其实验采用较大的火源功率和较为实际的燃料。

“虚点源”位置：

$$Z_0=0.083\dot{Q}^{2/5}-1.02D \tag{1.9}$$

平均火焰高度：

$$Z_1=0.235\dot{Q}^{2/5}-1.02D \tag{1.10}$$

羽流质量卷吸速率：

$$\begin{cases}\dot{m}_p=0.071\dot{Q}_c^{1/3}(Z-Z_0)^{5/3}+0.00192\dot{Q}_c, & (Z>Z_1)\\ \dot{m}_p=0.0056\dot{Q}_c\dfrac{Z}{Z_1}, & (Z\leqslant Z_1)\end{cases} \tag{1.11}$$

其中，$\dot{Q}_c$ 为火源热释放速率中的对流换热部分（kW），Z_1 为平均火焰高度（m），Z_0 为火源底部到虚点源的距离（m），D 为火源直径或当量直径（m）。

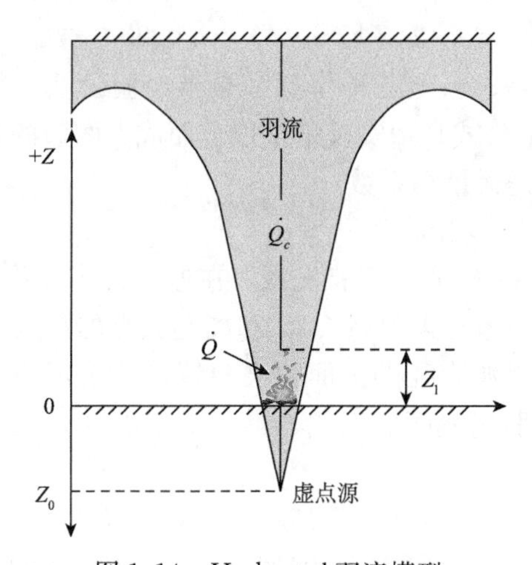

图 1.14　Heskestad 羽流模型

③ McCaffrey 模型[81]

McCaffrey 采用直接测量羽流密度 $\bar{\rho}$ {r, Z} 和速度 $\bar{v}$ {r, Z} 的方法得到不同高度的质量流量，进而通过纲量分析提出其模型。实验采用的燃料为甲烷，火源功率分别为 14.4kW，21.7kW，33.0kW，44.9kW 和 57.5kW。他将羽流分为三个区：连续火焰区、间歇火焰区和烟气羽流区，其示意图如图 1.15 所示。对每个羽流分区，其质量卷吸率是不同的。McCaffrey 模型被火灾模拟软件 CFAST 程序所采用。

连续火焰区：

$$\dot{m}_p=0.011Z^{0.566}\dot{Q}^{0.7736}, \quad 0\leqslant Z/\dot{Q}^{2/5}<0.08 \tag{1.12}$$

间歇火焰区：

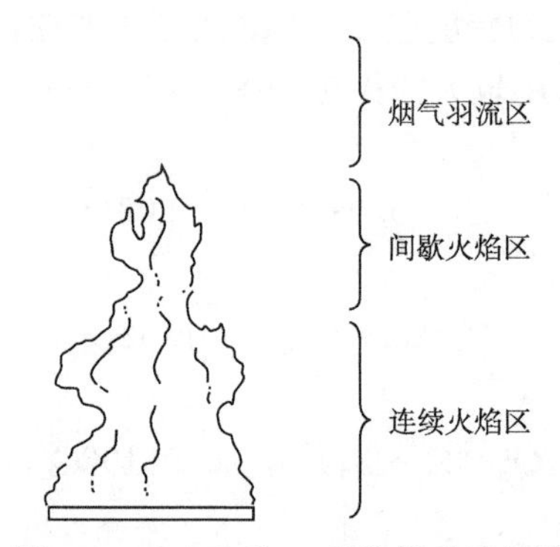

图 1.15 McCaffrey 羽流模型示意图

$$\dot{m}_p = 0.026 Z^{0.909} \dot{Q}^{0.6364}, \quad 0.08 \leqslant Z/\dot{Q}^{2/5} < 0.20 \tag{1.13}$$

烟气羽流区：

$$\dot{m}_p = 0.124 Z^{1.895} \dot{Q}^{0.242}, \quad 0.20 \leqslant Z/\dot{Q}^{2/5} \tag{1.14}$$

同时需要指出的是，以上三种模型都是半经验公式，特别是 Heskestad 和 McCaffery 羽流模型，公式是由实验结果拟合而成，两边的量纲并不统一，公式里面的经验系数也不是无量纲系数。

④ Thomas-Hinkley 羽流模型[82,83]

Thomas 和 Hinkley 等通过实验发现，在连续火焰区羽流质量流量几乎与热释放速率无关，它更多地与火源周长 P_f 和离起火点的高度 z 相关。这一点对于平均火焰高度远小于火源直径的大面积火源情形尤为正确。通过假设卷吸到火羽流中的空气量与火羽流表面成正比，得到了用于露天大面积火灾的羽流质量流率计算模型：

$$\dot{M} = 0.096 P_f \rho_a Y^{3/2} (g T_a / T_f) \tag{1.15}$$

式中，P_f 是火区的周长（m），Y 是由地板到烟气层下表面的距离（m），ρ_a 为环境空气的密度（kg/m^3），T_a 和 T_f 分别为环境空气和火羽流的温度（K），$\dot{M}$ 可视为烟气的质量生成速率。

Thomas-Hinkley 羽流公式的典型应用场合是诸如大型购物中心等面积比较大、层高比较低的场所。Hinkley[83] 曾指出，该经验公式与其他具有更为扎实理论基础的关系式相比，与实验数据的吻合性更好。

（2）区域模拟

区域模拟是火灾计算模拟中的重要方法之一，在建筑防火设计和建筑火灾安全分析中得到了广泛应用。在传统的区域模拟思想中，只通过经典羽流模型考虑火羽流卷吸量对烟气层的贡献。把所研究的空间分为上、下两个区域，分别为上层热烟气层和下层新鲜空气层，假设每一层内的温度、烟气浓度等状态参数是均匀分布的。两个区域之间的物质和能量交换仅通过烟气羽流进行，对两个区域分别进行质量守恒和能量守恒分析，列出各自的控制方程并求解，便可得到烟气层界面位置和烟气层温度随时间的变化规律[73~76]。

图1.16是简化的火灾过程示意图，起火空间被分成上、下两个控制体，分别为上层热烟气层和下层空气层。上层热烟气层具有的属性有质量、内能、温度、密度和体积，分别用m_s，E_s，T_s，ρ_s和V_s来表示，下层空气层的质量、内能、温度、密度和体积，分别用m_a，E_a，T_a，ρ_a和V_a来表示，研究空间作为一个整体具有的属性是压力P。

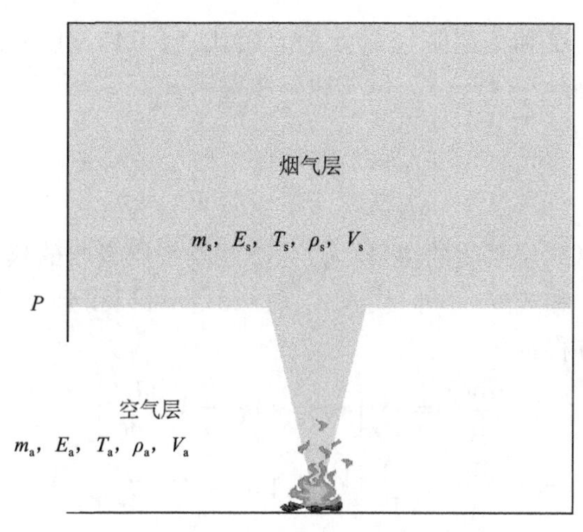

图1.16 普通尺寸房间火灾过程的示意图

对上层热烟气层和下层空气层这两个控制体，分别可列出守恒方程：

质量方程：

$$\frac{\mathrm{d}m_s}{\mathrm{d}t}=\dot{m}_s \tag{1.16}$$

$$\frac{\mathrm{d}m_a}{\mathrm{d}t}=\dot{m}_a \tag{1.17}$$

内能方程：

$$E_s=c_v m_s T_s \tag{1.18}$$

$$E_a=c_v m_a T_a \tag{1.19}$$

状态方程：

$$P=R\rho_s T_s \tag{1.20}$$

$$P=R\rho_a T_a \tag{1.21}$$

其中，c_v为气体定容比热（kJ/kg·K），c_p为气体定压比热（kJ/kg·K），R为气体常数，可表示为$R=c_p-c_v$。

起火空间的总体积：

$$V=V_a+V_s \tag{1.22}$$

根据热力学第一定律，内能增加和体积膨胀所做的功之和等于吸收的热，其微分形式为：

$$\frac{dE}{dt}+P\frac{dV}{dt}=\dot{q} \tag{1.23}$$

定义热容比：

$$\gamma=\frac{c_p}{c_v} \tag{1.24}$$

对上层热烟气层和下层空气层分别应用式（1.14），同时对式（1.18）、式（1.19）分别求微分，并代入式（1.22），注意到 d（V_s+V_a）/dt=0，可得压力的微分方程：

$$\frac{dP}{dt}=\frac{\gamma-1}{V}(\dot{q}_a+\dot{q}_s) \tag{1.25}$$

其中，$\dot{q}_s$ 为上层烟气层吸收的热量，$\dot{q}_a$ 为下层空气层吸收的热量。

将式（1.18）和式（1.19）代入式（1.23），可以得到上层烟气层和下层空气层的体积微分方程：

$$\frac{dV_s}{dt}=\frac{1}{P\gamma}\left[(\gamma-1)\dot{q}_s-V_s\frac{dP}{dt}\right] \tag{1.26}$$

$$\frac{dV_a}{dt}=\frac{1}{P\gamma}\left[(\gamma-1)\dot{q}_a-V_a\frac{dP}{dt}\right] \tag{1.27}$$

将式（1.26）和式（1.27）分别代入式（1.23），可以消除 dV/dt 这一项，从而得到上层烟气层和下层空气层的内能微分方程：

$$\frac{dE_s}{dt}=\frac{1}{\gamma}\left[\dot{q}_s+V_s\frac{dP}{dt}\right] \tag{1.28}$$

$$\frac{dE_a}{dt}=\frac{1}{\gamma}\left[\dot{q}_a+V_a\frac{dP}{dt}\right] \tag{1.29}$$

又因为

$$m_s=\rho_s V_s \tag{1.30}$$

$$m_a=\rho_a V_a \tag{1.31}$$

对式（1.30）、式（1.31）求微分，并代入式（1.26）和式（1.27）消除 dV/dt 这一项，则可以得到上层烟气层和下层空气层的密度微分方程：

$$\frac{d\rho_s}{dt}=-\frac{1}{c_p\rho_s V_s}\left[(\dot{q}_s-c_p\dot{m}_s T_s)-\frac{V_s}{\gamma-1}\frac{dP}{dt}\right] \tag{1.32}$$

$$\frac{d\rho_a}{dt}=-\frac{1}{c_p\rho_a V_a}\left[(\dot{q}_a-c_p\dot{m}_a T_a)-\frac{V_a}{\gamma-1}\frac{dP}{dt}\right] \tag{1.33}$$

最后，通过式（1.32）和式（1.33）消除 dρ/dt 这一项，可以得到上层烟气层和下层空气层的温度微分方程：

$$\frac{\mathrm{d}T_{\mathrm{s}}}{\mathrm{d}t}=\frac{1}{c_{\mathrm{p}}\rho_{\mathrm{s}}V_{\mathrm{s}}}\left[(\dot{q}_{\mathrm{s}}-c_{\mathrm{p}}\dot{m}_{\mathrm{s}}T_{\mathrm{s}})+V_{\mathrm{s}}\frac{\mathrm{d}P}{\mathrm{d}t}\right] \tag{1.34}$$

$$\frac{\mathrm{d}T_{\mathrm{a}}}{\mathrm{d}t}=\frac{1}{c_{\mathrm{p}}\rho_{\mathrm{a}}V_{\mathrm{a}}}\left[(\dot{q}_{\mathrm{a}}-c_{\mathrm{p}}\dot{m}_{\mathrm{a}}T_{\mathrm{a}})+V_{\mathrm{a}}\frac{\mathrm{d}P}{\mathrm{d}t}\right] \tag{1.35}$$

这样，就得到了整个起火空间的火灾过程双区模型的控制方程。只要给出合适的初始条件和边界条件，即可求出上层烟气层和下层空气层的不同参数，比如温度、体积、密度等随时间的变化规律。

区域模型的一个基本假设是忽略了建筑内上部烟气层与下部热空气层交界面处的质量交换，仅通过火羽流卷吸模型建立烟气层和空气层之间的能量和质量输运方程。对于常规腔室空间，该方法可获得较好的模拟精度。但对于长度远大于宽度和高度尺度的狭长空间建筑，由于烟气沿长度方向运动过程中持续卷吸新鲜空气，仅考虑羽流卷吸来计算烟气质量生成速率显然是不够的。

3. 顶棚射流[69,84]

如果竖直扩展的火羽流遇到顶棚的阻挡，热烟气将形成水平流动的顶棚射流。顶棚射流是一种半受限的重力分层流。当烟气在水平顶棚下积累到一定的厚度时，它便发生水平流动，图 1.17 为这种射流的发展过程示意图。羽流在顶棚上的撞击区大体为圆形，刚离开撞击区边缘的烟气层不太厚，顶棚射流由此向四周扩散。顶棚的存在将表现出固壁边界对流动的黏性影响，因此，在十分贴近顶棚的薄层内，烟气的流速较低；随着垂直向下离开顶棚距离的增加，其速度不断增大；而超过一定距离后，速度便逐渐降低为零。这种速度分布使得射流前锋的烟气转向下流，然而热烟气仍具有一定的浮力，还会很快上浮。于是顶棚射流中便形成一连串的旋涡，它们可将烟气层下方的空气卷吸进来，因此，顶棚射流的厚度逐渐增加，而速度逐渐降低。

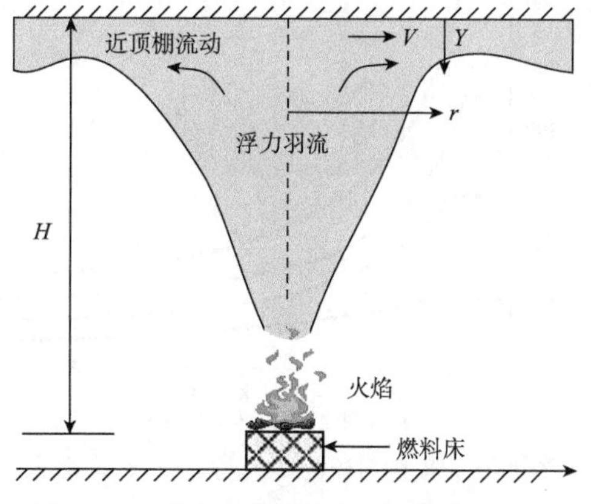

图 1.17　浮力羽流转变为顶棚射流的过程

顶棚射流内的温度分布与速度分布类似。在热烟气的加热下，顶棚由初始温度缓慢升高，但总比射流中的烟气温度低。随着竖直离开顶棚距离的增加，射流温度逐渐升高，达到某一最高值后又逐渐降低到下层空气的温度。

美国工厂联合组织研究中心（FMRC）曾进行一系列全尺寸火灾实验[69]，测量了不同高度顶棚之下的温度分布。实验发现，当烟气的水平流动不受限且热烟气不会在顶棚下积累时，在离开羽流轴线的任意径向距离（r）处，竖直分布的温度最大值在顶棚之下的 $Y\leqslant 0.01H$ 的区域内，但并不紧贴顶棚壁面；在 $Y\leqslant 0.125H$ 区域内，温度急剧下降到环境值 T_0。如果火源离开最近的垂直阻挡物的距离至少 $3H$ 时，这种估计的近似程度相当好。

Alpert[85]对上述结果进行了理论分析，认为在顶棚之下 $r>0.18H$ 的任意径向范围内，最高温度可用下面的稳态方程描述：

$$T_{\max}-T_{\mathrm{a}}=\frac{5.38}{H}(\dot{Q}_c/r)^{2/3} \tag{1.36}$$

如果 $r\leqslant 0.18H$，即表示处于羽流撞击顶棚所在区域内，最高温度用下式计算：

$$T_{\max}-T_{\mathrm{a}}=\frac{16.9\dot{Q}_c^{2/3}}{H^{5/3}} \tag{1.37}$$

式中，$\dot{Q}_c$是热释放速率，单位为 kW。图 1.18 表示对于功率为 20MW 的火源，根据这些方程算出的 $T_{\max}$与 r 和 H 的关系。利用这种温度分布，可以估计感温探测器对稳定燃烧或缓慢发展火灾的响应性，从而为火灾探测提供了另一种依据。

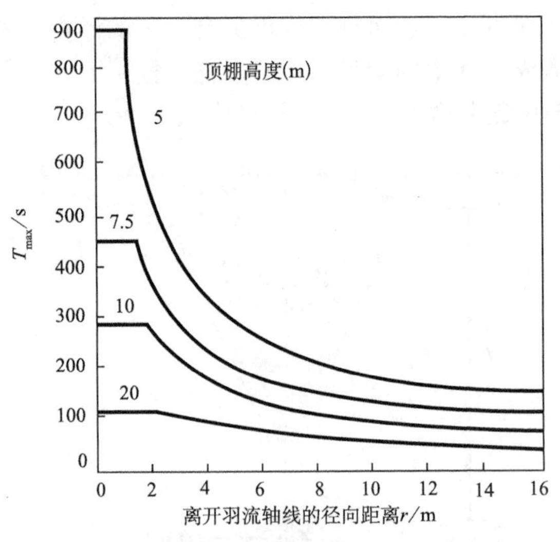

图 1.18　顶棚射流的 $T_{\max}$与 r 和 H 的关系

如果火源靠近墙壁或墙角，顶棚射流将受到限制。可以想到，此时由撞击区散开的烟气射流的水平分量一定比不受限时大得多。同时，由于烟气卷吸受到限制而使其温度有所提高。一般通过对方程（1.36）和（1.37）中的$\dot{Q}_c$分别乘上一个等于2或4的因子，来计算相应情况下的温度。

如果空间顶棚较低或者火源热释放速率足够大，火焰将直接撞击到顶棚，形成火焰顶棚射流。

1.3.2 烟气流动基础

1. 烟气的产生与性质[69]

火灾烟气（Smoke）是一种混合物，包括：可燃物热解或燃烧产生的气相产物，如未燃燃气、水蒸气、CO_2、CO及多种有毒或有腐蚀性的气体；由于卷吸而进入的空气；多种微小的固体颗粒和液滴。

在发生完全燃烧的情况下，可燃物将转化为稳定的气相产物。但在真实火灾产生的扩散火焰中是很难实现完全燃烧的。因为燃烧反应物的混合基本上由浮力诱导产生的湍流流动控制，其中存在着较大的组分浓度梯度。在氧浓度较低的区域，部分可燃挥发组份将经历一系列的热解反应，从而导致多种组份的分子生成。例如，多环芳香烃碳氢化合物和聚乙烯可认为是火焰中碳烟颗粒的前身，正是碳烟颗粒的存在才使扩散火焰发出黄光。这些小颗粒的直径为10～100nm，它们可以在火焰中进一步氧化。但是如果温度和氧浓度都不够高，它们便以碳烟（Soot）的形式离开火焰区。

可燃物的化学性质对烟气的产生具有重要的影响。少数纯燃料（例如氢气、一氧化碳、甲醛、乙醇、乙醚、甲酸、甲醇等）燃烧的火焰不发光，且基本上不产生烟。而在相同的条件下，大分子燃料燃烧时就会明显发烟。燃料的化学组成是决定烟气产生量的主要因素。常见碳氢化合物的发烟趋势按表1.13中所列的顺序增大。经过部分氧化的燃料（例如乙醇、丙酮）发出的烟量比生成这些物质的碳氢化合物的发烟量少。固体可燃物也是如此，对火焰的观察及对燃烧产物中烟颗粒的测定都证明了这一点。例如在自由燃烧情况下，木材和聚甲基丙烯酸甲酯（PMMA）之类的部分氧化燃料燃烧产生的烟量比聚乙烯和聚苯乙烯之类的碳氢聚合物的烟量要少得多。对于后两者来说，聚苯乙烯发出的烟量更大。因为这种聚合物中含有大量的苯基及其衍生物，而这些物质都具有芳香族的性质。

表1.13 碳氢化合物发烟量的增大趋势

碳氢化合物类型		代表物质		分子式
中文名	英文名	中文名	英文名	
正烷烃	n-alkanes	正己烷	n-hexane	$CH_3(CH_2)_4CH_3$
异烷烃	iso-alkanes	2，3-二甲基丁烷	2，3-dimethyl butane	$(CH_3)_2CH\cdot CH(CH_3)_3$

续表

碳氢化合物类型		代表物质		分子式
中文名	英文名	中文名	英文名	
烯烃	alkenes	丙烯	propene	$CH_3 \cdot CH{=}CH_2$
炔烃	alkynes	丙炔	propyne	$CH_3 \cdot C{\equiv}CH$
芳香烃	aromatics	聚苯乙烯	styrene	$R{-}CH{=}CH_2$
多环芳香烃	polynuclear	萘	naphthalene	

2. 烟气的毒性

火灾烟气中含有多种有毒物质，除了含有一氧化碳或二氧化碳外，还包含了氮化氢、氰化氢、氟化氢、苯乙烯等，尤其是聚合物燃烧时产生的有毒物质更多。研究表明，在火灾初期，当热的威胁还不甚严重时，有毒气体是人员安全的首要威胁。火灾中的死亡人员约有一半是由 CO 中毒引起的，另外一半则由直接烧伤、爆炸压力以及其他有毒气体引起的。虽然有报道说在火灾遇难者血液中含有氰化物（暴露于氰化物造成的），但更多发现的是死者血液中含有羰基血红蛋白，而这是暴露在 CO 中的结果。表 1.14 则列出了一些常见有机高分子材料燃烧所产生的有毒气体。

表 1.14　有机高分子材料燃烧产生的毒性气体

成分名称	来源的有机材料
CO，CO_2	所有有机高分子材料
HCN，NO，NO_2，NH_3	羊毛、皮革、聚丙烯腈（PAN）、聚氨酯（PU）、尼龙、氨基树脂等
SO_2，H_2S，CS_2	硫化橡胶、含硫高分子材料、羊毛
HCl，HF，HBr	聚氯乙稀（PVC）、含卤素阻燃剂的高分子材料、聚四氟乙烯
烷，烯	聚烯类及许多其他高分子
苯	聚苯乙烯、聚氯乙烯、聚酯等
酚，醛	酚醛树脂
丙烯醛	木材、纸
甲醛	聚缩醛
甲酸，乙酸	纤维素及纤维织品

现有的火灾数据尚无法确定其他有毒气体对人员的危害。多数研究机构都强调应当对其他有毒气体的作用进行研究。火灾烟气的毒性有多种实验方法，其中动物实验法和气体分析实验法最为常用。另外，火灾烟气的毒性不仅来自气体，还可来自悬浮固体颗粒或吸附于烟尘颗粒上的物质，目前关于这方面的研究还较少。

3. 烟气的形成与排烟机理[69]

在浮力的作用下，高温烟气将上升到建筑的上部，在建筑内顶棚与壁面的阻挡下，可形成逐渐加厚的烟气层。此时，建筑内可大体分为两个区域，即上部热烟气层和下部冷空气层，双区火灾模型就是基于这种情况建立的。

（1）烟气层高度

烟气层的高度经常用烟气层界面（Smoke layer interface）距地面的高度表示，在有些情况下也用本身的厚度表示。室内烟气的实际分布如图 1.19 所示，即在高温烟气层与低温空气层之间存在一段过渡区域，而不是在某一位置发生“突变”或“阶跃式”变化。该过渡区域底部高度通常被称为烟气前沿（First indication of smoke），烟气层界面应指过渡区域的中间位置。了解烟气层厚度的变化对于减轻或消除火灾烟气危害具有重要意义。

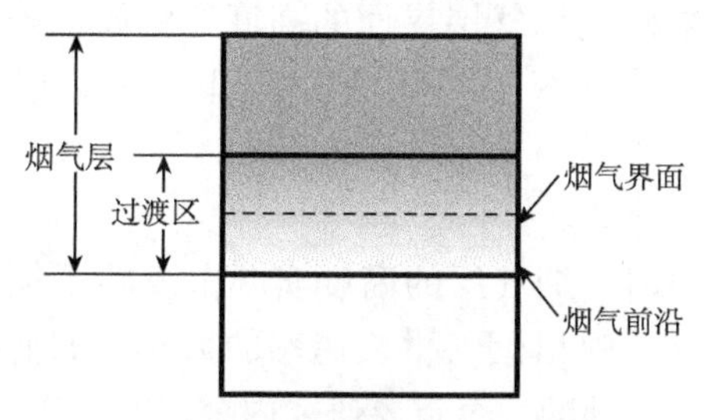

图 1.19　烟气层界面的定义（NFPA92B）

烟气层界面位置可根据温度、能见度或代表燃烧产物浓度的分布状况进行判断。根据实验测量或模拟计算，可以发现在烟气层界面附近，温度、能见度或燃烧产物浓度分布在纵向上是连续变化的，不过变化速率比较剧烈。对于如何根据这种连续变化的烟气特性参数确定烟层界面的高度，文献中提出了多种方法，其中最著名的是由 Cooper 等[86]提出的 *N*-百分比法则（*N*-percentage rule），该方法是基于房间内竖向温度分布来确定烟气层界面高度，计算公式为：

$$T = T_{amb} + \Delta T \cdot N/100 \tag{1.38}$$

式中，$\Delta T = T_{max} - T_{amb}$，$T_{amb}$为环境温度（或房间底部温度），$T_{max}$为上部烟气层温度的最大值。若 N 值取得较小，则所确定的烟气层界面位置靠近过渡区下部。

N-百分比法则使用起来较为简单，但 N 值的选取带有一定的主观性和经验性。如果烟层界面区域的温度梯度很大，则 N 值的选取就有很大的自由度；但是，如果温度随着高度增加缓慢，那么由 *N*-百分比法则确定的烟层界面高度将对 N 值的选取非常敏感，特别是对于狭长空间建筑来说，其烟气与空气分界面处温度梯度较小，不同的 N 值选取会对烟气层厚度产生较大的影响。

为了消除实验数据处理过程中的主观性和经验性，何亚平等[87]提出了使用积分比法（Integral ratio method）和最小平方法（Least-squares method）来确定烟气层界面。首先基于测量所得的连续温度分布，引入两种平均法则定义上层热烟气的平均温度和下层冷空气的平均温度。在此基础上定义两个特征参数——积分比之和与偏差的平方和，两个特征参数均为高度的函数，在特征参数取最小值时所对应的高度即为烟气层界面高度。该方法将烟气层界面位置的确定与物理量的整体分布联系起来，而非取决于个别孤立的测量点。

积分比法和最小平方法具有较为严谨的数学理论基础，摒弃了数据处理过程中的主观性和经验性，但也有不足之处。比如在计算烟气的自然填充时，当火灾发展一定时间以后，下层区域的气体被加热导致其温度有大幅上升时，某些情况下使用积分比法所确定的烟层界面高度会有所偏高。

根据实验测量或模拟计算所得的能见度分布或燃烧产物浓度分布，也可以使用类似的插值方式来确定烟气层界面的高度。例如可采用摄像机记录不同高度的能见度的变化，并采取 N-百分比法的原理处理烟气层界面区域的能见度，从而得到烟气层界面的高度。

（2）烟气层高度的计算

在一定的建筑空间内，烟气层的高度实际上反映了烟气体积的大小，或者说烟气层高度的变化率反映出烟气生成速率的大小。如何确定烟气层的高度随时间的变化是火灾安全工程的一个重要研究内容。

目前常用的计算烟层高度的公式主要有以下几种：

① NFPA-92B 的公式[88]

在美国消防协会的标准《商业街、中庭及大空间烟气控制系统设计指南》(NFPA92B) 中给出的条件是，假定烟羽流不与围护结构壁面接触且空间横截面积不随高度变化，当为稳定火源时：

$$\frac{z}{H}=1.11-0.28\ln\frac{t\dot{Q}^{1/3}H^{-4/3}}{A/H^2} \tag{1.39}$$

当为 t^2 火源条件下：

$$\frac{z}{H}=0.91\left[t_g^{-2/5}H^{-4/5}\left(A/H^2\right)^{-3/5}\right]^{-1.45} \tag{1.40}$$

式中，t_g 为火灾增长时间（s），A 为充满了烟气的空间的横截面积（m^2）。公式的适用范围为 $1.0\leqslant A/H^2\leqslant 23$，$z/H\geqslant 0.2$。

② Milke Mowrer 公式[89]

对于有固定的水平截面积和平坦天花板的空间，当火焰在烟气层的下方且热释放速率能用幂函数表示，即 $\dot{Q}=\alpha t^n$，

对于稳态火：

$$z=\left(1+\frac{2k_v\dot{Q}^{1/3}H^{2/3}t}{3A}\right)^{-3/2}H \tag{1.41}$$

对于 t^2 火：

$$z=\left[1+\frac{4.1k_v}{A}\left(\frac{H}{t_g}\right)^{2/3}t^{5/3}\right]^{-3/2}H \tag{1.42}$$

式中，H 为燃料表面到中庭顶棚的高度（m），k_v 为测定体积的卷吸常数，一般取为 $0.053\text{m}^{4/3}/(\text{s}\cdot\text{kW}^{1/3})$。

③ ISO 的公式[70]

国际标准化组织（ISO）对此给出的建议是，假定房间的下部有足够开口，空气比较容易进入室内。当无排烟设施时：

$$z=\left[\frac{0.152\alpha^{1/3}t^{(1+n/3)}}{\rho_s A(n+3)}+\frac{1}{H^{2/3}}\right]^{-3/2} \tag{1.43}$$

在实际应用中，对于初期的烟气填充过程，取 $\rho_s=1.0\text{kg/m}^3$ 时所得结果偏于保守。

当安装了机械排烟设施或在侧墙设有自然排烟设施，且烟气层处于准稳定状态时：

$$z=\left(\frac{\rho_s V_e}{0.076\dot{Q}^{1/3}}\right)^{3/5} \tag{1.44}$$

所谓的稳定状态是指排烟量等于烟气生成量，烟气层界面高度不发生变化的状态。

当屋顶设有自然排烟设施，且其处于烟气层稳定状态时：

$$z=\left(\frac{m_e}{0.076\dot{Q}^{1/3}}\right)^{3/5} \tag{1.45}$$

式（1.43～1.45）中，z 为烟气层界面高度（m），H 为顶棚高度（m），A 为封闭空间地面的面积（m^2），$\dot{Q}$ 为热释放速率（kW），t 为时间（s），α 为火灾增长系数（kW/s^2），ρ_s 为烟气的密度（kg/m^3），m_e 为排烟的质量流率（kg/s），V_e 为排烟的体积流量（m^3/s）。

④ Tanaka 公式[90]

日本学者 Tanaka 等针对指数增长火源的烟气自然充填过程，对烟气层高度的变化提出了一个积分公式。设火源功率随时间的变化为：

$$\dot{Q}=\dot{Q}_0 t^n \tag{1.46}$$

则烟气层高度随时间变化可表示为：

$$z=\frac{1}{\left(k\frac{\dot{Q}_0{}^{1/3}}{A}\frac{2}{n+3}t^{1+n/3}\ \frac{1}{H^{3/2}}\right)^{3/2}} \tag{1.47}$$

式中，k 为与羽流模型、环境温度、密度、烟气密度有关的量。

上述公式均是根据烟气自然填充时计算烟气层高度随时间变化情况，并未考虑排烟和补风等因素的影响，在实际工程中应当根据建筑物的通风条件加以修正。

（3）烟气层高度的控制

当建筑物发生火灾时，若烟气层过厚就会对室内的人员和物品造成危害，因此，应当通过一定的方式将烟气排到室外，以防止烟气层降低到可造成危害的高度。烟气层的控制高度可根据建筑物的几何条件、烟气的生成速率和排烟速率确定，如图 1.20 所示。

设烟气的生成速率由 Thomas 的羽流模型确定，即

$$\dot{m} = 0.188P_f Y^{3/2} \tag{1.48}$$

为了有效排出烟气，假设排烟口始终处于烟气层之中。若将烟气层有害高度取为 2m，则由上式可算出：

$$\dot{m} = 0.188P_f \times 2^{3/2} = 0.53P_f \tag{1.49}$$

于是烟气的体积生成速率可写为：

$$\dot{V}_s = 0.53P_f/\rho_a \tag{1.50}$$

式中，$\dot{V}_s$ 为烟气的体积生成速率（m^3/s），ρ_a 为排烟口处（或烟道内）的烟气密度（kg/m^3）。由于气体的密度与温度成反比，所以需要排出的高温烟气的体积是相当大的。

通过排烟口的烟气体积流率必须不少于 $\dot{V}_s$。为了计算 $\dot{V}_s$，必须知道 P_f、Y 和烟气在排烟口处的温度 T_f 等。$\dot{V}_s$ 可由通风口面积 A_v、T_f 及稳定状态下的浮力压头确定，它是 T_f 和热烟气层的厚度 h（即图 1.20 中的 H 和 Y）的函数。

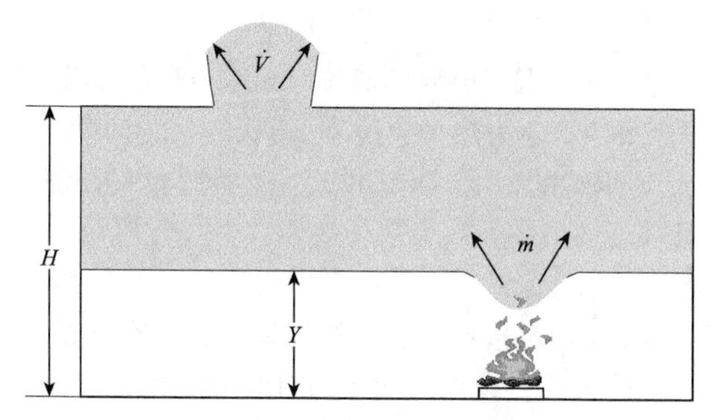

图 1.20　烟气层的形成及烟气的排出

根据建筑物的尺寸，烟气的体积生成速率还可用下式表示：

$$\dot{V}_s = A(H-Y) \tag{1.51}$$

式中，A 为房间的平面面积。将得到的方程积分可得出：

$$t = 20.8(A/P_f)(T_f/gT_a)^{1/2}(1/Y^{1/2} - 1/H^{1/2}) \tag{1.52}$$

假设 T_a=300K，并将计算式（1.51）所用的有关值代入上式可得：

$$t = 20(A/P_f)g^{-1/2} \cdot (1/Y^{1/2} - 1/H^{1/2}) \tag{1.53}$$

若已知建筑的地板面积 A_s、高度 H 以及火区的周长 P_f，就可由此公式确定烟气层界面下降到高度为 Y 米的时间 t。如果要求将烟气层的高度阻止在 Y 米以上，则应当在烟气层到达这一高度之前把相关的排烟口打开。

4. 狭长空间内火灾烟气蔓延的物理过程

狭长空间建筑内发生火灾时，燃烧产生的高温烟气在浮力的作用下将向上运动并不断卷吸周围的新鲜空气，形成火羽流。火羽流上升到一定的高度，将撞击顶棚，然后沿狭长空间纵向蔓延。根据卷吸机理的不同，将火源看作点源，假定烟气羽流为轴对称，可将狭长空间内火灾烟气蔓延的过程分为四个阶段，如图 1.21 和图 1.22 所示。

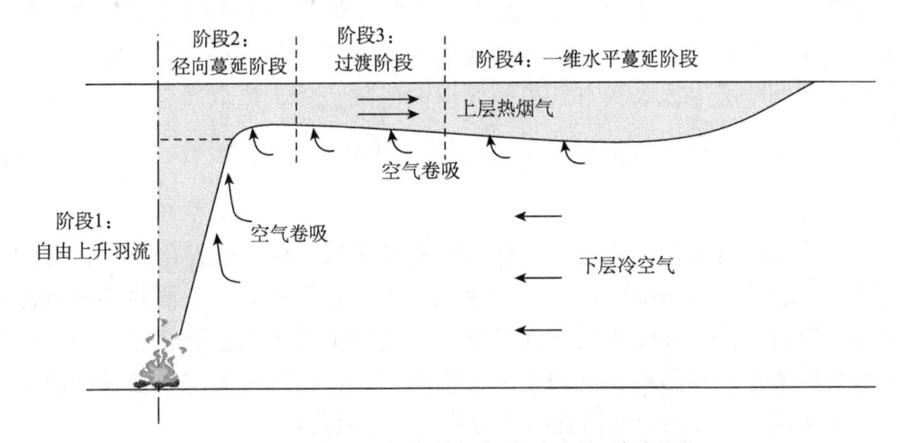

图 1.21 狭长空间内的烟气蔓延过程（侧视图）

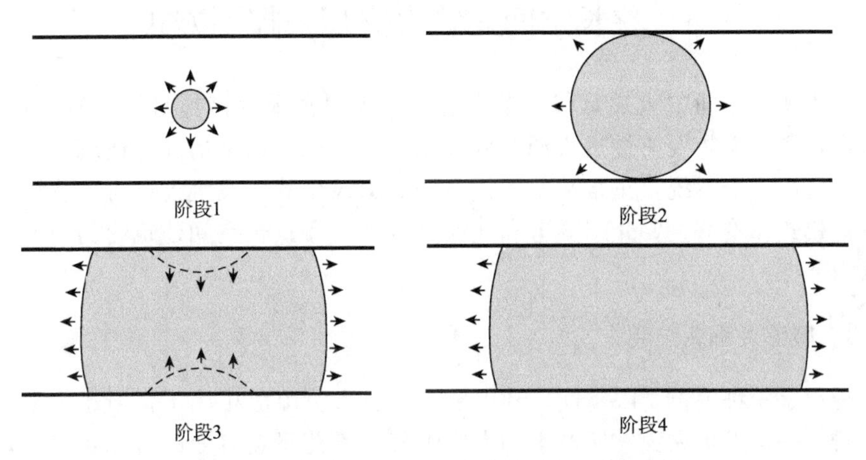

图 1.22 狭长空间内的烟气蔓延过程（俯视图）

阶段 1 是羽流上升阶段。火灾发生后，火源燃烧产生的高温烟气，热空气向上运动并不断卷吸周围冷空气，形成烟气羽流。该阶段的烟气质量卷吸速率可采用经验羽流模型计算。

阶段 2 是烟气羽流撞击顶棚后的径向蔓延阶段。根据火源功率的大小以及顶棚高度的不同，可分为烟气羽流撞击顶棚和火焰撞击顶棚两种情况。烟气羽流撞击顶棚后，将沿径向向四周自由蔓延，直至遇到两侧壁面阻挡。

阶段 3 是由径向蔓延向一维水平蔓延的过渡阶段。径向蔓延的烟气在侧壁的作用下逐渐由二维的径向运动向一维的水平流动转变。在此阶段，侧壁附近的烟气由于受到侧壁的限制会沿着侧壁向下蔓延，由于热烟气的浮力作用，到一定距离后，又会转变成向上的运动，即反浮力壁面射流。反浮力壁面射流在流动的过程中会卷吸附近的新鲜空气。

阶段 4 是一维水平运动阶段。由于上部的热烟气和下部的冷空气之间的相对运动，烟气在水平运动的过程中会受到水平剪切力的作用，同时将一部分冷空气卷吸到烟气层中。水和空气都是典型的牛顿流体，热烟气也可以认为是牛顿流体。牛顿黏性定律的表达式为 $\tau=\mu\frac{\mathrm{d}u}{\mathrm{d}x}$，其中 μ 为黏性系数，$\frac{\mathrm{d}u}{\mathrm{d}x}$为垂直于流动方向的法向速度梯度。

在狭长空间内的烟气转化为一维纵向蔓延阶段之前，会发生一个特殊的物理现象——水跃（Internal jump)。在水跃的发生过程中，一方面将导致烟流能量的突然损失；另一方面，烟流也将在这一过程中卷吸大量环境空气而导致质量流率突然增大。根据狭长空间建筑结构的不同，水跃可能发生在径向流动阶段，也可能发生在径向流动向轴向流动转化的过渡阶段。

1.4 狭长空间建筑火灾烟气控制方式

由于狭长空间中火灾烟气的危害性，火灾时需采取措施对烟气进行控制，为人员疏散和消防人员接近火源实施扑救争取时间。通常情况下建筑内的通风和排烟合用一个系统，正常情况下该系统为通风模式，发生火灾时该系统转换为排烟模式。本节主要介绍隧道和地铁这两类典型狭长空间建筑内的通风排烟方式[19,84,91]。

1.4.1 隧道内烟气控制方式

隧道是一种狭长受限空间，其内部车辆及人员疏散相比于普通建筑来说更加困难。一旦发生火灾，所产生的有害烟气如不能迅速有效的排到隧道外，将对隧道内的人员带来巨大的危害，并会妨碍灭火救援的顺利进行。在隧道设计阶段，就应当根据隧道长度、平曲线半径、坡度、交通条件、气象条件和环境条件等设计有效的通风排烟系统，以最大限度地降低隧道烟气对人员造成的危害，而且还要兼顾经济性和易用性。

应当根据火灾发展特点合理进行通风排烟系统的设计与管理。在火灾初期阶段，高温烟气主要集中在隧道顶部，隧道下部在一定时间内仍然存在大量的空气，形成明显的烟气分层现象；但当隧道内纵向通风速度较大时，烟气的分层状况会被破坏，使隧道全断面均被烟气弥漫。隧道内的通风和烟气控制主要有两大类，分别是自然通风方式和机械通风方式。其中机械通风方式又包括全横向式通风、半横向式通风和纵向式通风三种。

1. 自然排烟方式

所谓自然通风方式，即不使用风机设备、完全靠汽车交通风的活塞作用及其剩余能量与自然风的共同作用，把有害气体和烟尘从隧道内排出。隧道内形成自然风流的原因有三：隧道内外的温度差（热位差）、隧道两端洞口的水平气压差（大气气压梯度）和隧道外大气自然风的作用[92]。

当隧道内外温度不同时，隧道内外的空气密度就不同，从而产生空气的流动，用压差来表示称为热位差。热位差大小由隧道内外的空气密度差以及隧道内外的高度差决定；大范围的大气中，由于空气温度、湿度等的差别，同一水平面上的大气压力也有差别，这种气压的差异，气象上以气压梯度表示，该值可从气象资料中查得；隧道外吹向隧道洞口的大气风，碰到山坡后，其动压头的一部分可转变为静压力。此部分动压头的计算方法，可以根据隧道外大气自然风的风向与风速计算得到。热位差、水平气压差与隧道外大气自然风三项的压差之和即为隧道内形成自然风的动力。

当隧道内的自然风向与汽车行驶方向相同时，自然风是助力作用，排除有害气体的时间较快；若自然风向与汽车行驶方向相反时，自然风起阻力作用，排除有害气体的时间则较慢，需时较长。

2. 全横向排烟方式

自然通风不能满足隧道内通风排烟的要求时，要使用风机予以排除，称为机械通风。美国匹兹堡市的自由隧道曾于1924年发生因交通堵塞导致乘客CO中毒的事件，引起广泛关注。之后，美国纽约市的荷兰隧道（圆形盾构）采用了一种新的有害气体通风排除方法，将行车道下部弓形空间作为送风道，上部加设吊顶板，其弓形空间作为排风道，这种将气流从下部空间流经隧道后送入上部的通风方式，即所谓的全横向通风方式。全横向式同时具有送风和排风的风机和风道，形成沿隧道横断面流动的通风气流，烟气沿隧道纵向流动不太长的距离就可被排出。这种方式有效缩短了烟气的纵向流动距离，减少了烟气的危害范围，尤其是在火灾前期的人员疏散阶段，尽量减少对烟气分层的扰动对人员安全具有重要意义。这种通风方式的高可靠性使得大交通量的长大公路隧道的建设成为可能。目前世界上许多长大公路隧道均采用全横向式通风。

3. 半横向排烟方式

由于全横向式通风需在设计断面以外提供两条额外的送、排风道，这对于圆形断面以外断面形式的隧道将大大增加工程投资，因而出现了采用一条风道和隧道相组合的折中通风方式，即所谓的半横向式通风。1934 年，英国的默尔西隧道（长 3226m）首先采用了半横向式通风，随后在许多不太长的公路隧道中相继采用了此种通风方式。这种通风方式分为送风半横向和排风半横向两种。当隧道较长时，若采取送风半横向式通风，则需要在隧道上开若干个竖井，并架设送风道，在隧道内的某些部位将空气送入，使烟气沿隧道纵向流动一段距离，然后从洞口排出。

4. 纵向排烟方式

纵向通风是将新鲜空气从隧道一端引入，将有害气体与烟尘从另一端排出。在通风过程中，隧道内的有害气体与烟尘沿纵向流经全隧道。根据采用的通风设备，又可分为洞口风道式通风与射流风机通风。洞口风道式通风多采用轴流风机，射流风机通风则多将射流风机分散悬挂于隧道拱顶部位，也有集中设置于洞口者。若隧道很长纵向式通风不能满足规范要求时，可采用竖井、斜井、平行导洞等辅助通道将隧道长度分成几个通风区段，称为分段纵向式通风。按风机供风方向又可分为吹入式、吸出式、吹吸两用式与吹吸联合式。纵向通风方式通过风机、竖（斜）井等通风手段在隧道中形成沿隧道纵断面流动的排风气流的通风方式。射流风机通风系统的施工难度小、工程造价和运营费用低、活塞风利用效果好，适用于 3000m 以内的单向交通隧道和 1500m 左右的双向交通隧道。

表 1.15 归纳了全横向式、半横向式和纵向式 3 种通风方式中不同通风系统的特点及其适用性。

表 1.15　隧道通风方式、种类、特点及其适用性

<table>
<tr><td colspan="2">通风方式</td><td colspan="4">纵向式</td><td colspan="2">半横向式</td><td>全横向式</td></tr>
<tr><td colspan="2">代表形式</td><td>射流风机式</td><td>洞口集中送入式</td><td>集中排出式</td><td>竖井送排式</td><td>送风半横向式</td><td>排风半横向式</td><td>全横向式</td></tr>
<tr><td colspan="2">基本特征</td><td colspan="4">受迫气流沿隧道纵向流动</td><td colspan="2">由隧道通风道送风或排风，由洞口沿隧道纵向排风或抽风</td><td rowspan="2">按照上排下送的方式分别设送排风道，通风风流在隧道内作横向流动</td></tr>
<tr><td colspan="2">形式特征</td><td>由射流风机群升压</td><td>由喷口送风升压</td><td>洞口两端进风、中间集中排风</td><td>由喷口送风升压</td><td>由送风道送风</td><td>由排风道排风</td></tr>
<tr><td colspan="2">排烟效果</td><td>不好</td><td>不好</td><td>一般</td><td>一般</td><td>较好</td><td>较好</td><td>有效排烟</td></tr>
<tr><td colspan="2">工程造价</td><td>低</td><td>一般</td><td>一般</td><td>一般</td><td>较高</td><td>较高</td><td>高</td></tr>
<tr><td colspan="2">技术难度</td><td>不难</td><td>一般</td><td>一般</td><td>稍难</td><td>稍难</td><td>稍难</td><td>难</td></tr>
<tr><td colspan="2">运营维护</td><td>费用低</td><td>一般</td><td>一般</td><td>一般</td><td>较高</td><td>较高</td><td>费用高</td></tr>
<tr><td rowspan="2">适用长度</td><td>单向交通</td><td>2500m 左右</td><td>2500m 左右</td><td>2000m 左右</td><td>不限</td><td>3000m 左右</td><td>3000m 左右</td><td>不限</td></tr>
<tr><td>双向交通</td><td>1500m 左右</td><td>1500m 左右</td><td>3000m 左右</td><td>—</td><td>3000m 左右</td><td>3000m 左右</td><td>不限</td></tr>
</table>

在这些通风方式中，送风系统的主要作用是在火灾情况下向隧道内人员提供新鲜空气，以确保其安全疏散、临时避难和灭火救援的开展。因此，送风系统的采气口附近不能有高温烟气存在，否则，会将已排出的有毒、有害烟气，重新送入隧道中。所以隧道送风系统新风采气口应设在不受排烟出口影响的地方，必要时，还应采取防止烟气回流措施。

1.4.2 地铁站内烟气控制方式

地铁火灾调查结果表明，火灾伤亡中以烟气中毒窒息伤亡为主，真正被烧死的人员比例非常低，因此，地铁内设置有效的烟气防控系统是非常重要的。我国国家标准《地铁设计规范》[93]中也对防排烟系统的设计给出了一些强制性的规定。

国内目前投入运营或建设中的城市轨道交通系统基本属于大、中型运量等级，单向断面客流一般均达到3.5万～7万人次，大型车站高峰客流量达5万～7万人次。地下车站公共区（包括车站的站厅、站台、转换层和通道出入口）均是乘客流动区域。一般情况下，候车和上下车的站台聚集区域乘客密度最高，而站台的空间又相对狭小，离车站的出入口距离最远，因此，车站公共区疏散条件最差；站厅层乘客密度次之，因为该区域的乘客进出站一般较通畅，只有少数需购票的乘客滞留，且该区域的空间相对开阔，一般有不少于两个直通地面的出入口，因此，乘客有较好的疏散条件；通道出入口乘客基本处于流通状态，很少有人停留，同时也最接近地面安全区域，疏散条件最好。

地铁站设计时均满足《地铁设计规范》中规定的6min疏散能力要求，但是当这些区域发生火灾事故时，若不能及时有效地诱导乘客疏散并迅速排除烟气，仍可能会造成重大伤亡，特别是地下车站封闭空间乘客无方向感和无可参照的室外建筑物，容易引起混乱。因此，在地下车站紧急事故状态下的乘客疏散诱导系统就显得特别重要。从乘客的心理和行为角度出发，当迎着新风方向疏散时，乘客才有较好的安全感并能冷静地听从车站工作人员的指挥，所以，地铁站防排烟系统设计除保证火灾区域排烟量外，非常关键的一点就是应能为乘客疏散路径提供一定新鲜空气和迎面风速，该风速不但可以诱导乘客安全疏散，同时也能有效的控制烟气流向。

当地铁站内的站台发生火灾时，乘客需通过楼梯先疏散到上一层，而楼梯在站厅层的开口或扶梯斜通道是烟气向上蔓延的主要路径，有关实验证明，烟气沿楼梯、竖向管井的垂直扩散速度为3～4m/s，因此，这些部位的风速需达到4m/s以上才能有效的控制烟气向上一层蔓延。

地铁内控制火灾烟气蔓延的主要途径有防烟和排烟。防烟是采用具有一定耐火性能的物体或材料把烟气阻挡在某些限定区域，比如采用挡烟垂壁进行防烟分区的划分和在楼梯口设置一定高度的挡烟垂壁，阻挡烟气向上层蔓延。排烟则是使烟气沿着排烟竖井或管道排到建筑外，使之不对人产生不利的影响。地铁内的排烟有自然排烟和机械排烟两种形式。自然排烟适用于烟气具有足够大的浮力，可以克服其他阻碍烟气流动的驱动力的区域。通常广泛采用的是机械排烟，虽然这种方法需要增加很多设备，但可有效克服自然排烟的局限性。

烟气在蔓延过程中会不断将周围的新鲜空气卷吸到烟气层中，使烟气总量逐渐增加。因此，从理论上讲防烟与排烟装置的位置离起火点越近越有助于控制烟气的蔓延。地铁内部空间结构非常复杂，在不同的功能区域宜采用不同的防排烟方式或几种方法结合。

1. 挡烟垂壁

固体壁面是防止烟气从起火房间或浓烟区向外蔓延的主要建筑构件，例如隔墙、隔板、楼板、梁、挡烟垂壁等。固体壁面可以用砖与水泥砌成，也可用其他薄板材料制成。为了能够有效防烟，固体壁面不应有缝隙、漏洞或无法关闭的开口。固体壁面是一种被动式防烟方式，它们能使离火源较远的空间不受或少受烟气的影响。固体壁面挡烟可以单独使用，同时也是加压防烟的基本条件，两者需要配合使用。

地铁站公共区内的固体壁面挡烟主要设置在站厅和站台顶部以及楼梯口通道下边缘处。《地铁设计规范》中第 19.1.12 条[93]规定：站厅与站台间的楼梯口处宜设挡烟垂壁，挡烟垂壁下缘至楼梯踏步面的垂直距离不应小于 2.3m。国内地下车站站厅高度一般为 4.2～4.6m，出入口通道的高度一般为 2.5m 或与站厅交接通道处设置离地面高为 2.5m 的挡烟垂壁，这样站厅顶棚有 1.7～2.1m 的蓄烟高度，能有效地减缓烟气向相邻防烟分区蔓延。图 1.23 为某地铁站楼梯口下边缘以透明材料制成的挡烟垂壁。

2. 送风防烟

当地铁站的站台层内发生火灾时，最基本的烟气控制策略是：站台层开启机械排烟，同时站厅层进行机械送风，在站台与站厅连接处形成向下的空气流动，将火灾烟气控制在起火站台层内。在地铁站防排烟设计时，站台与站厅连接处的风速应当保持一定的大小，如果风速过小则无法阻止火灾烟气进入站厅层，如果要求的风速过大则会对地铁站内的防排烟系统提出更高的要求，增加了地铁站的建设成本。当所有火灾烟气正好被控制在站台层时，站台与站厅连接处的风速就称为临界风速。站台与站厅连接处的临界风速是地铁站防排烟设计中的一个关键参数。

在我国国家标准《地铁设计规范》中第 19.1.39 条规定：当车站站台发生火灾时，应保证站厅到站台的楼梯和扶梯口处具有不小于 1.5m/s 的向下气流。

图 1.23 某地铁站楼梯口下边缘设置的挡烟垂壁

虽然规范中对临界风速的大小进行了要求，然而在实际情况中，临界风速的大小要受到火源功率、火源到楼梯的距离、挡烟垂壁的高度以及站台结构等众多因素的影响。实际地铁火灾中，火源功率的大小和火源位置有很大的不同，而不同的地铁站其内部结构又有相当的差异。在地铁站内，利用站厅送风防止火灾烟气进入站厅是一种重要的烟气控制手段，其中正压送风的临界风速是抑制烟气逆流的最小速度，图 1.24 是在走廊内用空气流防止烟气逆流的示意图。

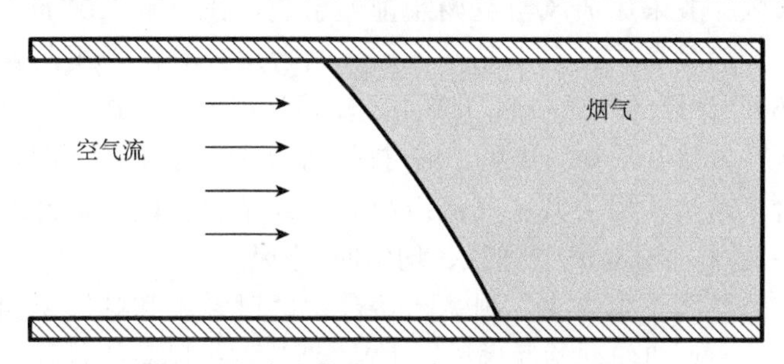

图 1.24 在走廊内用空气流防止烟气逆流

Thomas 最早采用 Richardson 数来研究水平隧道内火灾时的纵向临界风速[94]，认为临界风速的大小取决于横截面上浮力与惯性力的比值，其表达式为：

$$Fr_m = \frac{gH\Delta T}{u^2 T} \tag{1.54}$$

式中，H 是隧道的高度，u 是纵向风速，T 是火灾烟气的温度，ΔT 是火灾烟气与环境空气的温差。当 Fr_m 等于 1 时，浮力的大小与惯性力的大小相等，此时的纵向风速即为临界风速。将式（1.54）中的 ΔT 用 $\dot{Q}'$ 来替换，得到临界风速的表达式为：

$$u_c = k\left(\frac{g\dot{Q}'}{\rho_a c_p T}\right)^{1/3} \tag{1.55}$$

式中，u_c 为临界风速（m/s），$\dot{Q}'$ 是单位隧道宽度上火源热释放速率的对流部分（kW），ρ_a 为环境空气的密度（kg/m^3），c_p 为空气的定压比热容［J/（kg·K）］，k 是由实验确定的常数。

3. 机械排烟

机械排烟是利用风机造成的流动进行强制排烟，机械排烟需要建立一个较复杂的系统，包括由挡烟壁面围成的蓄烟区、排烟管道、排烟风机等。为了有效排烟，应当对系统的形式做出合理的设计。对于地铁站这种地下建筑机械排烟是控制烟气蔓延的最有效方法。排烟风机必须有足够大的排烟速率，以减缓烟气在建筑内的沉降，使之不会在相关人员的有效安全疏散时间之内到达对人危害的高度。研究表明，在火灾过程中良好的机械排烟系统能排出大部分烟气和 80％以上的热量，从而使空间内的烟气浓度和温度大大降低。

地铁站内均设有通风与空调系统，但其断面尺寸较大，本身布置上就很困难，若再单独设置一套防排烟系统，需要再增加面积和空间。为节约宝贵的地下空间，地下地铁站通风与空调系统大多兼顾了防排烟的功能。目前新建地铁站，考虑到环控的要求，一般均装有屏蔽门，下面针对这种站台的通风兼排烟系统进行介绍。

车站公共区一般采用通风与空调兼排烟系统，在正常工况下，车站公共区气流组织形式一般是岛式站台车站站厅层、站台层公共区采用两侧由上向下送风，中间上部回/排风的两送一回/排或两送两回/排形式。送风管分设在站厅和站台上方两侧，风口朝下均匀送风，回/排风管设在车站中间上部，风口均匀排风。侧式站台车站站厅层公共区气流组织与岛式站台相同，站台层公共区则分别采用一送一回/排形式，均匀送风、均匀回/排风。

当站台层公共区发生火灾，则关闭站台层送风系统和站厅层回/排风系统，启动部分组合式空调机组向站厅送风，由站台层回/排风系统排除烟雾经风井至地面，使站台层形成负压，楼梯口形成向下气流，便于人员安全疏散至站厅层，再到地面。

当站厅层公共区发生火灾，则关闭站厅层送风系统和站台层回/排风系统，启动部分组合式空调机组向站台送风，由站厅层回/排风系统排除烟雾经风井至地面，使站厅层造成负压，烟雾不致扩散到站台层，新风经出入口从室外进入站厅，便于人员从车站出入口疏散至地面。

下面对地铁车站内机械排烟存在的若干问题进行阐述。

（1）烟气层吸穿

为了有效排除烟气，通常都要求负压排烟口浸没在烟气层之中。当排烟口下方存在足够厚的烟气层或排烟口处的速度较小时，烟气能够顺利排出，如图 1.25（a）。不过也会对烟气与空气交界面产生扰动，加剧烟气与空气的掺混。当排烟口下方无法聚积起较厚的烟气层或者排烟速率较大时，在排烟时就有可能发生烟气层的吸穿现象（Plugholing），如图 1.25（b）。此时有一部分空气被直接吸入排烟口中，导致机械排烟效率下降。同时，风机对烟气与空气界面处的扰动更为直接，可使得较多的空气被卷吸进入烟气层内，增大了烟气的体积。

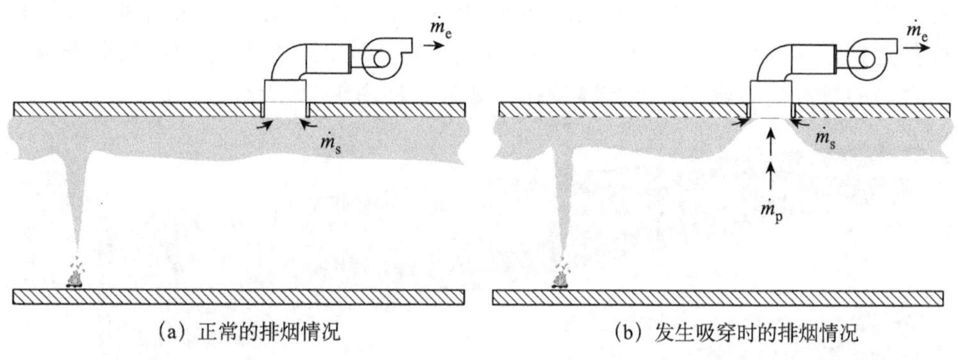

（a）正常的排烟情况　　（b）发生吸穿时的排烟情况

图 1.25　机械排烟时排烟口下方的烟气流动情况

Hinckley[95]提出可以采用无量纲数 F 来描述自然排烟时的吸穿现象，其定义如下：

$$F = \frac{u_v A}{(g\Delta T/T_a)^{1/2} d_e^{5/2}} \tag{1.56}$$

式中，u_v 为通过排烟口流出的烟气速度（m/s），A 是排烟口面积（m^2），d_e 是排烟口下方的烟气层厚度（m），ΔT 是烟气层温度与环境温度的差值（K），T_a 是环境温度（K），g 是重力加速度（m/s^2）。

刚好发生吸穿现象时的 F 的大小可记为 $F_{critical}$。Morgan 和 Gardiner[96]的研究表明，当排烟口位于蓄烟池中心位置时，$F_{critical}$ 可取 1.5，当排烟口位于蓄烟池边缘时，$F_{critical}$ 可取为 1.1。根据式（1.56），发生吸穿现象时，排烟口下方的临界烟气厚度可表示为：

$$d_{critical} = \left[\frac{V_v}{(g\Delta T/T_a)^{1/2} F_{critical}}\right]^{2/5} \tag{1.57}$$

（2）排烟口与补风口的布置

当烟气沿地铁车站的顶棚流动很长距离，沿程持续卷吸空气并将热量传递给周围壁面，烟气温度会迅速降低，向下部空间沉降。烟气控制的一条重要原则是设法保持烟气体积最小，应当尽量避免烟气发生大范围扩散和长距离流动。因此，为了实现良好的排烟效果，机械排烟口最好浸没在烟气层之中，且应有合理的有效流通面积、数量和间隔。排烟口面积过小将造成流动阻力过大。排烟口数量适当多些，且均匀分布有助于强增化排烟效果。在有些情况下，排烟口的形状对排烟也有较大影响。

补风口指输送新鲜空气的入口，为了减少新鲜空气与烟气层的混合，补风口应尽量设置在空间下部，减少对烟气层的扰动而导致的烟气体积增加，且不宜距离排烟口过近。如果补风口与排烟口距离过近，空气将被直接抽到上部并排出去，造成“空气流通短路”，达不到有效排烟的目的。当补风口的高度较高时，例如，在地铁车站内采用起火防烟分区排烟，相邻防烟分区送风，如果烟气蔓延到相邻防烟分区，补充的新鲜空气将直接吹入烟气层之中，从而造成它们之间的掺混更为剧烈，严重减弱排烟效果，如图 1.26 所示。

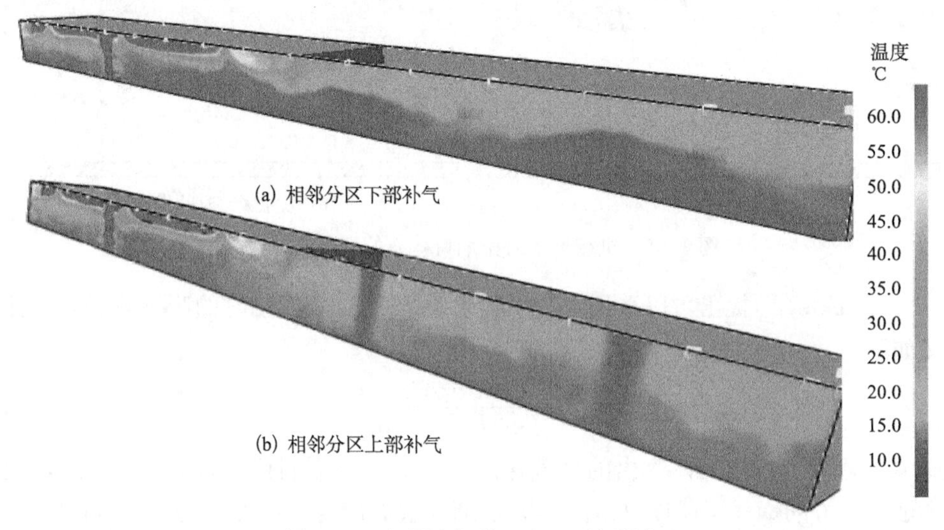

图 1.26 相邻防烟分区上、下部补气

如果地铁站台安装了全封闭式屏蔽门，在站台端部附近发生火灾时，火源与端壁之间的区域内无法形成空气对流，易造成烟气蓄积，即使提高排烟风机功率，也无法有效排除这些“盲区”中的烟气[84]。因此，在地铁通风排烟系统设计中，需根据地铁站公共区的结构特点，布置排/送风口位置、数量和大小，在有条件的情况下，根据烟气的流动与蓄积状况启动不同位置的排烟口和送风口。

参 考 文 献

[1] 张伟．城市地下交通隧道火灾的防护［J］．地下空间，2002，22（3）：268-270.

[2] 钟喆．阿尔卑斯山的地下惨剧 法国与意大利的勃朗峰公路隧道发生特大火灾［J］．上海消防，1999，27（5）：34-35.
[3] 戴国平．英法海峡隧道火灾事故剖析及其启示［J］．铁道建筑，2001，(3)：6-9.
[4] Hong W H. The progress and controlling situation of Daegu Subway fire disaster［C］//6th Asia-Oceania Symposium on Fire Science and Technology. Daegu，Korea，2004：17-20.
[5] 黄钊．地下商业街的火灾防护［J］．重庆三峡学院学报，2002，6（18）：112-117.
[6] 王遥．地下空间火灾——城市的心腹之患［J］．现代职业安全，2009，12：112-113.
[7] 胡隆华．隧道火灾烟气蔓延的热物理特性研究［D］．合肥．中国科学技术大学，2006.
[8] 贾嘉陵，王梦恕，张顶立．北京西单立体交通工程施工安全风险模糊分析［J］．中国安全科学学报，2004，14（12）：9-13.
[9] 孙滨．武汉兴建 5 层立体交通网络 畅通交通拥堵点街道口［EB/OL］．武汉：荆楚网，2008［2008-07-27］. http：//news. cnhubei. com/hbrb/hbrbsglk/hbrb01/200807/t385912. shtml.
[10] 蔡逸峰．世界上最长的穿越海峡的隧道［J］．交通与运输，2008，(1)：46-47.
[11] 孔祥金．全国公路隧道最新统计资料［J］．公路隧道，2004，(4)：41.
[12] 孔祥金．秦岭终南山隧道通车［J］．公路隧道，2007，(3)：5.
[13] 中国公路学会隧道工程分会．国外长大公路隧道列表［J］．中国公路，2004，(11)：29.
[14] 陕西秦岭终南山隧道近日全线通车［J］．华东公路，2007，(1)：74
[15] 田鸿宾．孙兆荃世界城市地铁发展综述［J］．土木工程学报，1995，23（1）：73-78.
[16] 康宁．美国的地下空间开发和利用［J］．浙江地质，2001，17（1）：67-72.
[17] 李东．中国地铁建设情况［EB/OL］．杭州：浙江在线，2007［2007-3-28］. http：//www. ccmetro. com/newsite/readnews. aspx? id=28456.
[18] 张驰．地铁日客流量逼近 700 万人次［EB/OL］．北京：千龙网，2011［2011-03-06］. http：//beijing. qianlong. com/3825/2011/03/06/2861@6694953. htm.
[19] 纪杰．地铁站火灾烟气流动及通风控制模式研究［D］．合肥：中国科学技术大学，2008.
[20] 张惠兰．城市地下通道半封闭结构的设计［J］．铁路勘测设计，2006，(2)：97-101.
[21] 何滨，张国贤．郑州市地下空间开发利用浅析［J］．山西建筑，2010，01：49.
[22] 沈晓舟．浅析中等城市地下空间开发的利用［J］．山西建筑，2010，36（5）：45-46.
[23] 朱红梅，谭雪兰．试论长沙市地下商业街合理开发利用［J］．亚热带资源与环境学报，2009，4（3）：37-42.
[24] 许兰兰，檀丽丽．浅谈城市地下空间的利用［J］．山西建筑，2006，32（16）：30-31.
[25] 郑士贵．城市地下空间的开发利用［J］．中国人民防空，2002，6：29-30.
[26] 许维敏．浅谈城市地下通道与商业及地铁的结合［J］．交通与运输（学术版）. 2009，25（H12）：76-79.
[27] 李静影．地下人行通道消防设计审查要点［J］．消防技术与产品信息，2014，(1)：13-14.

[28] 颜乐．浅谈地下街在各国（地区）的发展［J］．科协论坛（下半月），2011，（7）：150-151.
[29] 王学谦．建筑防火［M］．北京：中国建筑工业出版社，2000.
[30] 熊海群．地下商业街的防火设计研究［D］．重庆：重庆大学，2007.
[31] 王成荣．开发地下商业空间要有科学规划［EB/OL］．北京：北京商报，2011［2011-2-16］. http：//www. bjbusiness. com. cn/site1/bjsb/html/2011 02/16/content _ 125163. htm.
[32] 张慧，施微，陈军华．高层建筑走廊排烟效果分析［J］．消防科学与技术，2012，31（8）：812-815.
[33] 公安部消防局．中国消防年鉴［M］．北京：中国人事出版社，2004：92-103.
[34] 唐倩，庞奇志，王超．电缆沟火灾事故分析及预防措施［J］．工业安全与环保，2008，34（1）：53-55.
[35] 洪丽娟，刘传聚．隧道火灾研究现状综述［J］．地下空间与工程学报，2005，1（1）：149-155.
[36] Leitner A. The fire catastrophe in the Tauern Tunnel：experience and conclusions for the Austrian guidelines［J］. Tunnelling and Underground Space Technology，2001，（16）：217-223.
[37] 李世英．世界地铁与地铁消防［J］．公安科技情报，1991，（1）：25-29.
[38] 孟正夫，任运贵．伦敦地铁君王十字车站重大火灾情况及其主要教训［J］．消防科技，1992，（3）：34-37.
[39] 李进．伦敦地铁金．克罗斯车站火灾的教训［J］．消防技术与产品信息，1992，（3）：48-49.
[40] 魏平安．巴库地铁火灾的教训［J］．消防技术与产品信息，1998，（8）：33.
[41] 何建红．阿塞拜疆地铁火灾［J］．上海消防，1999，（11）：40-41.
[42] 曹炳坤．敲响地铁安全警钟［J］．交通与运输，2005，（6）：55.
[43] 金康锡．谁来保障地铁安全——韩国大邱地铁火灾的教训和启示［J］．中国减灾，2005，（9）：42-43.
[44] 孙爽．从韩国大邱市地铁火灾谈地铁的防火安全［J］．消防技术与产品信息，2004，（2）：109-110.
[45] Park H J. An investigation into mysterious questions arising from the Dargue underground railway arson case through fire simulation and small-scale fire test［C］//Proceedings of the 6th Asia-Oceania Symposium on Fire Science and Technology. 2004：16-27.
[46] 刘铁民，钟茂华，王金安，等．地下工程安全评价［M］．北京：科学出版社，2005.
[47] 王老诚．漫话北京地铁［J］．上海消防，2001，（4）：20-21.
[48] 郭光玲，戴国平，马世杰，等．地铁火灾研究［J］．都市快轨交通，2004（S1）：62-66.
[49] 康晓龙，王伟，赵耀华，等．公路隧道火灾事故调研与对策分析［J］．中国安全科学学报，2007，17（5）：110-116.

[50] 中华人民共和国交通部．公路工程技术标准［S］．北京：人民交通出版社，2004.

[51] 云南省建设厅．公路隧道消防技术规程［S］．昆明：云南科技出版社，2004.

[52] 陈宜吉．隧道列车火灾案例及预防［M］．北京：中国铁道出版社，1998.

[53] 丁良平．高速铁路长大隧道列车火灾安全疏散研究［D］．上海：同济大学，2008.

[54] Oka Y，Atkinson G T. Control of smoke flow in tunnel fires［J］. Fire Safety Journal，1995，25（4）：305-322.

[55] U. S. Department of Transportation Federal Highway Administration. Underground transportation systems in Europe：safety，operations，and emergency response［R］. 2006.

[56] Ingason H. Large fires in tunnels［J］. Fire Technology，2006，（42）：271-272.

[57] 孙楠楠．地下商业建筑的火灾特点与灭火救援［J］．消防技术与产品信息，2010，7：32-36.

[58] 杨立中，邹兰．地铁火灾研究综述［J］．工程建设与设计，2005，11：8-12.

[59] 李树涛．地下建筑火灾烟气危害性及对策探讨［J］．武等学院学报，2005，21（6）：25-26.

[60] 韩涛．地下工程火灾发生特征与防护对策研究［J］．山西建筑，2008，34（4）：209-211.

[61] Drysdale D. An Introduction to Fire Dynamics［M］. 2rd end. New York：John Wiley，1987.

[62] National Fire Protection Association of United States. NFPA 921 guide for fire and explosion investigations［S］. Quincy，MA：NFPA，2004.

[63] 崔力明，李剑，黄自元，等．隧道消防灭火系统的现状与应用［C］．公路隧道运营管理与安全国际学术会议论文集，2006.

[64] 陈鼎榕．地铁火灾事故下的安全疏散［J］．城市轨道交通研究，2003，2：29-31.

[65] NFPA. Road Tunnels，Bridges，and other Limited Access Gighways［M］. National Fire Protection Association，2008.

[66] 尹利敏．试论地下商业建筑的火灾与扑救［J］．科技经济市场，2007，10：109-110.

[67] 杨瑞新，陈雪峰．高等级公路长隧道火灾特点及消防设计初探［J］．消防科学与技术，2002，9（5）：50-52.

[68] 周旭，赵明华，刘义虎．长大隧道火灾与防治设计研究［J］．中南公路工程，2002，27（4）：87-90.

[69] 霍然，胡源，李元洲．建筑火灾安全工程导论［M］．合肥：中国科学技术大学出版社，1999.

[70] Karlsson B，Quintiere J. Enclosure Fire Dynamics［M］. CRC press，2002.

[71] Babrauskas V，R D. Peacock，heat release rate：the single most important variable in fire hazard［J］. Fire Safety Journal，1992. 18：255-272.

[72] Parker W J. Calculations of the heat release rate by oxygen consumption for various applications［J］. Journal of Fire Sciences，1984，2（5）：380-395.

[73] Quintiere J G. Fundamentals of enclosure fire “zone” models［J］. Journal of Fire Protec-

tion Engineering，1989，1（3）：99-119.

［74］ Forney G P，Moss W F. Analyzing and exploiting numerical characteristics of zone fire models ［J］. Fire Science and Technology，1994，14（1/2）：49-60.

［75］ Chow W K. Building fire zone models ［D］. The Hong Kong Polytechnical University，1998.

［76］ Quintiere J G. Compartment Fire Modeling ［M］. SFPE Handbook of Fire Protection Engineering（3rd edition），Section 3，Chapter 5，2002.

［77］ Zukoski E E，Kubota T，Cetegen B. Entrainment in fire plumes ［J］. Fire safety journal，1981，3（3）：107-121.

［78］ Heskestad G. Engineering relations for fire plumes ［J］. Fire Safety Journal，1984，7（1）：25-32.

［79］ Heskestad G. Virtual origins of fire plumes ［J］. Fire Safety Journal，1983，5（2）：109-114.

［80］ Heskestad G，Fire P，Flame H，et al. SFPE Handbook of Fire Protection Engineering（3rd edition），Section 2，Chapter 1 ［M］，2002.

［81］ McCaffrey B J. Purely buoyant diffusion flames：some experimental results ［R］. National Bureau of Standards，NBSIR 79-1910，Washington D. C.，1979.

［82］ Thomas P H，Hinkley P L，Theobald C R，et al. Investigations into the Flow of Hot Gases in Roof Venting ［M］. Fire Research Technology Paper 7. London：HMSO，1963.

［83］ Hinkley P L. Rates of “production” of hot gases in roof venting experiments ［J］. Fire Safety Journal，1986，10（1）：57-65.

［84］ 钟委. 地铁站火灾烟气流动特性及控制方法研究 ［D］. 合肥：中国科学技术大学，2007.

［85］ Alpert R L. Calculation of response time of ceiling-mounted fire detectors ［J］. Fire Technology，1972（8）：181-195.

［86］ Cooper L Y，Harkleroad M，Quintiere J，et al. An experimental study of upper hot layer stratification in full-scale multi-room fire scenarios ［J］. Journal of Heat Transfer，1982（104）：741-749.

［87］ He Y P，Fernando A，Luo M C. Determination of interface height from measured parameter profile in enclosure fire experiment ［J］. Fire Safety Journal，1998（31）：19-38.

［88］ Nfpa N. 92B Guide for smoke management systems in malls，atria and large areas ［J］. Mass：National Fire Protection Association，1995.

［89］ Mowrer F W. Lag times associated with fire detection and suppression ［J］. Fire Technology，1990，26（3）：244-265.

［90］ Tanaka T，Yamana T. Smoke control in large scale spaces-part 1 & 2 ［J］. Fire Science & Technology，1985，5：31-54.

［91］ 彭伟. 公路隧道火灾中纵向风对燃烧及烟气流动影响的研究 ［D］. 合肥：中国科学技术大学，2008.

［92］郑道访．公路长隧道通风方式研究［M］．北京：科学技术文献出版社，2000.
［93］GB 50157—2003. 地铁设计规范［S］. 2003.
［94］Thomas P H. The movement of smoke in horizontal passages against an air flow［R］. Fire Research Station Note No. 723，Fire Research Station，UK，September 1968.
［95］Hinckley P L. Smoke and Heat Venting［M］. SFPE Handbook of Fire Protection Engineering，1995.
［96］Morgan H P，Gardiner J P. Design Principles for Smoke Ventilation in Enclosed Shopping Centres［M］. BR186，Building Research Establishment，Garston，U. K.，1990.

第 2 章　狭长空间火灾特性研究方法

火灾是一个包含了流动、燃烧、传热、传质、化学反应等分过程的复杂现象，火灾的发生发展遵循着质量、动量、能量、组分等基本守恒定律。这些基本守恒定律可以采用一组数学方程来描述，通过分析求解这些方程就能够揭示火灾过程的基本规律。目前对火灾科学的确定性规律的研究中常用的方法有两类，即实验模拟方法和数值计算方法。

实验研究是火灾科学研究的一种非常重要的手段，某些特殊的问题单纯依靠理论分析或推导无法得到满意的解答，同时，通过理论分析或数值模拟等手段得到的结果也需要针对性的实验来验证其可信程度。因此，实验研究在火灾科学研究中有着非常重要的地位。实验模拟方法能直观地展现火灾发展的全过程，测得丰富的实验数据，是火灾科学研究的一项重要手段。通过火灾实验可对火灾的分过程进行研究，比如材料热解、可燃物着火、火羽流发展、烟气流动、烟气层沉降等，也可以对特殊火灾现象和火行为进行研究，比如建筑火灾中的轰然、回燃、热障，森林火灾中的火旋风等。通过各种仪器和装置，对关键位置的温度、速度、压力、烟气成分等参数随时间的变化开展测量，并建立相关模型。通过开展火灾实验还能检验实际建筑火灾探测系统、烟气控制系统和灭火系统的有效性，以及为开发消防新产品提供数据支持。

与实验模拟方法相比，数值计算具有易于开展、成本低的优点。近年来，随着计算机技术的快速发展，CFD（Computational Fluid Dynamics）技术被广泛地应用到狭长建筑空间的火灾过程模拟研究中，已成为一项重要的研究方法。

2.1　模型实验

火灾科学的实验研究，从实验尺寸上可分为模拟尺寸实验研究和全尺寸实验研究。建造全尺度实验平台或开展实体建筑现场实验是非常困难和不经济的，难以实现。考虑到经济性和科学性的统一，目前国内外学者较多地采用小尺寸模拟实验。所谓小尺寸模拟实验是根据物理现象之间的相似性，通过建立火灾现象的相似准则，设计出小尺寸建筑模型。通过在缩小尺寸的模型中开展实验，研究各种火灾现象，并推知在与其相似的实际建筑中的同类现象。这种实验方法不仅经济，而且可以开展重复性验证，由于在实验室条件下开展研究，还可以使用更精密的测量仪器设备和先进的测量方法。目前小尺寸模拟实验已成为火灾科学研究中最有力的工具。

模型实验结果要推广到实际应用中，必须遵守相似理论。相似理论是说明自然界和工程中各种相似现象相似原理的学说，理论基础是相似三定律[1]。20 世纪 60 年代，Thomas 首先提出用相似模型来研究火灾的思想，并采用 1∶3 和 1∶10 的模拟尺寸模型研究了 1906 年奥地利的光环剧院火灾。其后，Williams 分析了火灾现象所涉及到的物理量，根据描述火灾现象的守恒方程导出了 28 个无量纲量。Heskestad[2]在 Williams 的基础上，提出了简化的相似模型理论，指出相似模型在不同火灾问题中的应用，以及不同火灾问题所采用的模型。相似模型火灾实验方法经过多年来不断的发展与完善，现在已演变成一种研究火灾现象的有效方法。

2.1.1　流动相似理论[3,4]

如果表征一个系统中的现象的全部参量的数值，可以由第二个系统中相应的同名参量乘以不变的无因次系数而得到，则称这两个现象为相似现象，这里的无因次系数又称为相似系数。一般情况下，对于不同的参量，其相似系数是不同的，但对于所有同一性质的同名参量，在两个系统的对应点上其相似系数相同，即：

$$\frac{l'}{l''}=C_l;\frac{t'}{t''}=C_t;\frac{f'}{f''}=C_f;\frac{v'}{v''}=C_v \tag{2.1}$$

式中的 l，t，f，v 分别表征某现象的特征尺寸、时间间隔、力和速度，C_i 为相似系数，上标“′”与“″”分别表示系统 1 和系统 2。

物理现象的相似可以分为同类相似和异类相似，同类相似是指两个现象都能用完全相同的数学方程组来描述，并且方程组所含的物理量都具有相同的性质，即同名量，同名量之间在空间的对应点上应满足方程（2.1）。火灾学研究中的小尺寸火灾实验即是同类相似。如果两个现象之间虽然在形式上可用相同的数学方程组来描述，但方程组内所包含的参量具有不同的性质，即为异类相似。火灾学研究中的盐水模拟方法就是典型的异类相似。

1. 相似第一定律

在相似的两个现象之间，其相似系数并不是相互独立的，而是互为约束，互相联系。对于两个相似的流动，其均应满足纳维-斯托克斯方程，以 x 方向方程为例：

$$\frac{\partial v'_x}{\partial t'}+v'_x\frac{\partial v'_x}{\partial x'}+v'_y\frac{\partial v'_x}{\partial y'}+v'_z\frac{\partial v'_x}{\partial z'}=X'-\frac{1}{\rho'}\frac{\partial P'_x}{\partial x'}+\upsilon'\left[\frac{\partial^2 v'_x}{\partial x'^2}+\frac{\partial^2 v'_x}{\partial y'^2}+\frac{\partial^2 v'_x}{\partial z'^2}\right]$$

$$\frac{\partial v''_x}{\partial t''}+v''_x\frac{\partial v''_x}{\partial x''}+v''_y\frac{\partial v''_x}{\partial y''}+v''_z\frac{\partial v''_x}{\partial z''}=X''-\frac{1}{\rho''}\frac{\partial P''_x}{\partial x''}+\upsilon''\left[\frac{\partial^2 v''_x}{\partial x''^2}+\frac{\partial^2 v''_x}{\partial y''^2}+\frac{\partial^2 v''_x}{\partial z''^2}\right] \tag{2.2}$$

由于两系统流动相似，故所有同类物理量对应成比例，其对应的关系为：

$$
\begin{aligned}
&x' = C_l x'', \quad y' = C_l y'', \quad z' = C_l z'', \\
&v'_x = C_v v'_x, \quad v'_y = C_v v'_y, \quad v'_z = C_v v'_z, \\
&X' = C_g X'', \quad Y' = C_g Y'', \quad Z = C_g Z'', \\
&t' = C_t t'', \quad \rho' = C_\rho \rho'', \quad P' = C_p P'', \\
&v' = C_v v''
\end{aligned} \tag{2.3}
$$

代入方程（2.2）可得：

$$
\begin{aligned}
&\frac{C_v}{C_t}\frac{\partial v''_x}{\partial t''} + \frac{C_v^2}{C_l}\left(v''_x \frac{\partial v''_x}{\partial x''} + v''_y \frac{\partial v''_x}{\partial y''} + v''_z \frac{\partial v''_x}{\partial z''}\right) \\
&= C_g X'' - \frac{C_p}{C_\rho C_l}\frac{1}{\rho''}\frac{\partial P''_x}{\partial x''} + \frac{C_v C_v}{C_l^2}\left[\frac{\partial^2 v''_x}{\partial x''^2} + \frac{\partial^2 v''_x}{\partial y''^2} + \frac{\partial^2 v''_x}{\partial z''^2}\right]
\end{aligned} \tag{2.4}
$$

将方程（2.4）全式除以 C_v^2/C_l 可得：

$$
\begin{aligned}
&\frac{C_l}{C_t C_v}\frac{\partial v''_x}{\partial t''} + \left(v''_x \frac{\partial v''_x}{\partial x''} + v''_y \frac{\partial v''_x}{\partial y''} + v''_z \frac{\partial v''_x}{\partial z''}\right) \\
&= \frac{C_g C_l}{C_v^2} X'' - \frac{C_p}{C_\rho C_v^2}\frac{1}{\rho''}\frac{\partial P''_x}{\partial x''} + \frac{C_v}{C_v C_l}\left[\frac{\partial^2 v''_x}{\partial x''^2} + \frac{\partial^2 v''_x}{\partial y''^2} + \frac{\partial^2 v''_x}{\partial z''^2}\right]
\end{aligned} \tag{2.5}
$$

系统 2 中的物理量要同时满足方程（2.2）和（2.5），必然有：

$$
\frac{C_l}{C_t C_v} = \frac{C_g C_l}{C_v^2} = \frac{C_p}{C_\rho C_v^2} = \frac{C_v}{C_v C_l} = 1 \tag{2.6}
$$

式中相似系数的组合称为相似指标，对于第一个相似指标易知：

$$
\frac{C_l}{C_t C_v} = \frac{l'}{v't'} \Big/ \frac{l''}{v''t''} = 1 \tag{2.7}
$$

这表明，在两个相似的流动现象中，它们物理量之间的乘积 $\frac{l'}{v't'}$ 与 $\frac{l''}{v''t''}$ 在系统的相应点上必然相等，即 $\frac{l}{vt}$ 等于不变量，称它为相似现象的相似准则。通常情况下，相似准则在相似系统的对应点上保持同一数值，而在不对应的点上其数值一般不同。

相似第一定律可以表述为：在相似的各现象中，各相似准则数相等，或者说在相似现象中，相似指标等于 1。

2. 相似第二定律

相似第二定律表述为：凡具有同一特性的现象，当单值性条件彼此相似，且由单值条件的物理量所组成的相似准则（即决定性准则）在数值上相等，这些现象必定相似。

对于彼此相似的现象，应当遵循同样的物理规律，即描述其的微分方程组应相同，由这些微分方程组得出的就是此类现象的通解。为了将个别现象从这类现象中区别出来，还应给出单值性条件，这些单值性条件也应当是彼此相似的。单值性条件包括以下内容：

几何条件：指系统表面的几何形状、位置及表面粗糙度等；

物理条件：指系统内流体的种类及物性，如密度、黏性等；

初始条件：指非定常流动问题中开始时刻的流速、压力等物理量的分布；对于定常流动不需要这一条件；

边界条件：指所研究系统的边界上（如进口、出口及壁面处等）的流速、压力等物理量的分布。

单值性条件是唯一确定的，由于对其描述物理现象具有决定性影响，也称之为决定性单值条件，称决定性单值条件中的物理量为决定性量，由决定性量组成的相似准则称为决定性准则。

根据上式可以得到四个相似准则，分别是：

$$\left.\begin{aligned} &\frac{vt}{l}=H_0 \quad \text{谐时准则数} \\ &\frac{vl}{\upsilon}=Re \quad \text{雷诺准则数} \\ &\frac{gl}{v^2}=Fr \quad \text{弗洛德准则数} \\ &\frac{p}{\rho v^2}=Eu \quad \text{欧拉准则数} \end{aligned}\right\} \tag{2.8}$$

其中 H_0 表示两个不稳定流动在速度与时间的关系上是否相似，反应了流动的不稳定程度；Re 表示流动中流体的黏性力与流体的惯性力之比，反应了黏性力对流动的影响；Fr 表示流动时流体的惯性力与重力之比，反映了重力对流动的影响；Eu 表示流动时流体的压力与惯性力之比，反应了压力对流动的影响。对于流体的定常流动，H_0 不是决定性准则，而流体的压力是由流速、密度、黏性系数、几何条件等决定的，压力变化实际上是流体流动的结果，因此对于不可压缩黏性流体运动，Eu 也不是决定性准则，其决定性准则是 Fr 和 Re。对于两个流动现象，只要满足式 2.9 即是相似的：

$$\left.\begin{aligned} &\text{单值条件相似} \\ &Re=\frac{vl}{\upsilon} \\ &Fr=\frac{v^2}{gl} \end{aligned}\right\} \tag{2.9}$$

3. 相似第三定律

相似第三定律表述为：对于一个包含 n 个物理量的物理现象，若这些物理

量具有 m 个基本量纲，则可以用（$n-m$）个无量纲数群的函数关系来表示。

物理参数度量单位的类别称为量纲，也称为因次。其中基本单位的量纲称为基本量纲，基本量纲是彼此独立的，基本单位包括长度、质量、时间、电流、温度、光强度和物质的量，分别记为 L，M，T，A，K，J 和 N。其余物理量的量纲均可以表示为基本量纲的幂乘积，称为导出量纲，例如流体的速度、密度、黏性系数的量纲可以表示为：

速度量纲　　$[v]=\mathrm{LT}^{-1}$

密度量纲　　$[\rho]=\mathrm{ML}^{-3}$

动力黏性系数量纲　　$[\mu]=\mathrm{ML}^{-1}\mathrm{T}^{-1}$

对于某物理现象，描述其规律的完整物理方程由 n 个物理量组成：

$$f(x_1, x_2, \cdots, x_m, x_{m+1}, \cdots, x_n)=0 \tag{2.10}$$

式中前 m 个物理量 x_1，…，x_m 为基本量，后 $n-m$ 个物理量 x_{m+1}，…，x_n 为导出量。根据相似第三定律，方程 2.10 与方程 2.11 等价：

$$F(\pi_1, \pi_2, \cdots, \pi_{n-m})=0 \tag{2.11}$$

$$\begin{gathered}\pi_1 = x_{m+1} \Big/ \prod_{i=1}^{m} x_i^{\alpha_i} \\ \cdots\cdots \\ \pi_{n-m} = x_n \Big/ \prod_{i=1}^{m} x_i^{\delta_i}\end{gathered} \tag{2.12}$$

4. 相似准则的求解方法

相似准则的求解方法分为微分方程相似系数转换法、积分类比法与量纲分析法三类。微分方程相似系数转换法即是利用描述物理现象的微分方程，通过相似系数得到转换关系式，将关系式代入微分方程中进行相似转换，比较所得到的方程即可获得相似指标，将相似系数代入相似指标式即可获得相似准则。以下简要介绍积分类比法和量纲分析法。

（1）积分类比法

积分类比法的原理是可以用同一微分方程组来描述彼此相似的物理现象，且方程式中相对应的两项的比值应相等，由此可推导出相似准则。具体步骤如下：

① 列出描述该现象的微分方程组和全部单值条件；

② 用方程式中的任一项除其他各项，对于同类型项只取其中一项；

③ 所有导数用相应的积分类比，将各轴向分量由此量本身代替，坐标由定性尺寸代替。

以方程（2.2）为例，将方程除以 $v'_x \dfrac{\partial v'_x}{\partial x'}$ 得：

$$\frac{\partial v'_x}{\partial t'}/v'_x\frac{\partial v'_x}{\partial x'}+1=X'/v'_x\frac{\partial v'_x}{\partial x'}-\frac{\partial P'_x}{\rho'\partial x'}/v'_x\frac{\partial v'_x}{\partial x'}+\upsilon'\frac{\partial^2 v'_x}{\partial x'^2}/v'_x\frac{\partial v'_x}{\partial x'} \quad (2.13)$$

对于方程左边第一项：

$$\frac{\dfrac{\partial v'_x}{\partial t'}}{v'_x\dfrac{\partial v'_x}{\partial x'}}=\frac{\dfrac{\partial v''_x}{\partial t''}}{v''_x\dfrac{\partial v''_x}{\partial x''}} \quad (2.14)$$

将式（2.14）中所有导数用积分来类比，即：

$$\left.\begin{array}{ll}\dfrac{\partial v'_x}{\partial t'}=\dfrac{v'}{t'} & \dfrac{\partial v''_x}{\partial t''}=\dfrac{v''}{t''}\\ \dfrac{\partial v'_x}{\partial x'}=\dfrac{v'}{l'} & \dfrac{\partial v''_x}{\partial x''}=\dfrac{v''}{l''}\\ v'_x\dfrac{\partial v'_x}{\partial x'}=\dfrac{v'^2}{l'} & v''_x\dfrac{\partial v''_x}{\partial \ddot{x}}=\dfrac{v''^2}{l''}\end{array}\right\} \quad (2.15)$$

将式（2.15）代入式（2.14）中可得：

$$\frac{v'/t'}{v'^2/l'}=\frac{v''/t''}{v''^2/l''} \quad (2.16)$$

显然有：

$$\frac{v't'}{l'}=\frac{v''t''}{l''}=\frac{vt}{l}=H_0=\text{不变量} \quad (2.17)$$

对于式（2.13）右端的三项同样有：

$$\frac{g}{v_x\dfrac{\partial v_x}{\partial x}}=\frac{gl}{v^2}=Fr=\text{不变量} \quad (2.18)$$

$$\frac{\dfrac{\partial P}{\partial x}}{\rho v_x\dfrac{\partial v_x}{\partial x}}=\frac{P}{\rho v^2}=Eu=\text{不变量} \quad (2.19)$$

$$\frac{\upsilon\dfrac{\partial^2 v_x}{\partial x^2}}{v_x\dfrac{\partial v_x}{\partial x}}=\frac{\upsilon}{vl}=Re=\text{不变量} \quad (2.20)$$

式（2.17～2.20）即是不可压缩黏性流体绝热流动现象的相似准则，与 2.1.1 节结果相同。

（2）量纲分析法

该方法只需要知道被研究物理现象所包含的全部物理参数及其量纲，并不需要了解更多的物理现象的本质，也不需要建立现象的微分方程组及其单值条件。采用该方法建立相似准则应按照如下步骤进行：

① 确定所研究物理现象所包含的物理变量，写成一般的函数关系式；

② 在所确定的 n 个变量中确定出所涉及的 m 个基本量纲；

③ 选择 m 个包含基本量纲的变量作为基本量，将剩下的 $n-m$ 个变量依次与 m 个基本量组成无量纲数。

仍以不可压缩黏性流体绝热流动为例，该物理现象涉及流体速度、密度、压力、长度、重力、时间、黏性系数七个变量，其中涉及的基本量纲有三个，即长度 L、质量 M 和时间 T。选择长度、时间和质量作为基本量纲，将其余四个变量与基本量分别组成无量纲数：

$$\pi_1 = vl^a\rho^b t^c = [\mathrm{LT}^{-1}][\mathrm{L}]^a[\mathrm{ML}^{-3}]^b[\mathrm{T}]^c = \mathrm{M}^b\mathrm{L}^{a-3b+1}\mathrm{T}^{c-1} \tag{2.21}$$

由于式（2.21）左侧是无量纲量，因此可得以下方程组：

$$\left.\begin{aligned} & b = 0 \\ & a - 3b + 1 = 0 \\ & c - 1 = 0 \end{aligned}\right\} \tag{2.22}$$

求解可得：$a=-1$，$b=0$，$c=1$，因此，

$$\pi_1 = vl^a\rho^b t^c = \frac{vt}{l} = H_0 \tag{2.23}$$

同理可得：

$$\pi_2 = pl^a\rho^b t^c = [\mathrm{ML}^{-1}\mathrm{T}^{-2}][\mathrm{L}]^a[\mathrm{ML}^{-3}]^b[\mathrm{T}]^c = \mathrm{M}^{b+1}\mathrm{L}^{a-3b-1}\mathrm{T}^{c-2} \tag{2.24}$$

求解可得：

$$\pi_2 = pl^a\rho^b t^c = \frac{pt^2}{\rho l^2} = \frac{p}{\rho v^2} = Eu \tag{2.25}$$

$$\pi_3 = gl^a\rho^b t^c = [\mathrm{LT}^{-2}][\mathrm{L}]^a[\mathrm{ML}^{-3}]^b[\mathrm{T}]^c = \mathrm{M}^b\mathrm{L}^{a-3b+1}\mathrm{T}^{c-2} \tag{2.26}$$

$$\pi_3 = gl^a\rho^b t^c = \frac{gt^2}{l} = \frac{gl}{v^2} = Fr \tag{2.27}$$

$$\pi_4 = \mu l^a\rho^b t^c = [\mathrm{ML}^{-1}\mathrm{T}^{-1}][\mathrm{L}]^a[\mathrm{ML}^{-3}]^b[\mathrm{T}]^c = \mathrm{M}^{b+1}\mathrm{L}^{a-3b-1}\mathrm{T}^{c-1} \tag{2.28}$$

$$\pi_4 = \mu l^a\rho^b t^c = \frac{\mu t}{l^2\rho} = \frac{\upsilon}{vl} = Re \tag{2.29}$$

式（2.23）、（2.25）、（2.27）及（2.29）即是不可压缩黏性流体绝热流动的相似准则，可见与前两种求法得到的结果完全相同。

2.1.2 小尺寸实验的相似准则

盐水模拟实验是小尺寸模拟实验中的一种，是利用一定浓度的盐水在清水中的流动来模拟火灾烟气的流动。其基本思想是利用盐水在清水中运动和扩散来模拟火灾烟气在空气中的流动和传热过程，这种方法过程直观、可重复性较好、花费较低，得到了较多的运用。Thomas 等[5]最早将该方法运用于烟气流动的研究中，Tangren 等在 1978 年运用此方法在 1/5 的模型里研究了带走廊或窗

口的房间火灾所产生的热烟气流动情况。我国于 1993 年在中国科学技术大学火灾科学国家重点实验室设计建立了国内第一个火灾盐水模拟实验台[6]。

值得注意的是小尺寸模拟实验显现的现象以及所得到的规律都是在特定条件下得到的，为了将相关结果应用到实际工程中，需要相似理论的指导。可以说模拟实验的成功与否，很大程度上依赖于模型系统和原型系统之间是否具有相似性。

1. 相似准则的建立

火灾烟气的流动为非定常的三维湍流流动，描述烟气流动的物理量主要为：烟气速度在三个方向上的分量 u，v 和 w，烟气压力 P、烟气温度 T 和密度 ρ。这些变量应该满足如下的基本方程：

连续方程：

$$\frac{\partial \rho}{\partial t}+\frac{\partial (\rho u_j)}{\partial x_j}=0 \tag{2.30}$$

动量方程：

$$\frac{\partial(\rho u_i)}{\partial t}+\frac{\partial(\rho u_j u_i)}{\partial x_j}=\frac{\partial P}{\partial x_i}+(\rho-\rho_a)g_i+\frac{\partial}{\partial x_j}\mu\left(\frac{\partial u_i}{\partial x_j}+\frac{\partial u_j}{\partial x_i}\right)+\frac{1}{3}\frac{\partial}{\partial x_i}\mu\left(\frac{\partial u_j}{\partial x_j}\right) \tag{2.31}$$

能量方程：

$$\frac{\partial(\rho c_p T)}{\partial t}+\frac{\partial(\rho u_i c_p T)}{\partial x_i}=\frac{\partial}{\partial x_i}\left(\lambda\frac{\partial T}{\partial x_i}\right)+q \tag{2.32}$$

浓度方程：

$$\frac{\partial(\rho C_s)}{\partial t}+\frac{\partial(\rho u_i C_s)}{\partial x_i}=\frac{\partial}{\partial x_i}\left(\rho D_s\frac{\partial C_s}{\partial x_i}\right)+\dot{m}_s \tag{2.33}$$

状态方程：

$$P=\rho RT \tag{2.34}$$

边界内部传热方程：

$$\left(\frac{\rho c}{\lambda_s}\right)\frac{\partial T_s}{\partial t}=\frac{\partial T_s}{\partial x_s^2} \tag{2.35}$$

以及内壁边界条件：

$$-\lambda_s\frac{\partial T_s}{\partial x_s}=\frac{\lambda C_1}{L}Re^{0.8}(T-T_s) \tag{2.36}$$

其中 $C_1=0.036Pr^{1/3}$。

由于火灾现象的复杂性，所建立的微分方程组往往不能完全反映所有影响因素。实际上，如果将所有因素都考虑进去，会使方程组过于复杂化，而对所要求解问题的精度也是不必要的。因此相似模拟必然是不完全相似的。相似模拟方法是一种需要忽略一些次要因素，抓住所要研究的问题的本质，研究火灾及其烟气运动过程的手段。为了简化结果进行如下假设：

① 将燃烧着的火焰处理为一热源；

② 由于研究的是燃烧区域以外烟气羽流的发展，因此不考虑火灾时燃烧过程以及化学反应引起烟气成分的变化；

③ 不计紊流脉动的影响，采用紊流时均值；

④ 不考虑辐射传热的影响；

⑤ 烟气运动是浮力驱动下的流动，浮力影响采用 Boussinesq 近似 $\rho_a-\rho=\beta(T-T_a)$；

⑥ 不计烟气可压缩性，烟气与空气热物理性质相同；

⑦ 由于热扩散、黏性耗散、压力功等对烟气流动的影响较小，将这些因素的影响也忽略不计。

选取特征长度 L，特征速度 V，特征时间 τ，特征压强 P，环境（或初始）温度 T_a，密度 ρ_a，火源特征强度 Q_0，火源特征烟气质量 m_0，烟气特征浓度 C_0，壁体厚度 δ，并将方程中各变量除以特征量无量纲化，上述控制微分方程组可写成如下形式的无量纲控制微分方程组：

连续方程：

$$\frac{L}{V\tau}\frac{\partial\hat{\rho}}{\partial\hat{t}}+\frac{\partial(\hat{\rho}\hat{u}_i)}{\partial\hat{x}_i}=0 \tag{2.37}$$

动量方程：

$$\frac{L}{V\tau}\frac{\partial(\hat{\rho}\hat{u}_i)}{\partial\hat{t}}+\frac{\partial(\hat{\rho}\hat{u}_j\hat{u}_i)}{\partial\hat{x}_j}=-\frac{p^*}{\rho_0V^2}\frac{\partial\hat{\rho}}{\partial\hat{x}_i}+\frac{gL}{V^2}(\hat{\rho}-1) \tag{2.38}$$

能量方程：

$$\frac{L}{V\tau}\frac{\partial(\hat{\rho}\hat{T})}{\partial\hat{t}}+\frac{\partial(\hat{\rho}\hat{T})}{\partial\hat{x}_i}=\frac{\lambda}{\rho_aVc_pL}\frac{\partial}{\partial\hat{x}_i}\left(\frac{\partial\hat{T}}{\partial\hat{x}_i}\right)+\frac{Q_0}{\rho_ac_pVT_aL^2}\hat{Q} \tag{2.39}$$

浓度方程：

$$\frac{L}{V\tau}\frac{\partial(\hat{\rho}\hat{C}_s)}{\partial\hat{t}}+\frac{\partial(\hat{\rho}\hat{C}_s)}{\partial\hat{x}_i}=\frac{D_s}{VL}\frac{\partial}{\partial\hat{x}_i}\left[\frac{\partial(\hat{\rho}\hat{C}_s)}{\partial\hat{x}_i}\right]+\frac{m_0}{\rho_aVC_0L^2}\hat{m} \tag{2.40}$$

状态方程：

$$\hat{p}=\frac{1-\frac{c_v}{c_p}}{\frac{p^*}{\rho_aT_aC_P}}\hat{\rho}\hat{T} \tag{2.41}$$

壁面导热方程：

$$\frac{\delta}{\tau}\left(\frac{\rho c}{x}\right)_s\frac{\partial\hat{T}_s}{\partial\hat{t}_s}=\frac{\partial^2\hat{T}_s}{\partial\hat{X}_s} \tag{2.42}$$

边界条件方程：

$$\frac{\partial \hat{T}_s}{\partial \hat{X}_s} = c_1 Re^{0.8} \frac{\lambda\delta}{L\lambda_s}(\hat{T} - \hat{T}_s) \tag{2.43}$$

无量纲方程组经归一化整理，可得无量纲数组 π，其中有些无量纲数就是常见的相似准则数。上述微分方程组，存在 4 项约束条件，令其中 4 个无量纲数为 1，将特征参数由其他变量表示，从而满足约束条件，减少无量纲数的个数。

$$\pi_1 - \frac{L}{V\tau} - \frac{1}{H_0} = 1 \tag{2.44}$$

$$\tau = \frac{L}{V} \tag{2.45}$$

$$\pi_2 = \frac{p^*}{\rho_a V^2} = Eu = 1 \tag{2.46}$$

$$p^* = \rho_a V^2 \tag{2.47}$$

$$\pi_3 = \frac{gl}{V^2} = \frac{1}{Fr} = 1 \tag{2.48}$$

$$V = \sqrt{gL} \tag{2.49}$$

$$\pi_4 = \frac{\mu}{VL\rho_a} = \frac{1}{Re} \tag{2.50}$$

$$\pi_5 = \frac{\lambda}{\rho_a V c_p L} = \frac{1}{Pe} = \frac{1}{Re \cdot Pr} \tag{2.51}$$

$$Pr = \frac{\mu c_p}{\lambda} = \frac{v}{a}\left(\text{导温系数 } a = \frac{\lambda}{\rho c_p}\right) \tag{2.52}$$

$$\pi_6 = \frac{Q_0}{\rho_a c_p V T_a L^2} = \frac{Q_0}{\rho_a c_p g^{1/2} T_a L^{5/2}} \tag{2.53}$$

$$\pi_7 = \frac{Ds}{VL} = \frac{1}{ReSc} \tag{2.54}$$

$$Sc = \frac{v}{D_s} \tag{2.55}$$

$$\pi_8 = \frac{m_0}{\rho_a V L^2} = \frac{m_0}{\rho_a g^{1/2} L^{5/2}} \tag{2.56}$$

$$\pi_9 = \frac{c_v}{c_p} \tag{2.57}$$

$$\pi_{10} = \frac{p^*}{\rho_a T_a c_p} = \frac{V^2}{c_p T_a} = Ec \tag{2.58}$$

$$\pi_{11} = \frac{\delta^2}{\tau}\left(\frac{\rho c}{\lambda}\right)_s = \frac{\delta^2 g^{0.5}}{L^{0.5}}\left(\frac{\rho c}{\lambda}\right)_s = \frac{(\rho c\lambda)_s}{C_1{}^2 g^{0.3}\lambda^2\left(\frac{\rho_a}{\mu}\right)^{1.6} L^{0.9}} = \frac{1}{F_0} \tag{2.59}$$

$$\pi_{12} = C_1 \cdot Re^{0.8}\frac{\lambda\delta}{\lambda_s} = C_1 g^{0.4} L^{0.2}\left(\frac{\rho_a}{\mu}\right)^{0.8} \cdot \frac{\lambda\delta}{\lambda_s} = B_i = 1 \tag{2.60}$$

$$\delta = C_1 g^{-0.4} L^{-0.2}\left(\frac{\rho_a}{\mu}\right)^{-0.8}\frac{\lambda_s}{\lambda} \tag{2.61}$$

2. 弗洛德模型

从理论上来讲，为了使模型系统与原型系统完全相似，应保证满足上述列出的所有准则相同来设计实验台。然而事实上，上述相似准则仅仅是在简化处理的条件得到的，并不是火灾现象所涉及的所有的相似准则。即便如此，在设计模型上也难以保证上面导出的相似准则都满足，而且也没有必要这样做。应该保留那些对所研究现象的发展起较大或决定性作用的准则，而舍去那些作用不大的相似准则。应从无量纲数组的物理意义来看准则的重要性，从而决定相似条件。

首先不可能同时保证无量纲数 π_3 和 π_4 相等，即弗洛德数 Fr 与雷诺数 Re 不可能同时相等。Fr 表征惯性力和重力之比，是影响冷热烟气分层界面上传热、传质过程的重要参数；然而实验表明，只要 Re 足够大，通常要求 $Re>10^5$，流动将处于 Re 的自模拟区，此时则无需考虑保持模型和原型中的雷诺数 Re 相同。因此在实际火灾研究中，只考虑弗洛德数 Fr 的相似，将弗洛德数 Fr 作为设计模型的依据，同时选择合适的模型尺寸，保证烟气流动处于 Re 的自模拟区。这种方法也被称为弗洛德模型。

当满足弗洛德数准则且 Re 足够大时，Eu 数将自动满足，这是由于 Eu 数是非决定性准则，它是由 Fr 和 Re 共同决定的。同时当 Re 足够大时，烟气的流动将主要受湍流混合控制，此时烟气流动中的分子扩散过程可以忽略不计，因此对于反应分子扩散过程的 Pr 和 Sc 数，无需保证模型和原型系统相同，即不考虑 π_5 和 π_7。

火源燃烧放热量可以表示为 $Q=M\cdot\Delta H$，其中 M 表示可燃烧物质（燃料）的质量燃烧速率，ΔH 燃料的燃烧热值。而火源的产烟量可以表示为 $m=r_s\cdot M$，其中 r_s 表示单位质量可燃烧物燃烧的产烟量。对于给定的可燃物，燃烧放热量与产烟量取决于质量燃烧速率。因此，无量纲数 π_8 可以用 π_6 表示出来，

$$\pi_8=\frac{m_0}{\rho_a g^{1/2} C_0 L^{5/2}}=\frac{c_p T_a r_s}{C_0}\pi_6 \tag{2.62}$$

当模型与原型的可燃物相同时，只要保证 π_6 模型与原型相同，则 π_8 自动得到满足。因此在应用弗洛德模型设计火灾实验时，必须适当选择模型的尺寸以保证烟气流动达到充分发展状态以减弱这种影响，研究表明小尺寸模型中各方向上的尺度不小于 0.3m 即可保证流动达到充分发展的湍流流动。通过以上分析表明，在设计模型系统时，应满足几何相似，模型实验环境条件与原型相同，使 Re 处于自模拟区，并保证下述相似准数模型与原型相同：

谐时性准则：

$$\pi_1=\frac{L}{V\tau}=\frac{\sqrt{L/g}}{\tau} \tag{2.63}$$

弗洛德数准则：

$$\pi_3 = \frac{gL}{V^2} \tag{2.64}$$

火源强度相似准则：

$$\pi_6 = \frac{Q_0}{\rho_a c_p g^{1/2} T_a L^{5/2}} \tag{2.65}$$

壁面热损失相似准则：

$$\pi_{11} = \frac{(\rho C \lambda)_s}{C_1^2 g^{0.3} \lambda^2 \left(\frac{\rho_a}{\mu}\right)^{1.6} L^{0.9}} \tag{2.66}$$

当确定了模型和原型的相似比例后，模型系统和原型系统各对应变量之间的关系可以表示如下：

模型与原型几何相似，即模型与原型具有一致的形状，对应各尺寸成比例。将几何相似比取为 C_L。那么几何相似表示为：

$$x_m = x_f \frac{L_m}{L_f} = C_L x_f \tag{2.67}$$

模型与原型中烟气温度在对应空间位置上相同，温度相似关系表示为：

$$T_m = T_f \tag{2.68}$$

由弗洛德数准则可知速度相似关系：

$$V_m = V_f \left(\frac{L_m}{L_f}\right)^{1/2} = C_L^{1/2} V_f \tag{2.69}$$

机械排烟体积流率相似关系：

$$V_{e,m} = V_{e,f} \left(\frac{L_m}{L_f}\right)^{5/2} = C_L^{5/2} V_{e,f} \tag{2.70}$$

压力相似关系表示为：

$$p_m = p_f \frac{L_m}{L_f} = C_L p_f \tag{2.71}$$

由方程（2.53）可知火源功率相似关系：

$$Q_m = Q_f \left(\frac{L_m}{L_f}\right)^{5/2} = C_L^{5/2} Q_f \tag{2.72}$$

由谐时性准则可知时间相似关系：

$$t_m = t_f \left(\frac{L_m}{L_f}\right)^{1/2} = C_L^{1/2} t_f \tag{2.73}$$

3. 应用实例

(1) 羽流模型

由于火灾过程的复杂性，通过基本守恒方程很难建立准确的火羽流模型，目前主要的火羽流模型都是通过对实验数据拟合得到的，在此过程中无量纲数组和相似性分析是非常有力的工具。以火源直径为 D 的自由扩散火焰高度为例，首先忽略热辐射的影响，假设流动为稳态，不考虑黏性效应的作用，使用弗洛德数模型和 Bousinnesq 假设[7]。根据火源强度相似准则可以得到火源的特征长度：

$$L=\left(\frac{Q_0}{\rho_a c_p T_a\ \sqrt{g}}\right)^{2/5} \tag{2.74}$$

该特征长度通常与火羽流中的大尺度湍流漩涡的大小联系在一起，是火灾中的固有长度尺度。由弗洛德数准则可以得到火源的特征速度：

$$V=\sqrt{g}\left(\frac{Q_0}{\rho_a c_p T_a\ \sqrt{g}}\right)^{1/5} \tag{2.75}$$

自然扩散火焰的高度定义为羽流卷吸进入的空气将燃料消耗完的高度，假设所有燃料和卷吸进入的空气按照化学当量比发生反应，那么根据火焰高度的定义有以下关系式：

$$m_f r \sim \int \rho u \, \mathrm{d}A \tag{2.76}$$

式中：m_f为燃料供给速率，r 为燃料与空气的化学当量比。右端的积分表明燃烧所需的空气来自于羽流的卷吸。McCaffrey 指出，在自然扩散的火焰区，羽流中轴线上的速度满足：

$$\frac{u}{V}=\left(\frac{z}{l}\right)^{1/2} \tag{2.77}$$

由以上两式可知：

$$m_f r \sim \rho_a V\left(\frac{z}{l}\right)^{1/2} D L_f \tag{2.78}$$

式中，D 是火源的直径，z 表示竖直方向的坐标，且

$$z \sim L_f \tag{2.79}$$

通过简单代换可得：

$$m_f r \sim \rho_a \sqrt{g}\left(\frac{Q_0}{\rho_a c_p T_a\ \sqrt{g}}\right)^{1/5}\left(\frac{Q_0}{\rho_a c_p T_a\ \sqrt{g}}\right)^{-1/5} D L_f^{3/2} \tag{2.80}$$

又有

$$Q=m_f \Delta H \tag{2.81}$$

其中 ΔH 是燃料的燃烧热。将式（2.81）代入式（2.80）整理后可得自然扩散火焰无量纲火焰高度的表达式：

$$\frac{L_f}{D} \sim \left(\frac{\dot{Q}}{\rho_a c_p \sqrt{g} T_a D^{5/2}}\right)^{2/3}\left(\frac{c_p T_a}{\Delta H / r}\right)^{2/3} \tag{2.82}$$

由式（2.82）可以发现自由扩散火焰无量纲火焰高度取决于两个无量纲数，即无量纲火源功率和热焓与燃烧热比。Heskestad[8]通过实验拟合得到了适用于

大多数可燃物和火源尺寸的表达式：

$$\frac{L_f}{D}=-1.02+15.6\left[\left(\frac{\dot{Q}}{\rho_a c_p\sqrt{g}T_a D^{5/2}}\right)^2\left(\frac{c_p T_a}{\Delta H/r}\right)^3\right]^{1/5} \tag{2.83}$$

（2）顶棚射流模型

对于顶棚下方自由发展的轴对称顶棚射流，Alpert[9,10]首先推导了射流最高温度和速度所满足的关系式，推导中使用了弗洛德模型，并选择特征长度为火源距顶棚的高度 H，Alpert 指出顶棚射流无量纲温升应满足以下关系式：

$$\frac{T-T_a}{T_a}=f_1\left(Fr,\frac{r}{H}\right) \tag{2.84}$$

式中，T_0为环境温度，f_1为某种特定形式的函数，r为射流距撞击点的距离。这里已确定出特征长度，接下来应选择适当的特征速度。在能量守恒方程中，可以通过以下的方式消去源项，令

$$\frac{\hat{Q}}{\xi}=1 \tag{2.85}$$

其中 $\xi=V^2/gl$，由火源相似准则可知：

$$\hat{Q}=\frac{\dot{Q}}{\rho_a c_p g^{1/2}T_a L^{5/2}}=\frac{\dot{Q}}{\rho_a c_p V T_a l^2} \tag{2.86}$$

将特征长度 l 取为 H，由式（2.85）和（2.86）联立可得特征速度：

$$V=\left(\frac{g\dot{Q}}{\rho_a c_p T_a H}\right)^{1/3} \tag{2.87}$$

将式（2.87）代入式（2.84）中可知顶棚射流最高温升应满足：

$$\frac{T-T_a}{T_a}=f_1\left(Fr,\frac{r}{H}\right)=f_1\left[\frac{gH}{(g\dot{Q}/\rho_a c_p T_a H)^{2/3}},\frac{r}{H}\right] \tag{2.88}$$

Alpert 通过实验拟合出了顶棚射流最高温升预测模型，在 $r>0.18H$ 的范围内，顶棚射流最高温度随径向距离 r 的增加而减小：

$$T-T_a=5.38\frac{\dot{Q}_c^{2/3}}{H^{5/3}}\left(\frac{H}{r}\right)^{2/3}=\frac{5.38}{H}\left(\frac{\dot{Q}_c}{r}\right)^{2/3} \tag{2.89}$$

在 $r\leqslant 0.18H$ 的范围内，顶棚射流最高温度与径向距离 r 无关：

$$T-T_a=16.9\frac{\dot{Q}_c^{2/3}}{H^{5/3}} \tag{2.90}$$

对于顶棚射流速度分布也能得到类似的结果：

$$\frac{u}{(g\dot{Q}/\rho_a c_p T_a H)^{1/3}}=f_2\left(\frac{r}{H}\right) \tag{2.91}$$

（3）隧道火灾烟气逆流长度模型

在隧道火灾中，通常采用纵向通风方式将火灾烟气吹向火源下游，保证火源上游没有烟气。当纵向风速低于临界风速时，烟气仍能沿上游方向流动一段距离，将这段距离定义为烟气逆流长度 L，如图 2.1 所示。

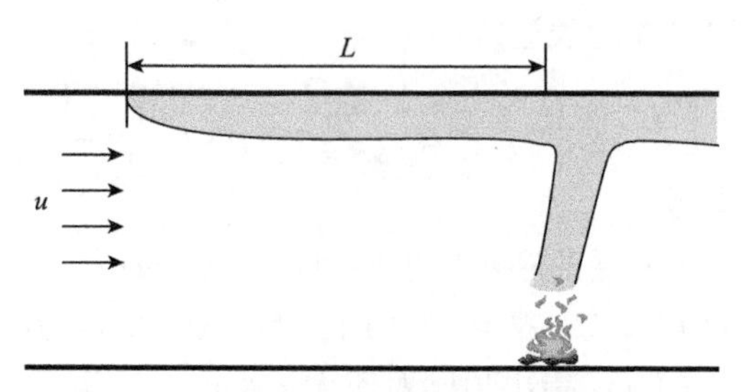

图 2.1 纵向通风作用下烟气逆流示意图

烟气逆流长度 L 取决于多种因素，主要与火源功率 $\dot{Q}$（$kg\cdot m^2\cdot s^{-3}$），纵向风速 u（$m\cdot s^{-1}$），隧道高度 H（m），空气温度 T_a（K），空气密度 ρ_a（$kg\cdot m^{-3}$），重力加速度 g（$m\cdot s^{-2}$），空气比热 c_p（$m^2\cdot s^{-2}\cdot K$）有关，即可以表达为：

$$L = f(\dot{Q}, u, H, T_a, \rho_a, g, c_p) \tag{2.92}$$

该表达式中一共有八个变量，其中涉及的基本量纲为长度、时间、质量和温度，因此可以从中选择四个包含以上基本量纲的变量作为循环量，依次与剩下的变量组成无量纲数组。如选择纵向风速 u、隧道高度 H、空气密度 ρ_a以及空气温度 T_a作为循环量，分别与剩下四个变量组成无量纲数组：

$$\begin{aligned}\pi_1 &= \dot{Q}H^a T_a^b \rho_a^c u^d = (ML^2T^{-3})\cdot(L)^a\cdot(\theta)^b\cdot(ML^{-3})^c\cdot(LT^{-1})^d \\ &= M^{c+1}L^{a-3c+d+2}T^{-d-3}\theta^b\end{aligned} \tag{2.93}$$

由于方程两端均是无量纲的，因此由式（2.93）可以得到以下方程组：

$$\begin{cases} c+1=0 \\ a-3c+d+2=0 \\ -3-d=0 \\ b=0 \end{cases} \tag{2.94}$$

求解式（2.94）可得：

$$\begin{cases} a=-2 \\ b=0 \\ c=-1 \\ d=-3 \end{cases} \tag{2.95}$$

因此无量纲数组：

$$\pi_1 = \dot{Q}H^{-2}T_a^0\rho_a^{-1}u^{-3} = \frac{\dot{Q}}{\rho_a H^2 u^3} \tag{2.96}$$

用同样的方法可以求得：

$$\pi_2 = \frac{L}{H}, \pi_3 = \frac{c_p T_a}{u^2}, \pi_4 = \frac{u^2}{gH} \tag{2.97}$$

而方程（2.93）与下列方程是等价的：

$$\frac{L}{H}=F\left(\frac{\dot{Q}}{\rho_a H^2 u^3},\frac{c_p T_a}{u^2},\frac{u^2}{gH}\right) \tag{2.98}$$

用方程（2.98）右端后两项将第一项中的速度消去，可得：

$$\frac{L}{H}=F\left(\frac{\dot{Q}}{\rho_a c_p T_a g^{1/2} H^{5/2}},\frac{u^2}{gH}\right)=F(Q^*,u^*) \tag{2.99}$$

可知，隧道火灾中烟气的无量纲逆流长度取决于无量纲火源功率和无量纲纵向风速。

2.1.3　小尺寸实验台介绍

1. 地铁模型实验台

(1) 实验台主体

采用的小尺寸地铁模型实验台共有两层，分别为站台层和站厅层，站台层尺寸为 7.5m（L）×1.5m（W）×0.6m（H），站厅层为 3m（L）×1.5m（W）×0.6m（H），实验台的相似比例为 1∶8。图 2.2 为实验台的实物图。

相似比例是一个非常重要的参数，相似比例越大，则得到的实验数据的精度越高，也就更能真实地反映地铁站内的火灾发展和烟气流动情况，但占地、造价等也会相应升高；选择较小的相似比例则能够解决占地、造价等问题，但对数据精度的影响会较大，推广到实际地铁车站时的可信度会较差。本实验台采用的是 NFPA92B 中推荐的 1∶8 的小尺寸实验台建造比例，且实验台各个方向的尺度均不小于 0.3m[11,12]，保证实验台内的烟气流动达到充分发展的湍流流动状态。

模型实验的目的是为了研究实际地铁站中的烟气运动特点，结果应能推广到大部分的实际地铁站中，所以小尺寸地铁模型实验台的长、宽、高必须有代表性。对国内部分城市地铁站台尺寸的调研结果表明，岛式站台是目前国内最常见的一种站台型式，站台宽度一般为 10～14m。因此取 12m 作为岛式地铁站台代表性宽度，根据 1∶8 的相似比例，即实验台宽度为 1.5m。国家标准《地铁设计规范》第 19.1.37 条规定[13]：地下车站站厅、站台的防火分区应划分防烟分区，每个防烟分区的建筑面积不宜超过 750m^2，且防烟分区不得跨越防火分区。故 7.5m×1.5m×0.6m 的实验台能够较好地模拟一个防烟分区，即 60m×12m。

实验台顶棚和底板为 8mm 厚的防火板，防火板的主要成分为钙质材料，与一定比例的纤维材料、轻质骨料、黏合剂和化学添加剂混合。实验台侧面为 6mm 厚的防火玻璃，以模拟实际地铁站台两侧的屏蔽门，同时也可作为实验中的观察窗，以便观察实验中的烟气流动情况和目测烟气层厚度。实验台端部是采用防火玻璃制成的双开式推拉门，可以在实验中改变通风口大小和观察烟气

图 2.2　小尺寸地铁模型实验台实物图

流动。

(2) 模拟火源

实验台底板上有一套轨道和滑车系统，用于模拟火源的油盘放在滑车上，通过牵引滑车两端的钢索，可自由调节滑车在实验台中的位置，从而改变火源位置。实验中所用火源为纯度 95%以上的甲醇池火，甲醇池火在稳定燃烧时能够产生较为稳定的热释放速率，适用于研究烟气在地铁站内的运动变化规律。实验台配备的油盘为方形，共有 9 种规格，边长为 5～25cm。

在澳大利亚热烟测试标准中对采用特定尺寸油盘的甲醇池火的热释放速率以及单位面积火源功率进行过一系列的测量，根据 AS4391 中给出的甲醇单位面积热释放速率与燃料面积的关系曲线[14]，计算得到的各种规格池火的热释放速率如表 2.1 所示。

表 2.1　由 AS4391 计算得到的热释放速率

油盘规格/(cm×cm)	热释放速率/kW	油盘规格/(cm×cm)	热释放速率/kW
5×5	0.87	7.5×7.5	1.976
10×10	3.563	10×15	5.427
15×15	8.327	15×20	11.345
20×20	15.552	20×25	19.96
25×25	25.746		

由于甲醇燃烧时不会产生明显的烟气，因此在实验中采用烟饼提供示踪烟气，烟饼的主要成分为锯末、次氯酸钾。实验时烟饼放置在火源上方的支架上，烟饼受热时会产生大量白色烟气，在热浮力驱动下在实验台中蔓延。

（3）机械排烟系统

实验台的机械排烟量由《地铁设计规范》[13]所规定的排烟量 $60m^3/m^2 \cdot h$ 确定，实验台长 7.5m，宽 1.5m，相当于 60m×12m 的实际站台，故对应的实际机械排烟量为 $43200m^3/h$，根据相似关系可以计算出实验台的机械排烟量为 $238.6m^3/h$。

实验台的排烟管道由竖向排烟管、横向排烟管和接口自动排烟阀组成，共有五个排烟口，排烟口间距为 1m。考虑到风量在风管中的损失，变频排烟风机的风量选择为 $4000m^3/h$，通过变频器可以实现风量 $0\sim4000m^3/h$ 的变化。竖向排烟管道与实验台顶棚之间采用自动排烟阀连接，在实验时可以通过控制台开启或关闭某个/些排烟口。

（4）数据采集系统

烟气温度是实验中需要测量的一个重要参数。实验台内采用直径为 0.5mm 的 K 型热电偶测量烟气温度，在实验台顶部沿纵向布置两串水平热电偶串，测点通过顶棚上的孔伸入实验台内部，可根据需要调节伸入深度和各串上的测点数量。实验台内有 3 串竖向热电偶串，每串 14 个测点，间隔 3cm，用于测量烟气层的温度。竖向热电偶串的位置可根据需要调节，布置于实验台内的任意位置。

烟气层高度是研究地铁火灾烟气流动和烟气控制系统效果的一个非常关键的参数，在小尺寸地铁实验台内，主要通过目测和竖向热电偶串测量的温度来判断。为目测烟气层高度，在实验台两侧防火玻璃上均标上了刻度，刻度精确到 0.5cm。同时在实验台内部也放置有目测标尺，标尺的精度达到 0.1cm。在实验时根据观测，用秒表记录下烟气层到达某个位置所需要的时间以及稳定的烟气层厚度。

由于火灾烟气具有较高的温度，因此采用普通的热球式风速仪无法准确测量烟气的流动速度，故本文采用日本加野麦克斯公司生产的 6162 智能型中温风速仪来测量实验台内的烟气流动速度。风速仪由本体和探头组成，可以测量风速的瞬时值、平均值以及风量，同时还可以显示烟气温度。智能型中温风速仪的测速范围为 0～25m/s，其测量误差不超过 3%。

2. 城市公路隧道模型实验台

（1）隧道小尺寸实验台的设计依据

根据研究需要，隧道小尺寸实验台应实现以下功能：

① 实验台的尺寸要有一定的代表性，能够推广到大部分实际隧道中；

② 能够模拟各种条件下的隧道火灾；

③ 能够研究竖井自然排烟对于火灾情况下隧道内烟气流动的影响。

为了使隧道小尺寸实验台的实验结果能推广到实际隧道中，本节在确定实验台几何尺寸时，对目前国内各城市公路隧道进行了广泛的调研，其结果如表2.2所示。

表2.2　城市公路隧道调研情况表

隧道名称	孔数	单孔车道数	总宽度/m	行车宽度/m	高度/m	长度/m
某城市市政公路隧道	2	3	12.35		5.75	1410
北京八达岭隧道		3	12	10.5		1080
深圳科苑立交隧道	4	3	12.44		5.89	76
秦岭终南山	2	2	10.5	3.75×2	5	18400
中铁二院		3	12.35		5.2	1770
中铁十七局	3	3	13.5		5	5950
南京富贵山双线公路	1	2		8	6.9	930
南京鼓楼南北向隧道	2	2	10		7	1152
南京玄武湖隧道	2	3	13.6		4.5	2660
北京圆之翰	1	2	10.88	8.9	5	
马山隧道		2		10.5	5	490
西山隧道	2	4	14.75	10.5		
北京八达岭潭峪沟隧道		3	13.1		7.3	3455
成都下穿隧道		4	16.75		5.4	
龙头山双洞八车道	2	4	18		8.95	1016
九华山隧道	2					445
南京中山门隧道	2	2	12.5			

根据上表对国内主要城市公路隧道的调研情况，本文选择单孔3车道，宽度12m，高度5.4m作为公路隧道的代表性尺寸来确定相应的小尺寸实验台的尺寸。

(2) 实验台主体

如图2.3，小尺寸隧道实验台分为两个部分，包括隧道主体结构以及隧道顶部自然排烟竖井，隧道主体结构尺寸为6m（L）×2m（W）×0.9m（H），自然排烟竖井包括竖井框架（0.3m×0.3m×1m）和尺寸为0.3m×0.2m的防火板和钢化玻璃各10块。根据实验需要，可调整竖井高度分别为0m，0.2m，0.4m，0.6m，0.8m，1.0m。综合考虑经济性、相似理论等因素，并参考国内外小尺寸隧道模型的相似比例，确定实验台相似比例为1∶6。

实验台的顶棚、底面和靠墙的侧面均采用8mm厚的防火板，防火板的主要成分为钙质材料，与一定比例的纤维材料、轻质骨料、黏合剂和化学添加剂混合。靠近走道的侧面采用6mm厚的防火玻璃，作为观察窗以便观察实验中的烟气流动情况，两端敞开以模拟实际公路隧道的一段。

图 2.3　小尺寸隧道实验台实物图

2.2　全尺寸实验

全尺寸火灾实验通常是在实际环境中开展的，例如欧洲的 EUREKA 499 计划[15]在挪威的一条长 2.3km、宽 6.5m、高 5.5m 的废弃矿道内进行了一系列的全尺寸实验，在这组实验中，考虑到了隧道内的实际燃烧物，并在一次实验中燃烧了一列实际的火车车厢，其火源功率达到 100MW；胡隆华等[16]在云南高速公路若干条隧道中开展了一系列全尺寸火灾实验，系统研究了烟气顶棚射流温度衰减、抑制烟气逆流的临界条件等问题。然而这种全尺寸火灾实验的规模较大，花费的人力、物力、财力都很多，可能对实验对象造成污染和结构破坏。因此开展全尺寸火灾实验的机会较少。

2.2.1　隧道全尺寸实验介绍

1. 隧道概况

近年来，中国科学技术大学火灾科学国家重点实验室开展了一系列全尺寸隧道火灾实验[17]，涉及 6 条隧道，其隧道结构型式大体相同，除了阳宗隧道为单向三车道外，其他 5 条隧道为单向双车道。各隧道的具体参数见表 2.3 所示。

表 2.3　全尺寸实验隧道情况简表

隧道编号	隧道名称	所处高速公路	隧道长度上/下行/m	坡度上/下行	车行横洞总数	单洞车道数	单洞宽度/m	单洞高度/m
A	阳宗	昆石	2790/ 2725	1.09%/ 1.05%	4	3	14.8	8.9
B	大风垭口	元墨	3270/ 3285	+0.5%～−1.29%/ +0.5%～−1.475%	5	2	11.2	7.1

续表

隧道编号	隧道名称	所处高速公路	隧道长度上/下行/m	坡度上/下行	车行横洞总数	单洞车道数	单洞宽度/m	单洞高度/m
C	元江一号	元墨	1032/1026	+2.101%/2.3%	1	2	11.2	7.1
D	鹰嘴岩一号	平锁	1872/1820	2.49%/2.494%	2	2	11.2	7.1
E	老店子一号	水麻	1160/1186	2.5%	1	2	11.2	7.1
F	凉风凹一号	水麻	2920/2950	2.5%	4	2	11.2	7.1

各隧道的横截面图和平面图如图 2.4 和图 2.5 所示。

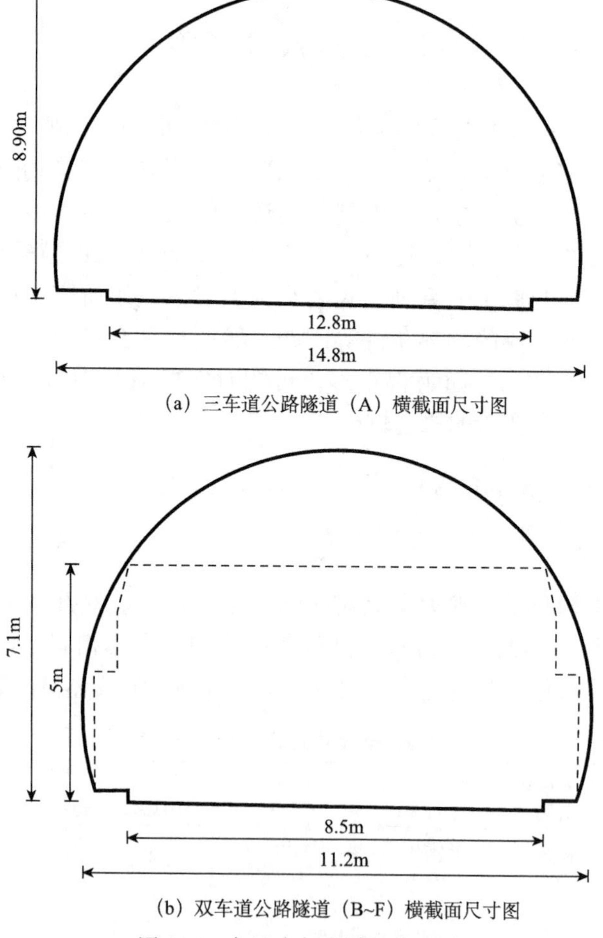

(a) 三车道公路隧道（A）横截面尺寸图

(b) 双车道公路隧道（B~F）横截面尺寸图

图 2.4　全尺寸实验隧道截面图

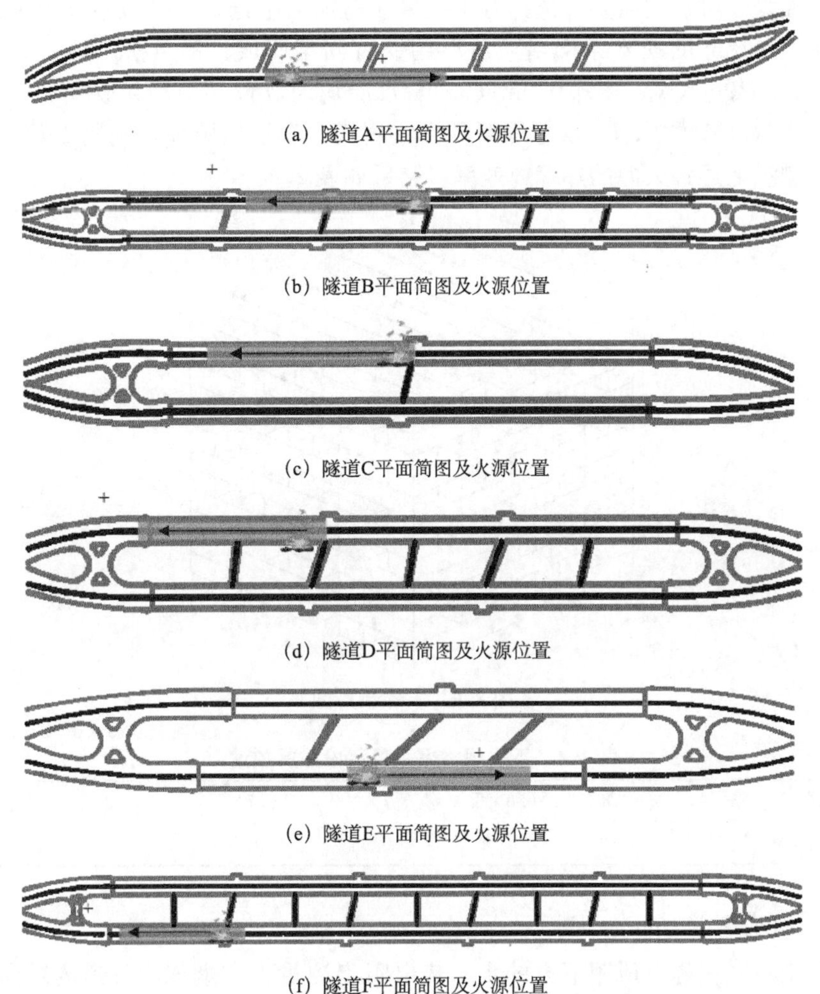

(a) 隧道A平面简图及火源位置

(b) 隧道B平面简图及火源位置

(c) 隧道C平面简图及火源位置

(d) 隧道D平面简图及火源位置

(e) 隧道E平面简图及火源位置

(f) 隧道F平面简图及火源位置

图 2.5　全尺寸实验隧道平面简图及火源位置

2. 火源

实验中一般选择在隧道上下行线中的一侧进行，过往车辆可以临时由另一侧通行。由于隧道在与车行横洞相交的临时停靠区截面尺寸相对较大，适合实验前准备工作的开展，因此实验火源一般选在车行横洞的附近。如隧道 A，选择下行线内进行实验，火源位于隧道内第一个车行横洞附近，如图 2.5 所示，实验测量区间如图中阴影部分所示。实验中以火源中心作为距离计量原点，取最初时顺风方向为“＋”，逆风方向为“－”。

实验中使用两种类型的火源，分别为油盘火和木垛火。5 种油盘尺寸分别为 0.6m×0.6m，0.7m×0.7m，0.7m×1m 和 1m×1m 的矩形油盘和直径 0.44m

的圆形油盘。可根据需要，选择若干数量油盘加以组合，以模拟不同火灾规模。木垛用统一尺寸的松木条交错摆放后用铁钉固定而成，每条松木尺寸为 0.6m（长）×0.030m（宽）×0.020m（高），每层均匀放置 9 根，共放置 16 层，如图 2.6 所示。考虑了单、双木垛两种火灾规模。现场实验前，利用 ISO9705 实验平台测量上述各火源的热释放速率，结果如表 2.4。

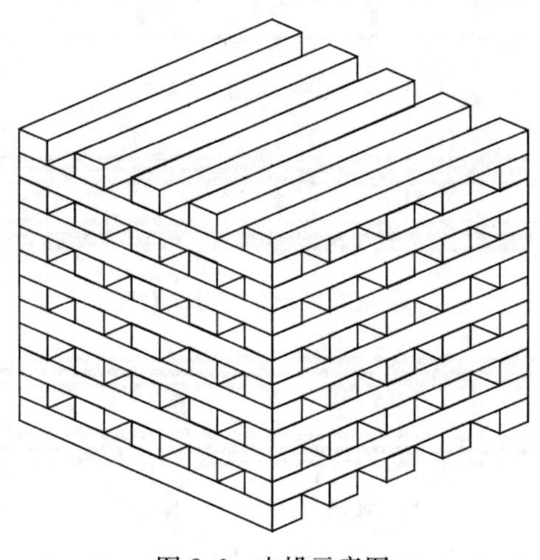

图 2.6　木垛示意图

表 2.4　不同规格火源稳定段热释放速率

油盘尺寸/m	Φ0.44	0.6×0.6	0.7×0.7	0.7×1	1×1	单个木垛
火源功率/MW	0.18	0.4	0.55	1.1	1.8	0.4

3. 温度测量

利用布置在隧道顶棚下方的水平热电阻串测量火灾烟气在隧道内纵向温度分布，利用布置在隧道纵向中心线上的竖向热电偶串测量隧道内竖向温度分布。水平热电阻串中测点间距为 20m，竖向热电偶串中各测点距拱顶分别为 0.15m，0.4m，0.65m，0.9m，1.15m，1.4m，1.65m，1.9m，2.15m，2.4m，2.65m，2.9m，3.15m，3.4m，3.65m，3.9m，4.15m，4.4m，4.65m，4.9m，5.15m，5.4m，5.65m。根据各隧道的不同情况，温度测点布置方式略有不同，如图 2.7 所示。

4. 烟气前锋测量

如图 2.8 所示，在隧道内布置锥桶标志，间隔 25m。点火后，测量员向下游运动，跟踪烟气前锋移动，用秒表记录烟气前锋到达每个标记处的时间。同时，获取热电偶串中测点开始升温的时刻，与目测记录进行比对。

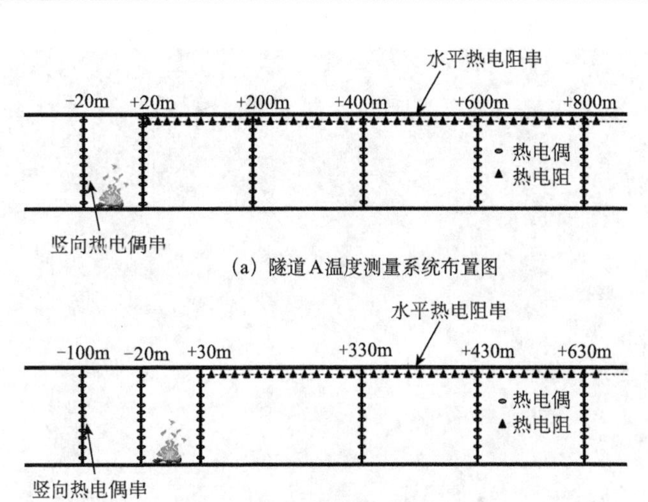

(a) 隧道A温度测量系统布置图

(b) 隧道B温度测量系统布置图

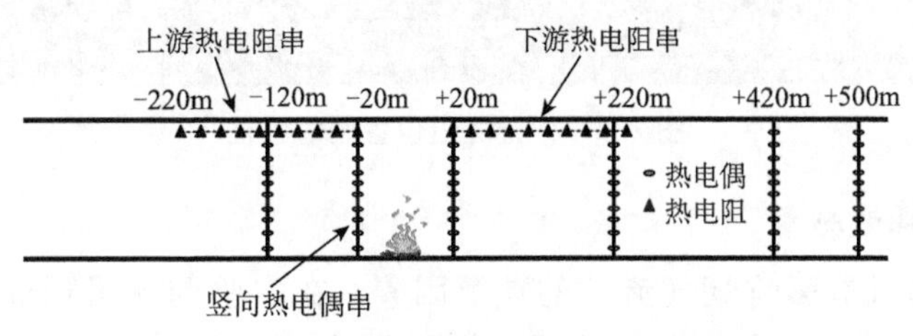

(c) 隧道C温度测量系统布置图

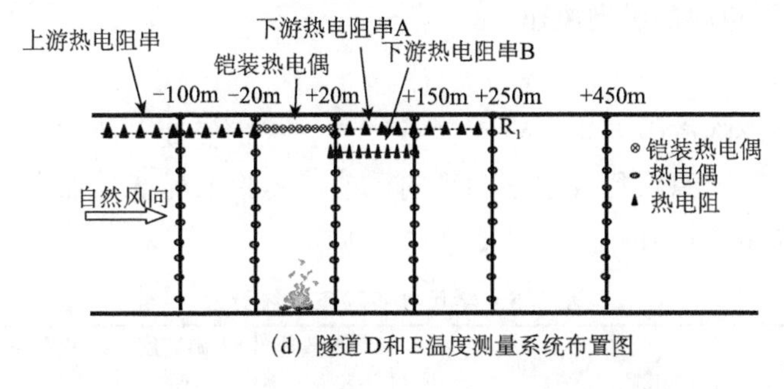

(d) 隧道D和E温度测量系统布置图

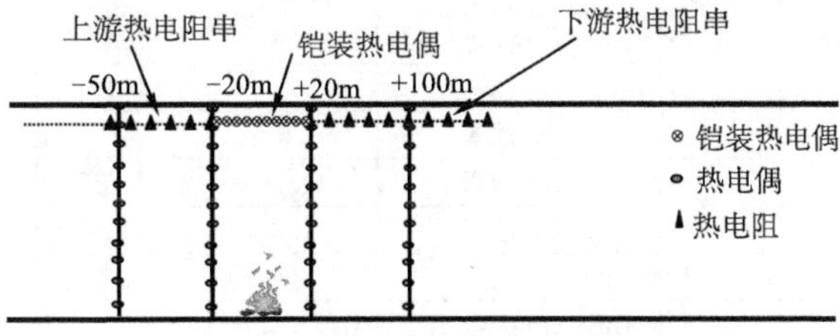

(e) 隧道F温度测量系统布置图

图 2.7　各隧道内温度测量系统布置图

图 2.8　标记隧道位置用的锥桶

5. 纵向风速测量

隧道内的风是影响烟气流动的重要因素。在实验前测量隧道内环境风速。在点火后 3 分钟和射流风机启动后，分别在近火源区、离火源 200m、离火源 400m 处测量隧道内的纵向风速。

6. 实验工况

在 6 条公路隧道内一共进行了 50 次实验，根据需要，改变的参数主要包括火源离地高度、火源热释放速率和纵向风速，实验工况统计如表 2.5 所示。具体分析详见文献 [17]。

表 2.5　全尺寸实验工况统计表

实验隧道	实验序号	火　源	热释放速率/MW	火源高度/m	火源位置/m	典型风速/(m/s)
A	A1	1 个 1m×1m 油盘	1.8	0.2	0	2.5
	A2	2 个 1m×1m 油盘	3.6	0.2	0	0.5
	A3	2 个 1m×1m 油盘	36	0.2	0	4.5
B	B1	1 个 1m×1m 油盘	1.8	1.7	0	0.5
	B2	1 个 1m×1m 油盘	1.8	0.2	0	1.9
	B3	2 个 1m×1m 油盘	3.6	0.2	0	0.8
C	C1	1 个 1m×1m 油盘	1.8	1.7	0	1.0
	C2	1 个 1m×1m 油盘	1.8	0.2	0	0.6
	C3	2 个 1m×1m 油盘	3.6	0.2	0	0.5
	C4	2 个 1m×1m 油盘	3.6	0.2	0	0.9

续表

实验隧道	实验序号	火　源	热释放速率/MW	火源高度/m	火源位置/m	典型风速/(m/s)
D	D1	1个0.7m×0.7m油盘	0.55	0.2	0	1.0
	D2	1个1m×1m油盘	1.8	0.2	0	1.0
	D3	2个1m×1m油盘	3.6	0.2	0	1.5
	D4	2个1m×1m油盘 +1个0.7m×0.7m油盘	4.2	0.2	0	1.5
	D5	1个0.7m×0.7m油盘	0.55	0.2	0	0.5
	D6	1个1m×1m油盘	1.8	0.2	0	0.5
	D7	1个0.7m×0.7m油盘	0.55	1.5	0	1.5
	D8	1个0.7m×0.7m油盘	0.55	1.5	0	3
	D9	2个16层木垛叠放	0.8	0.2	0	2
E	E1	1个Φ0.44m油盘	0.18	0.2	0	1.2
	E2	1个0.6m×0.6m油盘	0.4	0.2	0	1.3
	E3	1个Φ0.44m油盘	0.18	0.2	+25	1.1
	E4	1个0.7m×1m油盘	1.1	0.2	+5	1.2
	E5	1个16层木垛	0.4	0.2	+5	0.6
	E6	1个1m×1m油盘	1.8	0.2	0	1.4
	E7	2个1m×1m油盘	3.6	0.2	0	2.0
	E8	1个Φ0.44m油盘	0.18	0.2	+25	1.8
	E9	1个16层木垛	0.4	0.2	0	1.0
	E10	1个16层木垛	0.4	0.2	+25	0.6
	E11	2个1m×1m油盘 +1个0.7m×1m油盘	4.7	0.2	0	0.5
F	F1	1个Φ0.44m油盘	0.18	0.2	0	1.3
	F2	1个Φ0.44m油盘	0.18	0.2	+50外侧壁	1.4
	F3	1个0.6m×0.6m油盘	0.4	0.2	0	1.2
	F4	1个0.7m×1m油盘	1.1	0.2	0外侧壁	1.2
	F5	1个Φ0.44m油盘	0.18	0.2	+25外侧壁	1.3
	F6	1个0.6m×0.6m油盘	0.4	0.2	0外侧壁	1.7
	F7	1个Φ0.44m油盘	0.18	0.2	+75外侧壁	1.4
	F8	1个1m×1m油盘	1.8	0.2	+75	0.8
	F9	1个1m×1m油盘	1.8	0.2	+50	1.2
	F10	1个0.7m×1m油盘	1.1	0.2	0	1.5
	F11	1个1m×1m油盘	1.8	0.2	0	1.35
	F12	1个0.6m×0.6m油盘	0.4	0.2	+25内侧壁	1.3
	F13	1个0.6m×0.6m油盘	0.4	0.2	+50内侧壁	1.1
	F14	1个0.6m×0.6m油盘	0.4	0.2	+75	0.8
	F15	2个1m×1m油盘	3.6	0.2	0	1.0
	F16	1个0.6m×0.6m油盘	0.4	0.2	+100	1.0
	F17	1个16层木垛	0.4	0.2	+25外侧壁	1.2
	F18	1个16层木垛	0.4	0.2	+25	0.8
	F19	2个16层木垛叠放	0.8	0.2	0	0.9
	F20	2个1m×1m油盘	3.6	0.2	0	1.0

2.2.2 地铁站全尺寸实验介绍

近年来，中国科学技术大学火灾科学国家重点实验室[4]在深圳市地铁会展中心站地下二层岛式站台和地下三层侧式站台、岗厦站地下二层含中庭的岛式站台开展了多次全尺寸火灾实验，分别记为站台A，B和C。实验目的为检验防排烟系统有效性。火源设置在靠近站台楼梯处，在站台A，B和C中，火源与楼梯的距离分别为11m，10m和4.5m，如图2.9，图2.10所示。

会展中心站地下一层为站厅层，地下二层为1号线岛式站台，地下三层为4号线侧式站台，站台均安装全封闭式屏蔽门，车站东西向总长（1号线）203.8m，高4.2m，屏蔽门全长136.5m；车站南北向总长（4号线）164.76m，高4.2m，屏蔽门全长136.5m，结构如图所示：

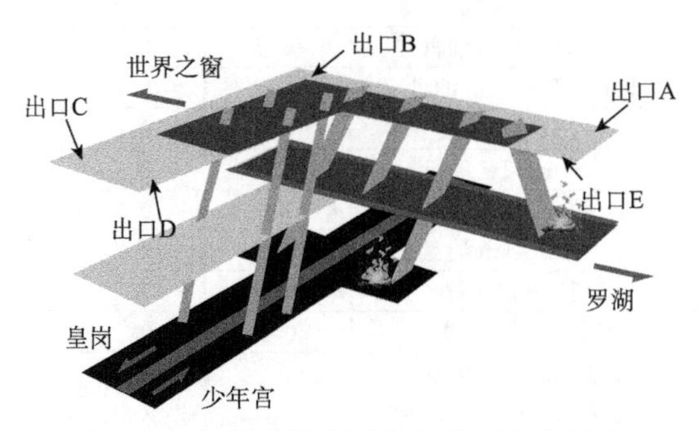

图2.9 深圳地铁会展中心站结构示意图

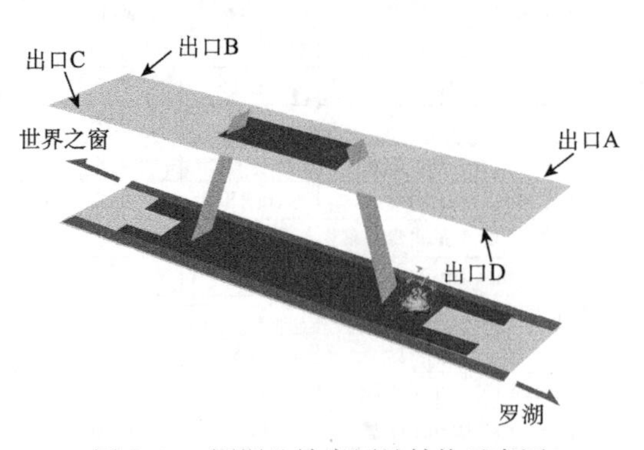

图2.10 深圳地铁岗厦站结构示意图

岗厦站地下一层为站厅层，地下二层为岛式站台。车站总长220.1m，高4.2m，屏蔽门全长136.5m，站台结构如图2.11（c）所示：

各站台顶棚下方有通透式吊顶，吊顶净高为3m，站台内设置有挡烟垂壁将站台划分为若干个防烟分区（图2.11中虚线所示），楼梯顶棚洞口四周设有挡烟垂壁，垂壁下沿与吊顶平齐，吊顶上方沿长度方向布置有排烟管，排烟口与

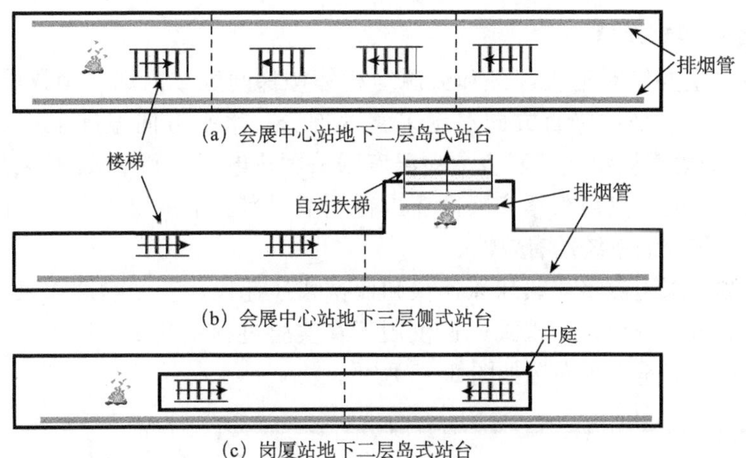

(a) 会展中心站地下二层岛式站台

(b) 会展中心站地下三层侧式站台

(c) 岗厦站地下二层岛式站台

图 2.11　各实验站台平面图

吊顶平齐，排烟口大小为 0.8m×0.6m，间距为 8m。

1. 火源与烟气发生装置

由于地铁站已完成装修并投入运营，为减少常规全尺寸火灾实验可能导致的建筑内部污染和结构损坏，实验采用了热烟测试法。这种方法的基本思想是采取燃烧比较清洁的燃料作为火源，使生成的烟气中不含有害的颗粒或油烟。同时向这种烟气中添加一些无害的示踪粒子，以近似显示烟气的流动状况，澳大利亚还对此制定了实验标准[14]。本系列实验中的火源和烟气发生装置均参考澳大利亚热烟实验规范（AS4391－1999）进行设计，油盆为热烟实验规范规定的 A1 油盘，内部长度、宽度和高度为 0.841m×0.595m×0.13m，燃料采用的是纯度为 98%的工业酒精，实验使用两个 A1 油盘，总的热释放速率约为 700kW。实验中采用燃烧烟饼的方式来产生示踪烟气，烟囱口放置到火源的正上方 1.7m，实验时烟从火源上方进入烟气羽流。火源与烟气发生装置如图 2.12 所示：

图 2.12　火源与发烟装置

2. 数据测量系统

实验中主要针对近火源区和火源与相邻楼梯间区域内烟气参数进行测量。温度采集分为水平和竖直方向温度采集两部分。水平方向温度采用热电阻和LTM8000采集模块组成，竖直方向温度则采用热电偶树和RM400采集模块组成，测点之间的距离可根据实际需要进行调节。实验中主要采用烟气温度和高度来判断烟气控制系统的有效性。

速度测量采用数字式热球风速仪和便携式风速仪，其中热球式风速仪用于固定位置的风速测量，便携式风速仪用于在实验过程中测量不同点的风速。三个站台的数据测量系统布置如图 2.13 所示。

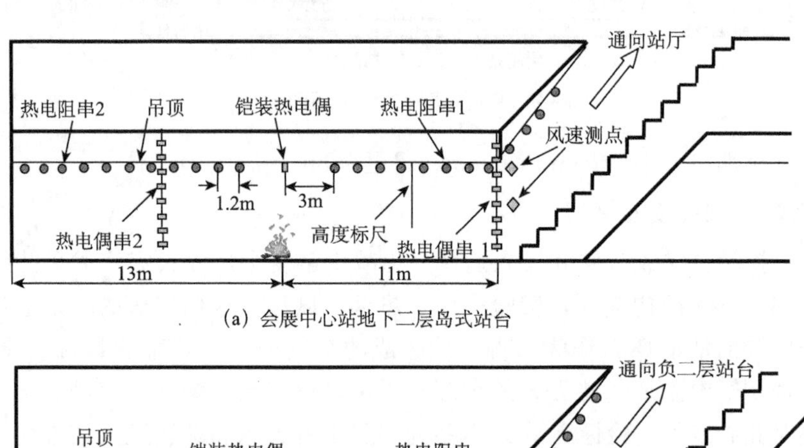

(a) 会展中心站地下二层岛式站台

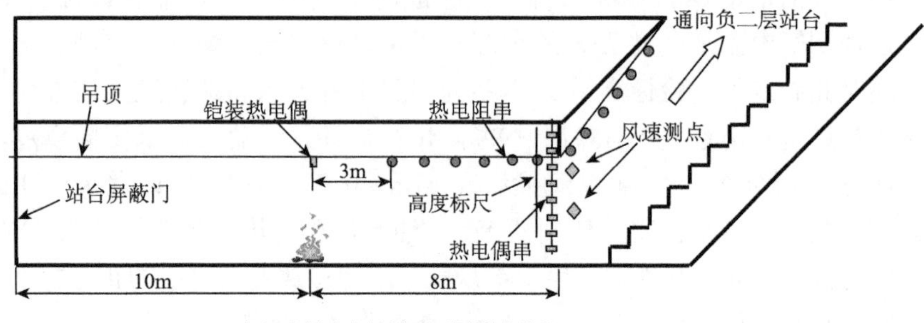

(b) 会展中心站地下三层侧式站台

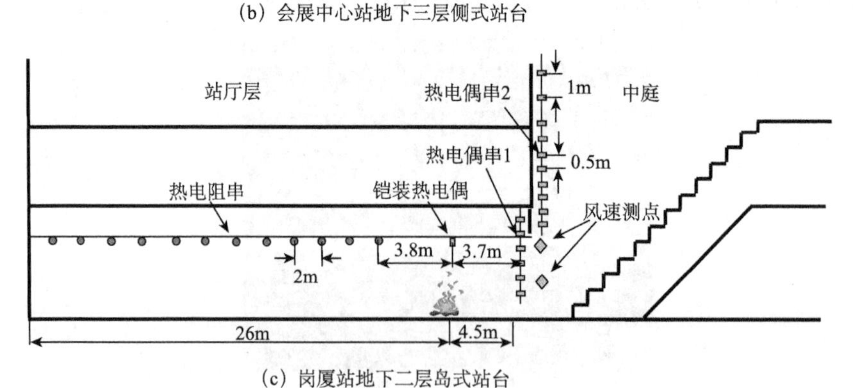

(c) 岗厦站地下二层岛式站台

图 2.13 数据采集系统布置简图

2.3　数值模拟方法

2.3.1　基本控制方程和模型[18,19]

火灾是一个含流动、传热传质、燃烧等分过程的复杂现象，而这些分过程均应满足基本物理守恒定律，这些基本守恒定律包括：质量守恒、动量守恒及能量守恒。控制方程是这些守恒定律的数学描述。这三个守恒定律在流体力学中由相应的方程来描述，并且对具体的研究问题有不同的表达形式。基本控制方程的具体形式可参见第一章中的相关内容。

1. 湍流模型

湍流是自然界中非常普遍的流动类型，湍流运动的特征是在运动过程中流体质点具有不断的随机的相互掺混的现象，速度和压力等物理量在空间上和时间上都具有随机性质的脉动。火灾中的绝大部分燃烧以及烟气流动都处于湍流状态。

前面所叙述的连续性方程、动量方程、能量方程和组分质量守恒方程，无论对层流还是湍流都是适用的。但是对于湍流，最根本的模拟方法就是在湍流尺度的网格尺寸内求解三维瞬态的控制方程，这种方法称为湍流的直接模拟(Direct Numerical Simulation，简称 DNS)。直接模拟需要分辨所有空间尺度上涡的结构和所有时间尺度上涡的变化，对所需要的网格数（约为雷诺数的 9/4 次方量级）和时间步长的要求都是非常苛刻的，对于如此微小的空间和如此巨大的时间步长，现有计算机的能力还很难实现，DNS 对内存空间及计算速度的苛刻要求使得它目前还只能用于一些低雷诺数的流动机理研究当中，无法用于真正意义上的工程计算。

针对目前的计算能力和某些情况下对湍流流动精细模拟的需要，形成了大涡模拟方法（Large Eddy Simulation，简称 LES），即放弃对全尺度范围上涡的运动模拟，而只将比网格尺度大的湍流运动通过直接求解瞬态控制方程计算出来，而小尺度的涡对大尺度运动的影响则通过建立近似的模型来模拟。总体而言，LES 方法对计算机内存以及 CPU 速度要求仍然较高，但大大低于 DNS 方法，而且可以模拟湍流发展过程中的一些细节。目前 LES 在火灾燃烧和烟气流动的模拟中已经得到了广泛的运用。

在工程设计中通常只需要知道平均作用力和平均传热量等参数，即只需要了解湍流所引起的平均流场的变化。因此可以求解时间平均的控制方程组，而将瞬态的脉动量通过某种模型在时均方程中体现出来，即 RANS（Reynolds Averaged Navier-Stokes）模拟方法。经过时均之后，方程中出现了雷诺应力等脉动关联项，如式（2.100）中最后一项所示。为了封闭方程，一种方法是推导出雷诺应力等关联项的输运方程，即雷诺应力模型；另一种方法是将湍流应力类比与黏性应力，把雷诺应力表示成湍流黏性和应变之间的关系式，再寻求模拟湍流黏性的方法。常见的 RANS 模型包括：单方程（Spalart-Allmaras）模型，双方程模型（$k-\varepsilon$ 模型系列：标准 $k-\varepsilon$ 模型，RNG（重整群方法）$k-\varepsilon$ 模型，可实现 $k-\varepsilon$ 模型；$k-\omega$ 模型系列：标准 $k-\omega$ 模型和 SST$k-\omega$ 模型），雷诺应力模型等。

$$\frac{\partial(\rho u_i)}{\partial t}+\frac{\partial(\rho u_i u_j)}{\partial x_j}=-\frac{\partial p}{\partial x_i}+\frac{\partial}{\partial x_j}\left[\mu\left(\frac{\partial u_i}{\partial x_j}+\frac{\partial u_j}{\partial x_i}-\frac{2}{3}\delta_{ij}\frac{\partial u_k}{\partial x_k}\right)\right]+\frac{\partial}{\partial x_j}(-\rho\overline{u'_i u'_j}) \tag{2.100}$$

目前还没有一种湍流模型能模拟所有湍流流动，通常是某个湍流模型更合适模拟某种湍流现象，具体选择哪种湍流模型，需要根据所研究的物理问题，所拥有的计算资源，所掌握的理论知识和对湍流模型的理解来综合考虑。

2. 燃烧模型

在对火灾燃烧的数值模拟中常常使用湍流燃烧模型来计算燃烧过程的化学反应速率。对于实际燃烧的化学反应过程，由于其过程非常复杂，很难全面考虑其化学反应机理，因此在实际的工程计算中往往采用简单化学反应系统的假设，即

$$1\text{kg 燃料}+s\text{kg 氧化剂}\rightarrow(1+s)\text{kg 产物} \tag{2.101}$$

式中，s 为燃料与氧化剂的化学当量比。由于求解无源方程比求解有源方程更简便，因此可以通过定义混合分数以及简单化学反应体系假设，根据燃料和氧化剂组分方程导出混合分数的无源方程：

$$\begin{aligned}&\frac{\partial(\rho f)}{\partial t}+\frac{\partial}{\partial x}(\rho uf)+\frac{\partial}{\partial y}(\rho vf)+\frac{\partial}{\partial z}(\rho wf)\\&=\frac{\partial}{\partial x}\left(\frac{\mu}{\sigma_f}\times\frac{\partial f}{\partial x}\right)+\frac{\partial}{\partial y}\left(\frac{\mu}{\sigma_f}\times\frac{\partial f}{\partial y}\right)+\frac{\partial}{\partial z}\left(\frac{\mu}{\sigma_f}\times\frac{\partial f}{\partial z}\right)\end{aligned} \tag{2.102}$$

目前的燃烧模型主要有湍流扩散燃烧模型和湍流预混燃烧模型两种。湍流扩散燃烧模型以 Spalding 的 $k-\varepsilon-g$ 模型为代表。该模型用湍流流动的 $k-\varepsilon$ 模型描述湍流的输运过程，建立混合分数 f 和湍流脉动方均值 g 的控制微分方程，引入概率密度函数的概念并假定了 f 的概率分布，并根据燃料和氧化剂不能瞬时共存的思想，根据 f 和 g 导出燃料和氧化剂的瞬时值和平均值，最后由总焓的解求出温度。

在 $k-\varepsilon-g$ 湍流扩散燃烧模型中，其混合分数 f 的湍流脉动方均值 g 为：

$$\frac{\partial(\rho g)}{\partial t}+\frac{\partial}{\partial x}(\rho u g)+\frac{\partial}{\partial y}(\rho v g)+\frac{\partial}{\partial z}(\rho w g)$$
$$=\frac{\partial}{\partial x}\left(\frac{\mu}{\sigma_g}\times\frac{\partial g}{\partial x}\right)+\frac{\partial}{\partial y}\left(\frac{\mu}{\sigma_g}\times\frac{\partial g}{\partial y}\right)+\frac{\partial}{\partial z}\left(\frac{\mu}{\sigma_g}\times\frac{\partial g}{\partial z}\right)+C_{g1}G_g-C_{g2}\rho\frac{\varepsilon}{k}g \tag{2.103}$$

式中，C_{g1}、C_{g2}为模型常数，G_g为：

$$G_g=\mu_t\left[\left(\frac{\partial f}{\partial x}\right)^2+\left(\frac{\partial f}{\partial y}\right)^2+\left(\frac{\partial f}{\partial z}\right)^2\right] \tag{2.104}$$

湍流预混模型的代表是 Spalding 提出的 EBU 漩涡破碎模型，该模型认为在湍流燃烧区内充满了大量的未燃气微团和已燃气微团，而化学反应就发生在这两种微团的交界面上，反应速率则由未燃气微团在湍流的作用下破碎成更小微团的速度决定，未燃气微团的破碎速度与湍流脉动动能的衰变率成正比：

$$R_{fu,\mathrm{EBU}}=-C_{\mathrm{EBU}}\rho\sqrt{g}\ \frac{\varepsilon}{k} \tag{2.105}$$

式中，C_{EBU}为模型常数。在湍流预混燃烧过程中可能存在均流速度梯度较大、温度低、化学反应不剧烈的区域，这时 EBU 模型不能给出合理的燃烧速率，因此在实际计算中，燃烧速率取阿伦尼乌斯公式和 EBU 模型二者中的较小值，即

$$R_{fu}=-\min(|R_{fu,\mathrm{EBU}}|,|R_{fu,\mathrm{A}}|) \tag{2.106}$$

$$R_{fu,\mathrm{A}}=-Z\rho^2 m_{fu}m_{\mathrm{ox}}\exp\left(-\frac{E}{RT}\right) \tag{2.107}$$

3. 辐射模型

热辐射是传热的三种基本方式之一，在火灾燃烧过程中热辐射是一种很重要的换热方式。在受限空间内的火灾燃烧中，周围热源（如烟气层、高温壁面等）的热辐射往往是燃烧的主导因素，故在数值模拟计算中需要考虑热辐射的影响。在工程上比较成熟的辐射模型包括辐射通量模型和离散传播模型。

Schuster 于 1905 年提出了一维通量模型的思想，1947 年 Hamaker 对其进行了完善，Spalding 在此基础上将模型拓展至多维的情形。辐射通量模型的基本思想是将介质各方向的辐射效应简化为坐标轴上正负两个方向的通量。对于一维模型，假设 I，J 分别是 x 轴正、负两个方向上的辐射通量，取长度为 $\mathrm{d}x$ 的微元体，考察辐射强度通量通过微元体后的变化，假设散射是各向同性，那么 I 增加量是 $aE\mathrm{d}x$ 和 $a_{\mathrm{s}}J\mathrm{d}x/2$，减少量是 $a_{\mathrm{s}}I\mathrm{d}x/2$ 和 $aI\mathrm{d}x$。综合起来可得：

$$\begin{cases}\dfrac{\mathrm{d}I}{\mathrm{d}x}=-(a+a_{\mathrm{s}})I+aE+\dfrac{a_{\mathrm{s}}}{2}(I+J)\\[2ex]\dfrac{\mathrm{d}J}{\mathrm{d}x}=(a+a_{\mathrm{s}})J-aE-\dfrac{a_{\mathrm{s}}}{2}(I+J)\end{cases} \tag{2.108}$$

式中，a 为介质的吸收系数和发射系数，a_s为介质的散射系数，E 为黑体的发射功率。对于三维的问题，则简化为六个方向上的通量，记为 I，J，K，L，M，N，分别对应 x、y、z 轴正、负方向上的辐射通量，为了公式简洁引入三个组合变量：

$$R_x = \frac{1}{2}(I+J),\ R_y = \frac{1}{2}(K+L),\ R_z = \frac{1}{2}(M+N) \tag{2.109}$$

那么辐射控制微分方程可简化为六通量辐射模型的组合形式：

$$\begin{cases} \dfrac{d}{dx}\left(\dfrac{1}{a+a_s}\times\dfrac{dR_x}{dx}\right) = -a(R_x - E) + \dfrac{a_s}{3}(2R_x - R_y - R_z) \\ \dfrac{d}{dy}\left(\dfrac{1}{a+a_s}\times\dfrac{dR_y}{dy}\right) = -a(R_y - E) + \dfrac{a_s}{3}(2R_y - R_x - R_z) \\ \dfrac{d}{dz}\left(\dfrac{1}{a+a_s}\times\dfrac{dR_z}{dz}\right) = -a(R_z - E) + \dfrac{a_s}{3}(2R_z - R_x - R_y) \end{cases} \tag{2.110}$$

采用流通量模型后，辐射对总焓方程源项的贡献是：

$$S_h = 2a(R_x + R_y + R_z - 3E) \tag{2.111}$$

离散传播模型是 Lockwood 于 1981 年提出的，其基本思想是将辐射在介质各方向的效应集中到有限条射线上，即只有在这些射线上才具有辐射能。假设介质为灰体，不考虑介质的散射，边界为漫射表面，那么沿射线的辐射传播方程为：

$$\frac{dI}{dS} = -aI + a\frac{\sigma T^4}{\pi} \tag{2.112}$$

式中，a 为介质的吸收系数和发射系数，σ 为波尔兹曼常量。如一束射线穿过第 n 个网格，对上式积分可知辐射强度计算的递推公式：

$$I_{n+1} = \frac{\sigma T^4}{\pi}(1 - e^{-aS}) + I_n e^{-aS} \tag{2.113}$$

因此已知离开发射面的辐射强度即可利用 2.113 式推导出接收面的辐射强度。

2.3.2 计算区域离散化与网格划分

描述流体流动及传热等物理问题的基本方程为偏微分方程，想要得到它们的解析解或者近似解析解，在绝大多数情况下都是非常困难的，甚至是不可能的。但为了对这些问题进行研究，可以借助于代数方程组求解方法。离散化的目的就是将连续的偏微分方程组及其定解条件按照某种方法遵循特定的规则在计算区域的离散网格上转化为代数方程组，以得到连续系统的离散数值逼近解。离散化包括计算区域的离散化和控制方程的离散化。

1. 计算区域离散化

通过计算区域的离散化，把参数连续变化的流场用有限个点代替。离散点的分布取决于计算区域的几何形状和求解问题的性质，离散点的多少取决于精度的要求和计算机可能提供的存储容量。

最常用的方法是，在计算区域中，作三簇坐标面，它们两两相交得出的三组交线，分别与三个坐标轴平行，这些交线构成了求解域中的差分网格。各交点称为网格的节点，两相邻节点之间的距离称为网格的步长。图 2.14 表示了节点 P 及其周围与它相邻的六个节点 E，W，N，S，H 和 L。一般来说，网格的步长是不相等的。在时间坐标上，也可定出有限个离散点，相邻两个离散点之间的距离称为时间步长，图 2.15 是网格线不与坐标轴平行的例子。

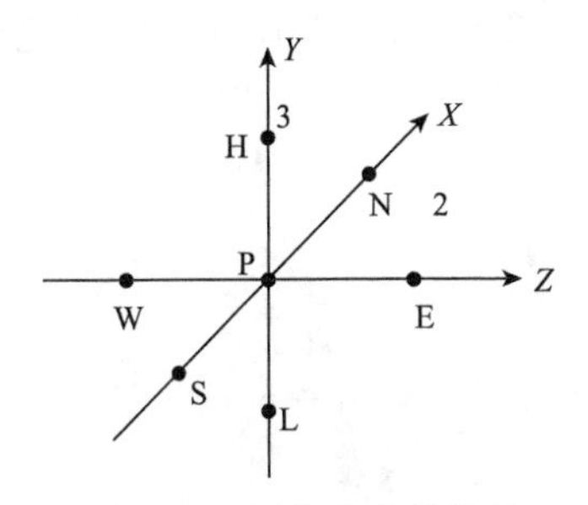

图 2.14　网格节点的符号

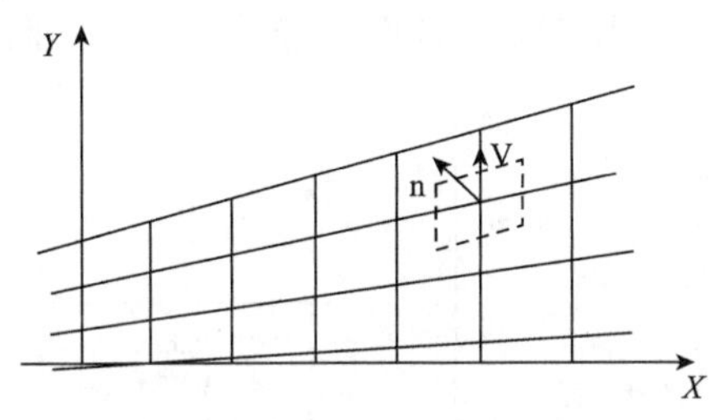

图 2.15　网格线不与坐标轴平行的例子

在计算过程中，这些网格一般是固定不变的。但有时也采用所谓的浮动网格，即网格节点和边界的位置随流动而改变。

2. 网格划分

为了在计算机上实现对连续物理系统的行为或状态的模拟，连续的方程必须离散化，在方程的求解域上（时间和空间）仅仅需要有限个点，通过计算这些点上的未知量而得到整个区域上的物理量的分布。有限差分、有限体积和有限元等数值方法都是通过这种方法来实现离散化的。这些数值方法非常重要的一部分就是实现对求解区域的网格划分。网格划分技术已经有几十年的发展历史了，到目前为止，结构化网格技术发展得比较成熟，而非结构化网格技术由于起步较晚、实现比较困难等方面的原因，还处于逐步成熟的阶段。

3. 网格独立性检验

在对火灾过程的数值模拟过程中，网格的独立性是计算中的一个非常重要的问题。网格的独立性将直接影响到计算结果的误差，甚至会影响到计算结果是否定性合理。对网格独立性进行检验的方法是以某一比例让网格数逐步增加，当网格数量增加到一定数值后，再增加网格数量，计算结果变化将越来越小甚至不再变化，通过比较相近网格的计算结果，如计算结果趋近一致，即可认为方程达到独立解，这样在一定程度上既减少计算机资源的过度浪费，又能得到合理的计算结果。

以某隧道火灾为例，为了检验网格的独立性，本节选择了 0.1m 到 0.4m 之间的七种网格尺寸，对火源下游方向 20m 位置竖直方向上的温度分布进行了计算，结果如图 2.16 所示。从模拟结果可以看出，随着网格尺寸的减小，隧道竖直方向上有温升的高度逐渐上升，而烟气层最高温度也随之升高；这表明如果选用较大的网格尺寸会使烟气层高度计算结果偏大，而烟气温度计算结果偏低；最终温度曲线的变化趋势逐渐趋于一致，当网格大小为 0.167m，0.125m 和 0.1m 三种情况下，温度曲线之间仅有细微的差别，这表明如果选用很小的网格尺寸，对计算结果不会有明显改善，反而会占用更多的资源和花费更长的时间；在对网格独立性检验的基础上，可以将网格尺寸确定为 0.167m，不仅可以获得较好的计算结果，同时还能花费较短的时间。

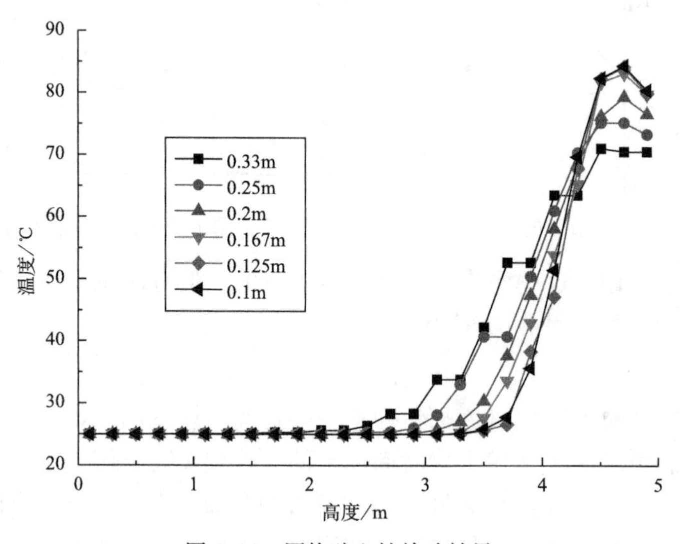

图 2.16　网格独立性检验结果

2.3.3　控制方程的离散化

微分方程的数值解就是用一组数字表示待定变量在定义域内的分布，离散化方法就是对这些有限点的待求变量建立代数方程组的方法。根据实际研究对象，可以把定义域分为若干个有限的区域，在定义域内连续变化的待求变量场，由每个有限区域上的一个或若干个点的待求变量值来表示。

由于所选取的节点间变量 Φ 的分布形式不同，推导离散化方程的方法也不同。在各种数值方法中，控制方程的离散方法主要有：有限差分法、有限元法、有限体积法、边界元法、谱方法等。这里主要介绍最常用的有限差分法，有限元法及有限体积法。

1. 有限差分法

有限差分法（Finite Difference Method，简称 FDM）是计算机数值模拟最早采用的方法，至今仍被广泛运用。该方法将求解域划分为差分网格，用有限个网格节点代替连续的求解域。有限差分法以泰勒级数展开等方法，把控制方程中的导数用网格节点上的函数值的差商代替进行离散，从而建立以网格节点上的值为未知数的代数方程组。该方法是一种直接将微分问题变为代数问题的近似数值解法，数学概念直观，表达简单，是发展较早且比较成熟的数值方法。对于有限差分格式，从格式的精度来划分，有一阶格式、二阶格式和高阶格式。从差分的空间形式来考虑，可分为中心格式和逆风格式。考虑时间因子的影响，差分格式还可以分为显格式、隐格式、显隐交替格式等。目前常见的差分格式，主要是上述几种形式的组合，不同的组合构成不同的差分格式。差分方法主要适用于有结构网格，网格的步长一般根据实际地形的情况和柯朗稳定条件来决定。

2. 有限元法

有限元法（Finite Element Method，简称 FEM）与有限差分法都是广泛应用的流体力学数值计算方法。有限元法的基础是变分原理和加权余量法，其基本求解思想是把计算域划分为有限个互不重叠的单元，在每个单元内，选择一些合适的节点作为求解函数的插值点，将微分方程中的变量改写成由各变量或其导数的节点值与所选用的插值函数组成的线性表达式，借助于变分原理或加权余量法，将微分方程离散求解。采用不同的权函数和插值函数形式，便构成不同的有限元方法。

有限元方法最早应用于结构力学，后来随着计算机的发展慢慢用于流体力学的数值模拟。在有限元方法中，把计算域离散剖分为有限个互不重叠且相互连接的单元，在每个单元内选择基函数，用单元基函数的线性组合来逼近单元中的真解，整个计算域上总体的基函数可以看为由每个单元基函数组成的，则整个计算域内的解可以看作是由所有单元上的近似解构成。常见的有限元计算方法有里兹法和伽辽金法、最小二乘法等。根据所采用的权函数和插值函数的不同，有限元方法也分为多种计算格式。从权函数的选择来说，有配置法、矩量法、最小二乘法和伽辽金法，从计算单元网格的形状来划分，有三角形网格、四边形网格和多边形网格，从插值函数的精度来划分，又分为线性插值函数和高次插值函数等。不同的组合同样构成不同的有限元计算格式。

3. 有限体积法

有限体积法（Finite Volume Method，简称 FVM）又称为控制容积法，是近年发展非常迅速的一种离散化方法，其特点是计算效率高，目前在 CFD 领域得到了广泛的应用。其基本思路是：将计算区域划分为网格，并使每个网格点周围有一个互不重复的控制体积；将待解的微分方程（控制方程）对每一个控制体积分，从而得到一组离散方程。其中的未知数是网格点上的因变量，为了求出控制体的积分，必须假定因变量值在网格点之间的变化规律。从积分区域的选取方法看来，有限体积法属于加权余量法中的子域法，从未知解的近似方法看来，有限体积法属于采用局部近似的离散方法。简言之，子域法加离散，就是有限体积法的基本方法。

有限体积法的基本思路易于理解，并能得出直接的物理解释。离散方程的物理意义，就是因变量在有限大小的控制体积中的守恒原理，如同微分方程表示因变量在无限小的控制体积中的守恒原理一样。有限体积法得出的离散方程，要求因变量的积分守恒对任意一组控制体积都得到满足，对整个计算区域，自然也得到满足。就离散方法而言，有限体积法可视作有限单元法和有限差分法的中间物。

控制体积法是着眼于控制体积的积分平衡，并以节点作为控制体积的代表的离散化方法。由于需要在控制体积上作积分，所以必须先设定待求变量在区域内的变化规律，即先假定变量的分布函数，然后将其分布代入控制方程，并在控制体积上积分，便可得到描述节点变量与相邻节点变量之间的关系的代数方程。由于是出自控制体积的积分平衡方程，所以得到的离散化方程将在有限尺度的控制体积上满足守恒原理。也就是说，不论网格划分的疏密情况如何，它的解都能满足控制体积的积分平衡。这个特点提供了再不失去物理上的真实性的条件下，选择控制体积尺寸有更大自由度，所以它被广泛地应用于传热与流动问题的数值求解计算。

2.3.4　初始条件与边界条件

对于实际火灾过程的模拟，除了要满足基本控制方程以外，还要指定边界条件，对于非定常问题还要指定初始条件，目的是使方程有唯一确定的解。初始条件就是待求的非稳态问题在初始时刻待求变量的分布，它可以是常值，也可以是空间坐标的函数。关于边界条件的给定，通常有三类：第一类边界条件是给出边界上的变量值；第二类边界条件是给出边界上变量的法向导数值；第三类边界条件是给出边界上变量与其法向导数的关系式。不管是哪一类问题，只有当边界的一部分（那怕是个别点）给出的是第一类边界条件，才能得到待求变量的绝对值。对于边界上只有第二类或第三类边界条件的问题，数值求解也只能得到待求变量的相对大小或分布，不能求得它的唯一解。

1. 初始条件

初始条件是指待求的非稳态问题在初始时刻待求变量的分布，它可以是常值，也可以是空间坐标的函数。在非稳态过程一开始，初始条件的影响很大，但随时间的推延，它的影响逐渐减弱，并最终达到一个新的稳定状态。在最终的稳定状态解中再也找不到初始条件影响的痕迹，而主要由边界条件决定。因此，对于稳态问题的求解是不需要初始条件的。但在火灾过程的数值模拟中，我们通常关心的是火灾发生与发展的这个过程，而不是关心火灾的流动和传热最终发展到的一个稳定阶段，因此初始条件必须准确全面的给出。从另一个意义上说，初始条件也可以说一种边界条件，只不过它是在对时间进行离散化的时候，给的关于时间的一个边界条件。

2. 边界条件

边界条件是场模拟所必须的输入项。火灾过程涉及的边界条件主要包括流动的进（出）口边界条件和壁面边界条件，其中进出口边界条件是指在计算控制体与环境之间存在流动的区域，可能存在的边界条件，分为以下几类：

速度入口边界条件：用于定义流动速度和流动入口的流动属性相关的标量。这一边界条件适用于不可压缩流，如果用于可压缩流会导致非物理结果，这是因为它允许驻点条件浮动。应注意不要让速度入口靠近固体妨碍物，因为这会导致流动入口驻点属性具有太高的非一致性。

压力入口边界条件：用于定义流动入口的压力和其他标量属性。适用于可压缩流和不可压缩流。压力入口边界条件可用于压力已知但是流动速度未知的情况。可用于浮力驱动的流动等许多实际情况。压力入口边界条件也可用来定义外部或无约束流的自由边界。

质量流动入口边界条件：用于已知入口质量流速的可压缩流动。在不可压缩流动中不必指定入口的质量流率，因为密度为常数时，速度入口边界条件就确定了质量流条件。当要求达到的是质量和能量流速而不是流入的总压时，通常就会适用质量入口边界条件。

压力出口边界条件：压力出口边界条件需要在出口边界处指定表压（Gauge pressure）。表压值的指定只用于亚声速流动。如果当地流动变为超声速，就不再使用指定表压了，此时压力要从内部流动中求出，包括其他的流动属性。在求解过程中，如果压力出口边界处的流动是反向的，回流条件也需要指定。如果对于回流问题指定了比较符合实际的值，收敛困难问题就会不明显。

压力远场边界条件：用于模拟无穷远处的自由流条件，其中自由流马赫数和静态条件被指定。这一边界条件只适用于密度规律与理想气体相同的情况，对于其他情况要有效地近似无限远处的条件，必须将其放到所关心的计算物体的足够远处。例如，在机翼升力计算中远场边界一般都要设到20倍弦长的圆周之外。

质量出口边界条件：当流动出口的速度和压力在解决流动问题之前是未知时，可使用质量出口边界条件来模拟流动。

而壁面边界条件则包括壁面流动边界条件和壁面热边界条件。对于黏性流动问题，考虑流动与壁面之间的流动边界层，壁面一般认为是无滑移条件，但在一些情况下（如边界平移或旋转运动时），也可以通过指定壁面切向速度或给出壁面切应力来模拟壁面滑移；壁面热边界条件包括固定温度、固定热通量、对流换热系数、外部辐射换热与对流换热等。

实际火灾中，火源燃烧所释放出的大量热量和有害烟尘是对火场中人员和建筑最为危险的因素，因此，火源的热释放过程和有害组分的迁移输运规律是火灾研究的重点对象。火源的燃烧是一个非常复杂的过程，它涉及化学反应动力学、流体动力学和传热传质等方面的内容，为了对火源燃烧过程进行简化，一些研究者根据一些实验结果、以往经验结合可燃物形式推算出火焰的形状、温度、发热量以及产物中各组分的生成量，以热源模拟火源。大量的计算结果表明此种方法对于模拟火灾初期烟气运动是可行的[20,21]。对于地铁站火灾而言，往往不需要去细致地考察火源内部的燃烧流动细节，且由于地铁站一般具有比较大的空间体积，火灾荷载不大，一般难以达到轰燃，因此用热源模拟火源是可行的。这样，火源成为了一个特殊的边界条件。

边界条件给出的形式一般有三种：第一类是直接给出边界上的变量值，如流动进（出）口边界条件中的直接给出速度和温度边界条件以及壁面热边界条件中的直接给出壁面温度条件等；第二类是给出边界上变量的法向导数值，如壁面热边界条件中给出的仅考虑壁面热传导的固定热通量条件；第三类是给出边界上变量与其法向导数的关系式，如有对流和辐射换热的壁面边界等。

2.3.5 常用数值模拟工具

1. FDS[22～24]

FDS（Fire Dynamics Simulator）是美国国家标准与技术研究院（NIST）开发的一种计算机流体力学（CFD）模拟程序，其第 1 版在 2000 年 1 月发布，以后一直在不断改进和更新，该程序的最新版为 2014 年 10 月发布的第 6 版（FDS6.1.2）。

FDS 的主程序用于求解微分方程，可以模拟火灾导致的热量和燃烧产物的低速传输，气体和固体表面之间的辐射和对流传热，材料的热解，火焰传播和火灾蔓延，水喷淋、感温探测器和感烟探测器的启动，水喷头喷雾和水抑制效果等。FDS 还附带有一个 Smokeview 程序，可用来显示和查看 FDS 的计算结果，它可以显示火灾的发展和烟气的蔓延情况，还能用于评判火场中的能见度。

FDS 采用数值方法求解一组描述低速、热驱动流动的 Navier-Stokes 方程，重点关注火灾导致的烟气运动和传热过程。对于时间和空间，均采取二阶的显式预估校正方法。FDS 中包括大涡模拟（Large Eddy Simulation，LES）和直接数值模拟（Direct Numerical Simulation，DNS）两种方法。直接数值模拟主要是适用于小尺寸的火焰结构分析，而对于在空间较大的多室建筑结构内的烟气流动过程，则应选择 LES。FDS 默认的运行方式是 LES。

大涡模拟的基本思想是在流场的大尺度结构和小尺度结构（Kolmogorov 尺度）之间选择一个滤波宽度对控制方程进行滤波，从而把所有变量分成大尺度量和小尺度量。对大尺度量用瞬时的 N-S 方程直接模拟，对于小尺度量则采用亚格子模型进行模拟。火灾烟气的湍流输运主要由大尺度漩涡运动决定，对大尺度结构进行直接模拟可以得到真实的结构状态。又由于小尺度结构具有各向同性的特点，因而对流场中小尺度结构采用统一的亚格子模型是合理的。

FDS 中采用的是 Smagorinsky 亚格子模型，该模型基于一种混合长度假设，认为涡黏性正比于亚格子的特征长度 Δ 和特征湍流速度。根据 Smagorinsky 模型，流体动力黏性系数表示为：

$$\mu_{\mathrm{LES}} = \rho\,(\boldsymbol{C}_{\mathrm{s}}\Delta)^2\left[\frac{1}{2}(\nabla \boldsymbol{u}+\nabla \boldsymbol{u}^{\mathrm{T}}):(\nabla \boldsymbol{u}+\nabla \boldsymbol{u}^{\mathrm{T}})-\frac{2}{3}(\nabla\cdot \boldsymbol{u})^2\right]^{1/2} \tag{2.114}$$

式中，$\Delta=(\delta x\delta y\delta z)^{1/3}$，$C_{\mathrm{s}}$ 为 Smagorinsky 常数。流体的导热系数和物质扩散系数分别表示为：

$$k_{\mathrm{LES}} = \frac{\mu_{\mathrm{LES}} C_{\mathrm{p}}}{Pr} \tag{2.115}$$

$$(\rho D)_{i.\mathrm{LES}} = \frac{\mu_{\mathrm{LES}}}{Sc} \tag{2.116}$$

式中，Sc 为流体的施密特数，Pr 为普朗特数，C_{p}为流体定压比热。

大涡模拟能够较好处理湍流和浮力的相互作用，可以得到较为理想的结果，因此目前在火灾过程的模拟计算中得到了相当广泛的应用。

为了合理描述火灾这种特殊的燃烧过程，需要建立适当的燃烧模型。目前在 FDS 中包括有限反应速率和混合分数两种燃烧模型。有限反应速率模型适用于直接数值模拟，混合分数燃烧模型则适用于大涡模型。在 FDS 中默认的是混合分数模型。FDS 采用矩形网格来近似表示所研究的建筑空间，用户搭建的所有建筑组成部分都应与已有的网格相匹配，不足一个网格的部分会被当作一个整网格或者忽略掉。FDS 对空间的所有固体表面均赋予热边界条件以及材料燃烧特性信息，固体表面上的传热和传质通常采用经验公式进行处理。

使用 FDS 进行计算前，应先编写数据输入文件。该文件大致由三部分组成：①提供所计算的场景的必要说明信息，设定计算区域的大小，网格划分的状况并添加必要的几何学特征；②设定火源和其他边界条件；③设定输出数据信息，例如某个截面上的温度、CO 浓度；某出口的质量流率；某点的温度、CO 浓度等数据。

在 FDS 的输入文件中每行语句必须以字符“&”开始，紧接着名单群，后面是相关的输入参数列，在语句的末尾应当以字符“/”终止。输入文件中的参数可以是整数、实数、数组实数、字符串、数组字符串或逻辑词。输入参数可用逗号或空格分隔开。在语句末尾“/”符号之后可以将相关的评注或注意写入文件中。表 2.6 给出了一个 FDS 输入文件的示例。

表 2.6 FDS 输入文件示例（节选）

```
&HEAD CHID='Atrium Fire', TITLE='Atrium Fire'/任务名称和标题
&TIME TWFIN=600.0/设定计算时间
&MESH IJK=40,24,100, XB=0,20,0,12,0,20/设定网格数量和计算区域
&MISC TMPA=20/设定初始环境温度
&REAC ID          ='POLYURETHANE'
FYI               ='C_6.3 H_7.1 N O_2.1, NFPA Handbook, Babrauskas'
SOOT_YIELD        =0.10
N                 =1.0
C                 =6.3
H                 =7.1
O                 =2.1  /设定可燃材料为聚亚氨脂
&SURF ID='BURNER', HRRPUA=30., PART_ID='smoke', COLOR='RED' /设定火源 & PART ID='smoke',
MASSLESS=.TRUE., SAMPLING_FACTOR=1/示踪粒子参数
&VENT XB=9.5, 10.5, 5.5, 6.5, 0, 0, SURF_ID='BURNER' /火源位置
&VENT XB=8, 12, 0, 0, 0, 4, SURF_ID='OPEN' /开口
&INIT XB=0, 20, 0, 12, 5, 6, TEMPERATURE=23./初始温度梯度条件
&INIT XB=0, 20, 0, 12, 5, 6, TEMPERATURE=23./
……
&INIT XB=0, 20, 0, 12, 19, 20, TEMPERATURE=51./
&SLCF PBY=6, QUANTITY='TEMPERATURE'/输出竖直中心面上的温度
&TAIL/结束
```

主要输入参数说明：

（1）任务命名：HEAD

HEAD 用于给出相关输入文件的任务名称，包括 2 个参数：CHID 是一个最多可包含 30 个字符的字符串，用于标记输出文件；TITLE 是描述问题的最多包含 60 个字符的字符串，用于标记算例序号。

（2）计算时间：TIME

TIME 用来定义模拟计算持续的时间和最初的时间步。通常仅需要设置计算持续时间，其参数为 TWFIN，缺省时间为 1s。表 2.6 中设置计算时间为 600s。

（3）计算网格：MESH

MESH 用于定义计算区域和划分网格。FDS 中的计算区域和网格均是平行

六面体，计算区域大小通过一组 XB 开头的六个数值来确定，表 2.6 中定义了长为 20m，宽为 12m，高为 20m 的长方形计算区域，X、Y、Z 方向的网格（GRID）数由 IJK 后的三个数值来确定，表 2.6 中分别为 40、24 和 100 个。

（4）综合参数：MISC

MISC 是各类综合性输入参数的名称列表组，一个数据文件仅有一个 MISC 行。表 2.6 中的 MISC 表示将环境温度设为 20℃。

（5）燃烧参数：REAC

REAC 用来描述燃烧反应的类型，在 FDS 输入文件中可以不用 REAC 语句定义反应类型，此时默认的反应物为丙烷。在 REAC 语句中可以定义参与可燃物的名称、化学分子式、产烟量、CO 产量、燃烧热等参数，也可以采用程序的默认值。表 2.6 中定义了一种名为聚亚氨脂的可燃物，并给出了其化学分子式和产烟量。

（6）障碍物：OBST

OBST 用于描述障碍物状况，每个 OBST 行都包含计算区域内矩形固体对象的坐标、性质以及颜色等参数。障碍物的坐标由 XB 引导的一组六个数值来确定，在 OBST 行中的表示为：XB＝X1，X2，Y1，Y2，Z1，Z2。

（7）边界条件：SURF

SURF 用于定义流动区域内所有固定表面或开口的边界条件。固体表面默认的边界条件是冷的惰性墙壁。如果采用这种边界条件，则无需在输入文件中添加 SURF 行；如果要得到额外的边界条件，则必须分别在本行中给出。每个 SURF 行都包括一个辨识字符 ID＝'.'，用来引入障碍物或出口的参数。而在每一个 OBST 和 VENT 行中的特征字符 SURF _ ID＝'.'，则用来指出包含所需边界条件的参数。

SURF 还可用来设定火源，HRRPUA 为单位面积热释放速率（kW/m^2），用于控制可燃物的燃烧速率。如果仅需要一个确定热释放速率的火源，则仅需设定 HRRPUA。例如：

&SURF ID＝'BURNER'，HRRPUA＝30/

这表示将 $30kW/m^2$ 的热释放速率应用于任何 SURF ID＝'BURNER'的表面之上。

SURF 还可以用来设定热边界条件和速度边界条件。

（8）通风口：VENT

VENT 用来描述紧靠障碍物或外墙上的平面，用 XB 来表示，其六个坐标中必须有一对是相同的，以表示为一个平面。在 VENT 中可以使用 SURF _ ID 来将外部边界条件设为“OPEN”，即假设计算域内的外部边界条件是实体墙，OPEN 表示将墙上的门或窗打开。VENT 也可用来模拟送风和排烟风机。如：

&SURF ID='BLOWER'，VEL=－1.5/

&VENT XB=0.50，0.50，0.25，0.75，0.25，0.75，SURF _ ID='BLO-ERW'/

表示在网格边界内创建了一个平面，它以1.5m/s的速度由x坐标的负方向向内送风。

(9) 输出数据组

在输入文件中还应设定所有需要输出的参数，如THCP、SLCF、BNDF、ISOF和PL3D等，否则在计算结束后将无法查看所需信息。查看计算结果有几种方法，如热电偶是保存空间某给定点温度的量，该量可表示为时间的函数。为了使流场更好地可视化，可使用SLCF或BNDF将数据保存为二维数据切片。这两类输出格式都可以在计算结束后以动画的形式查看。

另外还可用Plot3D文件自动存储所需的流场图片。示踪粒子能够从通风口或障碍物注入流动区域，然后在Smokeview中查看。粒子的注入速率、采样率及其他与粒子有关的参数可使用PART名单组控制。

(10) 结尾：TAIL

数据输入文件以“&TAIL”为最后一行，表示所有数据已全部输入完毕。

在FDS中还有一些常用的语句，如INIT语句可以定义指定区域初试温度；MAIL语句可以定义制定材料性质等，具体可参见FDS用户手册。

当对编写好的数据输入文件检查无误后，即可将其存放在预定文件夹中开始模拟计算。计算完成后，可以打开目标文件夹内的.smv文件查看计算结果。其中某些计算结果，如火源热释放速率和热电偶测得的温度值等，会存储为.csv格式的文件，可使用Microsoft Office Excel等软件直接打开进行查看。

2. FLUENT[25~27]

Fluent是由美国FLUENT公司于1983年推出的CFD软件。它是继PHOE-NICS软件之后的第二个投放市场的基于有限体积法的软件。Fluent是目前功能最全面、适用性最广、国内使用最广泛的CFD软件之一。

Fluent提供了非常灵活的网格特性，让用户可以使用非结构网格，包括三角形、四边形、四面体、六面体、金字塔形网格来解决具有复杂外形的流动，甚至可以用混合型非结构网格。它允许用户根据解的具体情况对网格进行修改(细化/粗化)，非常适合于模拟具有复杂几何外形的流动。除此之外，为了精确模拟物理量变化剧烈的大梯度区域，如自由剪切层和边界层，Fluent还提供了自适应网格算法。该算法既可以降低前处理的网格划分要求，又可以提高计算求解的精度。Fluent可读入多种CAD软件的三维几何模型和多种CAE软件的网格模型。

Fluent 可用于二维平面、二维轴对称和三维流动分析，可完成多种参考系下的流场模拟、定常或非定常流动分析、不可压或可压流动计算、层流或湍流流动模拟、牛顿流体或非牛顿流体流动、惯性与非惯性坐标系中的流体流动、传热和热混合分析、化学组分混合和反应分析、多相流分析、固体与流体耦合传热分析、多孔介质分析、运动边界层追踪等。针对上述每一类问题，Fluent 都提供了优秀的数值模拟格式供用户选择。因此，Fluent 已广泛应用于化学工业、环境工程、航天工程、汽车工业、电子工业和材料工业等。

Fluent 可让用户定义多种边界条件，如流动入口及出口边界条件、壁面边界条件等，可采用多种局部的笛卡儿和圆柱坐标系的分量输入，所有边界条件均可以随着空间和时间的变化，包括轴对称和周期变化等。Fluent 提供的用户自定义子程序功能，可让用户自行设定连续方程、动量方程、能量方程或组分输运方程中的体积源项，自定义边界条件、初始条件、流体的物性、添加新的标量方程和多孔介质模型等。Fluent 的湍流模型包括 $k-\varepsilon$ 模型、Reynolds 应力模型、LES 模型、标准壁面函数、双层近壁模型等。

Fluent 是用 C 语言写的，可实现动态内存分配及高级数据结构，具有很大的灵活性与很强的处理能力，此外，Fluent 使用 Client/Server 结构，它允许同时在用户桌面工作站和强有力的服务器上分离地运行程序。在 Fluent 中，解的计算与显示可以通过交互式的用户界面来完成。用户界面是通过 Scheme 语言写的，高级用户可以通过写菜单宏及菜单函数自定义及优化界面。用户还可以使用基于 C 语言的用户自定义函数功能对 Fluent 进行扩展。

FLUENT 提供了非耦合求解、耦合隐式求解以及耦合显示求解三种方法。非耦合求解方法用于不可压缩或低马赫数压缩性流体的流动。耦合求解方法则可以用在高速可压缩流动。FLUENT 默认设置是非耦合求解，但对于高速可压流动，或需要考虑体积力（浮力或离心力）的流动，求解问题时网格要比较密，建议采用耦合隐式求解方法求解能量和动量方程，可较快地得到收敛解，缺点是需要的内存比较大（是非耦合求解迭代时间的 1.5～2.0 倍）。如果必须要耦合求解，但机器内存不够时，可以考虑用耦合显示解法器求解问题。该解法器也耦合了动量、能量及组分方程，但内存却比隐式求解方法小，缺点是收敛时间比较长。

利用 Fluent 软件进行求解的步骤如下：

① 确定几何形状，生成计算网格

② 选择求解器（2D 或 3D 等）

③ 输入并检查网格

④ 选择求解方程：层流或湍流（或无黏流），化学组分或化学反应，传热模型等。确定其他需要的模型，如风扇、热交换器、多孔介质等模型

⑤ 确定流体的材料物性

⑥ 确定边界类型及边界条件

⑦ 设置计算控制参数

⑧ 流场初始化

⑨ 求解计算

⑩ 保存计算结果，进行后处理。

参考文献

[1] 徐挺．相似理论与模型实验［M］．北京：中国农业机械出版社，1982.

[2] Heskestad Q. Physical modeling of fire［J］. Journal of Fire and Flammability，1975，6：253-273.

[3] 纪杰．地铁站火灾烟气流动及通风控制模式研究［D］．合肥：中国科学技术大学，2008.

[4] 钟委．地铁站火灾烟气流动特性及控制方法研究［D］．合肥：中国科学技术大学，2007.

[5] Thomas P H. Modeling of compartment fires［J］. Fire Safety Journal，1967，2（5）：181-190.

[6] 张和平，周晓冬．受限空间烟气运动盐水模拟研究的现状和展望［J］．中国安全科学学报，1999，9（1）：30-34.

[7] Karlsson B，Quintiere J. Enclosure Fire Dynamics［M］. CRC press，2002.

[8] Heskestad G. Luminous heights of turbulent diffusion flames［J］. Fire Safety Journal，1983，5（2）：103-108.

[9] Alpert R L. Calculation of response time of ceiling-mounted fire detectors［J］. Fire Technology，1972，8（3）：181-195.

[10] Alpert R L. Turbulent ceiling-jet induced by large-scale fires［J］. Combustion Science and Technology，1975，11（5-6）：197-213.

[11] NFPA92B. Guide for smoke management systems in malls，atria，and large areas. 2000.

[12] National Fire Protection Association. Smoke management in covered malls and atria//SFPE hand-book of fire protection engineering. Quincy，Mass. 1995，4：292-310.

[13] GB 50157—2003. 地铁设计规范［S］. 2003.

[14] AS 4391－1999. Smoke management systems-Hot smoke test. 1999.

[15] French S E. EUREKA 499. HGV fire test（Nov 1992）［C］. Proceedings of the international conference on fires in tunnels，boras，sweden. 1994.

[16] 胡隆华．隧道火灾烟气蔓延的热物理特性研究［D］．合肥：中国科学技术大学，2006.

[17] 彭伟．公路隧道火灾中纵向风对燃烧及烟气流动影响的研究［D］合肥：中国科学技术大学，2008.

[18] Quintiere J G. Fundamentals of Fire Phenomena [M] . England：John Wiley，2006.
[19] 程曙霞 . 工程试验理论简明教程 [M] . 合肥：中国科学技术大学出版社，2000.
[20] Klote J H. Review of CFD analysis of smoke management systems [J] . ASHRAE Transactions，1999，108：687-698.
[21] Yin R，Chow W K. Building fire simulation with a field model based on large Eddy simulation [J] . Architectural Science Review，2002，45 (2)：145-153.
[22] McGrattan K B，Forney G P. Fire Dynamics Simulator：User's Manual [M] . US Department of Commerce，Technology Administration，National Institute of Standards and Technology，2000.
[23] McGrattan K，Hostikka S，Floyd J E，et al. Fire dynamics simulator (version 5)，technical reference guide [J] . NIST special publication，2004，1018：5.
[24] 霍然，胡源，李元洲 . 建筑火灾安全工程导论 [M] . 合肥：中国科学技术大学出版社，1999.
[25] 韩站忠，王敬，兰小平 . FLUENT：流体工程仿真计算实例与应用 [M] . 北京：北京理工大学出版社，2004.
[26] 温正，石良臣，任毅如 . FLUENT 流体计算应用教程 [M] . 北京：清华大学出版社，2009.
[27] 王瑞金，张凯，王刚 . Fluent 技术基础与应用实例 [M] . 北京：清华大学出版社，2007.

第 3 章　狭长空间火灾发展及烟气流动特性

3.1　火焰发展规律及顶棚射流火焰长度

3.1.1　竖向及顶棚射流火焰形态

当火源位于开放空间或房间中央时，羽流的竖直运动是轴对称的。当火源靠近墙壁或者墙角时，固壁边界对空气卷吸的限制作用将显示出重要影响，火焰将向壁面偏斜，如图 3.1 所示，这是由于火羽流此时仅能从开放侧卷吸空气所导致的。此时羽流卷吸空气的速率比轴对称时小，所以羽流温度竖向衰减变慢。若壁面是不燃的，则火焰将在壁面上扩展；若壁面是可燃的，则会形成竖壁燃烧，这将大大加强火势，容易引起火灾的快速蔓延[1,2]。

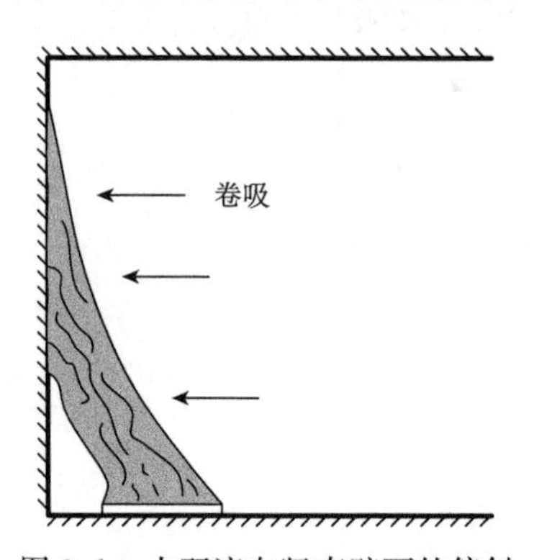

图 3.1　火羽流向竖直壁面的偏斜

如果房间顶棚较低，或者火源功率足够大，自然扩散火焰就会直接撞击到顶棚，并在顶棚下方形成水平扩展。此时，温度较高的可燃气位于上方，冷空气位于下方，二者结构形式较为稳定，密度差不利于二者的混合，可燃气体需运动稍长的距离才能烧完。火焰直接接触顶棚将会对顶棚结构造成破坏，若顶棚是可燃的，则极易引起顶棚火蔓延[1,2]。

为了研究不同受限程度下火焰的形状及蔓延规律，我们完成了两个系列的实验。第一系列[3]实验分为 4 组，分别是火源位于开放空间（A 组）、火源紧贴一个没有顶棚的竖直墙壁（B 组）、火源位于隧道纵向中心线上（C 组）以及火源紧贴隧道侧壁（D 组）。在 A，B 组中，火源距离地面 0.35m；在 C 组中，火源置于地面上；在 D 组中，火源距离地面分别为 0m，0.17m 和 0.35m。实验工况如图 3.2 所示。

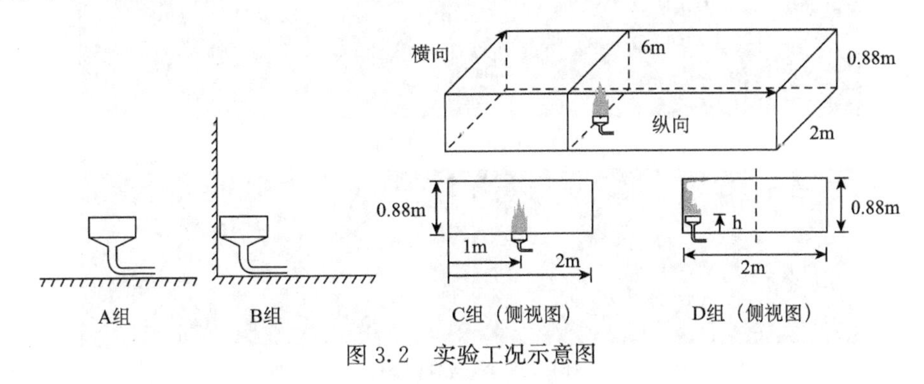

图 3.2　实验工况示意图

模型隧道相似比为 1∶6，其详细信息见第 2 章实验台介绍部分。实验采用边长为 0.15m 的多孔燃烧器模拟火源，燃料为丙烷，气体流率由转子流量计控制。丙烷的燃烧热为 46.45kJ/g[4]，假设其完全燃烧，燃烧效率为 1。每组实验均采用 8 种火源功率，分别为 15.94kW，26.57kW，39.85kW，53.13kW，66.42kW，79.71kW，92.99kW，106.28kW。每个工况重复两次。在火源的正向（垂直于隧道侧壁方向）和侧向（平行于隧道侧壁方向）各布置一个 DV 来记录火焰形态，频率为 25 帧/秒。采用闫维纲等[5]提出的图像处理方法来获取火焰的竖向高度和顶棚下水平扩展距离，对应于火焰间歇率为 50%[6]的位置，数据误差在 5%以内。

图 3.3 给出了火源燃烧稳定状态下的火焰形态。当火源位于开放空间时［图 3.3（a)］，火焰为自由发展的对称锥形。当火源贴壁时［图 3.3（b)］，由于卷吸不平衡引起的指向墙壁的水平惯性力会导致火焰紧贴到墙壁上，且相同火源功率时的火焰高度高于开放空间。

当火源位于隧道纵向中心线上时［图 3.3（c)］，火源功率较小时，火焰高度低于隧道顶棚高度，火焰呈竖向对称发展。随着火源功率增大，火焰撞击顶棚并形成径向扩展的顶棚射流。当火源紧贴隧道侧壁时［图 3.3（d)］，顶棚下方火焰水平扩展长度比火源位于中心线上时更大。随着火源高度增加［图 3.3（e）和图 3.3（f)］，火焰水平扩展长度越来越大。这是因为随着火源逐渐向侧壁和顶棚靠近，卷吸受限强度越来越高，高温可燃气需要运动更长的距离才能达到完全燃烧。

多孔气体燃烧器的燃烧速率由燃料体积流率控制，来自火焰和高温壁面的热反馈不会影响火源燃烧速率。在实际火灾中，边墙和顶棚能很大程度上影响燃烧行为和火焰结构的发展。为研究狭长空间侧壁对于液体池火燃烧特性的影响，在第二系列[7]实验中，我们采用甲醇池火作为火源，在 1/10 模型隧道中

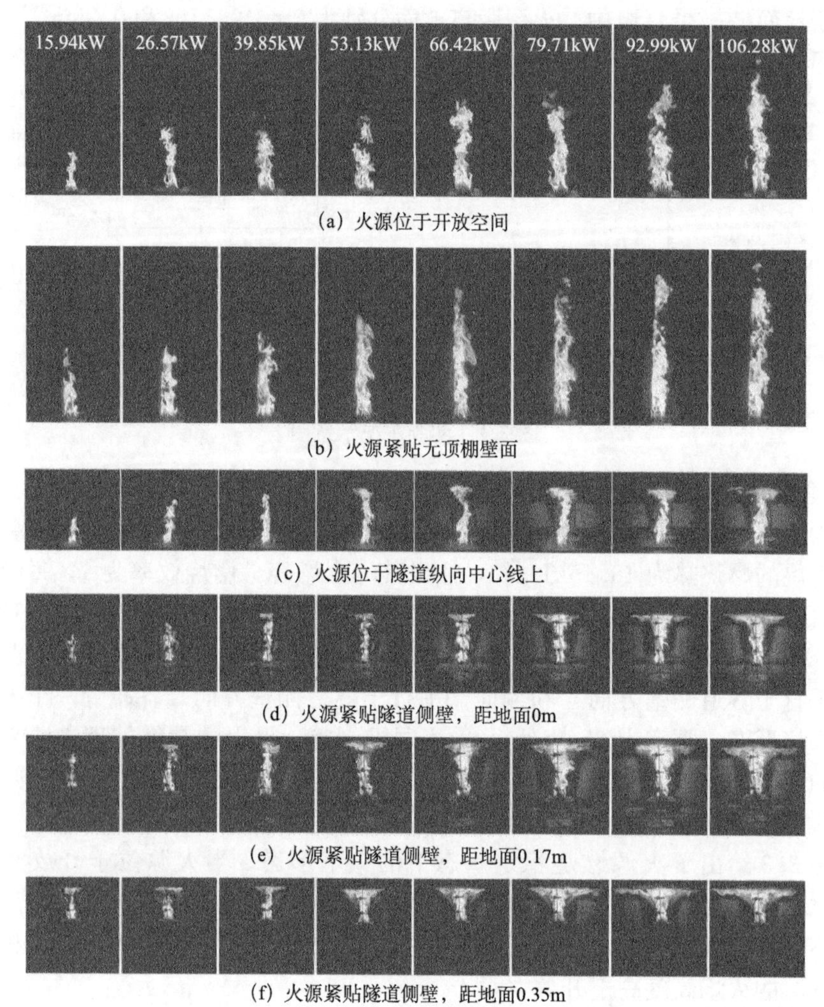

(a) 火源位于开放空间

(b) 火源紧贴无顶棚壁面

(c) 火源位于隧道纵向中心线上

(d) 火源紧贴隧道侧壁，距地面0m

(e) 火源紧贴隧道侧壁，距地面0.17m

(f) 火源紧贴隧道侧壁，距地面0.35m

图 3.3　不同工况下火焰形态（正向拍摄）

(2m×1m×0.5m) 开展了一系列实验。模型隧道由 4mm 厚的钢板制成，在顶棚、底板及一边侧壁内嵌 30mm 厚的防火板，另一侧壁由 8mm 厚的防火玻璃制成，以便观察实验现象。火源与顶棚的间距即有效顶棚高度可通过在火源下方设置支架进行调节。本实验采用了 5 种尺寸的方形油盆和 5 种尺寸的矩形油盆，每个矩形油盆有两种放置方式，分别为长边贴壁和短边贴壁。例如 0.30m×0.10m 油盆代表长边贴壁，而 0.10m×0.30m 油盆代表短边贴壁。油盆由 2mm 厚的钢板制成，内深 2cm，每次实验燃料初始厚度约为 1cm。火源位于隧道中部并紧贴侧壁。实验工况见表 3.1。使用电子天平测量甲醇火源质量随时间的变化。两台 DV 分别布置在正面和侧面以记录火焰形态。

表 3.1　实验工况

油盆尺寸/(m×m)	有效顶棚高度 H_{ef}/m
0.10×0.10	0.15，0.25，0.35，0.45
0.15×0.15	0.15，0.25，0.35，0.45
0.20×0.20	0.15，0.25，0.35，0.45
0.25×0.25	0.15，0.25，0.35，0.45
0.30×0.30	0.25，0.35，0.45
0.10×0.30，0.30×0.10	0.25，0.35，0.45
0.15×0.30，0.30×0.15	0.25，0.35，0.45
0.20×0.30，0.30×0.20	0.25，0.35，0.45
0.25×0.30，0.30×0.25	0.25，0.35，0.45
0.15×0.20，0.20×0.15	0.25，0.35，0.45

图 3.4 给出了在不同有效顶棚高度下的正面火焰图像。随着火源高度的增大，即有效顶棚高度减小，顶棚纵向火焰长度明显增大。对于矩形火源来说，长边贴壁和短边贴壁时火焰呈现不同的特点。图 3.5 给出了 0.30m×0.15m 和 0.15m×0.30m 油盆在有效顶棚高度 0.35m 时拍摄的火焰形态。油盆长边贴壁时火焰倾向侧壁现象明显，形成较为集中的顶棚射流火焰；短边贴壁时火焰面较为分散，无明显的火焰倾斜贴壁现象，同时火焰长度较长边贴壁时小，表明短边贴壁时火源受限较弱。

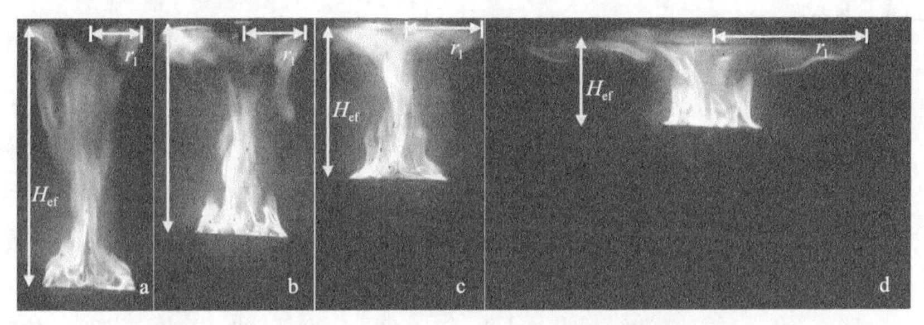

(a) H_{ef}=0.45m　(b) H_{ef}=0.35m　(c) H_{ef}=0.25m　(d) H_{ef}=0.15m

图 3.4　0.20m×0.20m 油盆在不同有效顶棚高度下的正向火焰图像

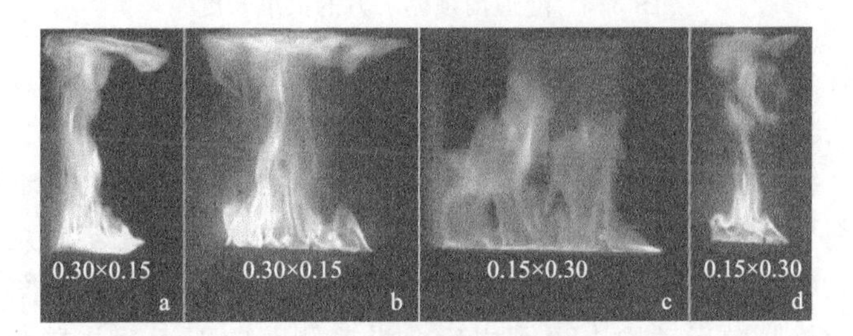

图 3.5　0.30m×0.15m 和 0.15m×0.30m 油盆在有效顶棚高度 0.35m 时的正向和侧向火焰图像

(a) 和 (c) 是侧向图像，(b) 和 (d) 是正向图像

3.1.2 顶棚射流火焰长度

图 3.6 给出了第一系列实验中的顶棚下方火焰长度，其中 r_l 和 r_t 分别指的是顶棚下方的纵向和横向火焰长度。从图中可以看出，当火源位于隧道中心线上时，r_l 和 r_t 基本相等，说明此时隧道顶棚下方的火焰形态呈圆形，而且隧道侧壁对于火焰的横向蔓延基本没有影响。但是，当火源紧贴隧道侧壁时，在三种火源高度下，对于较小的功率，r_t 大于 r_l，随着功率的增大，r_l 最终会大于 r_t。

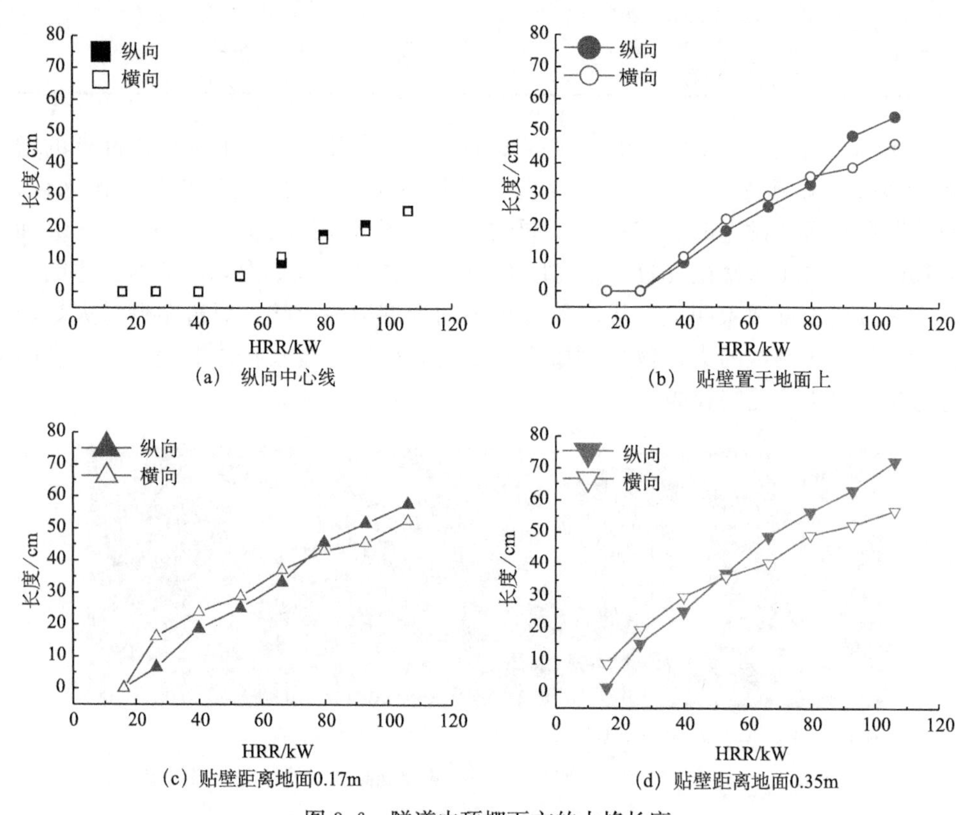

图 3.6 隧道内顶棚下方的火焰长度

为了解释造成这一变化的原因，我们分析了贴壁火火焰形态，如图 3.7 所示（侧向 DV 拍摄，火源距离地面 0.17m 的工况）。从图中可以看出，与横向扩展火焰相比，纵向扩展火焰同时受到侧壁和顶棚的限制，空气更难被卷吸进入火焰中，燃料要蔓延比横向扩展火焰更长的距离才能达到完全燃烧。因此，在较大的火源功率下，纵向火焰蔓延长度要大于横向的。同时，从图 3.7 中还可以看到，当火焰竖向运动撞击顶棚之后会沿着侧壁向下运动并在墙角正下方形成大尺度的涡旋结构，且涡旋具有向下的运动趋势。Hinkley 等[8]在早期的实验中也观察到了这一结构。产生这一结构的原因是：火焰在侧壁和顶棚的限制下向下运动，同时受到竖直向上的浮力作用，它最终会达到驻点从而反向向上运动形成涡旋结构，在这一过程中相对于横向蔓延火焰卷吸更多的空气。由此可知，顶棚和侧壁交接的墙角会对顶棚火焰产生两种作用。当功率很小的时候，由于涡旋结构的存在，纵向火焰能够卷吸到更多的空气，造成 r_t 大于 r_l；但是，当功率足够大以后，涡旋结构卷吸的空气相对于火焰完全燃烧所需的空气越来越小，此时，墙角对于纵向火焰蔓延的限制起控制作用，从而导致纵向火焰需要蔓延更长的距离才能达到完全燃烧，使得 r_l 大于 r_t。

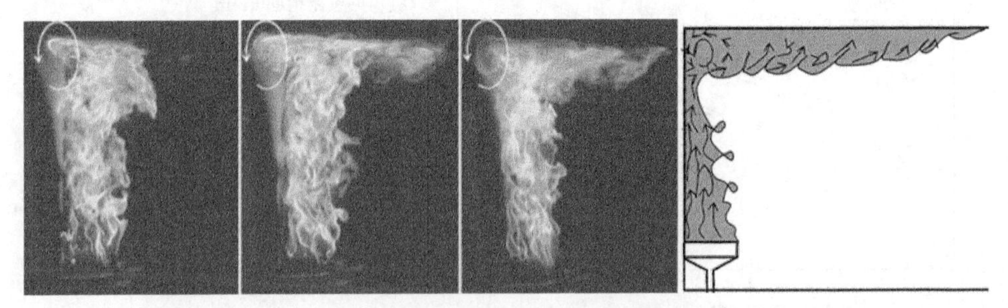

图 3.7　隧道内火源贴壁、距离地面 0.17m 的工况稳定燃烧时的火焰扩展情况（侧向）

对上述结论进行总结，当火源位于隧道中心线上时，顶棚下方扩展火焰呈圆形；当火源贴壁时，火焰则变为半椭圆形，随着火源功率的增大，椭圆的长轴由垂直于侧壁变为与侧壁平行。图 3.8 是这几种情况下的火焰形态示意图。

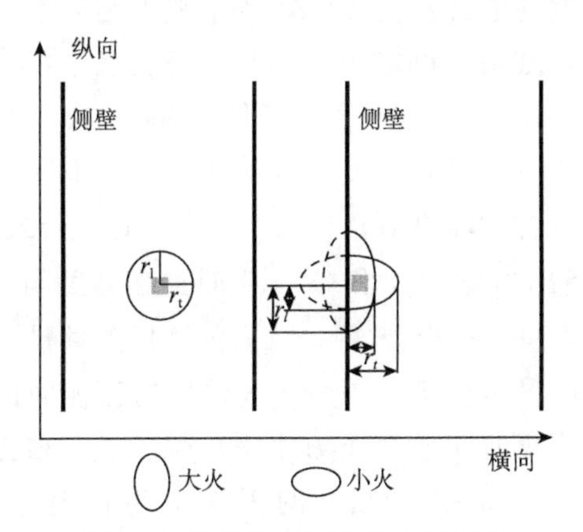

图 3.8　隧道顶棚下方的火焰形状

对于开放空间以及贴壁火的火焰高度，前人已经进行了大量的研究[9]，得到了无量纲火焰高度（L_f/D）与无量纲火源功率（$\dot{Q}^*$）之间的关系式，其中 L_f、D 分别是火焰高度和火源等效直径，$\dot{Q}^*$ 的表达式为

$$\dot{Q}^* = \dot{Q}/\rho_a c_p T_a \sqrt{g} D^{2/5} \tag{3.1}$$

式中，ρ_a、T_a、c_p、g 分别是环境空气密度、环境温度、定压比热容和重力加速度。结合前人的研究结果，图 3.9 给出了开放空间和火源贴壁时的 L_f/D 和 $\dot{Q}^*$ 的关系式。可以看出，与前人的结果相似，无量纲火焰高度是无量纲火源功率的函数，通过数据拟合可得

$$\frac{L_f}{D}=\begin{cases}3.0\dot{Q}^{*2/5} & \text{开放空间}\\ 3.2\dot{Q}^{*1/2} & \text{紧贴无顶棚墙壁}\end{cases} \tag{3.2}$$

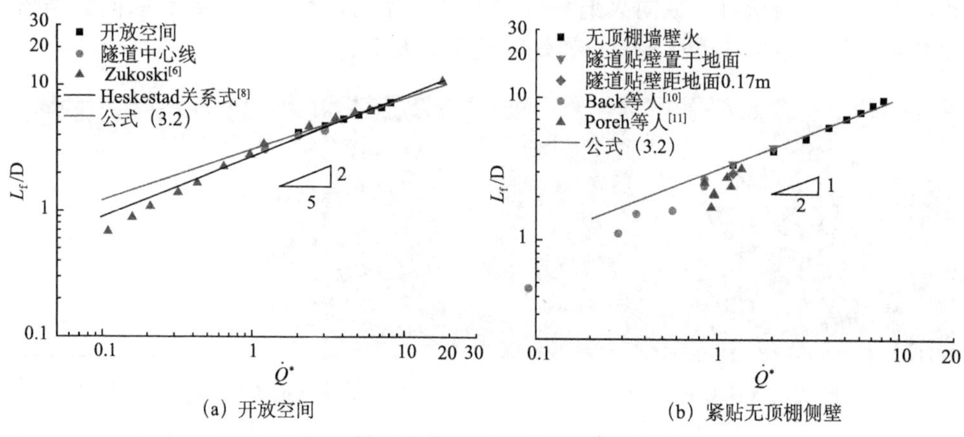

(a) 开放空间　　(b) 紧贴无顶棚侧壁

图 3.9　无量纲火焰高度与无量纲火源功率的关系式

我们把火源位于隧道内火焰高度低于顶棚的工况也列到图 3.9 中，可以看出此时无量纲火焰高度的值与公式（3.2）符合的很好，说明当火焰高度低于顶棚时，不管是否贴壁，隧道顶棚对于火焰竖向高度基本没有影响。此外，为了证明公式（3.2）的适用性，图 3.9 中还列出了前人公式的计算结果和实验数据[6,9~11]。可见，当 $\dot{Q}^*$ 大于 1 时（在本节的实验工况下 $1.2<\dot{Q}^*<8.2$），公式（3.2）与前人的结果符合的非常好；当 $\dot{Q}^*$ 小于 1 时，公式（3.2）的预测结果偏高。Zukoski 等[6]指出当 $\dot{Q}^*>1$ 和 $\dot{Q}^*<1$ 时火焰高度与无量纲火源功率之间具有不同的变化规律，可以得出公式（3.2）的适用条件是 $\dot{Q}^*>1$。

接下来，我们采用量纲分析法来量化火焰撞击顶棚时的扩展长度，定义火焰总长度为竖向火焰高度加上顶棚下方水平火焰长度。根据前文分析可知，影响火焰总长度（r_l+H_{ef} 和 r_t+H_{ef}）的因素主要有火源与顶棚的有效距离（H_{ef}）、火源等效直径（D）、火源功率（$\dot{Q}$）、环境空气密度（ρ_a）、环境温度（T_a）、定压比热容（c_p）以及重力加速度（g）。因此，可以把火焰总长度表达为如下函数关系式：

$$r+H_{ef}=f(H_{ef},\dot{Q},D,\rho_a,c_p,T_a,g) \tag{3.3}$$

基于量纲一致原理，公式（3.3）可以转化为

$$\frac{r+H_{\mathrm{ef}}}{H_{\mathrm{ef}}}=f\left(\frac{\dot{Q}}{\rho_{\mathrm{a}}g^{3/2}H_{\mathrm{ef}}^{7/2}},\frac{c_{\mathrm{p}}T_{\mathrm{a}}}{gH_{\mathrm{ef}}},\frac{D}{H_{\mathrm{ef}}}\right) \tag{3.4}$$

将公式（3.4）的右边三项组合可得

$$\frac{r+H_{\mathrm{ef}}}{H_{\mathrm{ef}}}=f\left(\frac{\dot{Q}}{\rho_{\mathrm{a}}c_{\mathrm{p}}T_{\mathrm{a}}g^{1/2}DH_{\mathrm{ef}}^{3/2}}\right)=f(\dot{Q}_{DH_{\mathrm{ef}}}^{*}) \tag{3.5}$$

其中，$\dot{Q}_{DH_{\mathrm{ef}}}^{*}$是考虑了火源功率、火源尺寸以及火源位置综合作用的无量纲火源功率，公式（3.5）的具体形式可以由实验数据确定。

图3.10给出了顶棚纵向、横向火焰总长度（$r_{\mathrm{l}}+H_{\mathrm{ef}}$）/$H_{\mathrm{ef}}$和（$r_{\mathrm{t}}+H_{\mathrm{ef}}$）/$H_{\mathrm{ef}}$随$\dot{Q}_{DH_{\mathrm{ef}}}^{*}$的变化关系。从图中可以看出，在双对数坐标系下无量纲火蔓延总长度与$\dot{Q}_{DH_{\mathrm{ef}}}^{*}$呈线性关系且火蔓延在纵向和横向上具有不同的变化规律，对数据进行拟合可得

$$\frac{r+H_{\mathrm{ef}}}{H_{\mathrm{ef}}}=\begin{cases}2.0\dot{Q}_{DH_{\mathrm{ef}}}^{*\,1/2}, & 纵向\\ 1.9\dot{Q}_{DH_{\mathrm{ef}}}^{*\,2/5}, & 横向\end{cases} \tag{3.6}$$

如前所述，当火源位于隧道内贴壁时，顶棚下方纵向和横向火焰扩展长度的相对大小随功率变化而变化。根据公式（3.6）可以求得临界火源功率的值为0.60，在该功率下，纵向与横向的火蔓延长度相等，火焰形状为半圆形。

当火源位于隧道中心线上时，撞击顶棚后形成的火焰形状为圆形，其纵向和横向火蔓延总长度相等，可表达为

$$\frac{r+H_{\mathrm{ef}}}{H_{\mathrm{ef}}}=1.6\dot{Q}_{DH_{\mathrm{ef}}}^{*\,2/5} \tag{3.7}$$

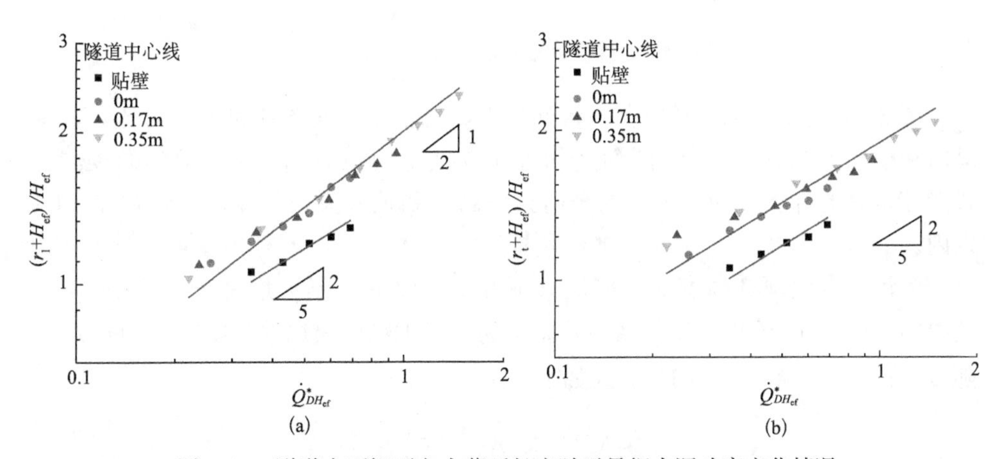

图3.10　隧道内顶棚下方火蔓延长度随无量纲火源功率变化情况

需要指出的是在我们的实验工况下，横向火焰长度远小于隧道宽度，隧道宽度对横向火焰扩展长度的影响可以忽略。因此，以上公式并不适用于横向火焰长度大于隧道宽度的情况。

此外，我们还把公式（3.7）与前人的关系式和实验结果[12~16]进行了对比，如图 3.11 所示。可以看出，不同研究者的实验数据和关系式虽然有一定的偏差，但变化趋势相同。前人研究中主要通过目测法得到火焰长度，并对火焰长度进行平均来确定火焰长度的值。我们的研究中采用了更加准确的视频图像处理方法并且使用了 50%间歇率的定义来确定火焰长度。Zukoski 等[6]基于实验数据的对比结果指出目测值比 50%间歇率得到的结果高 10%～15%，这也从侧面说明了如果采用公式（3.7）来预测前人基于不同实验条件得到的火焰总长度，结果是可以接受的。

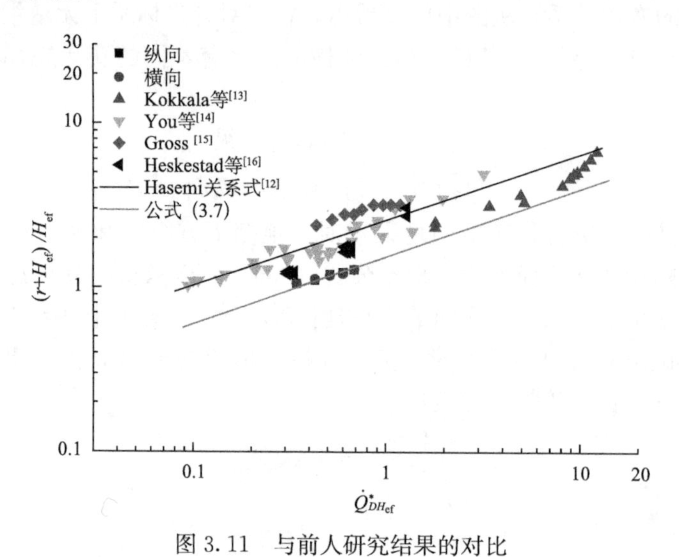

图 3.11　与前人研究结果的对比

图 3.12 给出了根据预测公式得到的火焰总长度与实验测量值的对比，其中纵向和横向火焰总长度分别为实心和空心标志。可以看出，本节得到的预测公式能够很好的计算不同工况下的竖向火焰高度和顶棚火焰长度，且误差在 10%以内。

为评估有效顶棚高度对贴壁池火顶棚下方纵向扩展火焰总长度（r_1+H_{ef}）的影响，图 3.13 给出了第二系列实验中的无量纲纵向火焰总长度（r_1+H_{ef}）/B 随 $\dot{Q}^*_{AB}$ 的变化关系。$\dot{Q}^*_{AB}$ 的表达式如下[17]：

$$Q^*_{AB}=\frac{\dot{Q}}{\rho_a c_p T_a g^{1/2} A B^{3/2}} \tag{3.8}$$

其中，A 和 B 分别是平行于油盆贴壁的边长和垂直于侧壁的边长。从图中可以看出，在不同有效顶棚高度下，（r_1+H_{ef}）/B 与 $\dot{Q}^*_{AB}$ 呈现幂函数关系，指数值较为接近，然而常系数明显不同。因此，有效顶棚高度对于贴壁火顶棚射流火焰总长度的影响是不可忽略的。

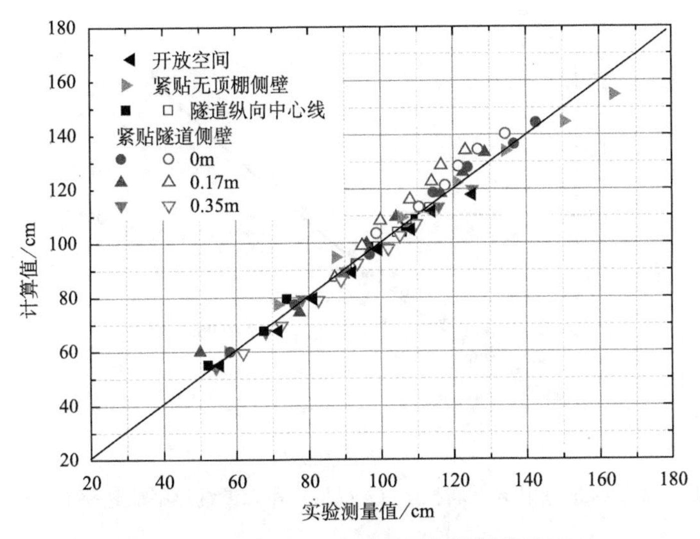

图 3.12　不同工况下实验结果与预测值的对比

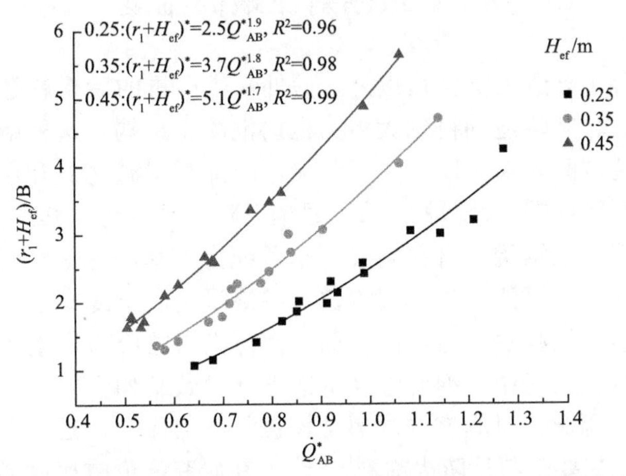

图 3.13　无量纲总火焰长度（r_1+H_{ef}）/B 和无量纲热释放速率 $\dot{Q}^*_{AB}$ 的关系。

为综合考虑热释放速率、油盆尺寸和有效顶棚高度的影响，定义无量纲热释放速率 $Q^*_{BH_{ef}}$：

$$Q^*_{BH_{ef}} = \frac{\dot{Q}}{\rho_a c_p T_a g^{1/2} B H_{ef}^{3/2}} \tag{3.9}$$

对（r_1/H_{ef}）和 $Q^*_{BH_{ef}}$ 进行直接拟合，结果如图 3.14 所示，可得

$$\frac{r_1}{H_{ef}} = 1.02\dot{Q}^{*\,1.25}_{BH_{ef}} \quad 或 \quad \frac{r_1+H_{ef}}{H_{ef}} = 1.02\dot{Q}^{*\,1.25}_{BH_{ef}} + 1 \tag{3.10}$$

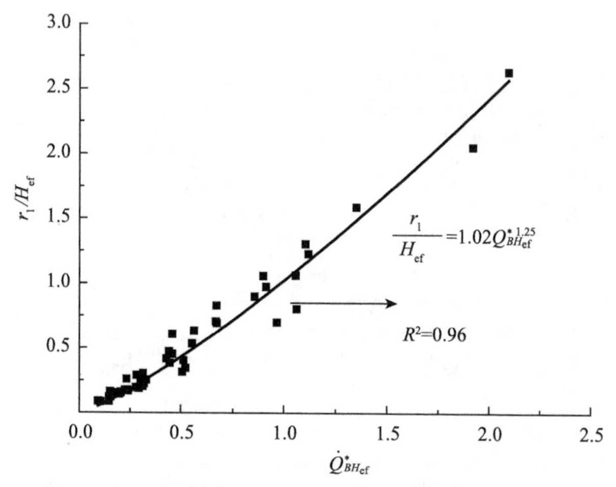

图 3.14 无量纲顶棚射流火焰长度（r_1/H_{ef}）和无量纲热释放速率 $Q^*_{BH_{ef}}$ 的关系

3.2 顶棚射流最高温度

隧道火灾除了导致人员伤亡以外，另外一个严重的后果就是对隧道建筑结构的巨大破坏。公路隧道的衬砌大多为钢筋混凝土结构，这种结构有其自身的防火弱点。隧道空间相对封闭，一旦起火，内部空间温度上升很快，火羽流将热量带到隧道衬砌周围，使得衬砌表面迅速升温，高温将对其产生极大的损害：一方面，钢筋混凝土结构本身在高温下承载能力下降；另一方面，高强度混凝土结构表面受热后，可能产生爆裂现象，在混凝土底层冷却之后，还将会出现深度裂纹。爆裂不但减少了衬砌的截面，使衬砌内的应力场重新分布，还可能使钢筋直接暴露在火场中，钢筋强度迅速下降导致结构失效，对隧道结构造成巨大破坏[18,19]。因此，对隧道的内部结构进行防火保护，是非常重要的，目前我国采用的方法主要是喷涂防火涂料[20~22]。在研究隧道防火涂料有效性时，研究人员多是以标准房间内的标准温升过程作为测试手段，这显然与隧道内火灾的实际发展过程不同。因此，研究不同火源功率下隧道顶棚的最高温度显得尤为重要。

3.2.1 近火源区顶棚下方最高温度

为研究狭长空间火灾时顶棚下方最高温度，我们设计了一系列实验。

1. 1∶6 小尺寸实验台实验结果[23,24]

采用甲醇作为燃料，使用 9 种尺寸的方形油盆，火源功率在 3.38 到 29.57kW 之间，对应的全尺寸火源功率为 0.30～2.61MW。使用长方形油盆时，油盆长边与隧道纵向中心线平行，短边与其垂直。油盆高 2cm，每次实验燃料厚度为 1cm。

为了精确地测得顶棚下方最高温度，需首先找出最高温度出现位置。火源正上方的顶棚下方布置了 8 个铠装热电偶，测点距离顶棚为 7～21mm（0.008～0.024H），间隔 2mm。通过改变油盆中心点位置来调节油盆与热电偶的距离，距离分别为 0.088m，0.0132m，0.176m，0.22m，0.264m，0.44m，0.88m，1.5m 和 2.5m。图 3.15 给出了油盆为 20cm×20cm 时各工况下测得的各点温升。距离火源较近的区域内（$r<0.44$m），顶棚下方最高温升的位置处于顶棚下方 13～15mm。距离火源较远的区域内（$r\geqslant 0.44$m），顶棚下方温升随距顶棚距离的增加而升高，当距离顶棚大于 15mm 时，最高温升不再变化。因此在下面实验中，所有热电偶均布置在顶棚下方 15mm 附近（±1mm）。

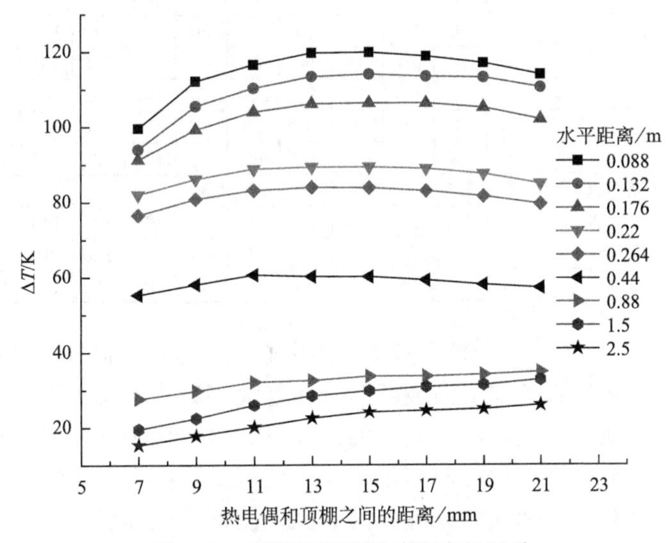

图 3.15　顶棚下不同垂直距离的温升

在正式实验中，为了研究火源横向位置对顶棚最高温度沿纵向和横向分布的影响，在隧道 1/4 和 3/4 宽度处，沿隧道纵向布置两串水平热电偶，测点间距为 30cm。在距离隧道左侧开口 2m 处沿横向布置一串水平热电偶。热电偶布置如图 3.16 所示。横向热电偶具体位置见表 3.2，表中加粗的数字表示火源位置。在隧道右端布置摄像机记录火焰形态，摄像机帧率为每秒 25 帧。火源中心点距离左侧侧壁（如图 3.16 所示）的距离分别为 1m，0.75m，0.5m，0.4m，0.3m，0.2m，以及火源紧贴壁面的工况。火源表面距离顶棚 0.865m。为描述方便，下文中的火源与侧壁距离指火源几何中心到最近侧壁的距离。由于各油盆尺寸不一样，因此在火源贴壁的工况中，各油盆中心点与侧壁的距离不同。

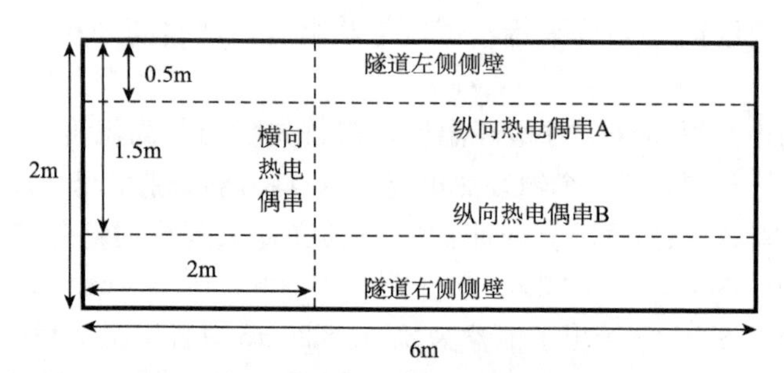

图 3.16 顶棚下方热电偶位置示意图

表 3.2 顶棚下方横向热电偶位置

火源与侧壁的距离/cm	热电偶与左侧侧壁的距离/cm													
100	0	10	20	40	60	65	80	90	**100**	120	140	160	180	200
75	0	10	20	40	60	65	**75**	80	100	120	140	160	180	200
50	0	7.5	10	20	40	**50**	60	80	100	120	140	160	180	200
40	0	10	20	30	**40**	60	80	100	120	140	160	180	200	—
30	0	20	**30**	40	60	80	100	120	140	160	180	200	—	—
20	0	10	**20**	30	40	60	80	100	120	140	160	180	200	—
0（1010，1510）	0	**5**	7.5	10	20	40	60	80	100	120	140	160	180	200
0（1515，2015）	0	5	**7.5**	10	20	40	60	80	100	120	140	160	180	200
0（2020，2520）	0	5	7.5	**10**	20	40	60	80	100	120	140	160	180	200
0（2525，3025）	0	7.5	10	**12.5**	20	40	60	80	100	120	140	160	180	200
0（3030）	0	7.5	10	**15**	20	40	60	80	100	120	140	160	180	200

图 3.17（a）给出了火源位于隧道纵向中心线上时，不同火源功率下的顶棚下方最高温升。本实验条件下的最高温升在绝大多数火源功率下都大于 Alpert 公式（见第 2 章顶棚射流模型介绍）的计算值。这是因为在隧道这种狭长结构中，火灾烟气撞击顶棚后做径向蔓延，在遇到侧壁阻挡后，烟气在隧道内的扩散受到限制，有部分的烟气向火源方向回流，使整个流场温度与非受限空间相比略有升高，顶棚下方的最高温度相应升高。

纪杰、钟委等[25]曾在小尺寸地铁实验台开展过顶棚下方烟气最高温度研究，发现当油盆处于地铁纵向中心线并远离端壁时，顶棚下方的最高温升可用 Alpert 公式预测。而该研究所采用的实验台的高宽比为 0.4（0.6m/1.5m），本实验台的高宽比为 0.44（0.88m/2m），即本实验台相对较窄，隧道侧壁距火源相对较近，导致火源附近高温烟气不易扩散。Li 等[26]在纵向风速较小的情况下和魏涛[27]在无风状态下得出的火源在隧道纵向中心线时顶棚射流最高温升都要略大于 Alpert 公式预测的结果，而他们所采用的长方体小尺寸实验台的高宽比都为 1。

由上文分析可知，火源功率 $\dot{Q}$ 和火源到顶棚的距离 H_{ef} 是影响顶棚下方最高温度最重要的参数，对最高温升 ΔT_{max} 与 $\dot{Q}^{2/3}/H_{ef}^{5/3}$ 的关系进行拟合，如图 3.17（b）所示。得出公式：

$$\Delta T_{\max} = 17.9 \frac{\dot{Q}^{2/3}}{H_{\mathrm{ef}}^{5/3}} \tag{3.11}$$

相关性系数为 0.996，说明拟合效果非常好。

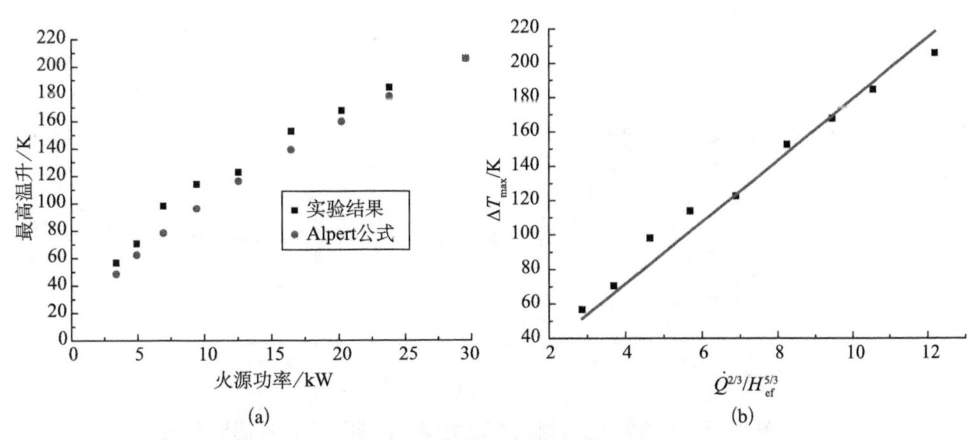

图 3.17　火源在隧道纵向中心线时顶棚下方最高温升

当火源紧贴壁面时，顶棚射流的最高温升也会与远离侧壁时不同。参照 Zukoski[28] “镜像”模型的分析，联系式（3.11），贴壁火羽流的最高温升可表示为

$$\Delta T_{\max,\mathrm{wall}} = 17.9 \frac{(2\dot{Q})^{2/3}}{H_{\mathrm{ef}}^{5/3}} \tag{3.12}$$

根据该公式可计算出，当火源贴壁时顶棚射流最高温升为火源在隧道纵向中心线时最高温升的 $2^{2/3}$ 倍，即 1.59 倍。下面对此推论的合理性进行验证。

图 3.18 给出了火源到侧壁不同距离时顶棚下方最高温升的变化情况。图中横坐标为无量纲距离，即火源到侧壁的距离 d 与隧道宽度的一半 $W/2$ 的比值。无量纲距离为 1 时，表明火源处于隧道纵向中心线的位置，无量纲距离接近于 0 时，则表明火源紧贴隧道侧壁。图中纵坐标为无量纲最高温升，即火源距离隧道侧壁不同距离时的最高温升 $\Delta T_{\max,d}$ 与火源位于隧道纵向中心线时的最高温升 $\Delta T_{\max,C}$ 的比值。显然，当无量纲距离 $d/(W/2)$ 为 1 时，无量纲最高温升 $\Delta T_{\max,d}/\Delta T_{\max,C}$ 同样为 1。为简化起见，图中“1010”表示长为 10cm，宽为 10cm 的油盆的工况，“1510”表示长为 15cm，宽为 10cm 的油盆的工况，以此类推。

如图所示，当无量纲距离大于 0.2 时，各油盆尺寸的工况下无量纲最高温升约等于 1；当无量纲距离小于 0.2 时，无量纲最高温升明显大于 1。其中，在火源贴壁的工况中，最高温升最大可达火源在隧道纵向中心线时的 1.57 倍（1510 的油盆），基本与上文理论分析得出的 1.59 一致。最高温升大幅度增加的

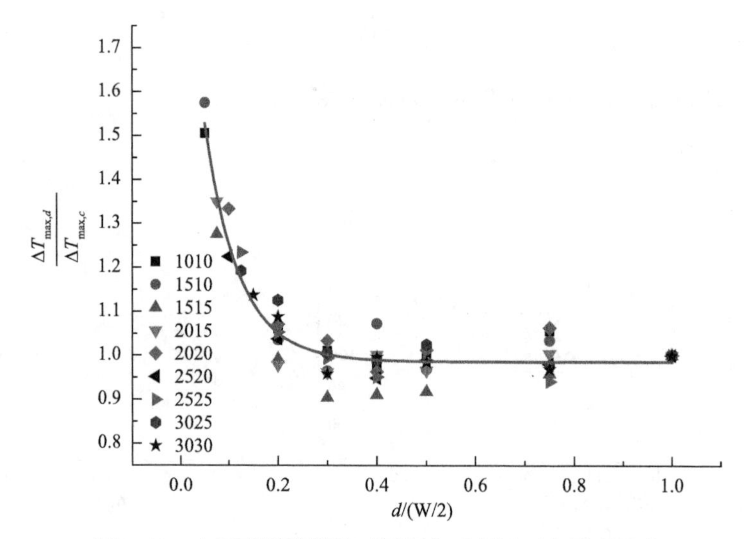

图 3.18　火源到隧道侧壁不同距离时顶棚下方最高温升

原因是隧道侧壁限制了火羽流对冷空气的卷吸，导致受限火羽流温度升高。同时，火源在侧壁附近持续燃烧也会使侧壁壁面温度升高，侧壁给火源的热反馈相应增大，导致火源功率增加，这也会促使顶棚下方最高温度增加。

此外，火源贴壁时，随着油盆边长的增加和火源中心点远离壁面，无量纲最高温升呈减小趋势。油盆面积最大时（3030），无量纲最高温升为 1.13。这是由于，贴壁火源的宽度越大，火源中心点到侧壁的距离越大，侧壁对火羽流的影响相对减小。极端情况下，当火源的横向边长等于隧道宽度时，即使火源贴壁，火源中心点却在隧道纵向中心线上，此时便不可把火源当做贴壁火。

对图 3.18 中的散点进行拟合，得

$$\frac{\Delta T_{max,d}}{\Delta T_{max,C}} = 1.096e^{-14.078d/(W/2)} + 0.985 \tag{3.13}$$

理论上，当火源在隧道纵向中心线时，即 $d=W/2$，无量纲最高温升应该为 1。鉴于实验会存在误差，等式右侧系数 0.985 可修正为 1。联立式（3.11），火源到侧壁不同距离时，顶棚下方烟气的最高温升可表达为

$$\Delta T_{max,d} = 17.9\frac{\dot{Q}^{2/3}}{H_{ef}^{5/3}}[1.096e^{-14.078d/(W/2)} + 1] \tag{3.14}$$

根据以上分析可知，顶棚下方的最高温度与火源相对于顶棚的位置和火源与最近侧壁的距离直接相关。

图 3.19 给出了无量纲火焰高度 L_f/D 与无量纲火源功率 $\dot{Q}^*$ 之间的变化关系，其中对于矩形和方形火源来说，D 是其等效直径。可以看出，当火源位于隧道中心线上时，火焰高度最小；随着火源到侧壁的距离减小，火焰高度略有

增加，但并不明显；当火源贴壁时，火焰高度则显著增加。在双对数坐标系下，L_f/D 与 $\dot{Q}^*$ 线性相关，与前人的研究一致[29]，考虑到火源的不同位置，无量纲火焰高度的经验关系式可拟合为

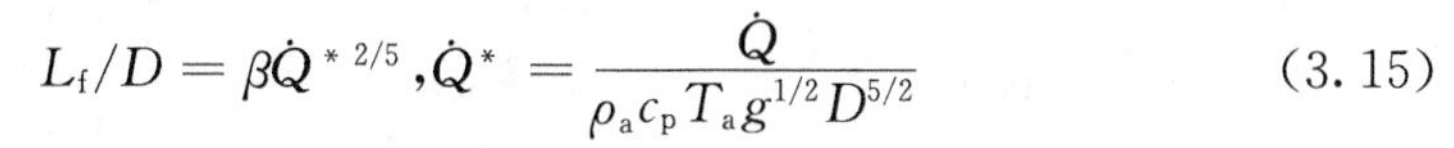

$$L_f/D = \beta \dot{Q}^{*\,2/5}, \dot{Q}^* = \frac{\dot{Q}}{\rho_a c_p T_a g^{1/2} D^{5/2}} \tag{3.15}$$

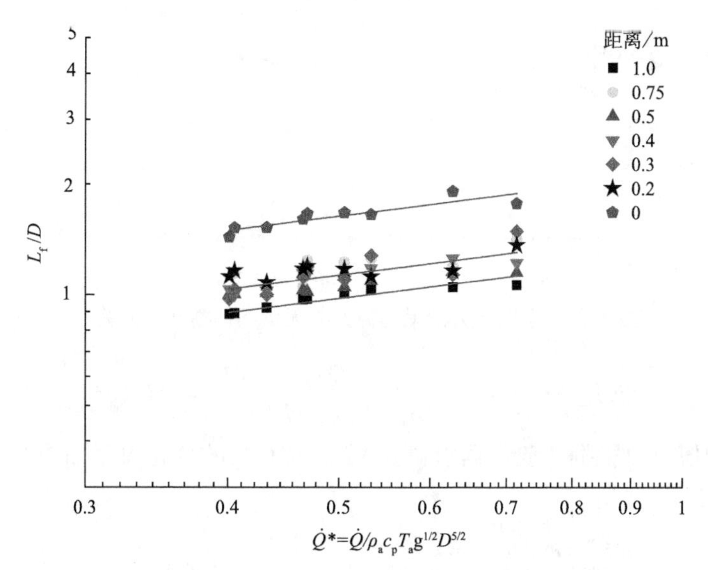

图 3.19　无量纲火焰高度与无量纲火源功率的关系

对于不同的火源横向位置，顶棚下方最高温升与无量纲顶棚高度之间的变化关系如图 3.20 所示。可以看出，ΔT_{max} 随 H_{ef}/L_f 的变化趋势可以分为三个区域：火源位于隧道中心线、火源贴壁以及火源位于中心线与侧壁之间。从图中可以看出，在双对数坐标系下 ΔT_{max} 与 H_{ef}/L_f 呈线性关系，其关系式为

$$\Delta T_{max} = \alpha \left(\frac{H_{ef}}{L_f}\right)^{-5/4} \tag{3.16}$$

其中，α 是与火源位置有关的常数。

将公式（3.15）代入公式（3.16）中可以得到最高温升与无量纲功率、有效顶棚高度以及火源尺寸之间的关系式：

$$\Delta T_{max} = \alpha \cdot \beta^{5/4} \dot{Q}^{*\,1/2} \left(\frac{D}{H_{ef}}\right)^{5/4} \tag{3.17}$$

采用有效顶棚高度作为特征长度的无量纲功率 $\dot{Q}^*_{H_{ef}}$ 来表征火灾荷载与隧道尺寸的相对大小：

$$\dot{Q}^*_{H_{ef}} = \frac{\dot{Q}}{\rho_a c_p T_a \sqrt{g} H_{ef}^{5/2}} \tag{3.18}$$

公式（3.17）可以简化为

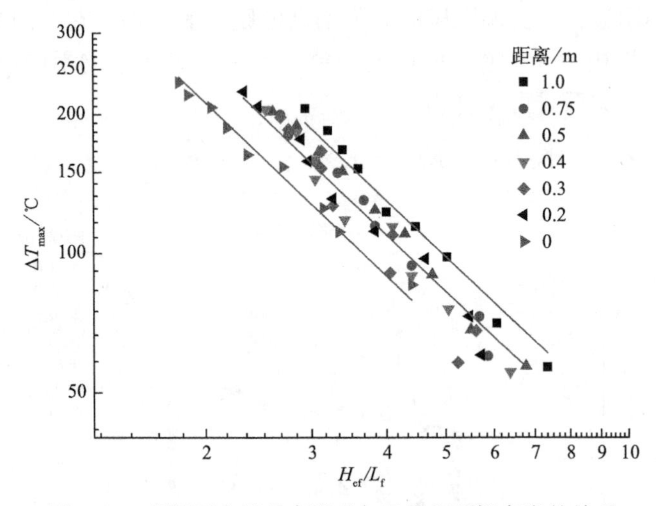

图 3.20　顶棚下方的最高温升与无量纲顶棚高度的关系

$$\Delta T_{\max} = \alpha \cdot \beta^{5/4}\left(\frac{\dot{Q}}{\rho_a c_p T_a \sqrt{g} H_{ef}^{5/2}}\right)^{1/2} = \delta \dot{Q}_{H_{ef}}^{*\,1/2} \tag{3.19}$$

其中，δ 的值可以根据实验数据求得。$\Delta T_{\max}$与 $\dot{Q}_{H_{ef}}^{*}$ 的变化关系如图 3.21 所示。

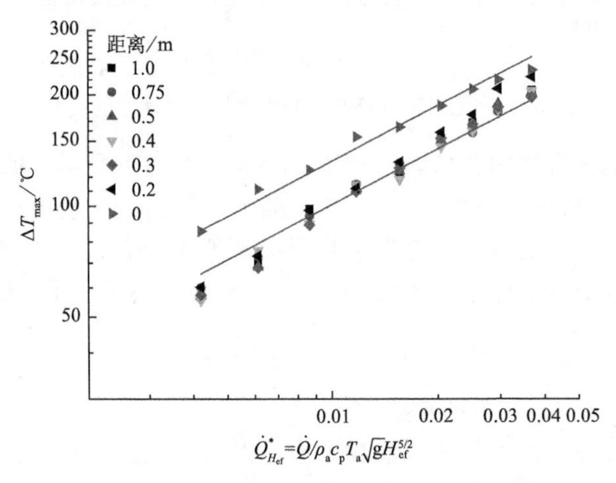

图 3.21　顶棚下方最高温升与修正的无量纲功率的关系

在双对数坐标系下 $\Delta T_{\max}$与 $\dot{Q}_{H_{ef}}^{*}$ 呈线性关系，最高温升明显的分为火源紧贴侧壁和火源远离侧壁两个区域。当火源远离侧壁时，$\Delta T_{\max}$基本上与火源位置无关；当火源贴壁时，由于侧壁的限制，顶棚下方的最高温升会显著增大。因此，可以分别得到不同受限程度下火源上方顶棚下方最高温度的预测关系式：

$$\Delta T_{\max} = \begin{cases} 1000 \dot{Q}_{H_{ef}}^{*\,1/2}, 0.22 < d/H_{ef} < 1.11 \text{ 且 } \dot{Q}_{H_{ef}}^{*} < 0.04 \\ 1318 \dot{Q}_{H_{ef}}^{*\,1/2}, d/H_{ef} = 0 \end{cases} \tag{3.20}$$

需要说明的是，该关系式不适用于火源功率较大以致火焰持续撞击顶棚的情况，此时，顶棚下方的最高温度基本保持不变，为火焰的温度。

图 3.22 给出了实验测量值与公式预测值之间的对比关系，可以看出，预测公式能够很好的预测不同火源横向位置时顶棚下方的最高温度。

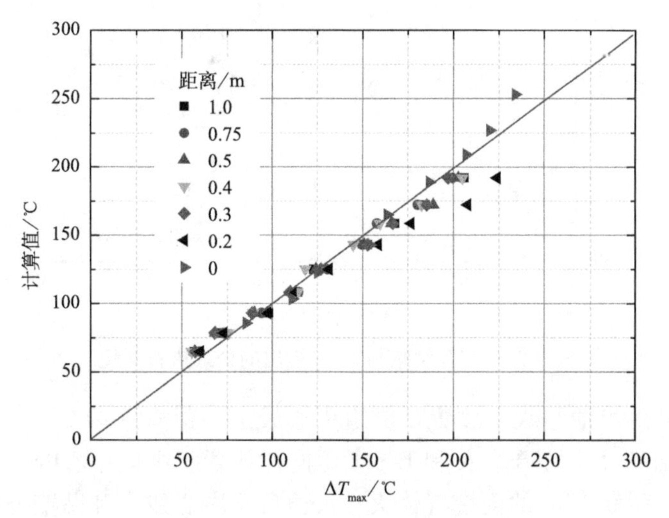

图 3.22 顶棚下方最高温升的测量值与计算值的对比

Li 等[26]提出了如下公式用来预测不同纵向风速时顶棚下方的最高温度，并且指出当无量纲风速（V'）小于 0.19 时，纵向通风对于顶棚温度的影响可以忽略不计：

$$\Delta T_{max} = \begin{cases} \dfrac{\dot{Q}}{V' b^{1/3} H_{ef}^{5/3}}, V' > 0.19 \\ 17.5 \dfrac{\dot{Q}^{2/3}}{H_{ef}^{5/3}}, V' \leqslant 0.19 \end{cases} \tag{3.21}$$

$$V' = V \Big/ \left(\frac{g\dot{Q}}{b\rho_a c_p T_a} \right)^{1/3} \tag{3.22}$$

其中，b 和 V 分别是火源半径和纵向风速。

图 3.23 给出了公式（3.21）的预测值与本节实验值的对比结果。公式（3.21）的预测值比火源位于中心线上的实验值略低，但是当火源距离侧壁越来越近时，墙壁对火源以及顶棚下方羽流的限制作用越来越强，导致预测结果与实验值的差别越来越大。通过对比图 3.22 和图 3.23 可知，当火源与侧壁的距离改变时，公式（3.21）的预测值会有较大误差，特别是对于火源贴壁的情况。

为了进一步验证公式（3.20）的适用性，我们把本节的实验数据与 Ingason 等[30]和 Li 等[26]的小尺寸实验数据（$V' \leqslant 0.19$）进行了对比，如图 3.24 所示。Ingason 等[30]在长宽高分别为 20m，2m，1m 的矩形隧道内开展了一系列实验，

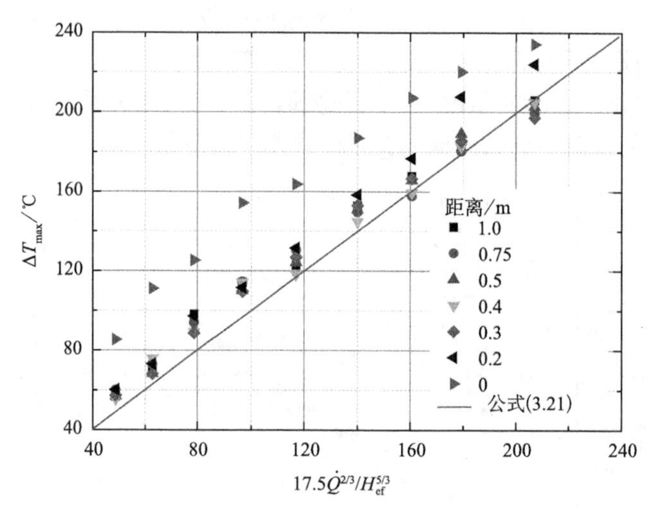

图 3.23　实验结果与 Li 等提出的公式进行对比

采用两种尺寸的煤油池火，放置于隧道中心线上，距离一端 2.5m。Li 等[26]的实验采用了两种尺寸的隧道 A 和 B，火源同样放置于纵向中心线上，使用直径分别为 0.1m 和 0.15m 的丙烷气体火。火源位于中心线上和贴壁分别对应于火源在隧道内最弱和最强的受限情况，可以看到 Ingason 和 Li 的实验结果基本上散布在公式（3.20）的预测值附近，二者的实验数据分布在更大的无量纲火源功率（$\dot{Q}^*_{H_{ef}}$）范围内。当 $\dot{Q}^*_{H_{ef}}$ 小于 0.04 时，前人的实验数据与公式（3.20）对于火源远离侧壁的预测值接近，二者的偏差主要是由于不同的实验台尺寸以及环境参数导致的。当 $\dot{Q}^*_{H_{ef}}$ 在 0.04～0.1 的范围内时，火源更加接近顶棚且顶棚下方聚集的烟气增多，火源的受限程度也越来越大，前人的实验数据逐渐由较弱的受限程度向较强的受限程度趋近。当 $\dot{Q}^*_{H_{ef}}$ 继续增大到 0.1 以后，虽然火源位置位于纵向中心线上，由于火源功率相对于隧道尺寸的大小越来越大，火源的受限程度也逐渐增大，前人的实验结果与公式（3.20）中火源贴壁时的计算值接近。因此，可以得出结论，当火源位于隧道中心线上时，随着无量纲火源功率 $\dot{Q}^*_{H_{ef}}$ 的增大，火源的受限程度可以分为三个区域，分别是 $\dot{Q}^*_{H_{ef}}<0.04$，$0.04\leqslant\dot{Q}^*_{H_{ef}}<0.1$ 和 $\dot{Q}^*_{H_{ef}}\geqslant0.1$，对应于最弱、中等和最强的受限程度。

通过与前人实验数据的对比可知，本节提出的预测顶棚下方最高温度的公式（3.20）适用范围为：火源贴壁时，该公式可以用来预测火焰低于隧道顶棚的工况；当火源远离侧壁时，顶棚下方的最高温度和火源的受限程度取决于无量纲火源位置（d/H_{ef}）和修正的无量纲火源功率（$\dot{Q}^*_{H_{ef}}$），当 $\dot{Q}^*_{H_{ef}}$ 小于 0.04 时，公式（3.20）适用于 d/H_{ef} 在 0.22～1.11 的工况；当 $\dot{Q}^*_{H_{ef}}$ 大于 0.04 时，该式不再适用。

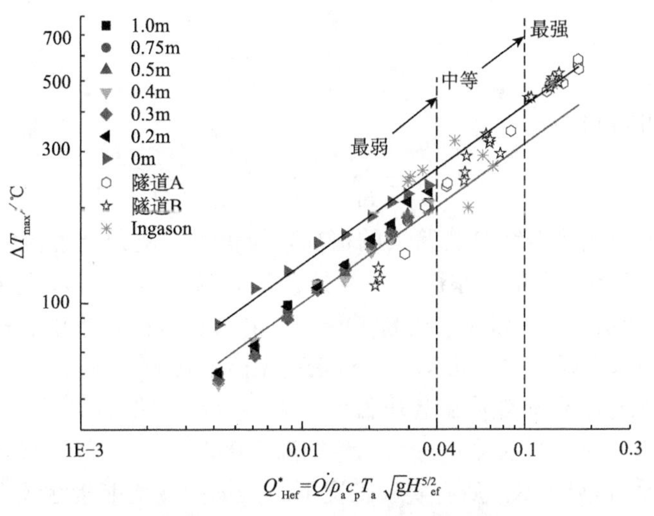

图 3.24　与前人小尺寸实验数据的对比

2. 1∶10 小尺寸实验台结果

McCaffrey[31]提出的火羽流特征中心线温升分布公式为

$$\frac{2g\Delta T_{\mathrm{m}}}{T_{\mathrm{a}}}=\left(\frac{k}{C}\right)^{2}\left(\frac{z}{\dot{Q}^{2/5}}\right)^{2\eta-1} \tag{3.23}$$

从 McCaffrey 经典羽流模型中可知在连续火焰区最高温升基本为常数，在间歇火焰区和浮力羽流区无量纲最高温升 $\Delta T_{\mathrm{m}}/T_{\mathrm{a}}$ 与以火源垂直上方高度 z 作为特征长度的参数 $\dot{Q}^{2/5}/z$ 呈幂函数关系，指数分别为 2/5 和 2/3。

Li 和 Ingason[32]提出了在通风隧道中，当火焰可以到达顶棚时的最大顶棚气体温升公式。当无量纲风速 $V'=V\Big/\left(\frac{g\dot{Q}}{b\rho_{\mathrm{a}}c_{\mathrm{p}}T_{\mathrm{a}}}\right)^{1/3}$ 小于 0.19 时，公式如下：

$$\Delta T_{\max}=\begin{cases}17.5\,\dfrac{\dot{Q}^{2/3}}{H_{\mathrm{ef}}{}^{5/3}}, & 17.5\,\dfrac{\dot{Q}^{2/3}}{H_{\mathrm{ef}}{}^{5/3}}<\text{常数}\\ \text{常数}, & 17.5\,\dfrac{\dot{Q}^{2/3}}{H_{\mathrm{ef}}{}^{5/3}}\geqslant\text{常数}\end{cases} \tag{3.24}$$

其中，H_{ef}为火源与顶棚之间的有效高度。在这个方程中，前半部分表示火焰高度低于顶棚，因而最大顶棚温升与热释放速率和有效顶棚高度有关；在后半部分中，火焰高度大于顶棚，此时最大顶棚温升应该接近一个常数，常数的值与燃料类型和隧道壁面的热特性有关。然而，在他们的研究中，火源位于隧道中心线上，且该式并未考虑火源形状和尺寸对顶棚最高温度的影响，此外对间歇火焰撞击顶棚的情况也没有较为详细的研究。

基于公式（3.24），根据镜像模型，贴壁火的最大顶棚射流温度可通过下式预测：

$$\Delta T_{\max} = 17.5\,\frac{(2\dot{Q})^{2/3}}{{H_{\mathrm{ef}}}^{5/3}} \tag{3.25}$$

我们也可得到

$$\Delta T_{\max} \propto \frac{\dot{Q}^{2/3}}{{H_{\mathrm{ef}}}^{5/3}} \propto \left(\frac{\dot{Q}^{2/5}}{H_{\mathrm{ef}}}\right)^{5/3} \tag{3.26}$$

尽管以上公式并不针对贴壁火的情况，但仍可推测顶棚射流的最高温升应该与 $\dot{Q}^{2/5}/H_{\mathrm{ef}}$ 有着重要的关系。无量纲顶棚最高温升 $\Delta T_{\max}/T_{\mathrm{a}}$ 与 $\dot{Q}^{2/5}/H_{\mathrm{ef}}$ 的关系如图 3.25 所示。在无量纲温升随 $\dot{Q}^{2/5}/H_{\mathrm{ef}}$ 的增长阶段，数据点较为分散，这是因为该式中未考虑油盆形状及尺寸对最高温度的影响。图 3.26 给出了方形油盆工况下无量纲最大顶棚射流温升 $\Delta T_{\max}/T_{\mathrm{a}}$ 和 $\dot{Q}^{2/5}/H_{\mathrm{ef}}$ 的关系。当 $\dot{Q}^{2/5}/H_{\mathrm{ef}}<10.9$ 时，两者呈现线性关系，进而无量纲温升接近常数（连续火焰区），最大顶棚射流温升大约为 850K。所有实验工况下，火焰尖端均能接触顶棚。因此，当 $\dot{Q}^{2/5}/H_{\mathrm{ef}}<10.9$ 时，实验数据代表间歇火焰区域。在间歇火焰区域，无量纲最大顶棚射流温升比 Li 和 Ingason 公式预测的值偏大，比镜像理论预测的值偏小。这表明侧壁限制顶棚射流温度明显高于火源远离侧壁的工况，且镜像模型则显著高估了顶棚射流温升。

当顶棚未形成稳定的蔓延火焰时，不同的油盆尺寸及放置形式下，侧壁和顶棚对火焰的限制程度不同，因而顶棚最高温度存在差异。$\dot{Q}^{2/5}/H_{\mathrm{ef}}$ 式中未考虑油盆尺寸及放置形式对最高温度的影响。下面将对该表达式进行优化。

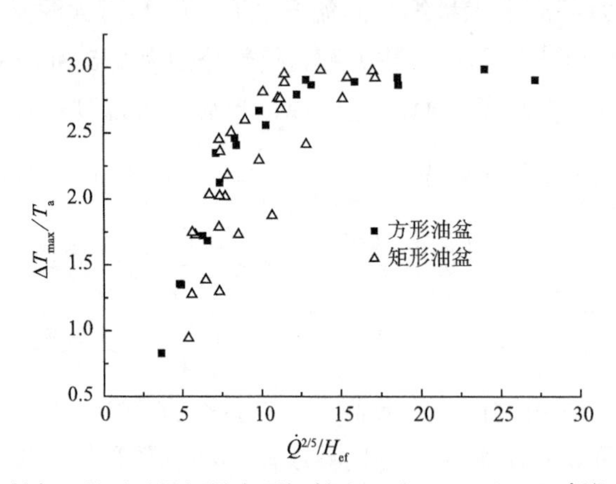

图 3.25　所有工况下无量纲最大顶棚射流温升 $\Delta T_{\max}/T_{\mathrm{a}}$ 和 $\dot{Q}^{2/5}/H_{\mathrm{ef}}$ 的关系

McCaffrey 模型公式可简化为

$$\frac{\Delta T_{\mathrm{m}}}{T_{\mathrm{a}}} \propto \left(\frac{z}{\dot{Q}^{2/5}}\right)^{2\eta-1} \tag{3.27}$$

采用无量纲热释放速率 $Q^{*}=\dot{Q}/(\rho_{\mathrm{a}} c_{\mathrm{p}} T_{\mathrm{a}} g^{1/2} D^{5/2})$ 可将上式变换为

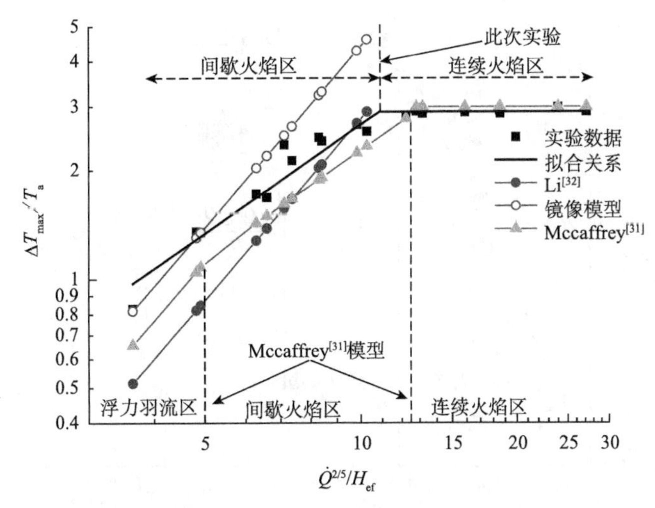

图 3.26 方形油盆工况下 $\Delta T_{max}/T_a$ 和 $\dot{Q}^{2/5}/H_{ef}$ 的关系

$$\frac{\Delta T_m}{T_a} \propto \left[\frac{z}{\left(\frac{\dot{Q}}{D^{5/2}}\right)^{2/5} \cdot D}\right]^{2\eta-1} \propto \left(\frac{z}{\dot{Q}^{*2/5} \cdot D}\right)^{2\eta-1} \tag{3.28}$$

假设顶棚最高温度具有如下形式：

$$\frac{\Delta T_{max}}{T_a} \propto \left(\frac{H_{ef}}{\dot{Q}_{AB}^{*2/5} \cdot D^*}\right)^{2\eta-1} \propto \left(\frac{\dot{Q}_{AB}^{*2/5} \cdot D^*}{H_{ef}}\right)^{1-2\eta} \tag{3.29}$$

其中 $\dot{Q}_{AB}^{*2/5}=\dot{Q}/(\rho_a c_p T_a g^{1/2} AB^{3/2})$，池火特征直径为 $D^*=2AB/(A+B)$，A、B 分别为油盆平行于和垂直于侧壁的边。无量纲顶棚最高温升 $\Delta T_{max}/T_a$ 和无量纲公式 $\dot{Q}_{AB}^{*2/5}D^*/H_{ef}$ 的关系如图 3.27 所示。其拟合关系式如下：

$$\frac{\Delta T_{max}}{T_a} = \begin{cases} 4.4\dfrac{\dot{Q}_{AB}^{*2/5} \cdot D^*}{H_{ef}} & \left(\dfrac{\dot{Q}_{AB}^{*2/5} \cdot D^*}{H_{ef}} < 0.66\right) \\ 2.9 & \left(\dfrac{\dot{Q}_{AB}^{*2/5} \cdot D^*}{H_{ef}} \geqslant 0.66\right) \end{cases} \tag{3.30}$$

令 $n=A/B$，实际上 $\dfrac{\dot{Q}_{AB}^{*2/5} \cdot D^*}{H_{ef}} \propto \dfrac{\dot{Q}^{2/5} \cdot AB}{H_{ef}(AB^{3/2})^{2/5} \cdot (A+B)} \propto \dfrac{\dot{Q}^{2/5} \cdot n^{3/5}}{H_{ef} \cdot (1+n)}$，相当于对无量纲公式引入了贴壁油盆长宽比以及放置方式的影响，本实验中的 n 值介于 1/3 和 3 之间。当 $\dfrac{\dot{Q}_{AB}^{*2/5} \cdot D^*}{H_{ef}}$ 较小时，无量纲顶棚射流最高温升随之线性增加，为间歇火焰撞击顶棚，温度稍低；当无量纲公式 $\dfrac{\dot{Q}_{AB}^{*2/5} \cdot D^*}{H_{ef}}$ 较大时，无量纲顶棚射流最高温升几乎保持不变，此时连续火焰撞击顶棚。这表明顶棚最高温升与火焰撞击顶棚的区域有关，在不同的区域内呈现不同的特点。

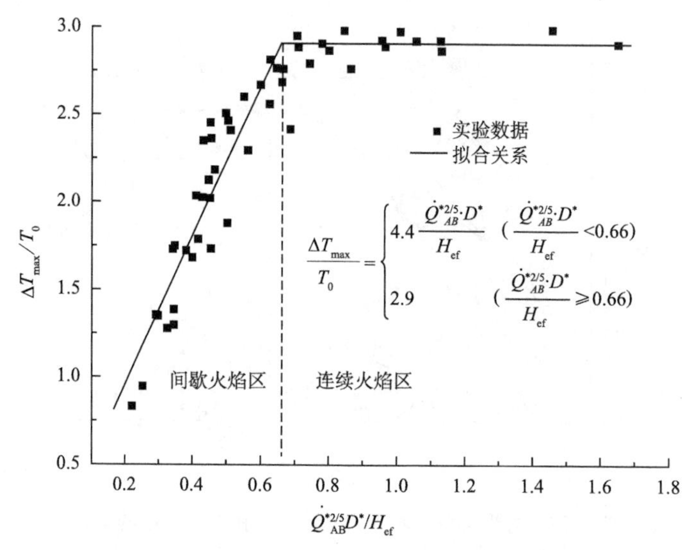

图 3.27 无量纲最大顶棚射流温升和无量纲热释放速率 $\dot{Q}^{*2/5}_{AB}D^*/H_{ef}$ 的函数关系

3. 火源距离端部壁面较近时顶棚下方的最高温度[25]

对于隧道，其纵向两端是有开口的，而对于地铁站结构，其纵向两端是封闭的。当火源距地铁端部较远时，顶棚下最高温度近似隧道中的情况，而火源距端部较近时，情况则会不同。下面将介绍火源距离地铁端部壁面较近时顶棚下方的最高温度。当地铁站台发生火灾时，顶棚烟气流遇到站台竖向壁面（端壁或侧壁）阻挡后，将沿竖向壁面向下运动形成反浮力壁面射流，之后部分烟气将反向流向火源位置，如图 3.28 所示。当火源距站台端壁较近时，烟气顶棚射流的流动同时受到两侧壁面和端部壁面的影响，三个方向反向流向火源的烟气会使羽流上端浸没在烟气层中，导致火源上方的顶棚射流温度升高。随着火源距离端壁的增大，由于端部限制而带来的反向流向火源区域的烟气回流量越少，温度也越低。当火源距端壁足够远时，端壁将对火源上方顶棚射流最高温度无显著影响，影响仅来自于侧壁。

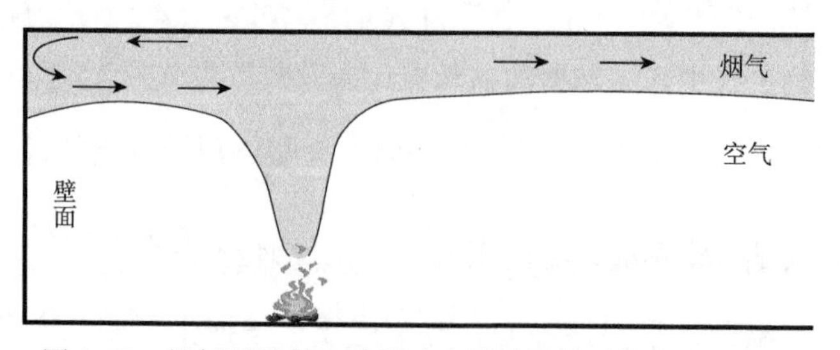

图 3.28 烟气顶棚射流受侧壁或端壁阻挡时的流动示意图

Evans 等[33]采用区域模型的思想，分析了羽流被烟气浸没段的热交换，将这种情况下的火源功率和烟气层高度重新定义如下：

$$\dot{Q}_{c,2} = \dot{Q}^*_{1,2}\rho_a c_p T_a g^{1/2} Z^{5/2}_{I,2} \tag{3.31}$$

$$H_2 = H_1 - Z_{I,1} + Z_{I,2}$$

式中，ρ_a，c_p 和 T_a 分别为环境空气的密度、比热和温度，g 为重力加速度，$\dot{Q}^*_{I,2}$ 和 $Z_{I,2}$的定义分别为

$$\dot{Q}^*_{I,2} = \left(\frac{1 + C_T \dot{Q}^{*\,2/3}_{I,1}}{\xi C_T - 1/C_T}\right)^{3/2} \tag{3.32}$$

$$Z_{I,2} = \left\{\frac{\xi \dot{Q}^*_{I,1} C_T}{\dot{Q}^{*\,1/3}_{I,2}[(\xi-1)(\beta^2+1)+\xi C_T \dot{Q}^{*\,2/3}_{I,2}]}\right\}^{2/5} Z_{I,1} \tag{3.33}$$

式中，$C_T=9.115$ 为常数，$\beta^2=0.913$，$\dot{Q}^*_{I,1}$为无量纲火源功率，$Z_{I,1}$为火源距离烟气层的实际距离，ξ 为上层热烟气温度与环境空气温度之比。当羽流浸没在烟气层中时，影响顶棚射流温度的主要因素是火源上方附近的烟气层温度和厚度。

当火源靠近端部时，由于端部产生烟气回流导致火源上方烟气羽流在上半部卷吸的不再是新鲜空气而是回流的烟气，温度将比无烟气回流时的高，此时顶棚射流最高温升应满足：

$$\Delta T_d = f(d,\dot{Q},H_{ef}) + \Delta T_\infty \tag{3.34}$$

式中，ΔT_d 是到端壁距离为 d 时火源上方的温升；ΔT_∞ 为不受端壁影响时火源上方的温升，采用 Alpert 公式的预测值；$f(d,\dot{Q},H_{ef})$ 是由于回流烟气所导致的火源上方温升的增加量，当 d 足够大时，$f(d,\dot{Q},H_{ef})$ 趋于 0。

下面利用小尺寸模拟地铁站实验台开展实验对上述分析进行验证。实验台顶棚下方布置有 1 串水平热电偶，共 28 个测点，测点位于顶棚下方 1cm，间距为 0.25m。实验台左侧端部门封闭，火源靠近左侧端部门，如图 3.29 所示。

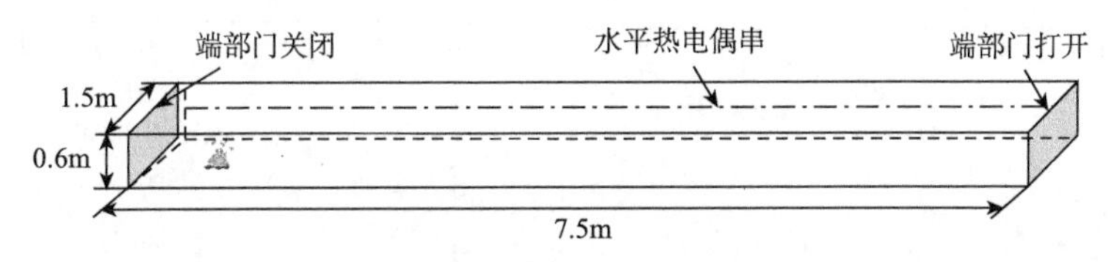

图 3.29　实验台装置图

实验采用了 4 种尺寸的油盆和 6 种火源位置，由于上文已经对贴壁火进行了充分的分析，本实验中火源与壁面的最近距离为 0.25m，工况如表 3.3 所示，每个工况重复 3 次：

表 3.3　实验工况

实验序号	火源功率/kW	火源距端壁距离/m	实验序号	火源功率/kW	火源距端壁距离/m
1	3.6	0.25	3	3.6	0.75
2	3.6	0.5	4	3.6	1.0

续表

实验序号	火源功率/kW	火源距端壁距离/m	实验序号	火源功率/kW	火源距端壁距离/m
5	3.6	1.5	15	15.6	0.75
6	3.6	2.0	16	15.6	1.0
7	8.3	0.25	17	15.6	1.5
8	8.3	0.5	18	15.6	2.0
9	8.3	0.75	19	20.0	0.25
10	8.3	1.0	20	20.0	0.5
11	8.3	1.5	21	20.0	0.75
12	8.3	2.0	22	20.0	1.0
13	15.6	0.25	23	20.0	1.5
14	15.6	0.5	24	20.0	2.0

对无量纲温升 $\Delta T_d/\Delta T_\infty$ 和无量纲距离 d/H_{ef} 进行作图，结果如图 3.30 所示，可见 $\Delta T_d/\Delta T_\infty$ 与 d/H_{ef} 呈幂指数衰减规律，拟合关系如下式：

$$\frac{\Delta T_d}{\Delta T_\infty}=Ae^{-Bd/H_{ef}}+C \tag{3.35}$$

其中，A，B，C 为常数，其具体数值以及拟和曲线的相关系数和方差如表 3.4 所示。

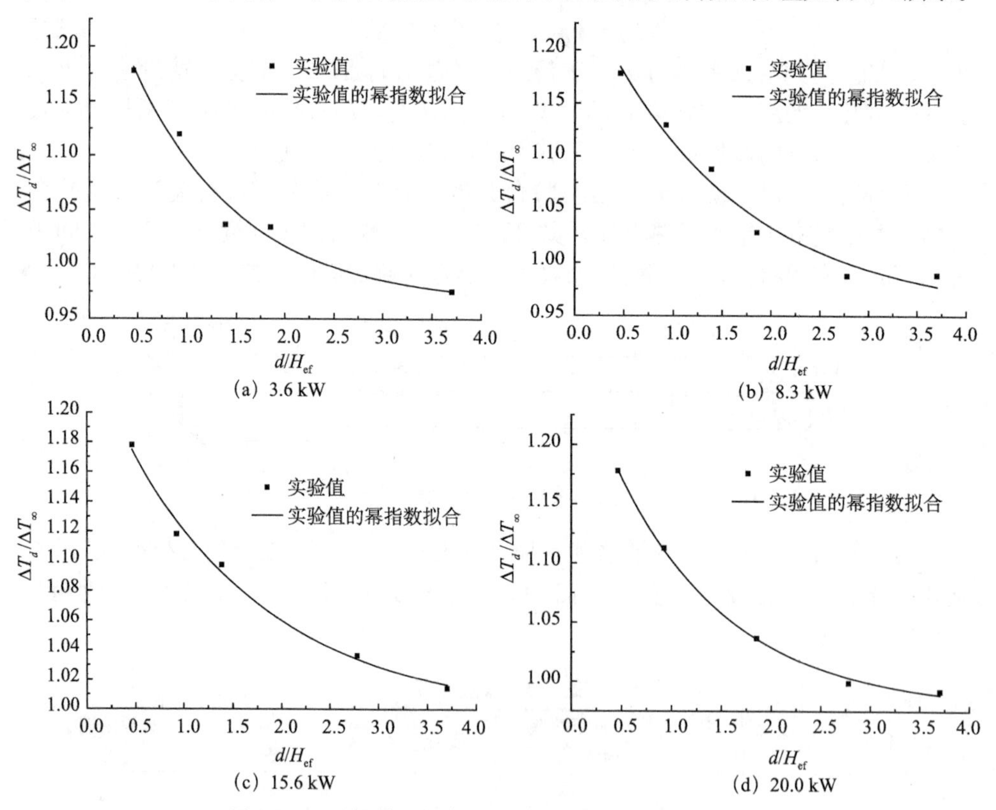

(a) 3.6 kW　(b) 8.3 kW　(c) 15.6 kW　(d) 20.0 kW

图 3.30　顶棚射流最高温度随火源距端壁距离的变化

表 3.4　顶棚下方最高温度随火源位置变化的拟和结果

火源功率/kW	A	B	C	相关系数	方差
3.6	0.332	0.926	0.965	0.9724	0.00035
8.3	0.318	0.689	0.953	0.9767	0.00024
15.6	0.243	0.672	0.996	0.9926	0.00006
20.0	0.303	0.884	0.977	0.9987	0.00002

从表 3.4 中可以看出，对于 4 种火源功率的实验结果采用幂指数拟合结果均较好，相关系数均大于 0.97，因此，可以认为随着火源到地铁站台端部壁面距离的增加，顶棚下方最高温度的衰减符合幂指数规律。A，B 和 C 的平均值分别为 0.299，0.793 和 0.973，代入拟合关系式可得到不同火源功率时顶棚最高温度的衰减规律表达式：

$$\frac{\Delta T_d}{\Delta T_\infty}=0.299\mathrm{e}^{-0.793d/H_{\mathrm{ef}}}+0.973 \tag{3.36}$$

根据分析，当 d 足够大时，$\Delta T_d/\Delta T_\infty$ 应趋于 1，即常数 C 应等于 1，与实验得到的系数误差小于 3%，而 ΔT_∞ 可用式 Alpert 公式表示，因此式（3.36）可改写为

$$\Delta T_d=(0.299\mathrm{e}^{-0.793d/H_{\mathrm{ef}}}+1)16.9\frac{\dot{Q}^{2/3}}{H_{\mathrm{ef}}^{5/3}} \tag{3.37}$$

需要注意的是，当火源功率足够大，以致火焰撞击到顶棚时，此时顶棚射流的最高温度即为火焰温度，与火源到端壁的距离没有关系。

3.2.2　顶棚下方最高温度的纵向分布规律

图 3.31 给出了火源位于隧道纵向中心线和贴壁时图 3.16 中的两串顶棚下方水平热电偶串测得的最高温升。火源位于隧道纵向中心线时，由于烟气各参数在纵向中心线两侧的对称性，距左侧侧壁 0.5m 处和 1.5m 处的温升基本相同。火源贴壁时，在近火源处，距左侧侧壁 0.5m 处的温升要远大于 1.5m 处的，随着到火源距离的增大，二者差值逐渐减小。在远火源区（与火源的纵向距离大于 2m），二者温升相近，可推测烟气发展到一维蔓延阶段。在其他工况中也出现了类似的实验结果。这说明火源横向位置对远火源处的温升并没有较大影响。

把两串热电偶所测值进行平均，图 3.32 给出了火源（3030）到侧壁不同距离时，顶棚下方平均最高温升的纵向分布情况。整体看来，不同火源位置对平均最高温升的纵向分布影响很小。

由图 3.32 也可以看出，顶棚射流的最高温升沿纵向呈指数衰减。由于烟气在蔓延过程中的温度下降主要是由烟气与隧道壁面换热造成的，因此：

$$q''P\mathrm{d}r=-c_{\mathrm{p}}\dot{m}\mathrm{d}(\Delta T_{\mathrm{aver}}) \tag{3.38}$$

式中，q''是烟气向壁面传递的热通量，P 是烟气的湿周（Wetted perimeter，即

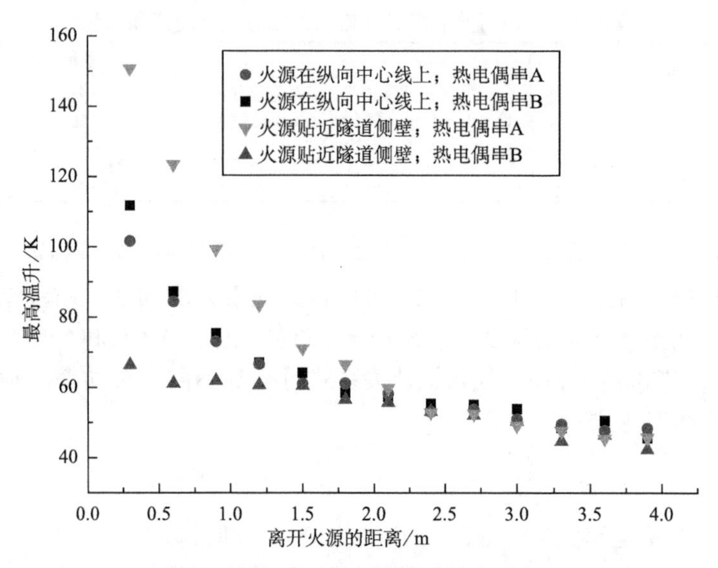

图 3.31 距侧壁不同距离处的最高温升纵向分布（油盆 3030）

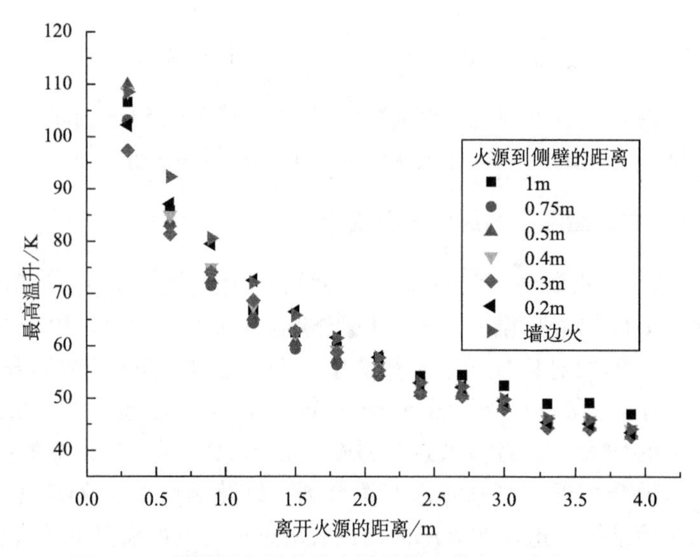

图 3.32 顶棚下方平均最高温升纵向分布（油盆 3030）

横截面上烟气与隧道壁面接触总长度），$\dot{m}$ 是火源下游某处烟气质量流量，ΔT_{aver}是平均温升。热通量 q''可表示为

$$q'' = h_c \Delta T_{\text{aver}} \tag{3.39}$$

式中，h_c 是传热系数。结合式（3.38）和式（3.39），进行积分，则烟气层平均温升的纵向衰减公式可表示为

$$\frac{\Delta T_{\text{aver},r}}{\Delta T_{\text{aver},0}} = \mathrm{e}^{(-Br)}, B = \frac{h_c P}{\dot{m} c_p} \tag{3.40}$$

Ingason[34]利用小尺寸实验研究隧道火灾时也得出了相同的公式，同时他认为最高温升的纵向衰减情况与平均温度的类似：

$$\frac{\Delta T_{\max,r}}{\Delta T_{\max,0}} \propto \mathrm{e}^{(-Br)} \tag{3.41}$$

他的实验结果很好的验证了公式（3.40）的正确性，可将公式（3.40）写成下面的形式：

$$\frac{\Delta T_{\max,r}}{\Delta T_{\max,0}} = a\mathrm{e}^{\left(-b\frac{r}{H_{\mathrm{ef}}}\right)} + c \tag{3.42}$$

图 3.33 给出了无量纲最高温升与无量纲纵向距离的关系，用式（3.41）对图中数据进行拟合，得

$$\frac{\Delta T_{\max,r}}{\Delta T_{\max,0}} = 0.65\mathrm{e}^{-r/H_{\mathrm{ef}}} + 0.35 \quad 0 < r/H_{\mathrm{ef}} < 4.5 \tag{3.43}$$

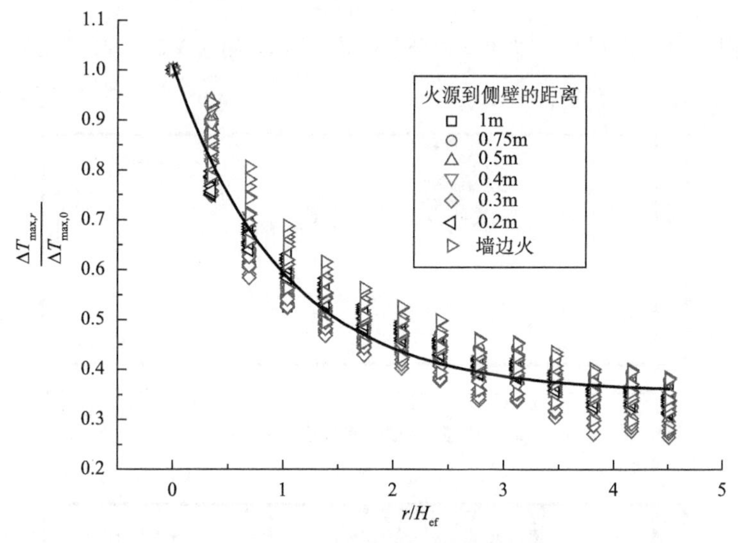

图 3.33　无量纲最高温升纵向分布

3.2.3　顶棚下方最高温度的横向分布规律

下面对顶棚射流温度的横向和纵向分布进行对比[35]。图 3.34 给出了火源距侧壁 0.5m，油盆为 2020 时，以火源为中心，顶棚射流最高温升的纵向和横向分布情况，横坐标为各方向测点到火源的无量纲距离，d_f/H_{ef}。可见，最高温升横向衰减的速度要大于纵向衰减的。烟气在隧道这种狭长结构纵向蔓延的过程中，受到隧道侧壁的阻挡后，形成反浮力壁面射流[25,36]，导致部分烟气回流，

如图 3.35 所示。Deckers 等[37]在研究车库火灾烟气控制时，把侧壁的这种作用称为 channeling effect。而烟气在横向扩散的过程中，在扩散主流方向的两侧是没有障碍物阻挡的，直到烟气前锋撞击到侧壁，形成一定的回流。

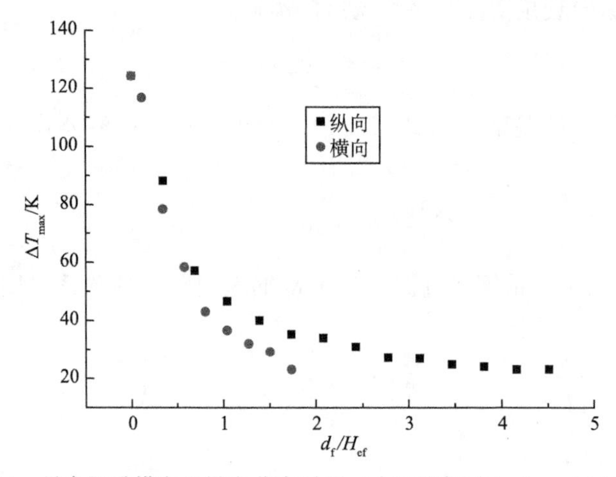

图 3.34　最高温升横向和纵向分布对比（火源距侧壁 0.5m，2020 油盆）

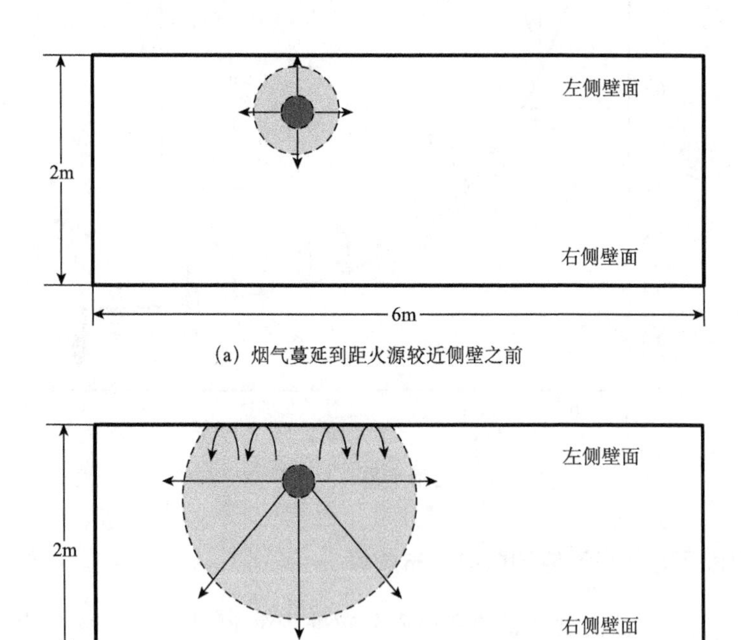

(a) 烟气蔓延到距火源较近侧壁之前

(b) 烟气受到距火源较近侧壁阻挡产生回流

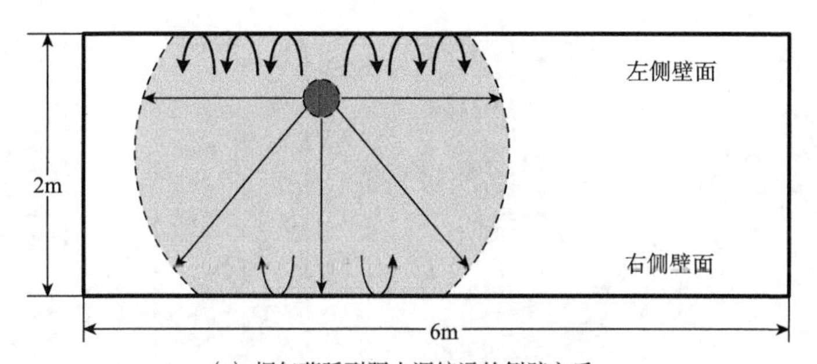

(c) 烟气蔓延到距火源较远的侧壁之后

图 3.35　隧道内烟气蔓延情况

图 3.36 给出了火源在隧道内不同横向位置时，火源附近顶棚下方的最高温升横向分布情况，d_0 为温度测点到隧道左侧侧壁的距离。可见，在同样的横向火源位置，火源尺寸和功率越大，相应的顶棚射流温升越大。温升最大处都在油盆中心的正上方。随着离开火源距离的增大，各测点的读数呈指数衰减，这与其他研究中关于地下长通道火灾中温度纵向分布的趋势相似[34,38]。

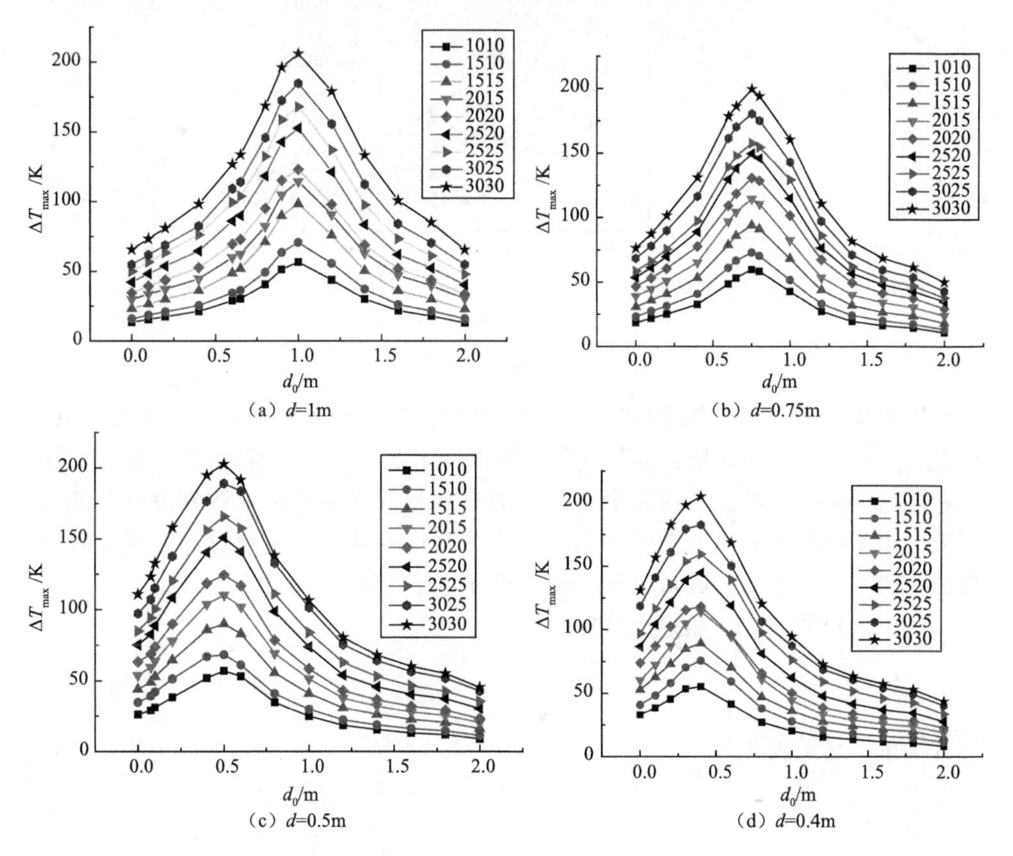

(a) d=1m　(b) d=0.75m

(c) d=0.5m　(d) d=0.4m

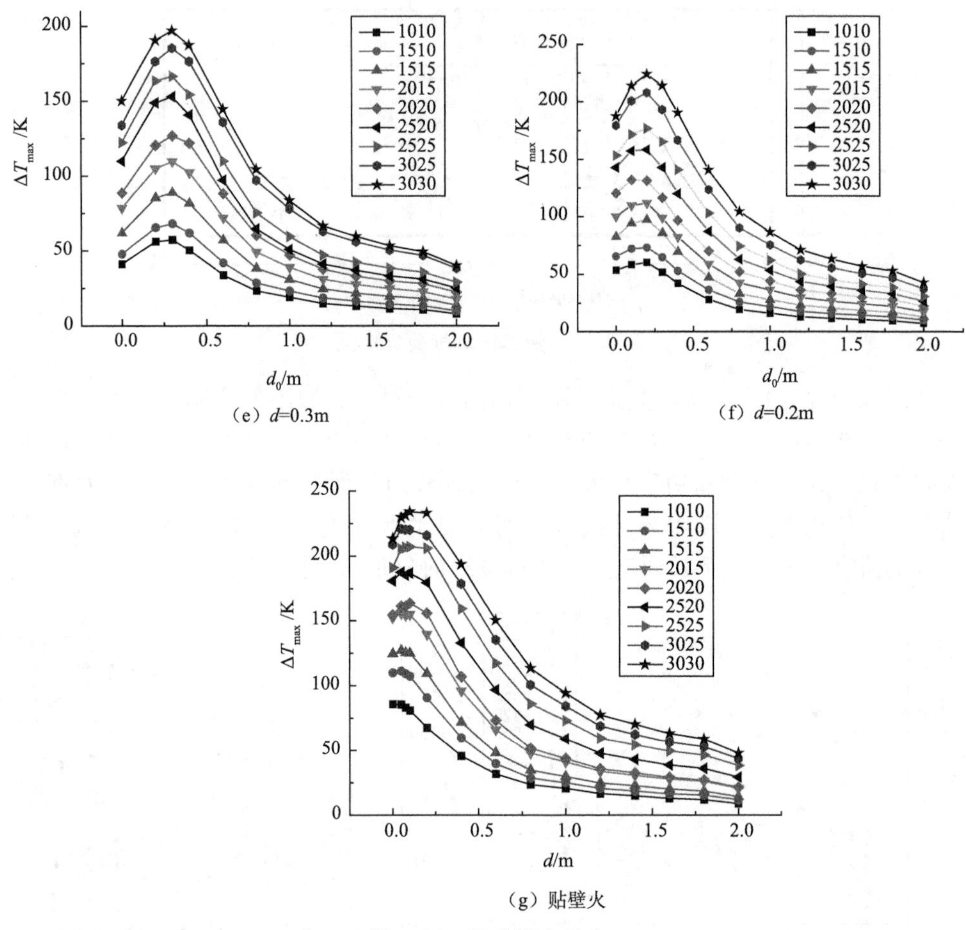

（e）d=0.3m　　（f）d=0.2m

（g）贴壁火

图 3.36　温升横向分布

以火源正上方的最高温升为参考点，把横向其他位置的最高温升无量纲化，$\Delta T_{\max,d_f}/\Delta T_{\max,D}$，同时把温度测点到火源距离无量纲化，$d_f/W$，图 3.37 给出了二者之间的关系。可见，顶棚下方烟气的最高温升沿横向从火源到侧壁呈指数衰减。由于火源两侧温升曲线相似，以火源为中心基本呈对称分布，因此仅对火源到较远侧壁之间的最高温升的横向分布进行拟合。

用下式对图 3.37 中的散点进行拟合：

$$\frac{\Delta T_{\max,d_f}}{\Delta T_{\max,D}} = Ae^{\frac{d_f/W}{B}} + C \tag{3.44}$$

拟合结果汇总见表 3.5。

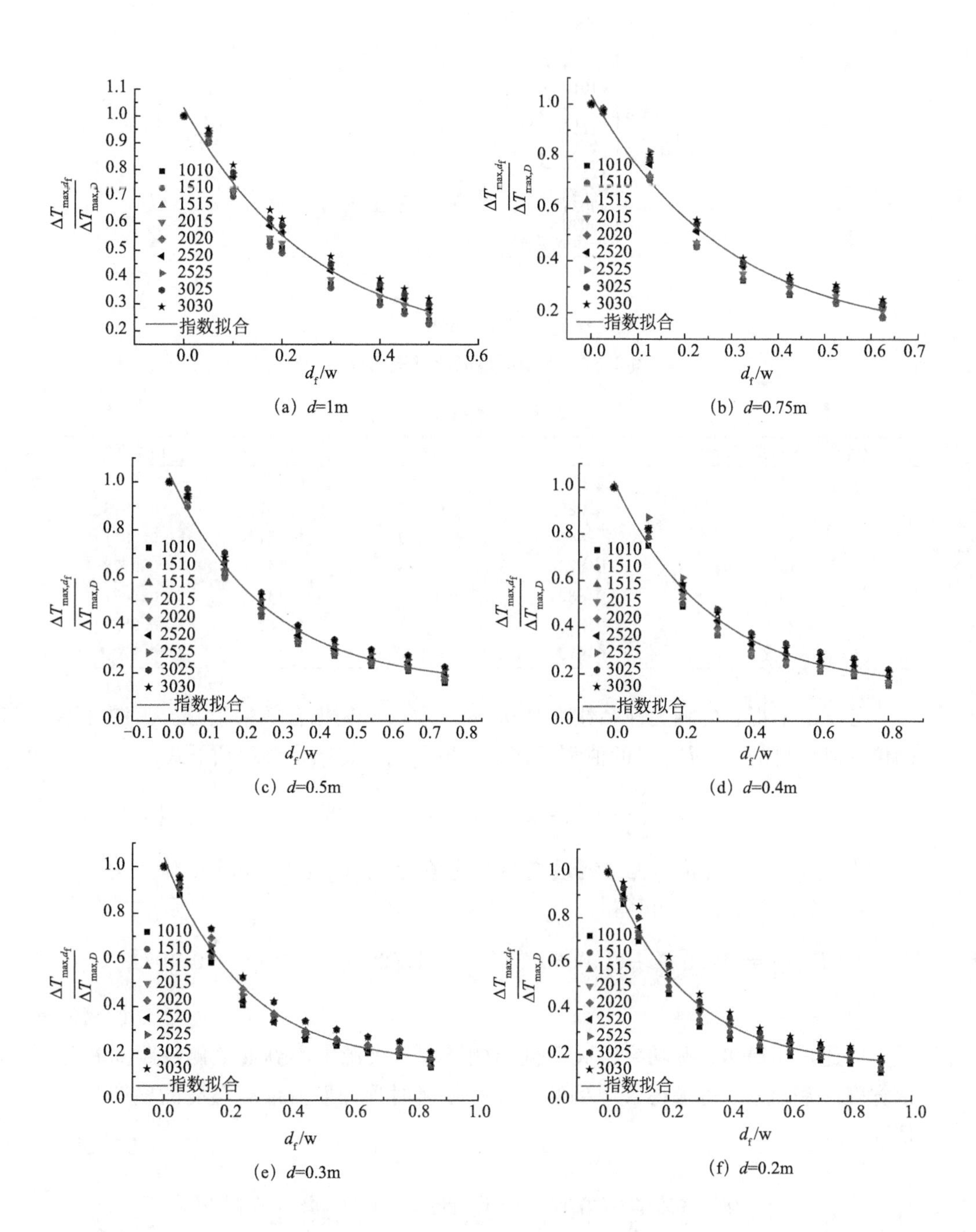

(a) d=1m　(b) d=0.75m

(c) d=0.5m　(d) d=0.4m

(e) d=0.3m　(f) d=0.2m

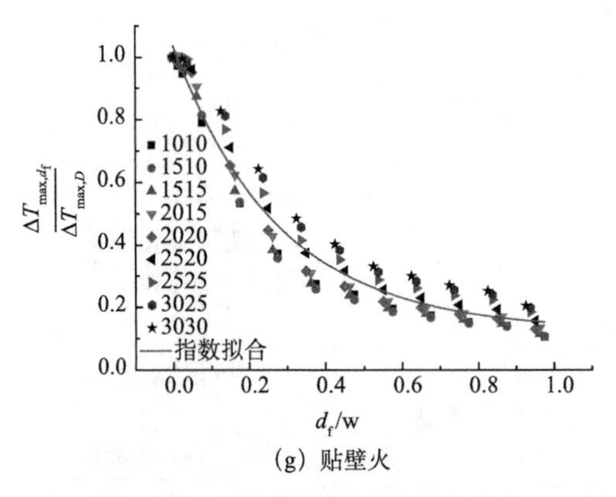

(g) 贴壁火

图 3.37 无量纲最高温升横向分布

表 3.5 拟合结果

火源到侧壁的距离/cm	A	B	C	相关系数
100	0.895	−0.266	0.135	0.9748
75	0.925	−0.285	0.107	0.9815
50	0.885	−0.259	0.151	0.9851
40	0.878	−0.273	0.146	0.9778
30	0.886	−0.257	0.149	0.9827
20	0.875	−0.251	0.152	0.9827
贴壁火	0.910	−0.277	0.126	0.9701

各工况下拟合的相关性系数都在 0.98 左右，可见拟合效果很好。火源在不同位置时各自的 A，B，C 的值都很接近，取平均，将结果整理到下式：

$$\frac{\Delta T_{\max,d_f}}{\Delta T_{\max,D}} = 0.893\mathrm{e}^{\frac{d_f/W}{-0.267}} + 0.138 \tag{3.45}$$

当 $d_f=0$ 时，理论上无量纲最高温升应该为 1，因此 $C=0.138$ 修正为 $C=0.107$。联立式（3.14）可得

$$\Delta T_{\max,d_f} = 17.9\frac{\dot{Q}^{2/3}}{H_{ef}^{5/3}}(1.096\mathrm{e}^{-28.156d/W}+1)(0.893\mathrm{e}^{-3.745d_f/W}+0.107) \tag{3.46}$$

因此，在得知火源功率、火源到顶棚高度、火源中心到隧道侧壁距离和隧道宽度的基础上，可求得火源到侧壁任一距离时顶棚射流最高温度的横向分布情况。

3.3 狭长空间烟气层中 CO 的输运特性

火灾时燃烧产生的烟气中含有大量毒性气体，其中最典型的就是 CO。统计

资料表明，由于吸入有毒烟气而导致死亡的人数约占火灾中总死亡人数的 75%，其中大部分又是由于 CO 中毒所致[39]。因此，火灾时建筑内 CO 的生成和输运规律是消防安全领域的研究热点之一[40]。与普通建筑相比，狭长通道火灾时由于不完全燃烧会释放出更多的 CO。同时，这一类通道内的人员载荷又非常大；一旦发生火灾，通道往往又是主要的疏散路径，在其内部蔓延的毒性气体会对疏散人员构成非常严重的威胁[41,42]，因而从机理层面研究 CO 在通道中的输运特性具有非常重要的意义。

对于火灾时 CO 特性的研究，通常包括两个方面的内容[39,40,42~55]，首先是 CO 的生成特性，然后是 CO 浓度的空间分布特性。对于生成特性，前人的研究结果表明，可以使用燃空比（包括羽流燃空比、全局燃空比）来进行定量描述[44~47]。其中，Beyler[44,45]最早开展了这方面的研究，他通过小尺寸腔室内的燃烧实验，研究了不同燃料和火源功率时，组分生成率与全局燃空比之间的关系，发现两者能够很好的关联起来。Pitts[46]则对腔室内 CO 生成特性的研究进行了大量调研，特别对基于燃空比的研究做了全面的综述。对于 CO 的空间分布特性，Hu 等人通过地下长通道[43]和实际隧道内的全尺寸实验[48]以及数值模拟研究[43]发现，烟气层温度沿隧道纵向呈幂指数衰减规律。Lattimer 和 Vandsburger[49,50]在小尺寸房间-走廊实验装置开展了实验，发现房间着火时，走廊内烟气层厚度的增加会导致 CO 浓度的升高。同时，他们还发现，在走廊远端的 CO 浓度高于着火房间内的浓度[39]。Wieczorek[40]在实验中发现走廊通道内不同水平位置处的 CO 浓度会由于顶棚射流对空气的卷吸作用而出现差异，走廊内的初始环境温度对 CO 浓度有很大影响，并且两者近似成反比关系。杨立中等[53]通过实验研究发现烟气组分的浓度峰值在竖直方向呈分段下降的趋势，远离火源处的浓度峰值出现了大于近火源位置的情况；并从数值模拟的计算结果发现，CO 的传播速度快于温度的传播速度[54]。

上述的研究结果中涉及的 CO 浓度，大多都是针对稳态时的浓度值或者是浓度峰值[39,40,42~56]。然而，与火灾规模的发展过程类似，狭长空间中的 CO 浓度也需要经历一段增长的过程，空间中的 CO 浓度随时间逐渐增长才达到稳态。对于狭长型通道这种长度方向跨度很大的空间，火源燃烧产生的 CO 还要经历一个从近火源空间向远距离空间的输运过程，因此通道内水平方向上不同位置处的 CO 浓度增长特性必然不一样。目前对此问题的研究还比较少，尤其缺乏定量理论研究。另外，烟气温度和 CO 的空间分布受控机制是不同的，烟气温度受传热机制（对流、传导和辐射）影响，而 CO 浓度受传质机制（对流和扩散）控制，尤其是在长通道中，烟气在水平蔓延的过程中不断与壁面发生热传递，而 CO 浓度则不存在这样的过程，二者受控机制不同带来的分布差异应更为显著。但是，对于二者的这种空间分布差异，目前还缺乏深入的研究。

本节主要分析狭长空间内 CO 浓度随时间的变化特征以及 CO 浓度的空间分布特性[57]。首先，从组分浓度方程出发，借鉴多单元区域模拟的思想，根据理论分析，将狭长型通道内的火灾烟气层划分为若干个区段，对每一区段建立了组分守恒方程；通过求解组分方程，得到各区段内 CO 浓度在稳定燃烧阶段随时间的增长模型。然后，开展小尺寸模型实验，测量相应位置处的 CO 浓度，并以之验证理论模型的合理性。同时，还将对不同烟气层厚度情况下烟气温度和 CO 浓度在水平方向上的分布规律开展对比分析研究，拟从受控机理上解释两者的分布特性以及出现差异的原因。

3.3.1 CO 浓度随时间增长的理论模型

对于常规腔室火灾，在分析烟气层内组分浓度变化时，可基于区域模拟的思想，假设整个烟气层为一个控制体，且控制体内的气体参数均一，则其内部的组分守恒可以用下面基于质量流率的控制方程表示[58]：

$$\frac{\mathrm{d}(\dot{m}Y_i)}{\mathrm{d}t}+\sum_{\substack{j=1\\ \text{net out}}}^{N}\dot{m}_jY_{i,j}=y_i\dot{m}_\mathrm{f}-\dot{m}_{i,\mathrm{loss}} \tag{3.47}$$

其中，$\dot{m}$ 为整个控制体的质量；Y_i 为控制体内组分 i 的质量分数；$\dot{m}_j$ 表示从 j 方向流入或流出控制体的质量流率；$Y_{i,j}$ 表示组分 i 在 $\dot{m}_j$ 内的质量分数；$\dot{m}_\mathrm{f}$ 为流入控制体内的燃料供给速率；$\dot{m}_i$ 为 i 组分的质量生成速率；y_i 为 i 组分的生成率，即控制体内由单位质量的燃料所生成的 i 组分的质量，通常表示为 $y_i=\dot{m}_i/\dot{m}_\mathrm{f}$；$\dot{m}_{i,\mathrm{loss}}$ 表示由于扩散和附着作用所导致的 i 组分的质量损失速率。由此可见，方程（3.47）左边第一项为控制体内组分 i 的质量变化速率，左边第二项表示组分 i 流出控制体的净质量流率。

考虑控制体内的所有组分质量守恒，则有

$$\frac{\mathrm{d}\dot{m}}{\mathrm{d}t}+\sum_{\substack{j=1\\ \text{net out}}}^{N}\dot{m}_j=0 \tag{3.48}$$

联立方程（3.47）和（3.48），则组分守恒方程如下所示：

$$\dot{m}\frac{\mathrm{d}(Y_i)}{\mathrm{d}t}+\sum_{\substack{j=1\\ \text{net out}}}^{N}\dot{m}_j\cdot(Y_{i,j}-Y_i)=y_i\dot{m}_\mathrm{f}-\dot{m}_{i,\mathrm{loss}} \tag{3.49}$$

然而，对于狭长通道型建筑结构，烟气在纵向水平蔓延的过程中，会向周围壁面及下层冷空气传热，同时存在对下层冷空气的水平卷吸[40,59]。在这两个因素的作用下，烟气在沿着通道纵向蔓延时温度会降低，发生沉降；同时，烟气层的质量和厚度不断增加，其内部的气体组分浓度沿通道纵向不再是均一分布。Wieczorek[40]也在实验中发现，由于烟气层对空气的水平卷吸，CO 浓度会沿通道纵向发生衰减；近火源区 CO 浓度的变化也是逐步反映到远端，而表现出一定的延迟性；这种情况下，若将上层烟气整体作为一个控制体进行分析就不太恰当[59~61]。

因此，我们基于多单元区域模拟的思想[59~61]，将上层烟气沿纵向划分为若干个独立的区段，并且做出如下假设[61]：①各区段内的属性均一；②控制体内的气体可以用理想气体对待；③燃烧以热源和质量源的形式处理；④各区段内的质量输运瞬时完成。

如图 3.38 所示，其中，$\dot{m}_i$ 是从第 i 个控制体流向第 $i+1$ 个控制体的质量流率；$\dot{m}_{e,i}$ 是第 i 个控制体对空气的水平质量卷吸速率；$\dot{m}_i$ 是第 i 个控制体内烟气的质量，在稳定燃烧阶段，由于各控制体的体积、以及其内部的烟气温度变化都不大，因此可以认为 m_i 为常数，不随时间发生变化。同时，认为每个区段内烟气参数均一，这样就可以利用方程（3.49）对各区段建立组分浓度方程。

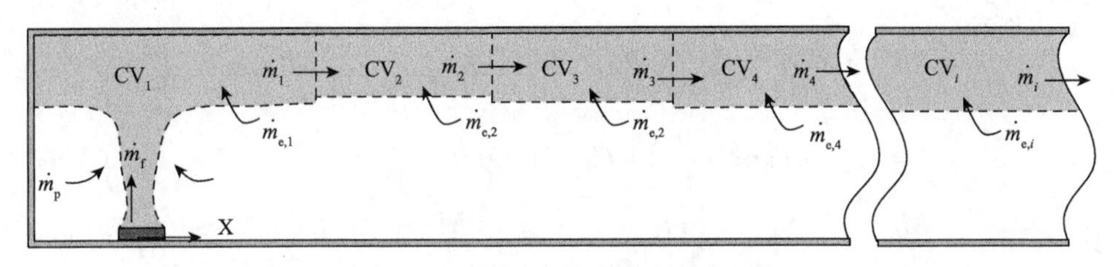

图 3.38 通道内烟气层控制体的划分

如图 3.38 所示，选择包括火源在内的一段烟气层作为控制体（CV_1）。控制体内的烟气参数近似为具有均一属性。同时，控制体的体积、以及其内部的烟气温度变化都不大，因此可以认为 CV_1 内烟气的质量 m_1 为常数，不随时间发生变化。$\dot{m}_{e,1}$ 是经卷吸进入 CV_1 的空气质量流率。基于以上分析，方程（3.49）可以改写为

$$m_1 \frac{\mathrm{d}(Y_{CO})}{\mathrm{d}t} + \dot{m}_1 \cdot (Y_{CO,1} - Y_{CO}) - \dot{m}_p \cdot (Y_{CO,p} - Y_{CO}) - \dot{m}_{e,1} \cdot (Y_{e,1} - Y_{CO}) - \dot{m}_f \cdot (Y_{CO,f} - Y_{CO}) = y_{CO}\dot{m}_f \tag{3.50}$$

其中 $\dot{m}_1$ 是流出控制体 CV_1 的质量流率，$\dot{m}_p$ 是卷吸进入羽流的质量流率，$\dot{m}_f$ 为向 CV_1 提供的燃料供给速率，即燃料的失重速率。同时，在任一瞬时时刻，流出控制体的烟气中，CO 的质量分数与控制体内部 CO 的质量分数相同，即 $Y_{CO,1}=Y_{CO}$；卷吸进入羽流中的 CO 的含量可以忽略，即 $Y_{CO,p}=0$；进入控制体的气体燃料中，CO 的质量分数也可以近似为零，即 $Y_{CO,f}=0$；$Y_{e,1}$ 是卷吸进入烟气层的空气中 CO 的质量分数，同样认为 $Y_{e,1}=0$。基于以上假设，方程（3.50）可以进一步简化：

$$m_1 \frac{\mathrm{d}(Y_{CO})}{\mathrm{d}t} + Y_{CO} \cdot (\dot{m}_f + \dot{m}_p + \dot{m}_{e,1}) = y_{CO}\dot{m}_f \tag{3.51}$$

通风控制条件下，CO 生成率 y_{CO} 可以表述为[55]

$$y_{CO} = \dot{m}_{CO}/\dot{m}_f = (r+1)\dot{m}_{f,reac}/r\dot{m}_f \tag{3.52}$$

其中，r 是燃料-空气化学当量比，为一常数；$\dot{m}_{f,reac}$ 为参与反应的燃料质量流率。在稳定燃烧阶段内，$\dot{m}_f$ 和 $\dot{m}_{f,reac}$ 近似不变，从而可以认为 y_{CO} 为常数。

由于在稳定燃烧阶段内，烟气层的温度和厚度变化不大，从而控制体内的烟气质量可以近似恒定；在稳定燃烧阶段内，羽流的卷吸质量流率 $\dot{m}_p$ 也变化不大。

经过以上分析得知，方程（3.51）为一阶线性微分方程，其通解为

$$Y_{CO,1}(t) = c_1 \cdot \exp\left(-\frac{\dot{m}_f + \dot{m}_p + \dot{m}_{e,1}}{m_1}t\right) + \frac{\dot{m}_f}{\dot{m}_f + \dot{m}_p + \dot{m}_{e,1}}y_{CO} \tag{3.53}$$

$Y_{CO,1}$ 是控制体内 CO 的质量浓度，为了与实验值相对应比较，将其转换成摩尔浓度：

$$\begin{aligned} C_{CO,1}(t) &= \frac{M_S}{M_{CO}}\left[c_1 \cdot \exp\left(-\frac{\dot{m}_f + \dot{m}_p + \dot{m}_{e,1}}{m_1}t + \frac{\dot{m}_f}{\dot{m}_f + \dot{m}_p + \dot{m}_{e,1}}y_{CO}\right)\right] \\ &= a_{1,1} \cdot \exp\left(-\frac{t}{\tau_1}\right) + C_1 \end{aligned} \tag{3.54}$$

其中，$a_{1,1} = \frac{M_S}{M_{CO}}c_1$，$\tau_1 = \frac{m_1}{\dot{m}_f + \dot{m}_p + \dot{m}_{e,1}}$，$C_1 = \frac{M_S}{M_{CO}} \cdot \frac{\dot{m}_f}{\dot{m}_f + \dot{m}_p + \dot{m}_{e,1}}y_{CO}$，$c_1$ 为待定常数，M_S 和 M_{CO} 分别是上层热烟气和 CO 的摩尔质量，这里均是常数。

选择火源右端的一段烟气层作为控制体（CV_2）。控制体内气体的属性与 CV_1 相同，方程（3.51）可以改写为

$$m_2\frac{d(Y_{CO})}{dt} + \dot{m}_2 \cdot (Y_{CO,2} - Y_{CO}) - \dot{m}_1 \cdot (Y_{CO,1} - Y_{CO}) - \dot{m}_{e,2} \cdot (Y_{e,2} - Y_{CO}) = 0 \tag{3.55}$$

其中，m_2 是控制体 CV_2 内的烟气质量，$\dot{m}_2$ 是流出控制体 CV_2 的质量流率，$\dot{m}_1$ 是从 CV_1 流入 CV_2 的质量流率，$\dot{m}_{e,2}$ 是经卷吸进入 CV_2 的空气质量流率，对于稳定燃烧阶段，可以认为是常数。采用与 CV_1 相同的假设，流出控制体 CV_2 的烟气中，CO 的质量分数与控制体内的 CO 的质量分数相同，即 $Y_{CO,2} = Y_{CO}$；$Y_{CO,1}$ 是 CV_1 内的 CO 浓度，即方程（3.53）。$Y_{e,2}$ 是卷吸进入烟气层的空气中 CO 的质量分数，同样认为 $Y_{e,2} = 0$。基于以上假设，方程（3.55）可以进一步简化：

$$m_2\frac{d(Y_{CO})}{dt} + (\dot{m}_1 + \dot{m}_{e,2})Y_{CO} = \dot{m}_1\left[a_1 + b_1 \cdot \exp\left(-\frac{t}{\tau_1}\right)\right] \tag{3.56}$$

将质量浓度转换为摩尔浓度：

$$C_{CO,2}(t) = a_{2,2} \cdot \exp\left(-\frac{t}{\tau_2}\right) + a_{2,1} \cdot \exp\left(-\frac{t}{\tau_1}\right) + C_2 \tag{3.57}$$

其中，$a_{2,2} = \frac{M_S}{M_{CO}}c_2$，$\tau_2 = \frac{m_2}{\dot{m}_1 + \dot{m}_{e,2}}$，$a_{2,1} = \frac{M_S}{M_{CO}} \cdot \frac{\dot{m}_1 c_1}{m_2} \cdot \frac{\tau_1\tau_2}{\tau_1 - \tau_2}$，$C_2 = \frac{\dot{m}_1}{\dot{m}_1 + \dot{m}_{e,2}} \cdot C_1$，

c_2为待定常数，M_S 和 M_{CO}分别是上层热烟气和 CO 的摩尔质量，这里均是常数。

对于 CV_3和 CV_4，流入和流出控制体的质量流与 CV_2中有相类似的特点，分析方法也相同，得其浓度方程：

$$C_{CO,3}(t) = a_{3,3} \cdot \exp\left(-\frac{t}{\tau_3}\right) + a_{3,2} \cdot \exp\left(-\frac{t}{\tau_2}\right) + a_{3,1} \cdot \exp\left(-\frac{t}{\tau_1}\right) + C_3 \tag{3.58}$$

$$C_{CO,4}(t) = a_{4,4} \cdot \exp\left(-\frac{t}{\tau_4}\right) + a_{4,3} \cdot \exp\left(-\frac{t}{\tau_3}\right) + a_{4,2} \cdot \exp\left(-\frac{t}{\tau_2}\right) + a_{4,1} \cdot \exp\left(-\frac{t}{\tau_1}\right) + C_4 \tag{3.59}$$

其中，$\tau_3 = \frac{m_3}{\dot{m}_2 + \dot{m}_{e,3}}$，$\tau_4 = \frac{m_4}{\dot{m}_3 + \dot{m}_{e,4}}$。

由此类推，对于第 i 个区段 CV_i，CO 浓度随时间变化的方程为

$$C_{CO,i}(t) = a_{i,i} \cdot \exp\left(-\frac{t}{\tau_i}\right) + \cdots + a_{i,2} \cdot \exp\left(-\frac{t}{\tau_2}\right) + a_{i,1} \cdot \exp\left(-\frac{t}{\tau_1}\right) + C_i \tag{3.60}$$

其中，$\tau_i = \frac{m_i}{\dot{m}_{i-1} + \dot{m}_{e,i}}$。方程（3.60）也表明，第 i 个区段中的 CO 浓度受前面 $i-1$ 个区段中浓度变化的影响，这种影响以幂指数项的形式得以体现。

3.3.2　理论模型的实验验证

1. 实验设计

实验采用第 2 章介绍的地铁站实验台一层作为通道模型，如图 3.39 所示。采用油盆火作为火源，燃料为 90＃汽油，所有工况中汽油用量均为 250ml。油盆尺寸为 15cm（长）×15cm（宽）×5cm（高），位于通道纵向中心线上，油盆中心距西侧封闭端 0.5m，通过油盆底部的压电传感装置实时测量实验过程中油盆和燃料的瞬时质量变化，其精度为 0.1g，数据采集时间间隔为 2s。

采用竖向固定在一起的三个 CO 变送器实时测量烟气层中的 CO 浓度，数据采集时间间隔为 2s。各竖向测点间距均为 7cm，最高点位于顶棚下方 9.5cm。为了研究 CO 水平分布规律，实验设计了 A，B，C，D 四个水平测量位置，依次距离火源中心 1.5m，3m，3.5m，6m。空间温度分布通过竖向热电偶串测量，每一串上布置 14 个测点，测点间隔为 3cm。每次实验中环境初始温度为 21℃。

在通道东侧开口端部处设计了不同高度的垂壁，每一个高度 d 作为一种工况，分别为 0cm，9.5cm，16.5cm，23.5cm。实际上，通过不同的挡烟垂壁高度来控制实验中的烟气层厚度，这样就可以研究不同烟气层厚度情况下 CO 浓度和温度的分布特性。

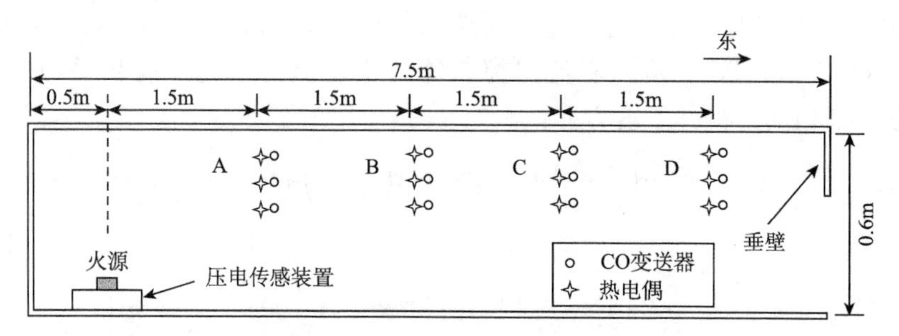

图 3.39 通道模型及实验布置

2. 实验结果分析

(1) 燃料的质量损失速率

燃料的质量损失速率是一个重要的参数，它通常被直接用来计算火源的热释放速率；同时，它也反映了燃料自身的燃烧状态。火源位于通道内时，其质量损失速率受两方面因素的影响：壁面和烟气层的热反馈会使其增大；另一方面，供氧量不足又会使其降低。本节中的实验是在空间狭小的通道内进行的，供氧量不足这一因素的作用稍强，因此燃烧效率取值 0.7，略小于在 ISO9705 标准房间中测量得到的数值。90 # 汽油的热值约 45000kJ/kg，根据公式 $\dot{Q}=\eta\dot{m}_f h_f$，实验中火源的热释放速率约为 9.45kW。

图 3.40 为典型的燃料质量随时间变化，以及质量损失速率曲线。根据曲线的变化趋势，可以大致将燃烧过程分为三个阶段，即燃料控制阶段（约 0～100s），过渡阶段（约 100～250s），稳定燃烧阶段（约 200～450s）。从图中可以看出，在稳定燃烧阶段内，燃料的质量损失速率变化不大，可以近似认为在一

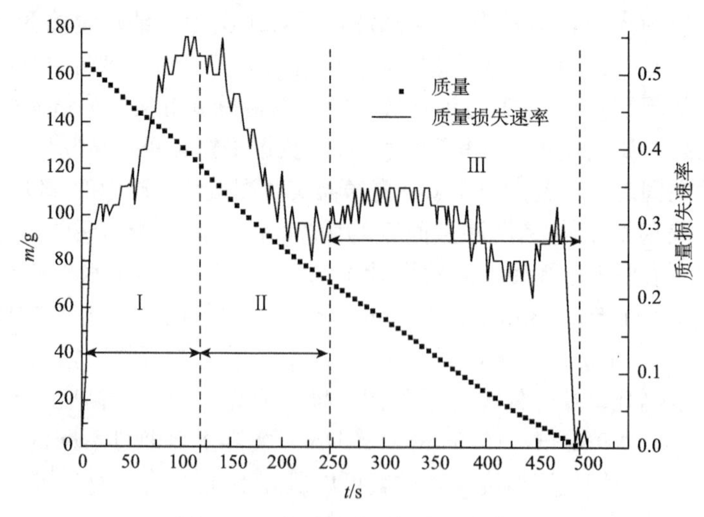

图 3.40 典型的质量损失速率曲线

定值附近作较小的波动。

（2）典型的温度和 CO 浓度

图 3.41 和图 3.42 是在位置 B 处测得的典型温度和 CO 浓度曲线，所有工况中的温度、CO 浓度的变化趋势都基本与这两幅图中的趋势保持一致。结合图 3.40 的质量损失速率变化曲线，对汽油在通道中的三个阶段燃烧状态进行分析。

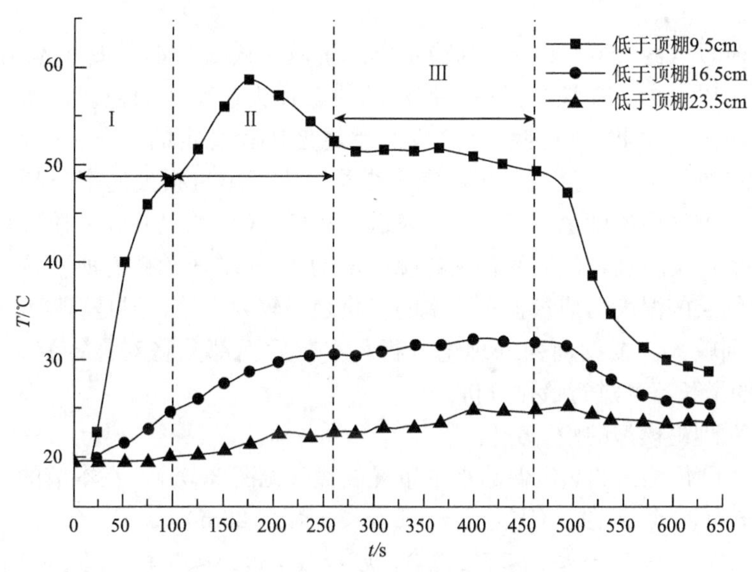

图 3.41　典型的竖向热电偶串温度曲线

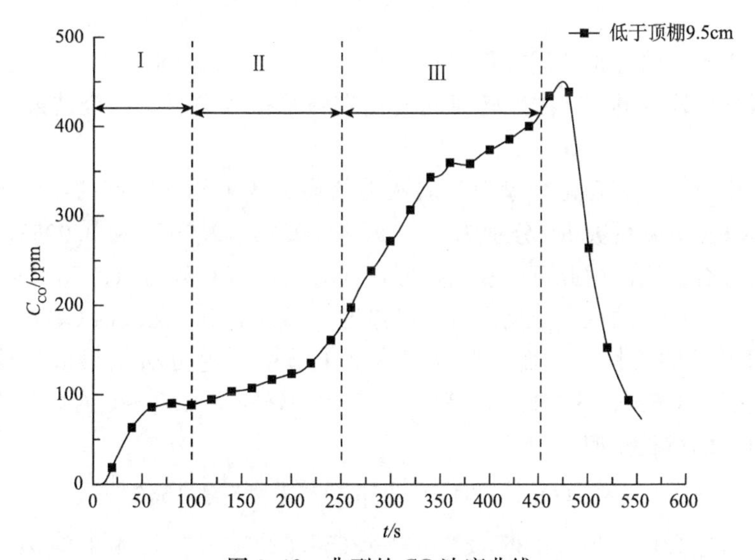

图 3.42　典型的 CO 浓度曲线

第Ⅰ阶段（约 0～100s）为燃料控制阶段。此阶段期间通道内部的氧气含量相对充足，此时汽油的燃烧比较完全，质量损失速率不断增大；烟气层的温度和 CO 浓度也快速升高。

第Ⅱ阶段（约 100～250s）为过渡阶段。质量损失速率在这一阶段开始下降，烟气层温度也在这一阶段发生转变，开始降低；CO 浓度在这一阶段的增加速率变小。

第Ⅲ阶段（约 250～450s）为稳定燃烧阶段。从图 3.41、图 3.42 中的曲线变化趋势可以看出，在该阶段中，汽油的质量损失速率较为稳定，烟气层内温度变化也不大，由此可以判断该阶段的燃烧是比较稳定的。由于是通风控制，通道内的供氧量不足，汽油发生不完全燃烧，因而质量损失速率降到了一个较低的水平，烟气层温度也下降到一个较低的数值；CO 浓度在这一阶段前部分时间以较快的速度增加，然后约在到达峰值前的 100s 增速稍微有所减缓。第Ⅲ阶段内，烟气层的温度与质量损失速率的变化趋势较为一致，但是温度与 CO 浓度的趋势差别较大。根据前面的理论分析，本节后面部分将对稳定燃烧阶段内，CO 浓度的增长特性进行量化分析。

(3) 对理论模型的验证分析

根据 CO 传感器和热电偶的水平布置位置（见图 3.39），在本节的分析中将通道划分为四个区段：CV_1（$-0.5m<x\leqslant 2.25m$），CV_2（$2.25m<x\leqslant 3.75m$），CV_3（$3.75m<x\leqslant 5.25m$），CV_4（$5.25m<x\leqslant 7m$）。CV_1，CV_2，CV_3和 CV_4内的温度和 CO 浓度分别用 A、B、C、D 四个水平位置测得的数据表征。

接下来本节将分别使用方程（3.54），（3.57），（3.58）和（3.59）对稳定燃烧阶段各区段内的 CO 浓度随时间变化实施幂指数逼近，拟合结果如图 3.43 所示。

从图中可以看到理论模型对实验数据的逼近效果是非常好的，对于 CV_1～CV_4，其拟合相关系数 R^2 分别为 0.9911，0.9938，0.9957 和 0.9963，说明具有较高的拟合优度。由此可以看出，方程（3.54），（3.57），（3.58）和（3.59）能够对相应区段内的浓度数据进行精确逼近，揭示了相应区段内 CO 浓度随时间呈幂指数增长的特性，从而也验证了 3.3.1 节中理论分析结果的正确性。式（3.61）、式（3.62）、式（3.63）和式（3.64）分别是 CV_1～CV_4内的 CO 浓度在稳定阶段的增长模型。

$$C_{CO,1}(t)=-3149.8256e^{-\frac{t}{89.6450}}+533.1556 \tag{3.61}$$

$$C_{CO,2}(t)=50964.8534e^{-\frac{t}{44.8155}}-8658.0293e^{-\frac{t}{89.6450}}+489.6410 \tag{3.62}$$

$$C_{CO,3}(t)=-270180.5983e^{-\frac{t}{46.8257}}+333202.2426e^{-\frac{t}{44.8155}}$$

$$-3419.7972e^{-\frac{t}{89.6450}}+428.9804 \tag{3.63}$$

$$C_{CO,4}(t)=15808414.7807e^{-\frac{t}{43.7015}}+7793029.3544e^{-\frac{t}{46.8257}}-23421740.3252e^{-\frac{t}{44.8155}}-16342.0891e^{-\frac{t}{89.6450}}+417.9051 \tag{3.64}$$

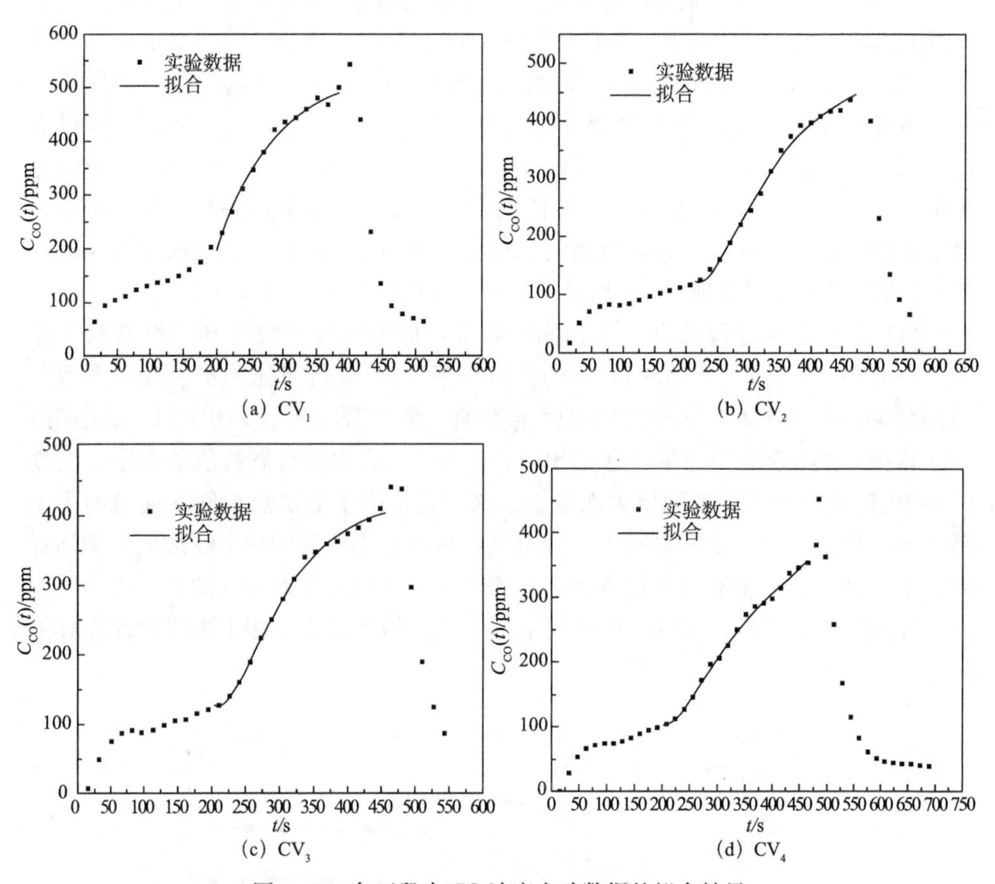

图 3.43　各区段内 CO 浓度实验数据的拟合结果

由于理论模型对实验曲线具有较高的拟合优度，因此可以用拟合得到的模型来预测 CO 浓度的变化趋势。图 3.44 就是根据方程（3.59）～（3.62）作出的 CO 浓度随时间变化的预测曲线。

从图 3.44 可以看出，在稳定燃烧阶段，通道内的 CO 浓度会先经历一个增长的过程，600s 以后就基本达到稳定值。由此可见，CO 浓度跟温度数据不一样，并不是在整个稳定燃烧阶段内都基本维持不变；而是要经历一段增长的过程，然后才达到稳态。若稳定燃烧维持足够长的时间，CO 浓度将达到稳定状态，不再随时间发生变化。

对于该增长过程，可以认为在稳定燃烧初期，CO 在各区段中存在一个蓄积的过程，随着时间的推移，蓄积作用将越来越弱；当 CO 浓度到达稳定后，蓄积过程不再存在。体现在方程（3.60）中，就是指数项在初期的作用较大，当时间足够长后，对 CO 浓度变化就不再起作用。

从图 3.44 中的曲线还可以看出，CV_1 中的浓度随时间增长最快，CV_2 和 CV_3 中的增速次之，CV_4 中的增长最缓慢。这个规律是符合物理意义的，即在近火源区的浓度增速最大，随着与火源距离增大，烟气的水平蔓延速度会发生衰减，因此 CO 浓度增速也随之变小。同时，从方程（3.61）～（3.64）可以看出，每一个区段都对应着一个 τ 值。CV_1 对应于 $\tau_1=89.6450$，为各区段中的最大值；CV_4 对应于 $\tau_4=43.7015$，为各区段中的最小。这个趋势与前面分析的浓度增速的变化趋势保持一致，从而可以认为 τ 是一个特征量，它反映了各区段中 CO 浓度随时间的增长速率，τ 值越大则 CO 浓度的增速也就越大。

各区段的浓度方程具有一个相同的特征，即都由幂指数项和一个常数项组成。将方程（3.61）～（3.64）中的常数与图 3.44 进行对比分析发现，方程中的常数就是 CO 浓度最终达到稳态时的数值，即方程（3.60）中的 C_i 就是第 i 个区段中 CO 浓度的稳定值。通过比较各区段中 CO 浓度稳态数值的大小，发现 CO 浓度随着与火源距离的增大而减小。这主要是由于上层热烟气在通道内水平蔓延的过程中，会不断的卷吸下层冷空气，从而对烟气层中的 CO 浓度起到稀释的作用；另外，由于远火源位置处竖直方向上的扩散机制对 CO 的输运占主导作用，导致测点位置处的 CO 浓度比其下方位置处的浓度低，接下来将对此作详细的分析。

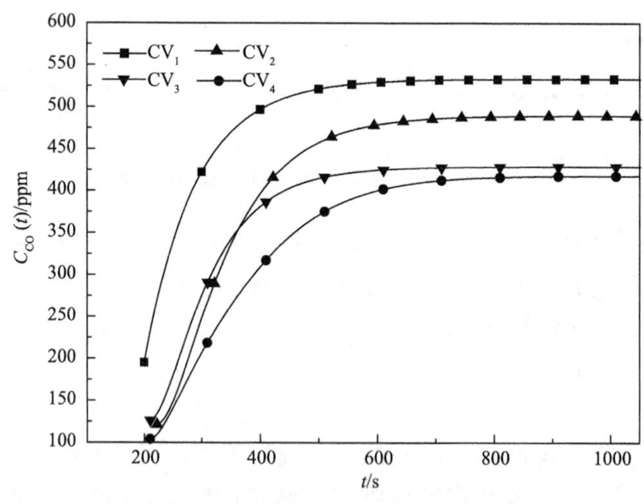

图 3.44　各区段内 CO 浓度的预测结果

（4）CO 浓度与烟气温度的纵向分布

在分析 CO 浓度随时间的增长特性时，对于每个区段内的浓度都认为是均匀分布。这个假设对于烟气层厚度较薄的情况是合理的，但是随着烟气层厚度的增加，其内部的 CO 浓度在竖直方向上就不能认为是均匀分布。本节选取三种垂壁高度下（9.5cm，16.5cm，23.5cm）稳定状态时的 CO 浓度和温升数据进行分析，所选取的原始数据分别见表 3.6 和表 3.7。

表 3.6　不同挡烟垂壁高度下通道内的 CO 浓度数据/ppm

垂壁高度	水平位置 竖直位置	1.5m	3m	3.5m	6m
d=9.5cm	9.5cm	522	495	428	378
	16.5cm	42	130	252	312
	23.5cm	23	30	40	102
d=16.5cm	9.5cm	601	507	461	410
	16.5cm	116	187	361	357
	23.5cm	34	55	186	327
d=23.5cm	9.5cm	595	524	521	445
	16.5cm	246	325	432	391
	23.5cm	143	158	262	309

表 3.7　不同挡烟垂壁高度下通道内的温升/℃（环境温度：21℃）

垂壁高度	水平位置 竖直位置	1.5m	3m	3.5m	6m
d=9.5cm	9.5cm	72.1	56.4	39.6	33.0
	16.5cm	23.5	41.5	33.2	17.7
	23.5cm	15.1	13.1	12.9	9.0
d=16.5cm	9.5cm	82.7	56.9	43.1	35.1
	16.5cm	32.2	45.3	40.2	27.0
	23.5cm	20.0	15.6	17.5	15.8
d=23.5cm	9.5cm	66.9	55.9	41.7	32.7
	16.5cm	27.2	48.2	39.3	28.0
	23.5cm	19.7	23.3	22.8	19.1

为了便于对比分析，这里分别使用 $\Delta T_{\max,x}$、$CO_{\max,x}$ 对同一竖直高度上各水平位置的温升数据和 CO 浓度数据进行归一化处理。其中，ΔT_x 是同一竖直高度上各水平位置相对环境的温升，$\Delta T_{\max,x}$ 为每一竖直高度上各水平位置中的最高温升，CO_x 是同一竖直高度上各水平位置的 CO 浓度，$CO_{\max,x}$ 为每一竖直高度上所有水平位置中的最高浓度。

图 3.45 是不同垂壁高度情况下，烟气层中 CO 浓度与温度的水平分布。从图中可以看出，经归一化处理后的温度数据在水平方向总体均呈下降趋势，说明温度沿长通道纵向发生了衰减；而 CO 浓度的分布情况则有所不同，较高位置处（顶棚下方 9.5cm）呈衰减趋势，而较低位置处的 CO 浓度则出现了大幅度的

增长。特别在远火源位置，这种高处浓度降低、低处浓度升高的趋势更加明显，导致在烟气层下部出现了远火源处的浓度高于近火源处。这与冯文兴等在“房间-走廊”实验台上所得到的现象是一致的[53]。

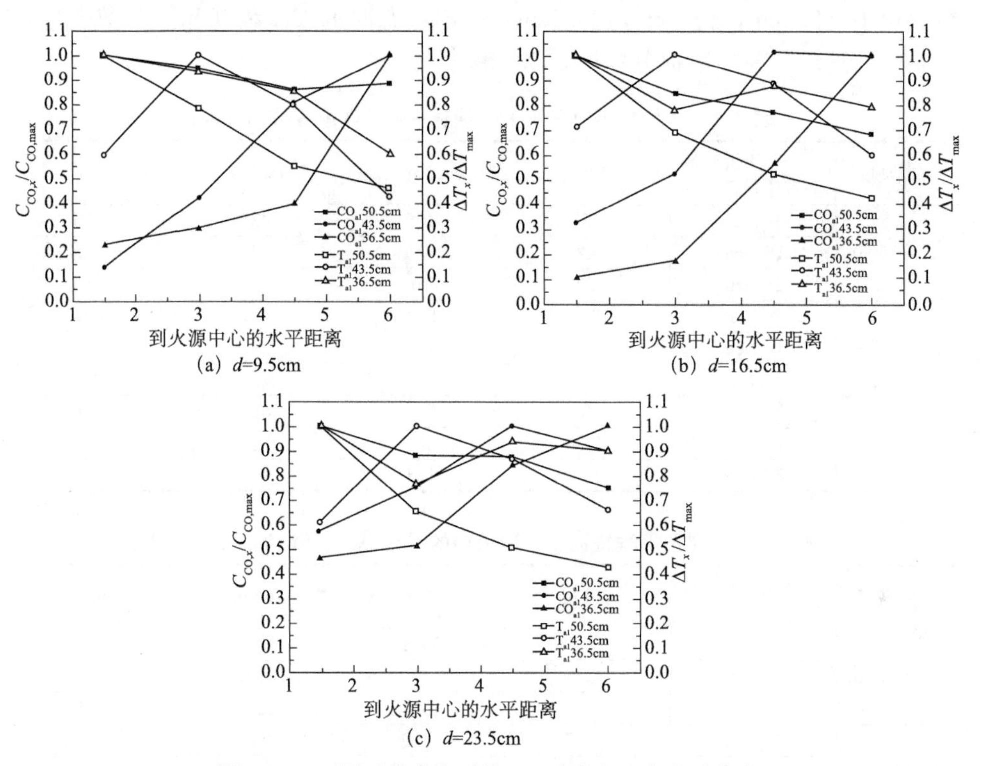

(a) d=9.5cm　　(b) d=16.5cm

(c) d=23.5cm

图 3.45　不同垂壁高度时的 CO 浓度和温度水平分布

一方面，温度和浓度的这种分布差异是由于两者不同的控制机制造成的，即烟气温度分布受传热机制（对流、传导和辐射）影响，而 CO 浓度分布受传质机制（对流和扩散）控制。烟气在沿通道蔓延的过程中，通过对流、传导和辐射作用，不断向通道壁面和下部冷空气传热，从而导致其内部的温度沿通道纵向发生衰减。然而，CO 则不存在向壁面传质这一个过程，在竖直方向上仅仅存在从上部高浓度区域向下部低浓度区域扩散这样一个过程。同时，由于流过通道截面上的 CO 总量是一定的，烟气层上部浓度的降低必然导致其下部浓度的升高。另一方面，由于近火源位置处烟气的蔓延速度快，即该处的水平对流作用占主导，CO 在竖直方向上的扩散较弱，从而烟气层下部的浓度较低；随着烟气水平蔓延速度的衰减，远火源位置处的对流作用减弱，而扩散机制占主导作用，因此使得该位置处烟气层下部的 CO 浓度大大升高，也就导致 CO 浓度在远火源位置处高于近火源位置。

CO 是通道火灾时对人员构成危害的主要因素之一。本节通过理论分析和实验研究两种手段，对 CO 在通道中的输运特性开展了研究。首先，考虑到 CO 沿通道向远离火源位置的输运过程中伴随着竖向扩散和烟气沉降现象，导致 CO 浓度在通道长度方向上分布不均匀。因此，这里将通道烟气层划分为若干个水平区段，并分别对其建立了组分守恒方程，从而通过求解微分方程得到了任意区段中 CO 浓度随时间变化的理论模型；发现在稳定燃烧阶段，烟气层中的 CO 浓度随时间符合幂指数增长规律。

通过开展模型实验，测得了通道内相应位置的 CO 浓度和温度数据。实验数据表明，在稳定燃烧阶段内，CO 浓度会先经历一个增长的过程，然后再逐步趋于稳态。采用基于理论分析得到的浓度方程能够对 CO 浓度和时间之间的关系进行精确逼近。近火源区段内，CO 浓度增速最快，随着与火源距离的增大，CO 浓度增速减缓，这一特征可以通过各区段对应 τ 值的大小得以反映。在实验中，通过调节通道端部挡烟垂壁的高度来改变烟气层厚度，研究了不同垂壁高度下 CO 浓度和温度在水平方向上的分布差异。由于烟气温度主要受传热机制的控制，而 CO 浓度分布则主要受传质机制控制，从而导致温度分布在水平方向总体均呈下降趋势，而 CO 浓度则呈现在高处降低、低处升高的趋势，烟气层下部远火源处的浓度高于近火源处。

3.4　烟气水平蔓延过程中的质量卷吸模型

在普通尺寸房间的火灾过程模拟中，一种非常重要的工程计算方法是双层区域模拟（two-layer zone model），该方法仅通过羽流卷吸模型来考虑烟气层的质量增加，而忽略其他位置的卷吸对烟气层质量的贡献，由于普通房间的尺寸较小，烟气层分界面处的卷吸所导致的烟气层质量增加量较小，故双层区域模拟可获得较理想的结果，可基本满足工程预测需要。狭长空间建筑结构的长度尺度通常是普通尺寸房间的数十倍，结构形式差别较大，这必将导致狭长空间内的烟气蔓延过程与普通尺寸房间有巨大的差异，因此，在狭长空间中仅通过羽流卷吸模型来计算烟气卷吸质量显然是不合适的。因此，对狭长空间内烟气纵向蔓延的规律进行研究，根据卷吸机理不同，建立各烟气蔓延阶段的质量卷吸速率模型具有重要的理论意义。

本节根据理论分析需要选择了 Zukoski 模型作为理论分析的基础模型。通过理论分析推导出了烟气羽流撞击顶棚后的径向蔓延阶段、径向蔓延向一维水平蔓延的过渡阶段以及一维水平蔓延阶段的质量卷吸速率模型，并结合模拟尺寸实验所测得的烟气层温度、厚度以及典型截面处的烟气流动速度等数据，确定了各阶段质量卷吸速率模型中的常数[62]。

3.4.1 烟气各蔓延阶段卷吸速率模型的建立

由3.1.2节可知，狭长空间内的烟气蔓延可分为4个阶段。近年来，国内外一些学者开始注意到在长通道型建筑内，一维水平蔓延阶段的增量将对烟气层的流量产生显著贡献，Kunsch[63,64]研究了通风隧道内影响火灾烟气羽流在顶棚下运动范围的因素，但目前该方面的实验研究还不够系统。目前对阶段2和阶段3中烟气层的质量卷吸速率研究的很少，而在这两个蔓延阶段中，会出现的一种特殊现象-水跃（Internal jump），将导致烟流能量的突然损失，同时，烟流将卷吸大量环境空气而导致质量流率的突然增大，因此研究烟气层在长通道内蔓延第2，3和4阶段的质量卷吸特性也是非常有必要的。

1. 阶段2和阶段3烟气质量卷吸速率模型

阶段1的质量卷吸速率采用常用的Zukoski模型[65]，即式 $\dot{m}_{\mathrm{p}}=0.071\dot{Q}^{1/3}Z^{5/3}$。

阶段2和3的烟气层质量卷吸速率等于各阶段终止位置的烟气层质量流率减去该阶段起始位置的烟气层质量流率。站台内某横截面上的烟气层质量流率计算公式如下：

$$\dot{m}=u_{\mathrm{s}}\times h_{\mathrm{s}}\times w\times\rho(T_{\mathrm{s}}) \tag{3.65}$$

其中，下标s代表烟气层的参数，u_{s} 为烟气蔓延速度（m/s），h_{s} 为烟气层厚度（m），w 为站台宽度（m），ρ（T_{s}）为烟气层的密度，是烟气层温度的函数。

由以上分析，可得到阶段2和3的烟气产生速率计算公式：

$$\dot{m}_i=u_{\mathrm{se}}\times h_{\mathrm{se}}\times w\times\rho(T_{\mathrm{se}})-u_{\mathrm{ss}}\times d_{\mathrm{ss}}\times w\times\rho(T_{\mathrm{ss}}) \tag{3.66}$$

其中，下标 i 代表各阶段（$i=2$，3），se和ss分别代表各阶段终止截面和起始截面处烟气层的参数。考虑到烟气层速率在站台宽度方向上的分布并非均匀，将站台在宽度方向上分为三个部分（左侧、中部、右侧），分别计算烟气层质量流率再求和，则质量流率的计算公式变换为

$$\dot{m}=\frac{1}{3}\times w\times\sum_{j=1}^{3}h_j\cdot\rho(T)\cdot u_j \tag{3.67}$$

其中，下标 j 表示站台宽度方向上的3个区间（j=1，2，3）。则烟气产生速率为

$$\dot{m}_i=\frac{1}{3}\times w\times\left\{\left[\sum_{j=1}^{3}h_j\cdot\rho(T)\cdot u_j\right]_{\mathrm{e}}-\left[\sum_{j=1}^{3}h_j\cdot\rho(T)\cdot u_j\right]_{\mathrm{s}}\right\} \tag{3.68}$$

将烟气视为理想气体，利用理想气体状态方程，有

$$\rho_s=\rho_{\mathrm{a}}\cdot\frac{T_{\mathrm{a}}}{T_{\mathrm{s}}} \tag{3.69}$$

其中，T_{s} 为烟气温度，ρ_{a} 和 T_{a} 为参考用的空气密度和温度。

质量生成流率的无量纲形式可表示为

$$\dot{m}_i' = \frac{\dot{m}_i}{\rho_a V L^2} = \frac{\dot{m}_i}{\rho_a g^{1/2} L^{5/2}} \tag{3.70}$$

通过上式可将式（3.68）得到的阶段 2 和阶段 3 的质量生成速率无量纲化。为建立阶段 2 和阶段 3 的无量纲质量产生速率模型，可考虑引入一个关联系数，将无量纲烟气质量产生速率和 Zukoski 羽流质量卷吸速率联系起来：

$$\dot{m}_2' = C_2 \cdot \dot{m}_1' \tag{3.71}$$

$$\dot{m}_3' = C_3 \cdot \dot{m}_1' \tag{3.72}$$

将 Zukoski 模型无量纲化，可得

$$\dot{m}_1' = 0.21 \cdot \dot{Q}'^{\frac{1}{3}} \cdot z'^{\frac{5}{3}} \tag{3.73}$$

其中，$\dot{Q}'$和 z'分别是无量纲火源功率和无量纲烟气层高度，表达式如下：

$$\dot{Q}' = \frac{\dot{Q}}{\rho_a c_p T_a g^{1/2} H^{5/2}} \tag{3.74}$$

$$z' = \frac{z}{H} \tag{3.75}$$

将式（3.73）代入式（3.71）和（3.72）中，即可得到了阶段 2 和阶段 3 的无量纲质量产生速率关系式：

$$\dot{m}_2' = C_2' \cdot \dot{Q}'^{\frac{1}{3}} \cdot z'^{\frac{5}{3}} \tag{3.76}$$

$$\dot{m}_3' = C_3' \cdot \dot{Q}'^{\frac{1}{3}} \cdot z'^{\frac{5}{3}} \tag{3.77}$$

其中，$C_2' = 0.21 \cdot C_2$，$C_3' = 0.21 \cdot C_3$。

2. 阶段 4 的烟气质量卷吸速率模型

在一维水平蔓延阶段，烟气的卷吸主要是由上部热烟气层和下部冷空气层之间的相对运动所产生的水平剪切力所导致的。空气是典型的牛顿流体，烟气也可认为是牛顿流体。牛顿黏性定律表明黏性切应力的大小由相邻两层流体之间垂直于流动方向的法向速度梯度所决定的，所以，烟气层分界面处的剪切力与上层热烟气和下层冷空气之间的相对速度成正比，烟气的质量卷吸速率也与上层热烟气和下层冷空气的相对速度成正比。

Hinkley[66]研究了烟气在通道内作水平的一维运动时烟气蔓延速度呈指数规律衰减，并给出如下关系式：

$$u_s = u_{s0} \cdot \exp[\alpha(x_0 - x)] \tag{3.78}$$

其中，$\alpha = \frac{2hl}{3mc_p}$，$x_0$和 x 为水平方向的距离。

但是，对于下层冷空气的速度分布，目前还没有相应的公式描述。对于整个狭长型结构，当烟气流动状况达到稳定时，根据质量守恒，在任意横截面上，上层热烟气的质量流率应与下层冷空气的质量流率相等。烟气在一维蔓延阶段的温度与环境空气温度相差不大，可以简单地假设二者密度相同，即可得到热

烟气层和冷空气层的体积流率相等，则有

$$u_a \cdot h_a = u_s \cdot h_s \tag{3.79}$$

其中，h_s 是烟气层的厚度，h_a 是空气的厚度，建筑高度为 H，则 $h_a=H-h_s$。于是根据公式（3.79），可以得到

$$u_a = \frac{h_s}{H-h_s}u_s \tag{3.80}$$

则可得到烟气层和空气层之间的相对速度：

$$u = u_s + u_a = \frac{H}{H-h_s}u_s \tag{3.81}$$

根据以上分析，长度 $\mathrm{d}x$ 内的烟气卷吸速率 $\mathrm{d}\dot{m}$ 可以表示为

$$\mathrm{d}\dot{m} = \beta \cdot \rho_a \cdot w \cdot u \cdot \mathrm{d}x \tag{3.82}$$

其中：ρ_a 是空气的密度；u 是 x 处烟气层和空气层之间的相对速度；β 是水平卷吸系数；w 是站台宽度。

将（3.81）代入（3.82）可得

$$\mathrm{d}\dot{m} = \beta \cdot \rho_a \cdot w \cdot \frac{H}{H-h_s} \cdot u_{s0} \cdot \exp[\alpha \cdot (x_0 - x)] \cdot \mathrm{d}x \tag{3.83}$$

对上式积分，即可得 x_0 到 x 的烟气卷吸速率，但其中 h_s 是 x 的函数，且没有简化的表达式，故考虑将 $\beta \cdot \frac{H}{H-h_s}$ 作为一个修正的卷吸系数 β' 来处理，对上式积分如下：

$$\begin{aligned}\Delta\dot{m} &= \beta' \cdot \rho_a \cdot w \cdot u_{s0} \cdot \int_{x_0}^{x} \exp[\alpha \cdot (x_0 - x)]\mathrm{d}x \\ &= \beta' \cdot \rho_a \cdot w \cdot u_{s0} \cdot \frac{1-\exp[\alpha \cdot (x_0 - x)]}{\alpha}\end{aligned} \tag{3.84}$$

对 $\exp[\alpha \cdot (x_0 - x)]$ 进行泰勒展开有

$$\exp[\alpha \cdot (x_0 - x)] = 1 + \alpha \cdot (x_0 - x) + \frac{[\alpha \cdot (x_0 - x)]^2}{2!} + \cdots \approx 1 + \alpha \cdot (x_0 - x) \tag{3.85}$$

将（3.85）代入（3.84），即可得到烟气一维水平蔓延阶段质量卷吸速率：

$$\Delta\dot{m} = \beta' \cdot \rho_a \cdot w \cdot u_{s0} \cdot (x - x_0) \tag{3.86}$$

又对于烟气一维水平蔓延阶段来说，x_0 到 x 的烟气质量卷吸速率等于该距离内的烟气质量流率增量，即

$$\begin{aligned}\Delta\dot{m} &= \dot{m}_s - \dot{m}_{s0} = \rho_s \cdot w \cdot h_s \cdot u_s - \rho_{s0} \cdot w \cdot h_{s0} \cdot u_{s0} \\ &= \rho_a \cdot w \cdot \left(\frac{T_a}{T_s} \cdot h_s \cdot u_s - \frac{T_a}{T_{s0}} h_{s0} \cdot u_{s0}\right)\end{aligned} \tag{3.87}$$

其中，将烟气视为理想气体，利用理想气体状态方程，有 $\rho_s=\rho_a \cdot \frac{T_a}{T_s}$，$\rho_{s0}=\rho_a \cdot$

$\frac{T_a}{T_{s0}}$，h_{s0}，h_s 和 u_{s0}，u_s 分别为 x_0 和 x 处的烟气层厚度和速度。

将（3.87）代入（3.86），即可得到卷吸系数 β' 的表达式：

$$\beta' = \frac{T_a\left(\frac{h_s}{T_s} \cdot \frac{u_s}{u_{s0}} - \frac{h_{s0}}{T_{s0}}\right)}{x - x_0} \tag{3.88}$$

可知该系数可由环境空气温度、一维水平蔓延阶段上两截面处的烟气流速、温度和烟气层厚度决定。在实验中，可首先根据测量结果确定一维水平蔓延阶段的起始位置，然后在该阶段起始位置与实验台出口之间选择两个截面分别作为 x_0 和 x，通过重复实验测量两个截面上的烟气速度、温度和烟气层厚度，代入上式，即可求得一维水平蔓延阶段的卷吸系数。

3.4.2 烟气各蔓延阶段卷吸速率模型系数的确定

1. 实验设计

根据以上分析，烟气蔓延实验主要有两个目的，分别为确定烟气蔓延各阶段的起止位置以及各阶段起止截面上的烟气质量流率。该实验在本书第 2 章介绍的 1∶8 小尺寸地铁模型实验台内进行。实验采用矩形池火，燃料为甲醇，火源功率分别采用 3.57kW，5.43kW，8.33kW 和 11.35kW。火源位于距实验台左侧端部 2.5m 处的底板中心线上。由于甲醇池火无明显烟气，故在火源上方放置烟饼以达到示踪效果。

实验台顶部布置了 2 串水平热电偶，每串 15 个测点，测点间隔 0.5m，火源附近局部加密（测点间隔 0.25m）。热电偶串 1 位于顶棚中心线，热电偶串 2 与 1 平行，相距 0.5m，热电偶布置如图 3.46 所示。采用中温风速仪测量烟气流速。

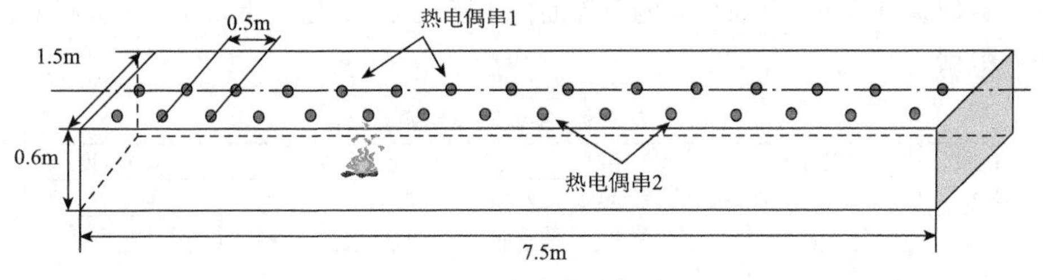

图 3.46　实验台示意图

表 3.8 列出了实验工况，共 8 组实验，第 1～4 组测量顶棚温度和烟气层厚度，用于确定不同阶段之间分界面的具体位置。第 5～8 组测量温度、烟气层厚度和 1～4 组实验确定的阶段分界面处的烟气速度。

表 3.8 实验工况列表

编号	火源功率/kW	火源位置（距实验台左端）	测量参数
1	3.57	2.5m	温度、烟气层厚度
2	5.43	2.5m	温度、烟气层厚度
3	8.33	2.5m	温度、烟气层厚度
4	11.35	2.5m	温度、烟气层厚度
5	3.57	2.5m	温度、速度、烟气层厚度
6	5.43	2.5m	温度、速度、烟气层厚度
7	8.33	2.5m	温度、速度、烟气层厚度
8	11.35	2.5m	温度、速度、烟气层厚度

2. 结果与分析

(1) 各阶段的过渡位置

阶段 1 是火羽流卷吸阶段，终止位置位于火源正上方的烟气层分界面处。阶段 2 为径向蔓延阶段，由阶段 1 的终止位置开始，到以火源正上方顶棚为中心、半径为 0.75m（实验台半宽）的圆周边界处结束。阶段 3 为径向蔓延向轴向蔓延的过渡阶段，起始位置为火源正上方顶棚为中心、半径为 0.75m（实验台半宽）的圆周边界处，由于本身为过渡阶段，无法直接通过理论分析来判定其结束位置，故本节通过实验来确定。阶段 4 为一维水平运动阶段，在理想状态下，该阶段任一横截面上实验台两侧和中央烟气层温度和速度值相等，但在实际条件下，同一横截面上两侧与中心部分的参数值必然存在一定差异，即在实验台同一横截面上，实验台顶部布置的两串热电偶上的两测点的温度值会有差异。

图 3.47 为实验中的 4 种火源功率下，热电偶串 1 和 2 测得的温度数据。可见，距火源距离越远，同一截面上两测点温度差越小，最终落入一个区间内。根据图中温度值，可认为距离火源 2m 处，烟气运动达到一维水平运动阶段。因此，我们认为阶段 3 和阶段 4 的分界面位于距火源 2m 处。表 3.9 为实验得到的原始数据。

表 3.9 实验测量结果

火源功率/kW	环境温度/℃	距火源距离/m	烟气层厚度/cm	烟气蔓延速度/(m/s)			烟气温度/℃	
				左侧	中间	右侧	中间	两侧
3.57	22	5	9.5	0.23	0.25	0.24	21.15	19.21
	22	2	9	0.24	0.3	0.25	33.32	32.41
	23	0.75	7.8	0.26	0.36	0.27	57.50	41.70
5.43	17	5	10.5	0.32	0.34	0.32	26.22	21.22
	17	2	10	0.34	0.39	0.35	52.72	42.71
	16	0.75	8.5	0.35	0.46	0.35	33.76	32.96

续表

火源功率/kW	环境温度/℃	距火源距离/m	烟气层厚度/cm	烟气蔓延速度/(m/s)			烟气温度/℃	
				左侧	中间	右侧	中间	两侧
8.33	17	5	11.5	0.37	0.39	0.38	27.46	23.75
	18	2	11	0.4	0.45	0.39	42.77	39.40
	18	0.75	9.5	0.43	0.56	0.42	76.33	52.23
11.35	18	5	12	0.42	0.44	0.42	33.80	29.14
	18	2	11.5	0.44	0.51	0.45	52.26	46.03
	18	0.75	10	0.46	0.65	0.46	93.95	61.90

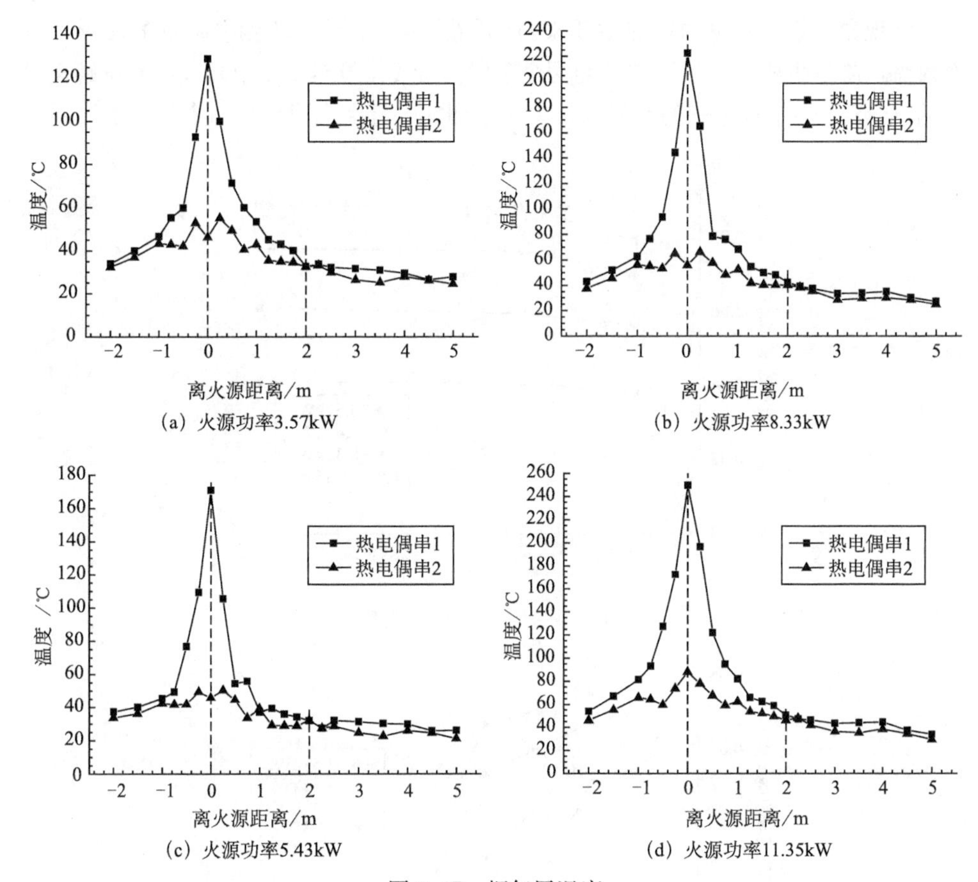

图 3.47　烟气层温度

(2) 各阶段质量卷吸模型常数的确定

根据实验测得的温度、速度和烟气层厚度数据，由式（3.87）即可得到在 4 种火源功率下，阶段 2、3 和 4 的结束位置的烟气层质量流率，如图 3.48。可见，在 4 种火源功率下，由于烟气蔓延的过程中不断卷吸下层冷空气，导致烟气层质量增大，故距离火源越远，烟气层质量流率越大。

采用 Zukoski 模型计算阶段 1 的质量卷吸速率，将得到的结果与图 3.48 的结果一起代入式（3.88）即可得到蔓延各阶段的烟气层质量卷吸速率，如图 3.49。可见，由于烟气蔓延各阶段的卷吸机理的差别，导致卷吸速率有较大差别。在整个蔓延过程中，烟气主要产生在阶段 1 和阶段 2。阶段 1 由于羽流作用卷吸空气较多，导致烟气质量产生速率最大。火源功率越大，阶段 2 的烟气卷吸速率越接近于阶段 1，该阶段的烟气质量产生速率主要来自于水跃现象卷吸的大量的新鲜空气，同时还有反浮力壁面射流对卷吸的贡献。阶段 3 为过渡阶段，该阶段由径向蔓延向一维水平蔓延过渡，由于火源功率相对较小，该阶段未观察到水跃现象，烟气质量的增加主要来自烟气层的水平卷吸和侧壁附近的反浮力壁面射流，质量生成速率远远小于前两个阶段。阶段 4 虽然是 4 个阶段中蔓延距离最长的（3m），但卷吸进来的空气却最少，故烟气质量生成速率在 4 个阶段中最低。

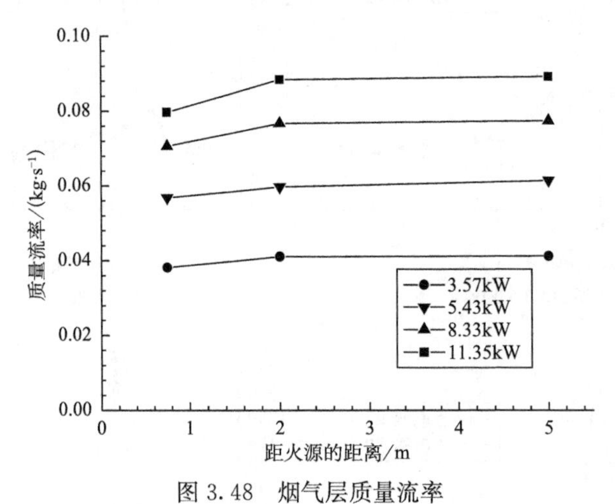

图 3.48 烟气层质量流率

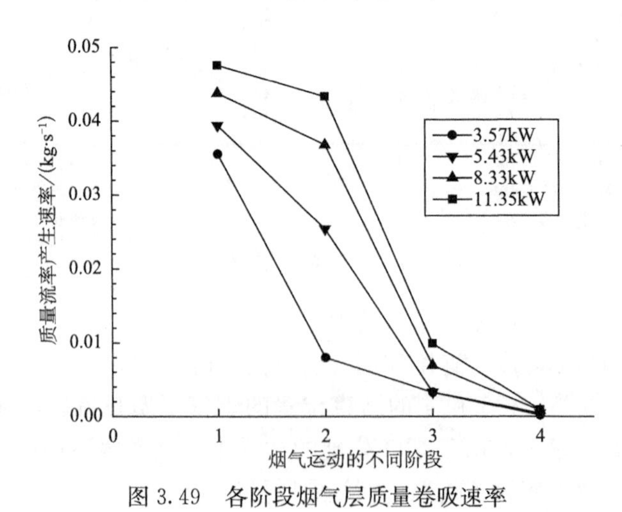

图 3.49 各阶段烟气层质量卷吸速率

通过将烟气运动的控制方程无量纲化，取无量纲参数 π_6，可推导出质量流率的无量纲形式，即式（3.70），将图 3.48 的结果代入式（3.70），即可得到各火源功率下各阶段的无量纲烟气产生速率，见表 3.10。

表 3.10　各火源功率下各阶段的无量纲烟气产生速率

编号	火源功率/kW	$\dot{m}'_1$	$\dot{m}'_2$	$\dot{m}'_3$	$\dot{m}'_4$
1	3.57	0.03554	0.007986	0.003263	0.000202
2	5.43	0.039405	0.02537	0.003291	0.000459
3	8.33	0.043758	0.036807	0.006912	0.000808
4	11.35	0.047584	0.04333	0.009917	0.000922

引入关联系数，即可将无量纲烟气质量产生速率和羽流质量卷吸速率联系起来，根据表 3.10 的结果与式（3.73）～（3.77）可得到模型中常数 C_2 和 C_3 分别为 0.655 和 0.135，即阶段 2 和阶段 3 的烟气层质量卷吸速率模型为

$$\dot{m}'_2 = 0.138 \cdot \dot{Q}'^{\frac{1}{3}} \cdot z'^{\frac{5}{3}} \tag{3.89}$$

$$\dot{m}'_3 = 0.028 \cdot \dot{Q}'^{\frac{1}{3}} \cdot z'^{\frac{5}{3}} \tag{3.90}$$

通过数据分析可知一维水平蔓延阶段从距火源 2m 处开始，在 2m 之外取 2 个横截面 x_0 和 x，即可求得一维水平蔓延阶段的卷吸。将测得的数据和（$x-x_0$）=3m 代入水平卷吸系数的式（3.88），即可求出水平卷吸系数，结果见表 3.11。

表 3.11　不同火源功率下的水平卷吸系数

火源功率/kW	β'	β
3.57	0.000126	0.000107
5.43	0.000204	0.000169
8.33	0.000314	0.000255
11.35	0.000317	0.000255

可见，实验得到的水平卷吸系数在 0.0001 到 0.0003 之间，量级为 10^{-4}。进一步简化，对四组工况的卷吸系数求平均可得 0.0197。Kunsch[63,64] 通过无量纲分析得到的水平空气卷吸系数的大小大约为 0.00015，与根据本实验得到的结果较为接近，因此，对于地铁站台这类狭长型结构内，将烟气发展至一维水平运动阶段时的卷吸系数设为 0.0001 到 0.0003 是比较可信的。故在狭长空间火灾中，单位站台长度的烟气一维水平运阶段的卷吸速率模型为

$$\dot{m}_4 = \beta \cdot \rho_a \cdot w \cdot \Delta u \tag{3.91}$$

其中，β 取值为 0.0001～0.0003。

因此，根据卷吸机理不同，可将狭长空间内的烟气蔓延过程划分为四个不同阶段，本节通过理论分析建立了烟气羽流撞击顶棚后的径向蔓延阶段、径向蔓延向一维水平蔓延的过渡阶段以及一维水平蔓延阶段的质量卷吸速率模型。

其中径向蔓延阶段和向一维水平蔓延的过渡阶段对烟气层质量有较大影响，通过无量纲化处理并将模型与 Zukoski 羽流模型相关联，得到了质量卷吸速率的无量纲关系式，通过具有典型代表性的狭长空间类小尺寸地铁站台烟气蔓延实验，得到两个阶段的关系式中的常系数分别为 0.138 和 0.028。通过实验确定的一维水平蔓延阶段的卷吸系数为 0.0001～0.0003，与前人研究结果较为接近。将这三个阶段的子模型与 Zukoski 羽流模型结合，即可预测狭长空间内距火源任意距离处的烟气层质量流率，为该类建筑的防排烟系统设计提供理论和数据支持。

参考文献

[1] DiNenno P J. SFPE Handbook of Fire Protection Engineering [M]. SFPE，2008.

[2] 霍然，胡源，李元洲．建筑火灾安全工程导论 [M]．合肥：中国科学技术大学出版社，1999.

[3] Gao Z，Ji J，Wan H，et al. An investigation of the detailed flame shape and flame length under the ceiling of a channel [J]. Proceedings of the Combustion Institute，2015，35 (3)：2657-2664.

[4] Drysdale D. An Introduction to Fire Dynamics (third ed) [M]. Chichester：John Wiley and Sons，2011.

[5] Yan W G，Wang C J，Guo J. One extended OTSU flame image recognition method using RGBL and stripe segmentation [J]. Applied Mechanics and Materials，2012，121：2141-2145.

[6] Zukoski E E，Cetegen B M，Kubota T. Visible structure of buoyant diffusion flames [J]. Proceedings of the Combustion Institute，1984，20：361-366.

[7] Ji J，Fu Y，Li K，et al. Experimental study on behavior of sidewall fires at varying height in a corridor-like structure [J]. Proceedings of the Combustion Institute，2015，35 (3)：2639-2646.

[8] Hinkley P L，Wraight H G H，Theobald C R. The contribution of flames under ceilings to fire spread in compartments [J]. Fire Safety Journal，1984，7 (3)：227-242.

[9] Heskestad G. Luminous heights of turbulent diffusion flames [J]. Fire Safety Journal，1983，5 (2)：103-108.

[10] Back G，Beyler C，Dinenno P，Tatem P. Wall incident heat flux distributions resulting from an adjacent fire [J]. Fire Safety Science，Proc 4th Int Symp，1994：241-252.

[11] Poreh M，Garrad G. A study of wall and corner fire plumes [J]. Fire Safety Journal，2000，34 (1)：81-98.

[12] Ding H W，Quintiere J G. An integral model for turbulent flame radial lengths under a ceiling [J]. Fire Safety Journal，2012，52：25-33.

[13] Kokkala M A，Rinkinen W J. Some observations on the shape of impinging diffusion

flames. NBSIR 87-3505，US DOC，Natl. Bur. Stand，1987.

[14] You H Z. An investigation of fire plume impingement on a horizontal ceiling，2—impingement and ceiling-jet regions [J]. Fire and Materials，1985，9 (1)：46-57.

[15] Gross D. Measurement of flame lengths under ceilings [J]. Fire Safety Journal，1989，15：31-44.

[16] Heskestad G，Hamada T. Ceiling jets of strong fire plumes [J]. Fire Safety Journal，1993，21 (1)：69-82.

[17] Sugawa O，Satoh H，Oka Y. Flame height from rectangular fire sources considering mixing factor [J]. Fire Safety Science，Proc 3rd Int Symp，1991：435-444.

[18] 胡自林，彭立敏，余晓琳. 隧道火灾后衬砌材料物理力学性能变化试验研究 [J]. 火灾科学，2002，11 (3)：186-190.

[19] 曾巧玲，赵成刚，梅志荣. 隧道火灾温度场数值模拟和试验研究 [J]. 铁道学报，1997，19 (3)：92-98.

[20] 倪建春，归小平，赵尚林. 浅谈防火涂料在隧道等地下工程中的应用 [J]. 涂料工业，2003，33 (5)：42-44.

[21] 李阳，庄勋港，林剑清，等. 隧道火灾及隧道防火涂料研制 [J]. 厦门科技，2004，2：012.

[22] 周红升，陈方东. 隧道防火技术与防火涂料的研究 [J]. 铁道标准设计，2004，11：021.

[23] Ji J，Fan C G，Zhong W，et al. Experimental investigation on influence of different transverse fire locations on maximum smoke temperature under the tunnel ceiling [J]. International Journal of Heat and Mass Transfer，2012，55 (17)：4817-4826.

[24] Gao Z H，Ji J，Fan C G，et al. Influence of sidewall restriction on the maximum ceiling gas temperature of buoyancy-driven thermal flow [J]. Energy and Buildings，2014，84：13-20.

[25] Ji J，Zhong W，Li K Y，et al. A simplified calculation method on maximum smoke temperature under the ceiling in subway station fires [J]. Tunnelling and Underground Space Technology，2011，26 (3)：490-496.

[26] Li Y Z，Lei B，Ingason H. The maximum temperature of buoyancy-driven smoke flow beneath the ceiling in tunnel fires [J]. Fire Safety Journal，2011，46 (4)：204-210.

[27] 魏涛. 狭长地下空间火灾烟气运动物理模型及尺度准则研究 [D]. 合肥：中国科学技术大学，2011.

[28] Zukoski E E. Properties of fire plumes [J]. Combustion Fundamentals of Fire，London：Academic Press，1995：101-220.

[29] Heskestad G. Virtual origins of fire plumes [J]. Fire Safety Journal，1983，5 (2)：109-114.

[30] Ingason H，Werling P. Experimental study of smoke evacuation in a model tunnel [M]. Defence Research Establishment，Weapons and Protection Division，1999.

[31] McCaffrey B J. Purely Buoyant Diffusion Flames: Some Experimental Results [M]. Washington D. C.: National Bureau of Standards, 1979.

[32] Li Y Z, Ingason H. The maximum ceiling gas temperature in a large tunnel fire [J]. Fire Safety Journal, 2012, 48: 38-48.

[33] Evans D D. Calculating sprinkler actuation time in compartments [J]. Fire Safety Journal, 1985, 9 (2): 147-155.

[34] Ingason H, Li Y Z. Model scale tunnel fire tests with longitudinal ventilation [J]. Fire Safety Journal, 2010, 45: 371-383.

[35] Fan C G, Ji J, Gao Z H, et al. Experimental study on transverse smoke temperature distribution in road tunnel fires [J]. Tunnelling and Underground Space Technology, 2013, 37: 89-95.

[36] 钟委. 地铁站火灾烟气流动特性及控制方法研究 [D]. 合肥: 中国科学技术大学, 2007.

[37] Deckers X, Haga S, Tilley N, et al. Smoke control in case of fire in a large car park: CFD simulations of full-scale configurations [J]. Fire Safety Journal, 2013, 57: 22-34.

[38] Tong Y, Shi M H, et al. Full scale experimental study on smoke flow in natural ventilation road tunnel fires with shafts [J]. Tunneling and Underground Space Technology, 2009, 24 (6): 627-633.

[39] Lattimer B Y, Vandsburger U, Roby R J. Species transport from post-flashover fires [J]. Fire Technology, 2005, 41 (4): 235-254.

[40] Wieczorek C J. Carbon monoxide generation and transport from compartment fires [D]. Virginia: Virginia Polytechnic Institute and State University, 2003.

[41] Beard A N. Fire safety in tunnels [J]. Fire Safety Journal, 2009, 44 (2): 276-278.

[42] Hu L H, Zhou J W, Huo R, et al. Confinement of fire-induced smoke and carbon monoxide transportation by air curtain in channels [J]. Journal of Hazardous Materials, August 2008, 156 (1-3): 327-334.

[43] Hu L H, Zhou J W, Huo R, et al. Modeling fire-induced smoke spread and carbon monoxide transportation in a long channel: fire dynamics simulator comparisons with measured data [J]. Journal of Hazardous Materials, 2008, 156 (1): 327-334.

[44] Beyler C L. Major species production by diffusion flames in a two-layer compartment fire environment [J]. Fire Safety Journal, 1986, 10 (1): 47-56.

[45] Beyler C L. Major species production by solid fuels in a two layer compartment fire environment [J]. Fire Safety Science, Proc 1st Int Symp, 1986, 430-431.

[46] Pitts W M. The global equivalence ratio concept and the formation mechanisms of carbon monoxide in enclosure fires [J]. Progress in Energy and Combustion Science, 1995, 21 (3): 197-237.

[47] Bryner N P, Johnsson E L, Pitts W M. Carbon Monoxide Production in Compartment fires: Reduced-scale Enclosure Test Facility [M]. MD: National Institute of Standards

and Technology，1994.

[48] Hu L H，Huo R，Wang H B，et al. Experimental studies on fire-induced buoyant smoke temperature distribution along tunnel ceiling [J] . Building and Environment，2007，42 (11)：3905-3915.

[49] Lattimer B Y，Ewens D S，Vandsburger U，et al. Transport and oxidation of compartment fire exhaust gases in an adjacent corridor [J] . Journal of Fire Protection Engineering，1994，6 (4)：163-181.

[50] Lattimer B Y，Vandsburger U，Roby R J. The transport of carbon monoxide from a burning compartment located on the side of a hallway. Symposium (International) on Combustion，1996，26 (1)：1541-1547.

[51] Vandsburger U，Roby R J. Dynamics，Transport and Chemical Kinetics of Compartment Fire Exhaust Gases [M] . MD：National Institute of Standards and Technology，1996.

[52] Lattimer B Y. The transport of high concentrations of carbon monoxide to locations remote from the burning compartment [D] . 1996.

[53] 冯文兴，杨立中，方廷勇，等. 狭长通道内火灾烟气毒性成分空间分布的实验 [J] . 中国科学技术大学学报，2006，36 (1)：61-64.

[54] 杨立中，方廷勇，冯文兴，等. 腔室火灾产生的烟气在毗邻走廊中的传播迁移 [J] . 热科学与技术，2006，5 (3)：257-261.

[55] Gottuk D T，Lattimer B Y. Effect of Combustion Conditions on Species Production. SFPE Handbook of Fire Protection Engineering (3rd) [M] . Quincy：National Fire Protection Association，2002.

[56] Alarie Y. Toxicity of fire smoke [J] . CRC Critical Reviews in Toxicology，2002，32 (4)：259-289.

[57] 蒋亚强. 不同排烟条件下通道内火灾烟气的输运特性研究 [D] . 合肥：中国科学技术大学，2009.

[58] Quintiere J G. Conservation laws for control volumes. Fundamentals of Fire Phenomena [M] . Hoboken：John Wiley & Sons，2006.

[59] 胡隆华，霍然，李元洲，等. 大尺度空间中烟气运动工程分析的多单元区域模拟方法 [J] . 中国工程科学，2003，5 (8)：59-63.

[60] Chow W K. Simulation of tunnel fires using a zone model [J] . Tunnelling and Underground Space Technology，1996，11 (2)：221-236.

[61] Beard A，Carvel R. Control volume modeling of tunnel fires//The handbook of tunnel fire safety [M] . London：Thomas Telford，2005.

[62] 纪杰. 地铁站火灾烟气流动及通风控制模式研究 [D] . 合肥：中国科学技术大学，2008.

[63] Kunsch J P. Critical velocity and range of a fire-gas plume in a ventilated tunnel [J]. Atmospheric Environment，1999，33：13-23.

[64] Kunsch J P. Simple model for control of fire gases in a ventilated tunnel [J] . Fire Safety

Journal，2002，37：67-81.
［65］ Zukoski E E，Kubota T，Cegeten B. Entrainment in fire plumes ［J］. Fire Safety Journal，1980，3：107-121.
［66］ Hinkley P L. The flow of hot gases along an enclosed shopping mall：a tentative theory. Fire Research Note No. 807，Fire Research Station，1970：31.

第4章 城市地下公路隧道自然排烟的有效性

4.1 竖井自然排烟

随着世界各国城市化进程不断加快，城市用地与土地资源稀缺的矛盾越来越尖锐，城市人口的数量急剧增加，伴随而来的是人均道路面积持续下降。在这种背景下，开发利用地下空间就成了缓解这一矛盾的必然选择。近年来出现了大量的城市地下公路隧道，缓解了城市的交通压力。城市地下公路隧道是一种典型的狭长空间型建筑，在给人们的出行带来便利的同时，也给火灾防治带来了新的课题。统计结果表明，造成火灾中人员伤亡的主要因素是由于不完全燃烧所产生的高温有毒烟气[1]。因此，研究地下公路隧道烟气控制具有重要的现实意义。

为了隧道内日常通风换气和在火灾情况下排出烟气和热量以保障隧道内人员的安全疏散，公路隧道通常采用纵向、横向、半横向通风排烟系统。在城市隧道中，排烟的目的是在火灾早期排出烟气和热量，保持烟气层稳定，防止火灾跳跃式蔓延并确保人员安全疏散。若采用射流风机进行纵向通风，会造成隧道出口处污染物浓度过高，难以满足城市环保要求。而且在火灾条件下较大的纵向风速容易破坏隧道内的烟气分层，不利于火灾早期的人员疏散。采用横向和半横向机械排烟系统会极大增加隧道基建和运营管理费用。因此，在隧道顶部设置开口进行自然通风和排烟成为城市隧道的合理选择之一。

城市隧道自然通风方式是指隧道的顶部每隔一定距离设置与外界大气相通的通风竖井，使得外界的空气与隧道内的空气进行交换，以达到对隧道空间的空气温度、湿度、流速等进行调节的目的。隧道发生火灾后，利用竖井中产生的烟囱效应可将烟气直接从隧道内排出，既排出了火灾产生的热量，也会延缓隧道顶棚下方烟气的沉降，为人员疏散争取了宝贵时间。

目前，若干城市地下隧道开始尝试采用自然排烟方式，并进行了现场实验，证明了在隧道顶部设置竖井进行自然排烟的可行性。然而，在目前的实际工程设计中，城市隧道自然排烟方式并无成熟的理论可供应用，也无相应的规范可供参照[2,3]。本章在对竖井自然排烟条件下，隧道内发生火灾时烟气流动过程进行分析的基础上，采用理论分析、小尺寸模型实验与数值模拟相结合的方法对隧道和竖井内的烟气流动特性开展了系统研究，以期为采用竖井自然通风排烟模式的隧道排烟系统设计提供科学指导与技术支撑。

4.2 烟气层吸穿和边界层分离现象

4.2.1 实验现象

1. 实验设计

实验在第2章所介绍的1∶6小尺寸隧道实验台内进行[4]。隧道顶棚和底面、内侧侧壁均为8mm厚的防火板，另一侧壁为6mm厚的防火玻璃，以便观察实验中火源燃烧和烟气流动情况。排烟竖井由一个竖井框架（0.3m×0.3m×1m）和若干尺寸为0.3m×0.2m的防火板和钢化玻璃组成，通过改变嵌入竖井框架中防火玻璃和防火板的数量来改变竖井高度。实验台测点的布置如图4.1所示。竖井底面中心点距实验台左端4.2m，下方设置一串竖向热电偶，共16个测点，间距为1.5cm。在竖井底面中心点所处的实验台横截面1/4和1/2处布置4个速度测点，距实验台顶棚分别为3cm和7cm。在竖井开口截面处均匀布置4个铠装K型热电偶和4个速度测点以测量竖井排出烟气的温度和速度。

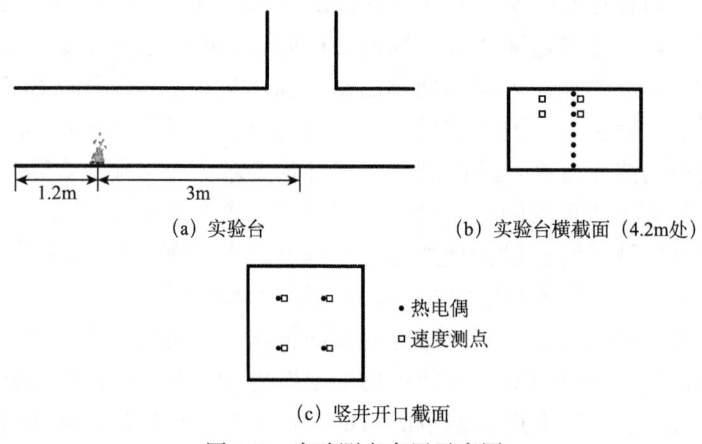

(a) 实验台　(b) 实验台横截面（4.2m处）

(c) 竖井开口截面

图4.1　实验测点布置示意图

采用甲醇池火作为模拟火源，油池中心点距离实验台左端开口1.2m。共采用7个尺寸的油池，功率为6.95～53.37kW。通过Froude模型换算成全尺寸功率为0.6～4.7MW，以模拟城市公路隧道内通行最多的小汽车火灾[5]。每种火源功率下，改变竖井高度分别为0（隧道顶棚自然开口），0.2m，0.4m，0.6m，0.8m，1.0m，同时以没有竖井排烟的工况作为对照实验，共49组工况，每组工况重复一次。为了观察实验现象，使用熏香做示踪剂，同时采用激光片光源对隧道及竖井纵向中心截面照射以增强烟气运动的可视化效果。

2. 烟气的层化特征

在没有竖井排烟的工况下，火灾发生后，火源燃烧产生向上运动的烟气羽流，羽流撞击顶棚后，沿径向向四周自由蔓延。在遇到隧道两侧壁面的阻挡后，烟气在侧壁的作用下逐渐由二维的径向运动转变为一维的水平流动。因此，可以将烟气在隧道内的蔓延过程大体上分为：羽流上升阶段、烟气羽流撞击顶棚后的径向蔓延阶段、由径向蔓延向一维水平蔓延的过渡阶段和一维水平蔓延阶段等四个阶段[6~8]。本节主要研究竖井在烟气一维水平蔓延阶段的排烟效果。无排烟时上层热烟气与下层冷空气的分层情况如图 4.2 所示。采用排烟竖井时，由于竖井内形成的烟囱效应导致的内外压差使竖井下方的烟气层受到竖向惯性力的作用，与空气分界面处的扰动增强，使得一部分空气被卷吸入烟气层中，在竖井下方形成了稳定的凹陷区，如图 4.3 所示。凹陷区的大小与竖井下方的烟气层厚度和竖井高度等因素有关。

图 4.2　无排烟时烟气的层化特征（20.21kW）

图 4.3　竖井排烟对烟气层的扰动（20.21kW）

图 4.4 给出了无排烟时竖井下方竖向温度随时间的变化曲线（20.21kW）。各处温度从室温开始逐渐升高，在 150s 左右达到稳定值，持续大约 300s，至 450s 左右由于火源功率达到峰值以后逐步衰减而逐渐下降。因此，确定 250～450s 为参数稳定段。其他工况也具有相似的温度变化曲线。本节中的温度和速度值都是在稳定段内的平均值。

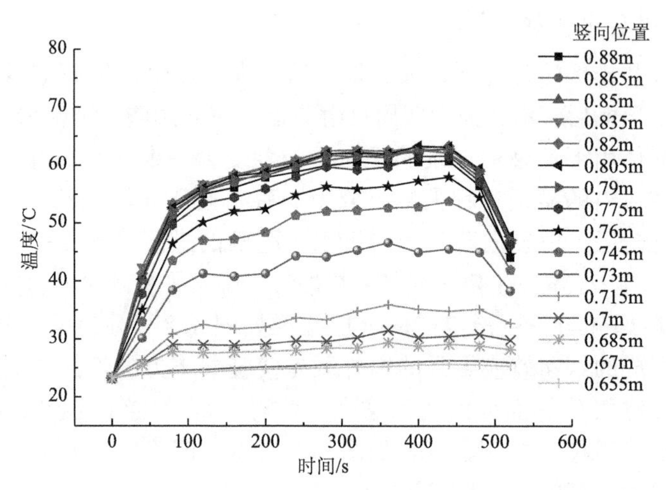

图 4.4 无排烟时竖井下方各位置温度随时间的变化（20.21kW）

3. 烟囱效应导致的烟气层吸穿现象

采用竖井自然排烟的城市公路隧道内发生火灾时，烟气有两种主要的蔓延途径：在远离竖井的区域，烟气在隧道顶棚下方水平蔓延；当蔓延至竖井下方时，部分烟气在浮力作用下向竖井内流动。而烟囱效应是隧道内发生火灾时烟气能够迅速通过竖井排出的主要因素，也是烟气在竖直方向运动的主要驱动力。烟囱效应主要是由隧道内热烟气和环境中冷空气的温度差引起的，温度差引起密度差，从而使烟气在竖井内受浮力作用向上运动。而温差越大，或竖井高度越高，烟囱效应就会越强。

对于烟囱效应，竖井内外温差所决定的压差是我们重点关心的参数。依据伯努利定理，竖井内外压差可以表示为

$$\Delta P=(\rho_a-\rho_s)gh \tag{4.1}$$

假设竖井内烟气温度一致，代入理想气体状态方程可得

$$\Delta P=\rho_a T_a\left(\frac{1}{T_a}-\frac{1}{T_s}\right)gh \tag{4.2}$$

式中，ρ_a 为环境空气密度，ρ_s 为起火隧道内烟气密度，h 为竖井高度。由式(4.2)可见，竖井内温度越高，内外压差越大，烟囱效应也就越强烈。实验中，火灾烟气以顶棚射流的形式沿着隧道水平蔓延，形成一定厚度的烟气层，如图4.5所示。无排烟时，隧道内的烟气分层比较稳定；采用竖井排烟时，竖井下方出现明显的凹陷区，且随着竖井高度升高，烟囱效应逐渐增强，凹陷区也越来越增大。当竖井达到一定的高度时，凹陷区最高点进入竖井下端开口，竖井下方的烟气层厚度降为0，此现象即烟气层吸穿。发生吸穿时，隧道下部的冷空气被直接吸入竖井，导致竖井排烟效果显著下降。

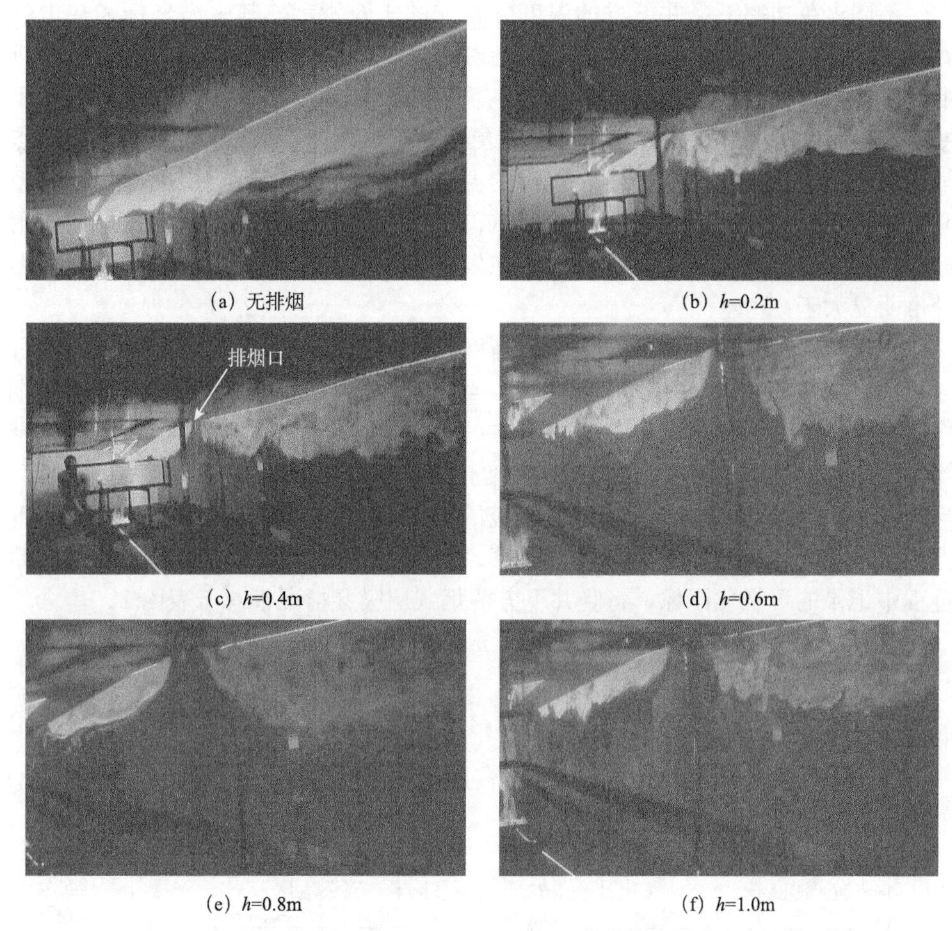

(a) 无排烟　(b) h=0.2m

(c) h=0.4m　(d) h=0.6m

(e) h=0.8m　(f) h=1.0m

图 4.5　竖井下方烟气层特征（20.21kW）

Hinkley[9]最先研究了自然排烟引起的吸穿，并提出了一个改进的 Froude 数来判断自然开口排烟系统中吸穿现象的发生与否。他研究的是室内顶棚上的自然排烟口，排烟口本身的高度较小，这与本实验中的竖井不同。Lougheed 等[10]采用小尺寸中庭实验研究了吸穿现象对机械排烟效果的影响，并验证了 Froude 判据应用于中庭机械排烟的可行性。Vauquelin[11]研究横向机械排烟时，在净高较低的小尺寸隧道实验中也观察到了吸穿现象，当吸穿现象发生时排烟效率会显著下降。纪杰等[12]通过实验研究了机械排烟口高度和排烟速度对排烟效果的影响，研究发现在没有发生吸穿现象的工况下，由于排烟而引发的空气卷吸量能达到总排烟量的 48%。为了达到更好的排烟效果，必须尽可能减少由于排烟导致的空气卷吸增量。然而，通过广泛的调研发现，尚未有对竖井排烟导致的烟气层吸穿的定量研究。

不同火源功率下竖井下方的温度分布如图 4.6 所示，其中纵坐标为热电偶测得的温升。在一定的火源功率下，随着竖井高度的增加，烟囱效应增强，排烟速率增大，原处于烟气层内的测点的温升逐渐下降到 0℃左右，然后保持不变。这说明此时竖井下方发生了吸穿现象，烟气层厚度降为 0，所有的温度测点都暴露在了空气中。而距离地面较近的温度测点一直处于烟气层下部，因而温升保持不变。在相对较大的火源功率（36.66～53.7kW）下，由于受排烟口附近热烟气强烈的对流换热影响，即使在发生吸穿现象以后，竖井下方位置的温升也明显大于 0℃。

根据图 4.6 中烟气层温升随竖井高度的变化情况，可以将温升曲线大致分为两个区域，即吸穿区和没有吸穿区。当竖井高度比较小的时候，竖井的排烟作用对烟气层的扰动也较弱，竖井下方的烟气层还能够保持相对稳定的分层结构。随着竖井高度的增大，烟囱效应增强，竖井下方的烟气层厚度越来越薄，当竖井达到一定的高度以后，烟囱效应的强度达到一个临界状态，此时竖井下方凹陷区最高点进入竖井内部，即吸穿现象发生。基于以上的分析并结合实验过程中记录的可视化图像，将竖井下方的烟气层吸穿情况汇总于表 4.1。

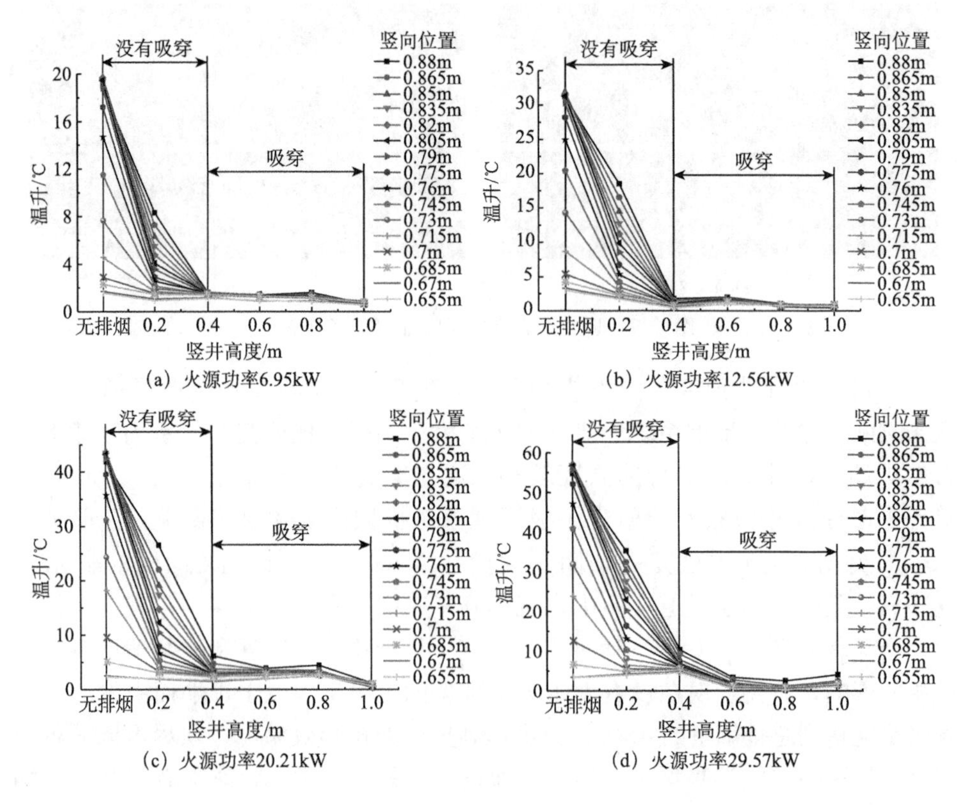

(a) 火源功率6.95kW

(b) 火源功率12.56kW

(c) 火源功率20.21kW

(d) 火源功率29.57kW

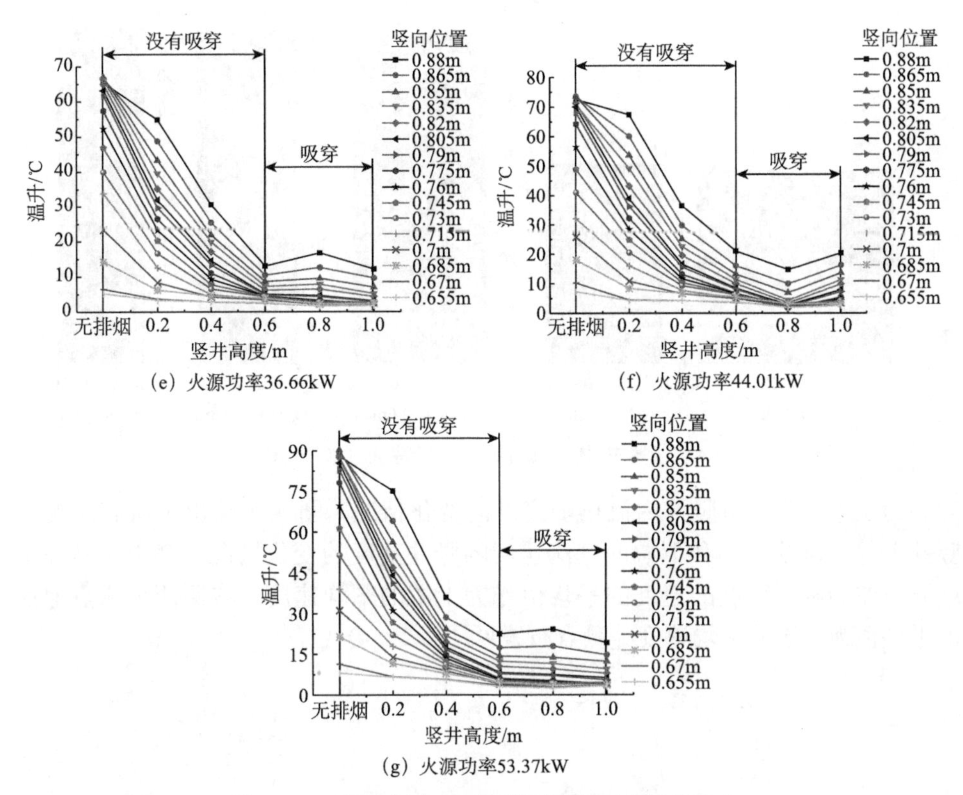

(e) 火源功率36.66kW

(f) 火源功率44.01kW

(g) 火源功率53.37kW

图 4.6　不同火源功率下竖井下方的竖向温度分布

表 4.1　不同工况下竖井下方的烟气层吸穿情况

火源功率/kW	竖井高度				
	0.2m	0.4m	0.6m	0.8m	1.0m
6.95	不吸穿	吸穿	吸穿	吸穿	吸穿
12.56	不吸穿	吸穿	吸穿	吸穿	吸穿
20.21	不吸穿	吸穿	吸穿	吸穿	吸穿
29.57	不吸穿	吸穿	吸穿	吸穿	吸穿
36.66	不吸穿	不吸穿	吸穿	吸穿	吸穿
44.01	不吸穿	不吸穿	吸穿	吸穿	吸穿
53.37	不吸穿	不吸穿	吸穿	吸穿	吸穿

4. 边界层分离现象

排烟稳定阶段时不同高度竖井的纵向中心截面流场（由激光片光源照射获得）如图 4.7 所示。当竖井高度为 0.2m 时，在竖井的左侧壁面附近存在一个烟气浓度比较低的区域，该区域内只有少量的烟气，也就是说此时竖井内左上部区域基本没有烟气排出，这严重降低了竖井排烟的有效性。当竖井升高到 0.4m 时，竖井左侧低烟气浓度区域消失，而在竖井底部中心处开始出现凹陷区。

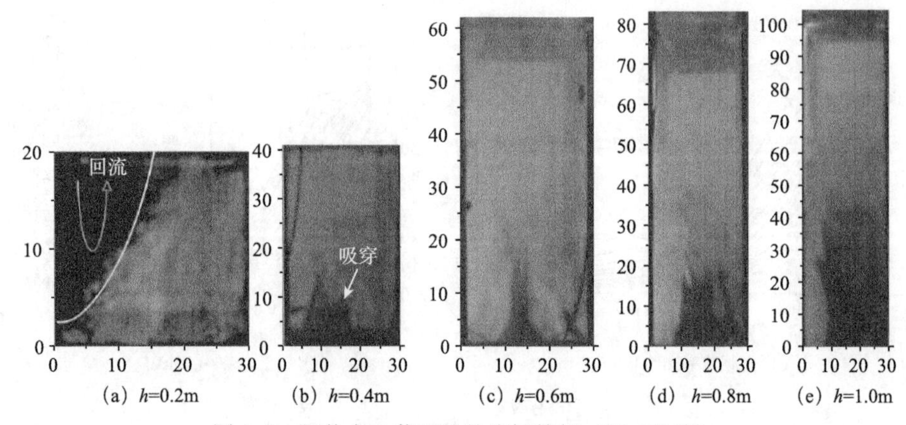

图 4.7　竖井中心截面处的流场特征（20.21kW）

为了进一步分析竖井内流场随高度的变化情况，图 4.8 给出了所有工况下竖井上部开口处上游和下游的气流速度随竖井高度的变化情况。其中，竖井上端开口左侧两个测点的速度的平均值作为上游的平均速度，右侧两个测点速度的平均值为下游的平均速度［测点布置见图 4.1（c）］。

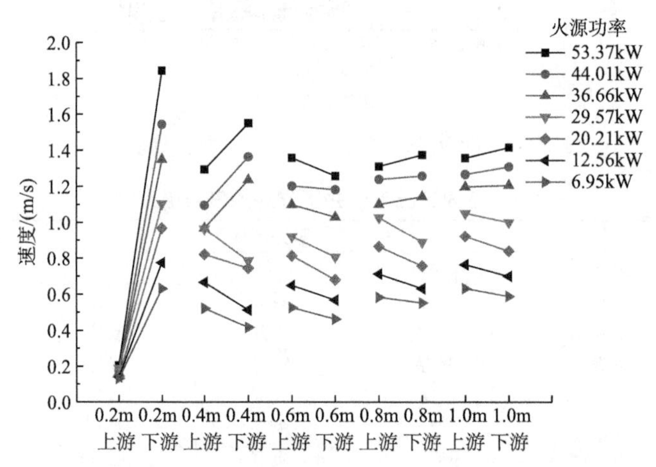

图 4.8　不同火源功率下竖井上端开口截面处的速度分布

如图所示，竖井高度为 0.2m 时，竖井上部开口上游的速度接近于 0，下游的速度大于同一火源功率下其他竖井高度下的值，且上下游速度差随着火源功率的增大而增大。这与图 4.7（a）中的现象一致。由于竖井下端与隧道顶棚之间的连接角是直角，当烟气在较强的水平惯性力作用下运动到竖井下部并流入竖井时，会立刻与竖井左侧壁面分离，以竖井与隧道顶棚连接处为分离点向下游运动，即发生了边界层分离现象[13]。根据流体力学的理论，当流体流经扩张通道或者障碍物时，流动都有可能产生分离，并在分离点后缘产生一个逆压梯度区。如果壁面有一个尖锐的拐角，在拐角处也会产生分离。当竖井高度比较低，烟囱效应不足以克服边界层分离产生的逆压梯度时，竖井外部的空气会流入竖井并在左侧区域产生回流。这时竖井右侧的部分烟气会被卷吸入回流区中与空气混合，从而在回流区内生成形成较大尺度的涡流，使得竖井只能通过右侧区域排烟。因此，竖井排烟时边界层分离现象的发生将会大大降低竖井排烟的有效性。Harrison 等[14]采用 1∶10 小尺寸实验台模拟了某一房间发生火灾时烟气向相邻中庭溢流的场景，发现当烟羽流通过较窄的通道进入中庭时会在中庭与房间结合的壁面发生分离。前人在研究房间发生轰燃后火焰的蔓延轨迹时也观察到了相似的现象[15]。

竖井高度为 0.4m 时，在较大的火源功率下（36.66kW，44.01kW 和 53.37kW），上下游的速度差异也比较大，但是小于竖井高度为 0.2m 时的。这是因为随着竖井高度的增加，烟囱效应增强，对于逆压梯度的克服能力也相应地增强，因而边界层分离的程度有所减弱。当火源功率较小时（6.95kW，12.56kW，20.21kW 和 29.57kW），上下游的速度基本相等，说明此时边界层分离现象得到了很大程度的抑制［如图 4.7（b）所示］。

当竖井高度在 0.6～1.0m 的范围时，所有火源功率下开口截面处的速度分布都非常均匀，说明边界层分离现象已得到极大程度的抑制或消失，如图 4.7（c）～（e）所示。与竖井高度为 0.2m 时的工况不同，此时烟气通过整个竖井上部出口排出，且竖井下端烟气紧贴竖井壁面。事实上，烟气流场随时间的变化情况为：在火灾发生初期，隧道顶棚下方的烟气蔓延到竖井下部，由于竖井与隧道顶棚拐角（分离点）的存在，在排烟初期会发生边界层分离现象；但是当竖井较高时，烟气在热浮力的作用下继续向上运动，同时不断卷吸竖井左侧分离区内的空气使得分离区内的压强逐渐下降，烟气进而贴到竖井侧壁上来。当烟气运动到竖井上端出口以后，由于竖井较高，烟囱效应引起的内外压差相对也较大，且足以克服由于逆压梯度的存在产生的阻力，因而边界层分离现象得到较大程度的抑制或消失。

根据以上分析，并结合实验过程中记录的可视化图像，所有工况下竖井排烟的边界层分离情况由表 4.2 给出。

表 4.2　不同工况下竖井内的边界层分离现象

火源功率/kW	竖井高度				
	0.2m	0.4m	0.6m	0.8m	1.0m
6.95	分离	无分离	无分离	无分离	无分离
12.56	分离	无分离	无分离	无分离	无分离
20.21	分离	无分离	无分离	无分离	无分离
29.57	分离	无分离	无分离	无分离	无分离
36.66	分离	分离	无分离	无分离	无分离

续表

火源功率/kW	竖井高度				
	0.2m	0.4m	0.6m	0.8m	1.0m
44.01	分离	分离	无分离	无分离	无分离
53.37	分离	分离	无分离	无分离	无分离

注：分离：发生了明显的边界层分离现象

无分离：边界层分离受到很大程度的抑制，可以忽略

4.2.2 竖井排烟的临界 Ri' 数判据

1. 临界竖井高度

根据前文对竖井排烟过程中吸穿和边界层分离现象的分析可以发现，这两种特殊的现象都不利于竖井进行有效的排烟。当竖井高度较低时，在竖井与顶棚连接的拐角处会发生显著的边界层分离，阻碍烟气流动，减小了竖井内的有效排烟空间。随着竖井高度的增加，烟囱效应增强，其引起的内外压差也逐渐增大，边界层分离受到抑制，但是，随着烟囱效应持续增强，排烟速度也越来越大，当隧道顶棚下方的烟气不足以迅速补充到竖井下方时，就会发生烟气层吸穿现象，烟气层下方的冷空气被直接吸入竖井，使竖井排出的烟气中包含大量冷空气，排烟效果显著下降。

纪杰等[12]在通过实验研究排烟口高度和排烟速度对机械排烟效果的影响时发现，在实验中的最不利情况下，吸穿现象可导致总排烟量中实际排出的烟气量不足50%。此外，当吸穿现象发生时，由于烟囱效应引起的竖向惯性力的影响，使得烟气层受到的扰动显著增强（类似图4.5所示），排烟口附近的烟气层稳定性遭到严重的破坏，烟气与空气分界面处被卷吸入烟气层的空气量增多，造成隧道下游烟气层的质量流量增大，烟气层厚度增加，这不利于人员的安全疏散和消防人员进行灭火救援。周允基等[16]在一个采用机械排烟的中庭内开展实验，发现排烟时被卷入上部烟气层和被直接排出的新鲜空气的质量流量最大可以达到整个机械排烟量的75%。显然，在其他条件保持不变的情况下，并非排烟量越大排烟效果就越好。

综上所述，在对实验现象分析及前人研究的基础上，可以预测在火源功率一定时，随着竖井的升高存在一个临界竖井高度，在此高度下边界层分离现象得到很大程度的抑制，同时排烟速率适度又不至于引起严重的吸穿现象。下面基于对排烟过程的物理过程分析并结合实验现象，建立不同火源功率下临界竖井高度的判据，并验证其有效性。

2. Froude 数判据

Hinkley[9]提出了一个改进的 Froude 数来描述自然开口排烟系统中的吸穿

现象，其定义如下：

$$F=\frac{u_e A}{(g\Delta T/T_a)^{1/2}d^{5/2}} \tag{4.3}$$

式中，u_e 是排烟口处的速度（m/s），A 是排烟口面积（m^2），d 是排烟口下方的烟气层厚度（m），ΔT 是排烟口下方烟气层的平均温升（K），T_a 是环境温度（K），g 是重力加速度（m/s^2）。

恰好发生吸穿现象时的 F 的大小可记为 $F_{critical}$。Morgan 和 Gardiner[17] 的研究表明，当排烟口位于蓄烟池中心位置时，$F_{critical}$ 可取 1.5；当排烟口位于蓄烟池边缘时，$F_{critical}$ 可取 1.1。根据式（4.3），发生吸穿现象时，排烟口下方的临界烟气厚度可表示为

$$d_{critical}=\left[\frac{u_e A}{(g\Delta T/T_a)^{1/2}F_{critical}}\right]^{2/5} \tag{4.4}$$

但是，前人的研究针对的都是自然开口排烟系统中发生的吸穿现象，对于竖井自然排烟系统中的吸穿现象尚无相关研究。因此，首先需要判断 Hinkley 提出的临界 Froude 数判据在竖井排烟系统中的适用性。图 4.9 列出了各工况下公式 4.3 的计算值。根据表 4.2，将本实验中的吸穿工况用空心符号表示。可以明显的看出，无论发生吸穿现象与否，所有的 F 值都混到一起，无法根据某一 F 值来判断吸穿现象是否发生。例如，当竖井高 0.4m 时，没有发生吸穿的工况（实心上三角符号）对应有 F 值都大于 1.5，而发生吸穿的工况（空心上三角符号）下，对应的 F 值在 1.5 的上下波动。显然，已有的 Froude 数判据不适用于竖井自然排烟系统。Froude 数判据假定排烟口下方的烟气层是静止的，纵向速度为 0 且具有均匀的温度分布，这与隧道内烟气的运动情况相比有很大差异。相对而言，由于隧道内不存在稳定的蓄烟空间，烟气层厚度比较薄，顶棚下方烟气的蔓延速度相对较大，更容易导致吸穿现象的发生。

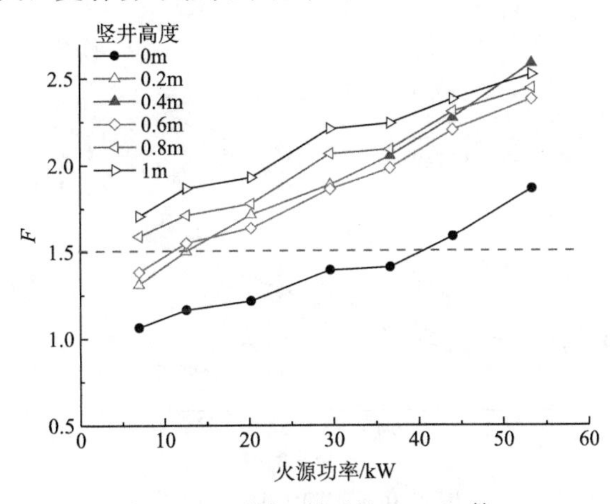

图 4.9　不同工况下的 Froude 数

3. 临界 Ri' 数判据

由于已有的 Froude 数判据并不适用于具有竖井的自然排烟系统，下文提出针对该系统的临界 Ri' 数判据。事实上，竖井排烟的主要驱动力是由发生烟囱效应时竖井内外的温度差引起的，温度差决定了密度差，烟气在竖井内外的压强差引起的竖向惯性力的作用下向上运动。烟气除受烟囱效应引起的竖向惯性力的作用外，还受其自身的水平惯性力以及竖井壁面的黏性力作用。由于竖井壁面的摩擦系数较小，与惯性力相比，烟气受到竖井壁面的黏性力可忽略不计。也就是说，排烟过程中竖井内烟气的运动状态主要取决于烟气受到的竖向和水平惯性力的相对大小，它们又取决于火源功率和竖井尺寸等参数。

基于对排烟过程的受力分析，使用一个无量纲的 Ri' 数来判断烟气的运动状态，其物理意义是烟囱效应引起的竖向惯性力与烟气自身的水平惯性力之比。

竖向惯性力：

$$F_{\mathrm{v}} = \Delta\rho g h A \tag{4.5}$$

无排烟时烟气的水平惯性力：

$$F_h = \rho_{s0} v^2 d w \tag{4.6}$$

则

$$Ri' = \frac{F_v}{F_h} = \frac{\Delta\rho g h A}{\rho_{s0} v^2 d w} \tag{4.7}$$

其中，$\Delta\rho$ 是无排烟时烟气与环境空气的密度差（$\mathrm{kg/m^3}$），g 是重力加速度（$\mathrm{m/s^2}$），d 是无排烟时排烟口下方烟气层厚度（m），h 是竖井高度（m），A 是竖井截面积（$\mathrm{m^2}$），ρ_{s0} 是无排烟时烟气的密度（$\mathrm{kg/m^3}$），v 是无排烟时排烟口下方烟气的运动速度（m/s），w 是竖井宽度（m）。不同工况下的 Ri' 值如图 4.10 所示。

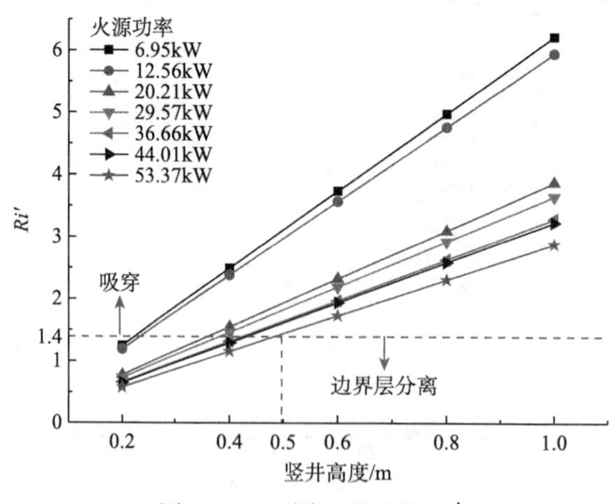

图 4.10　不同工况下的 Ri'

火源功率一定时，随着竖井高度的升高，竖向惯性力增大，Ri'也逐渐增大。对比表 4.1 中不同工况下的吸穿情况可以发现 Ri'越大，竖井内流场越接近吸穿状态。竖井高度一定时，随着火源功率的增大，烟气自身的水平惯性力增大，Ri'逐渐减小，竖井内流场由吸穿过渡到边界层分离状态。因此，采用 Ri'值的相对大小来判断竖井内流场的状态是合理可行的，而竖井内烟气的运动状态与排烟效果直接相关，因此可以采用 Ri'来判断竖井的自然排烟效果。

对比图 4.10 中 Ri'的值与 4.2.1 节中对吸穿和边界层分离现象的判断结果，可以确定不同火源功率和竖井高度下吸穿和边界层分离的临界 Ri'大概是 1.4。也就是说，当 Ri'小于 1.4 时，竖井内会发生显著的边界层分离，反之，则会发生吸穿现象。结合前面对临界竖井高度的分析与讨论，可以得出结论：临界竖井高度是图 4.10 中 $Ri'=1.4$ 与不同的火源功率下斜线的交点所对应的横坐标。通过与实验结果的对比可以看出，使用临界 Ri'数判据来确定竖井的临界高度非常方便有效，可以用来指导隧道中竖井排烟系统的设计与应用。

4.3　竖井高度对自然排烟效果的影响

4.3.1　竖井排烟过程分析

隧道火灾工况下竖井排烟过程如图 4.11 所示。火灾发生后，当烟气运动到竖井所在区域以后，在烟囱效应引起的内外压差的作用下通过竖井排出隧道。但是，在外加的竖向惯性力作用下，烟气层与下层空气的扰动会显著增强，使得大量的空气卷吸入烟气层中。而对于这些空气，一部分通过竖井排出，另一部分随烟气继续在隧道下游运动。

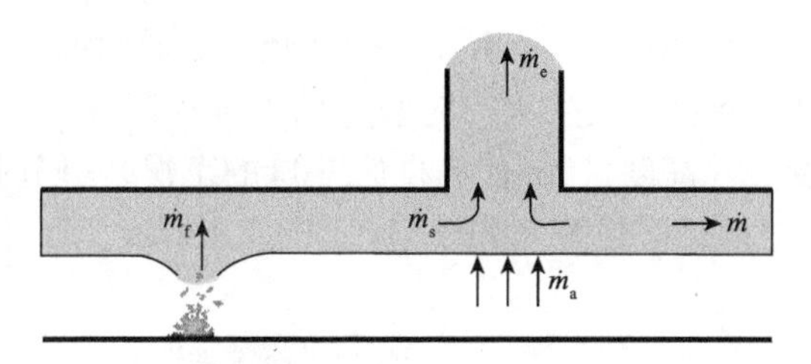

图 4.11　竖井排烟过程示意图

图 4.11 中各变量之间的关系式如下：

没有竖井排烟时（隧道顶棚封闭）：

$$\dot{m}' = \dot{m}_f + \dot{m}'_a \tag{4.8}$$

竖井排烟时：

$$\dot{m} = \dot{m}_f + \dot{m}'_a + \dot{m}_a - \dot{m}_e \tag{4.9}$$

$$\dot{m}_e = \dot{m}_s + C\dot{m}_a \tag{4.10}$$

式中，C 是数值为 0～1 的系数，$\dot{m}_f$ 是火源产生烟气的质量流量，$\dot{m}_e$ 是竖井的排烟量，$\dot{m}_s$ 是竖井排烟的纯烟气的量，$\dot{m}_a$ 是竖井下方的烟气层受到扰动后卷吸的空气增量，$\dot{m}_a'$ 是羽流从火源运动到竖井区域过程中卷吸的空气量（相对于其他参数，$\dot{m}_a'$ 的数值非常小，可以忽略），$\dot{m}'$ 是无排烟时隧道右端（隧道下游某处）的烟气质量流量，$\dot{m}$ 是竖井排烟时隧道右端（隧道下游某处）的烟气质量流量。从式（4.10）中可以看出，$C\dot{m}_a$ 越小，竖井排出的纯烟气的量越多，排烟效果越好。由于竖井排烟导致的另一部分空气卷吸增量（$1-C$）$\dot{m}_a$ 则随隧道顶棚下方的烟气向下游蔓延。

在理想的烟气控制情况下，即 $\dot{m}_f + \dot{m}_a' = \dot{m}_e$，$\dot{m}_a = 0$，可以达到最好的排烟效果，此时 $\dot{m} = 0$，也就是说火源生成的烟气完全通过竖井排出同时不引起额外的空气卷吸增量。

显然，竖井高度会对排烟效果（竖井排烟量、竖井排出的纯烟气的比例以及排烟引起的空气卷吸增量）等有很大的影响。本节采用数值模拟的方法来研究不同竖井高度下烟囱效应引起的竖向惯性力对排烟效果的影响[18]。

4.3.2　火灾场景设计

本节选用的数值模拟工具为 FDS5.5.3[19]。在使用 FDS 进行数值模拟时，为了保证计算结果的物理真实性，在设计物理模型时对隧道及竖井开口处的计算区域进行适当的延展[20]。

选取一段长 100m，宽 10m，高 5m 的隧道建立模型。火源位于隧道中轴线上，距左侧出口 50m。考虑城市公路隧道中几种典型的火灾场景—小汽车燃烧（3～5MW）和货车燃烧（10～15MW），火源功率设置为 3MW，5MW，10MW，15MW。火源右侧 25m 处有一个排烟竖井，截面尺寸为 2m×2m。通过改变竖井高度来研究隧道内发生火灾时竖井的烟气控制效果，在 0～5m 的范围内每隔 0.25m 改变竖井高度（0m 代表自然开口的工况），同时模拟无排烟时的隧道火灾场景作为对照。隧道及竖井模型如图 4.12 所示。

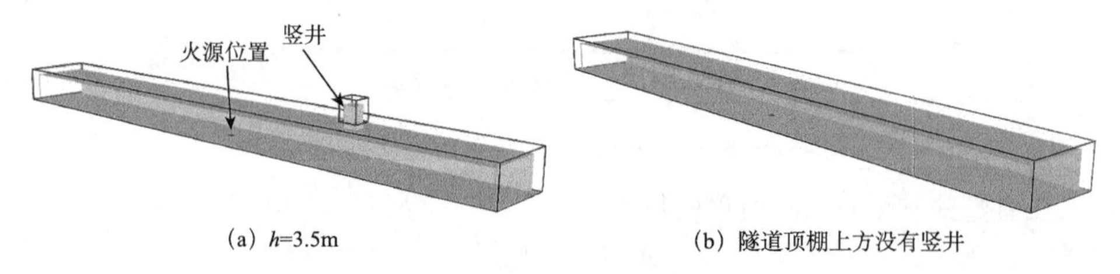

(a) h=3.5m　　(b) 隧道顶棚上方没有竖井

图 4.12　隧道及竖井模型

在火源下游 20m 处布置一个烟气层厚度测点、一串竖向温度测点和一串 CO

浓度测点。在距隧道右端开口 5m 的截面上布置一个质量流量测点，用来与无排烟时的进行对比。在竖井开口截面处布置 9 个温度测点和 CO 浓度测点以及一个质量流量测点。隧道及竖井内测点布置情况如图 4.13 所示。

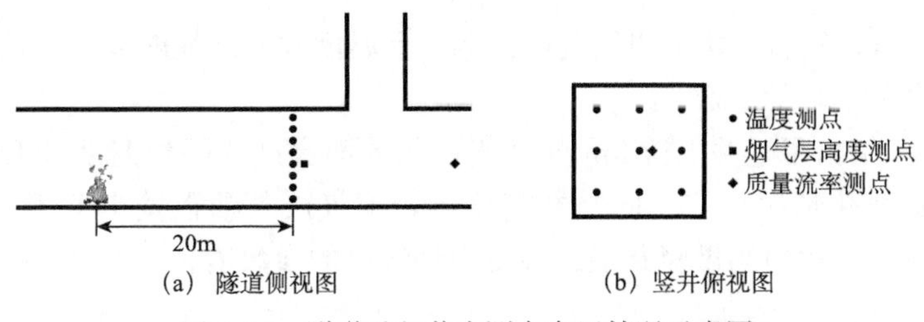

(a) 隧道侧视图　　(b) 竖井俯视图

图 4.13　隧道及竖井内测点布置情况示意图

4.3.3　稳定段选取

通过对隧道内烟气层高度测点输出结果的稳定段取均值可以求得不同竖井高度下隧道内的烟气层厚度。图 4.14 给出了火源功率为 3MW，竖井高度为 2m 时，距竖井上游 5m 处烟气层界面高度随时间的变化情况。从中可以看出 40s 以后烟气层高度基本维持在 3.95m 左右，没有大幅变化，说明此时隧道内烟气流动达到比较稳定的状态，可选取 80～120s 为稳定段。下文出现的烟气各参数都指的是其在稳定段内的平均值。

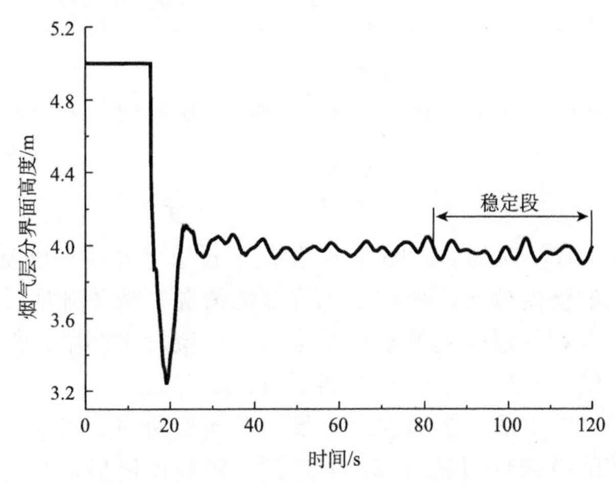

图 4.14　烟气层稳定段的选取

根据烟气层界面高度，可以确定处于烟气层中的温度和 CO 浓度测点。将处于烟气层中各测点所测的值取平均后，就能得到烟气层平均温度和 CO 平均体积分数，其关系式如下：

$$\overline{T}_s = \sum_{i=1}^{n} \bar{t}_i / n \tag{4.11}$$

$$\overline{\mathrm{CO}}_s = \sum_{i=1}^{n} \overline{\mathrm{CO}}_i / n \tag{4.12}$$

其中，$\bar{t}_i$ 和$\overline{\mathrm{CO}}_i$ 分别指处于烟气层内的第 i 个温度和 CO 浓度测点的值，n 是处于烟气层内的测点的个数。

图 4.15 给出了竖井上游 5m 处烟气层的界面高度、平均温度和 CO 浓度随竖井高度的变化情况。在不同竖井高度下，烟气层各参数基本上不发生变化，可把此处各参数的值当做竖井上游隧道内烟气层的参数值。

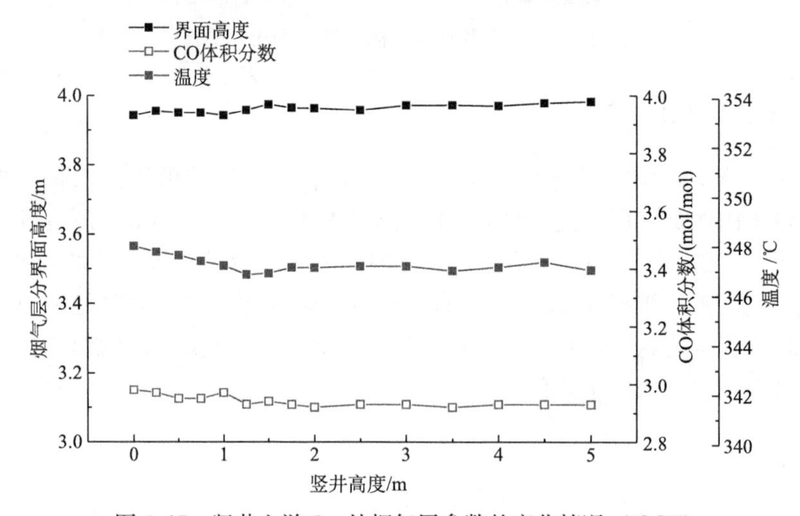

图 4.15　竖井上游 5m 处烟气层参数的变化情况（3MW）

4.3.4　临界吸穿高度

以火源功率 3MW 时为例，图 4.16 给出了没有竖井排烟以及不同竖井高度下隧道和竖井内的温度分布。相对于无排烟的情况，竖井排烟时外加的竖向惯性力使得竖井下方烟气层受到的扰动增强，烟气层发生凹陷，部分冷空气被卷吸入烟气层中，使得竖井下方的温度逐渐下降至室温。

随着竖井高度的增加，烟囱效应增强，烟气受到的竖向惯性力增大，竖井下方烟气层的凹陷越来越明显。当竖井达到一定高度以后，烟气层凹陷区的最高点进入竖井，竖井下方的烟气层厚度变为 0，此时竖井正下方已不存在烟气，即发生了烟气层吸穿现象。随着竖井的不断升高，烟气层凹陷点的位置越来越高，凹陷区的温度逐渐降至室温。当竖井高度达到 2m 以后，竖井下方凹陷区的温度降为 25℃，此时隧道下部的冷空气被直接吸入竖井，导致排烟效果变差。因此，很有必要确定发生吸穿现象时所对应的竖井高度。

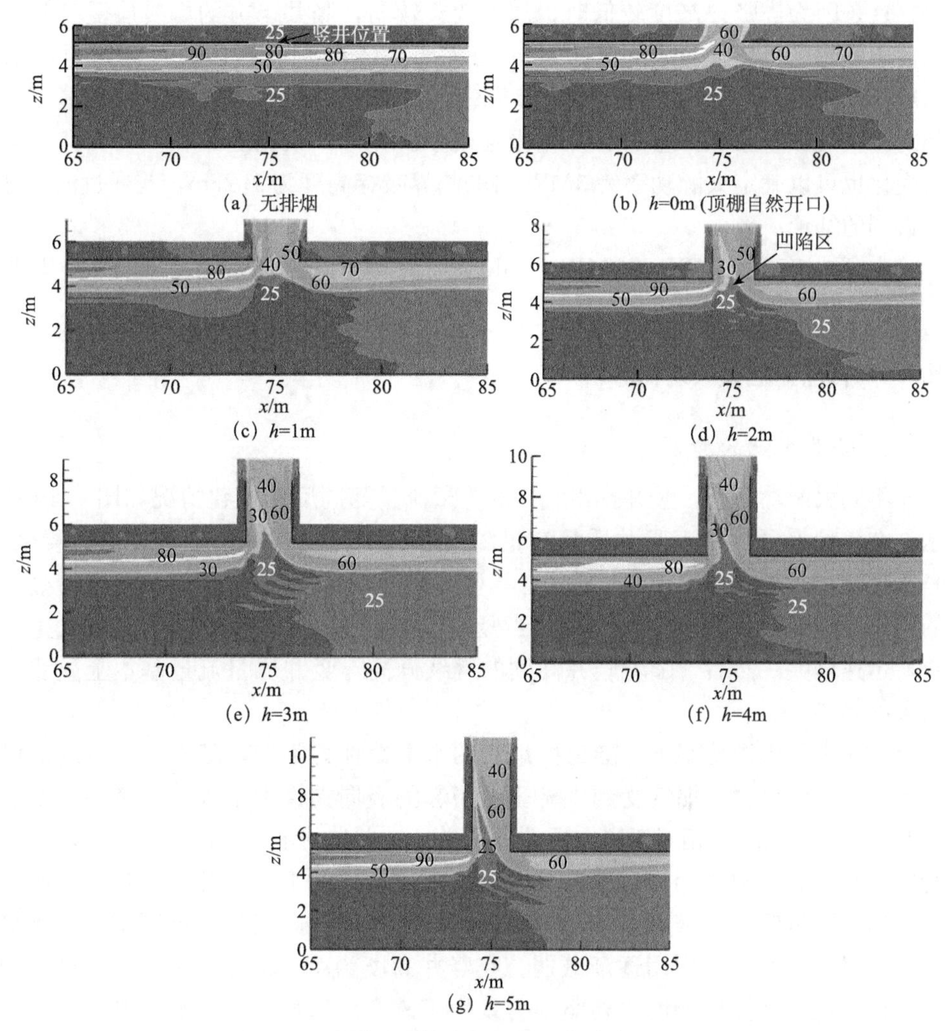

(a) 无排烟　(b) h=0m (顶棚自然开口)

(c) h=1m　(d) h=2m

(e) h=3m　(f) h=4m

(g) h=5m

图 4.16　隧道及竖井内烟气的温度分布（3MW）

从图 4.16 中还可以看出，竖井高度为 1m 时竖井下方烟气层温度为 40℃左右，没有发生吸穿现象，当竖井高度达到 2m 以后，竖井下方已经发生了稳定的吸穿现象。因此可以确定，火源功率 3MW 时发生吸穿现象的竖井高度在 1～2m 的范围内。火源功率一定时，定义竖井下方的烟气层处于发生吸穿的临界状态时的竖井高度为临界吸穿高度。具体方法上一节已经详细介绍，本节不再赘述。

数值模拟可以获得详细的流场图，下文以火源功率 3MW 为例，观察隧道和竖井内流场结构随竖井高度的变化。图 4.17 给出了不同竖井高度下隧道和竖井内的速度矢量图。竖井高度越高，竖井下方烟气层受到的扰动越强。当竖井高度达到 1.5m 以后，隧道内的速度场发生了显著变化，大量冷空气直接进入竖井。这是因为当竖井高度较低时，烟囱效应较弱，竖井下方的烟气层受到竖向惯性力的扰动也较弱，通过竖井排出的主要是隧道上部的热烟气［如图 4.17 (a) ～ (c) 所示］。当竖井升高到 1.5m 以后，较强的竖向惯性力足以使隧道下部的冷空气被直接吸入竖井，发生吸穿现象。此外，根据隧道和竖井内速度场的变化也可以确定火源功率为 3MW 时的临界吸穿高度为 1.25m，与通过温度分析得到的结论一致。

火源功率为 5MW，10MW，15MW 时所对应的临界吸穿高度分别为 1.25m，1.25m 和 1.5m。

4.3.5 自然排烟效果对比分析

1. 竖井排烟的控制力分区

不同火源功率下，竖井排出气体的质量流量随高度的变化情况如图 4.18 所示。在 4 种火源功率下竖井质量流量随高度的变化趋势基本一致。总体看来，竖井越高，其排出的质量流量越大。当竖井高度较低时（0～0.75m），随着竖井的升高，竖井质量流量缓慢增大；当竖井升高到 1m 时，竖井质量流量发生突变，迅速增大；然后，随着竖井高度的继续升高，竖井质量流量基本上呈线性增大的趋势。

在一定的火源功率下，隧道内烟气的水平惯性力不变，随着竖井高度的增大，烟囱效应增强，烟气受到内外压差引起的竖向惯性力增大。当竖井高度较低时（0～0.75m），相对于竖向惯性力来说烟气自身的水平惯性力较大，对烟气的运动状态起控制作用。烟气在较强的水平惯性作用下向竖井下游流动，所以竖井质量流量较小。随着竖井的升高，烟气受到的竖向惯性力逐渐增大，水平惯性力对烟气的控制作用逐渐减弱。在竖井高度为 1m 时竖井质量流量迅速增大，说明此时竖井排烟的主要驱动力发生了改变。随着竖井的继续升高，烟气受到的竖向惯性力越来越大，竖井质量流量基本上呈线性增加，相对于自身的水平惯性力来说，烟气受到的竖向惯性力较大，逐渐对烟气的运动状态起控制作用。

因此，根据烟气受力情况的变化，可以将不同火源功率下竖井质量流量随高度的变化情况分成三个区间：水平惯性力控制区、过渡区和竖向惯性力控制区。在过渡区，对排烟起控制作用的力逐渐由烟气自身的水平惯性力向内外压差引起的竖向惯性力过渡。此外，通过对比前文对竖井临界吸穿高度的判定可以发现，在不同的火源功率下，当竖井升高到临界吸穿高度时，较大的竖向惯性力导致竖井下方的烟气层厚度基本上为 0，此时排烟进入到竖向惯性力控制区。

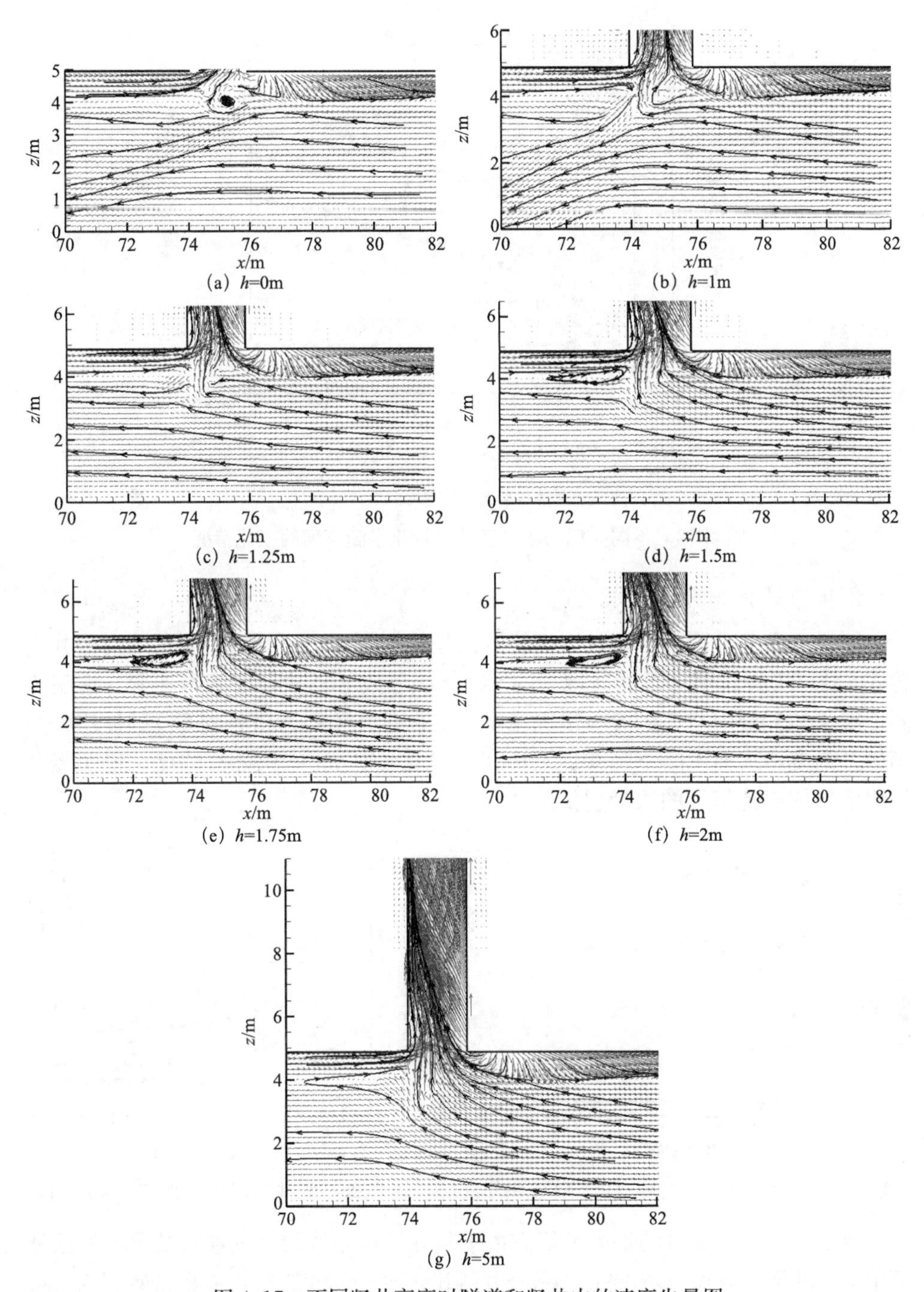

图 4.17　不同竖井高度时隧道和竖井内的速度失量图

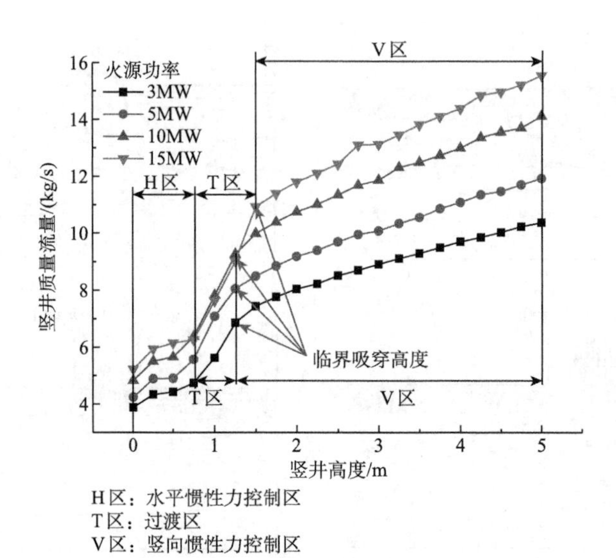

图 4.18　不同火源功率下竖井质量流量随高度的变化情况

2. CO 的体积分数

隧道内和竖井顶部开口处 CO 的体积分数如图 4.19 和图 4.20 所示。竖井上游 5m 处（不受排烟影响的区域）的 CO 体积分数随竖井高度基本不变，说明不同工况下烟气层中空气的卷吸情况基本稳定。竖井顶部开口处的 CO 的体积分数随竖井高度增大而不断下降并逐渐达到稳定值。CO 的体积分数越低，说明竖井排出的气体中纯烟气的浓度越低。

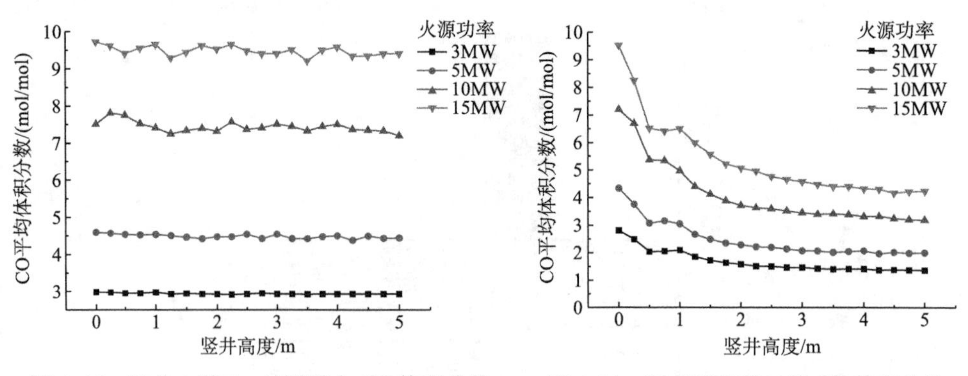

图 4.19　竖井上游 5m 处隧道内 CO 体积分数　　图 4.20　竖井顶部开口处 CO 体积分数

测定 CO 浓度的目的是为了研究由于竖井排烟导致的空气卷吸情况，根据隧道中 CO 的平均体积分数 CO_{tunnel} 和竖井排出烟气中 CO 的平均体积分数 CO_{shaft} 可以分别求出竖井排出的气体中纯烟气的量和空气的量，其计算方法为：

$$\frac{CO_{shaft}}{CO_{tunnel}} = \frac{\dot{m}_s}{\dot{m}_s + C\dot{m}_a} = \frac{\dot{m}_s}{\dot{m}_e} \tag{4.13}$$

与公式（4.8）～（4.10）联立可以分别得到竖井排出的纯烟气的量（$\dot{m}_s$）、竖井排烟导致的空气卷吸增量（$\dot{m}_a$）和 C 值。

3. 排烟效果分析

根据前文的分析可知，竖井排出的质量流量随着竖井高度的增大而增大，但是，当竖井高度过高时，排烟口下方的烟气层会发生吸穿现象，大量的冷空气被直接吸入竖井，破坏了隧道内烟气的稳定分层结构。因此，竖井排出的质量流量并不能完全反应竖井排烟效果的好坏。为了综合评估竖井的排烟效果，还需要对比分析不同高度竖井导致的空气卷吸增量以及其通过竖井排出的比例，如图 4.21 和图 4.22 所示。

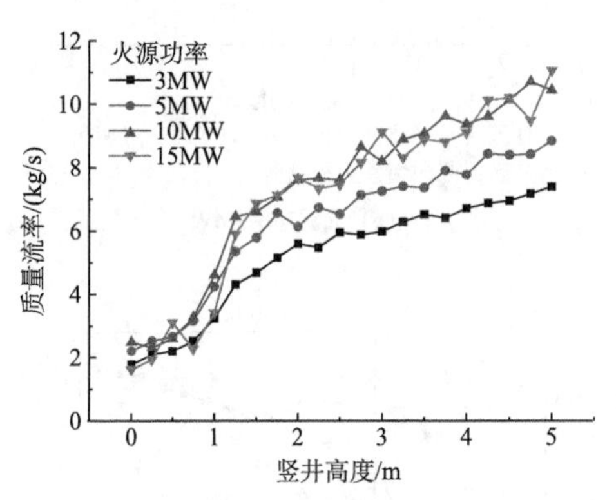

图 4.21　竖井排烟导致的空气卷吸增量

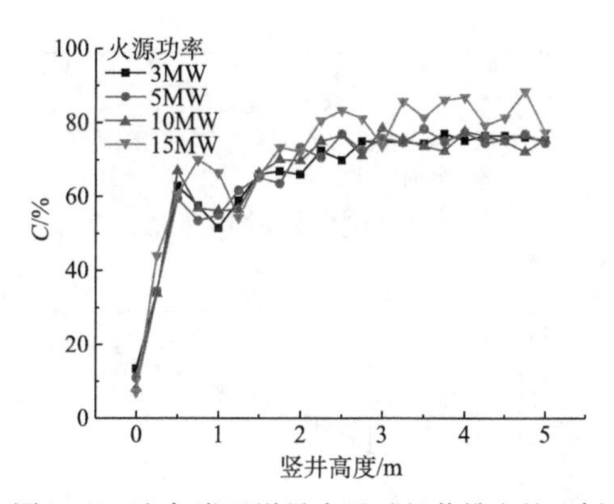

图 4.22　空气卷吸增量中通过竖井排出的比例

随着竖井高度的增加，竖井排烟导致的空气卷吸增量也逐渐增大。当竖井下方的烟气层发生吸穿以后，随着竖井升高，空气卷吸增量中通过竖井排出的比例逐渐趋于稳定，火源功率 3MW，5MW，10MW 时 C 为 70%左右，火源功率 15MW 时 C 为 80%左右。同时，由于空气卷吸增量随着竖井的升高持续增加，未被竖井排出的而进入隧道下游烟气层中的空气也会随着竖井的升高越来越大，从而导致隧道下游内烟气层的质量流量逐渐增大，不利于控制烟气及人员的安全疏散。因此，可以得出与 4.2 节相同的结论，当竖井下方的烟气层发生吸穿以后，自然排烟的效果并不随竖井的升高而逐渐改善。

图 4.23 给出了不同火源功率时，竖井排出的纯烟气、空气以及总的质量流量随竖井高度的变化情况。通过对比可以发现，4 种火源功率下各质量流量具有相似的变化趋势。竖井排出的总质量流量和其中空气的质量流量随着竖井的升高逐渐增大，特别是在竖向惯性力控制区，二者都呈线性变化，且斜率基本一致。然而，竖井排出的纯烟气量随竖井高度基本保持稳定。这说明竖井排出的

质量流量的增加主要是由于竖井高度处于竖向惯性力控制区时发生了吸穿现象，大量的冷空气被直接吸入竖井，导致竖井排出的空气量显著增加。在竖向惯性力控制区，随着竖井高度的增加，其排出的有效烟气量变化不大，反而会造成隧道内上层热烟气与下层冷空气的剧烈掺混。

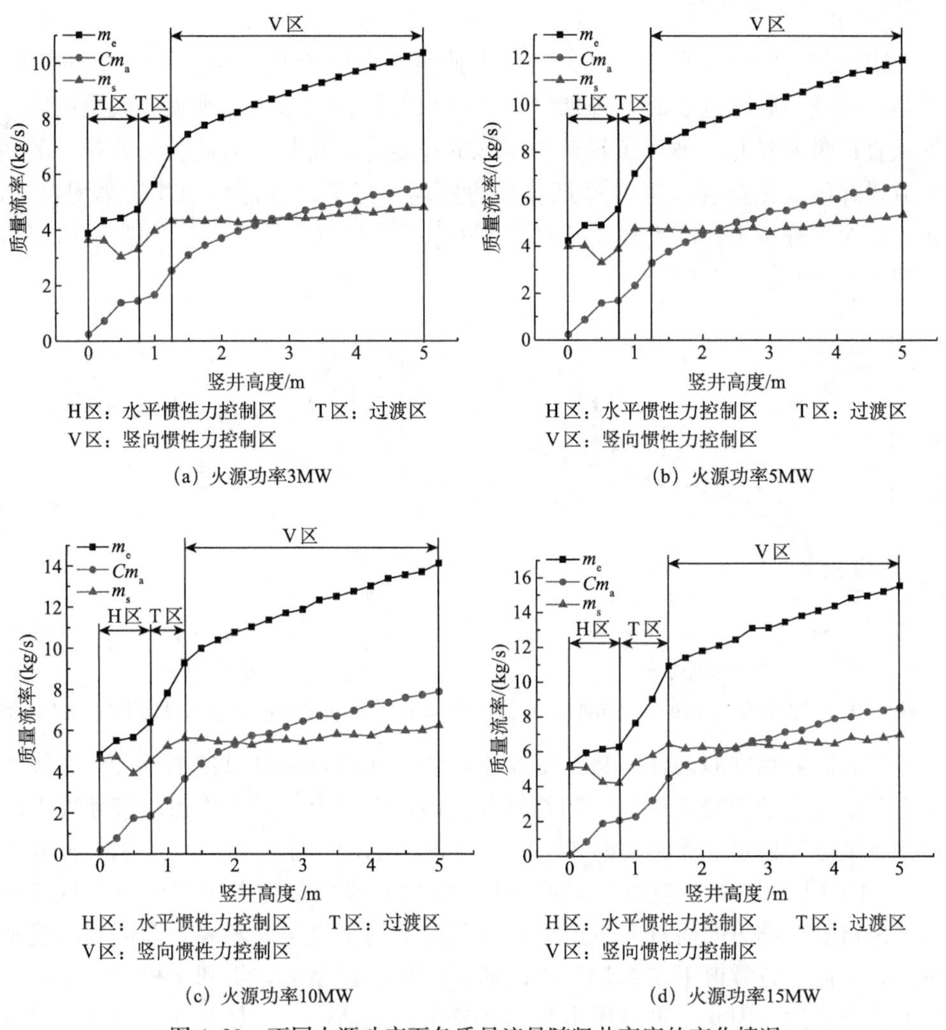

图 4.23　不同火源功率下各质量流量随竖井高度的变化情况

因此，当竖井达到临界吸穿高度时能够取得最佳的排烟效果，根据小尺寸实验得到的临界 Ri' 数判据可以计算出临界竖井高度。在此高度下，竖井能够排出较多的纯烟气同时又不至于引起竖井下方的烟气层吸穿和较大的空气卷吸增量。

4.4　竖井截面尺寸对自然排烟效果的影响

竖井的自然排烟效果不仅与竖井高度有关，也会受到竖井横截面尺寸的影响。随着竖井横截面的增大，从隧道流入竖井中的热烟气被空气稀释的程度也更大，使得烟气温度降低，导致烟囱效应变弱，热烟气在竖井内的运动形态也会随之发生变化。下面研究随着竖井横截面尺寸的改变，竖井内热烟气的运动形态和排烟效果的变化规律[21]。

4.4.1　烟气溢流的理论模型

竖井形状发生变化时，进入竖井的热烟气以及卷吸的冷空气量将会发生变化，竖井排烟的主要作用力—由烟囱效应引起的竖向惯性力也发生改变，进而导致热烟气在竖井内的运动形态发生变化。隧道火灾发生后，烟气在自身水平惯性力的作用下沿着隧道顶棚流动蔓延，形成一定厚度的烟气层。可以推测，当竖井横截面足够大时，进入竖井内部的烟气无法填充整个竖井空间，竖井内部下游区域基本没有烟气排出，而竖井上游区域的烟气黏附到竖井侧壁排出（自然溢流），如图 4.24 所示。

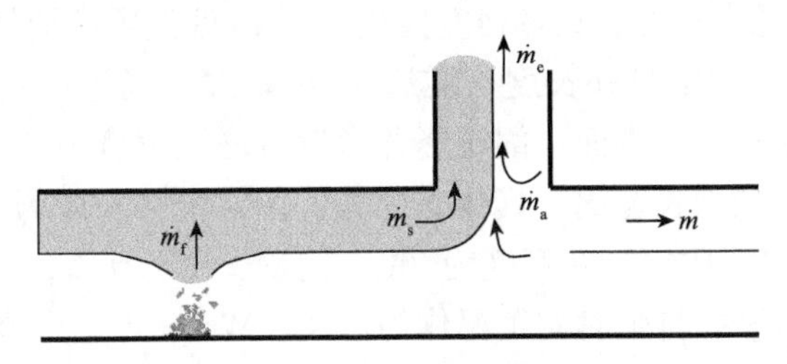

图 4.24　热烟气发生黏附溢流排出过程示意图

目前，国内外关于热烟气通过竖井以自然溢流形式排出的研究较少，Harrison[14,22]，Morgan[23]，Poreh[24]以及史聪灵[25]等研究了墙壁黏附溢流、自由发展阳台溢流以及仓室自由发展溢流的运动过程，如图 4.25 所示。墙壁黏附溢流是仓室溢出烟气沿着大空间侧壁上升，只在一侧卷吸空气的烟气运动形式。根据 Zukoski[26]的观点，通过镜像的概念，此种溢流的卷吸量可以等价为两倍火源功率产生的自由溢流卷吸量的一半来处理。大空间内仓室自由发展溢流流动具有分段性特点，即开口水平曲线段、近域二维线性羽流区域、远域轴对称羽流区域。当竖井中间区域完全被冷空气贯穿时，被贯穿区域和环境压差几乎为零，此时通过竖井上游排出的热烟气类似于大空间建筑仓室火灾墙壁黏附溢流的近域二维线性羽流。

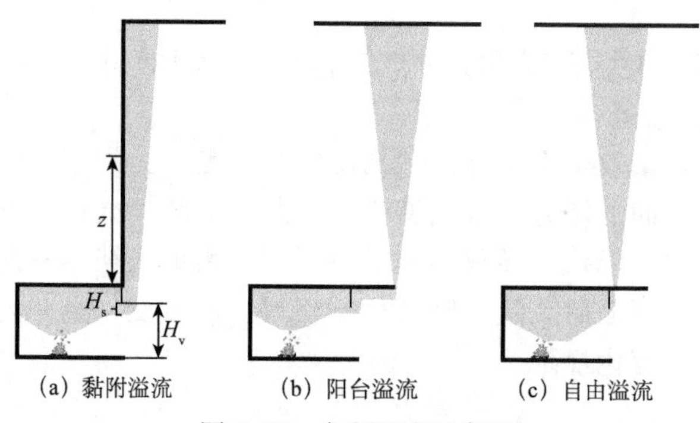

(a) 黏附溢流　(b) 阳台溢流　(c) 自由溢流

图 4.25　仓室溢流示意图

根据 Morgan 的研究[23]，溢流质量流量和烟气层厚度、烟气层温度以及溢流口宽度有很大的关系。参照图 4.24，理想情况下，$\dot{m}_a=0$，$\dot{m}_e=\dot{m}_f+\dot{m}_a'$时能够达到最好的排烟效果，此时通过竖井排出的热烟气中没有卷吸的冷空气。下文将采用 CFD 数值模拟结合大空间仓室溢流模型对竖井溢流过程进行分析，研究竖井横截面尺寸对排烟效果的影响。

参照 4.3 节建立的隧道模型进行模拟，对一长 80m，宽 10m，高 5m 的隧道建立模型。火源位于隧道中轴线上，距隧道左侧出口 15m，功率设置为 5MW（中小型汽车）的稳定火源。距隧道左侧出口 45m 处设置排烟竖井，竖井高度固定为 5m。一方面，固定竖井长度（隧道长度方向），通过改变竖井宽度来改变竖井横截面长宽比；另一方面，固定竖井宽度（隧道宽度方向），通过改变竖井长度来改变竖井横截面长宽比。具体工况为：固定竖井长度为 2m，设置宽度为 1～10m（间隔 1m）；固定竖井宽度为 2m，设置长度为 1～10m（间隔 1m）。此外，设置一组没有竖井排烟时的工况作为对比。Wang 等[27,28]在全尺寸实验中测得的隧道内纵向自然风速在 0.8 到 1.5m/s 之间，在本节的数值模型中，设置隧道内纵向风速为 0.9m/s。环境温度设置为 20℃。

4.4.2　竖井宽度对排烟效果的影响研究

图 4.26 和图 4.27 给出了竖井上部开口处 CO 浓度和速度随着竖井宽度的变化曲线。当竖井宽度较小时，竖井上部开口处的 CO 浓度相对较大。随着竖井宽度的增加，竖井上游 CO 浓度与下游 CO 浓度之差持续增大。从竖井宽度为 4m 开始，竖井上游 CO 浓度基本保持不变，而竖井下游 CO 浓度随着宽度的增加一直呈下降趋势，说明竖井下游排出的烟气越来越少。当竖井宽度增大到一定值时，下游排出的基本上是空气。同样可以发现竖井上游的速度从宽度为 4m 开始随着竖井宽度的增加基本保持不变，而竖井下游的速度则随着竖井宽度的增加持续减小。

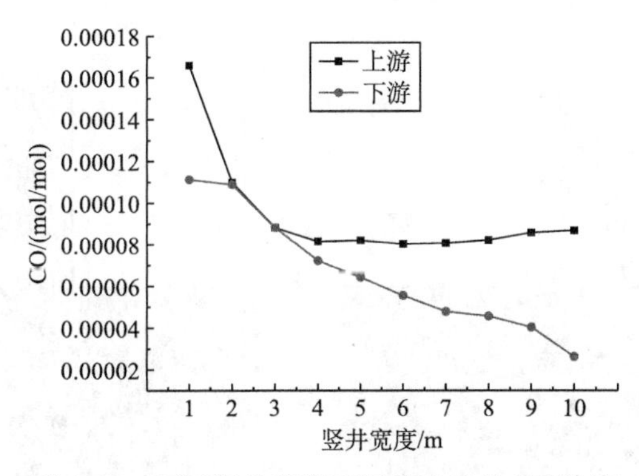

图 4.26　不同竖井宽度下竖井出口处 CO 浓度

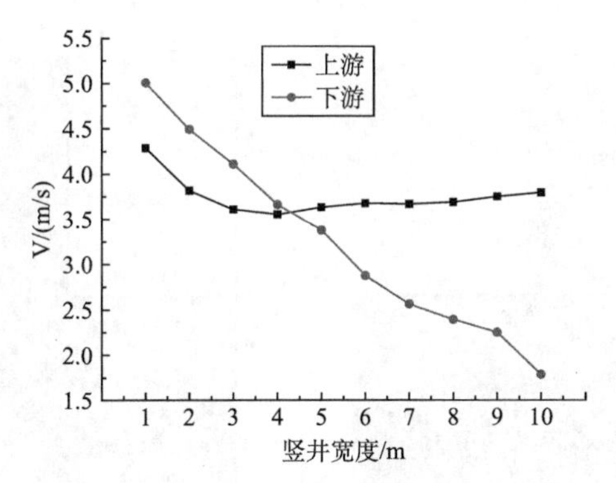

图 4.27　不同竖井宽度下竖井出口处速度

图 4.28 为隧道和竖井 $y=5$m 的截面温度分布图。当竖井宽度为 1m 时，竖井内部充满烟气，而且竖井下方也没有发生吸穿现象，隧道内烟气被竖井有效地排出。同时，竖井上游排出的基本上是高温烟气，而下游排出的是掺混了较多空气的烟气，这就导致了竖井上游的 CO 浓度比下游的大一些。当竖井宽度为 2m 时，竖井下方发生了明显的吸穿现象，烟气层凹陷区的最高点已经进入竖井内部，竖井内的烟气混合均匀后排出，所以竖井出口处上下游的 CO 浓度基本相等。随着竖井宽度的增加，竖井下游排出的烟气温度基本上在 25～30℃之间，竖井上游排出的烟气温度基本在 70℃左右。竖井出口上游温度保持不变，说明其对空气的卷吸程度不变，因而竖井上游排出的烟气的 CO 浓度和速度保持稳定。当竖井宽度增加到 10m，隧道下游基本上没有烟气，也就是说隧道内的烟气被竖井全部排出。

当竖井宽度较小时（1～4m），竖井内外温差相对较大，烟囱效应较强，竖井出口处的烟气流速相应较大。同时，竖井出口下游的速度比上游的速度大。由于烟气在较强的水平惯性力作用下进入竖井，烟气进入竖井时发生边界层分

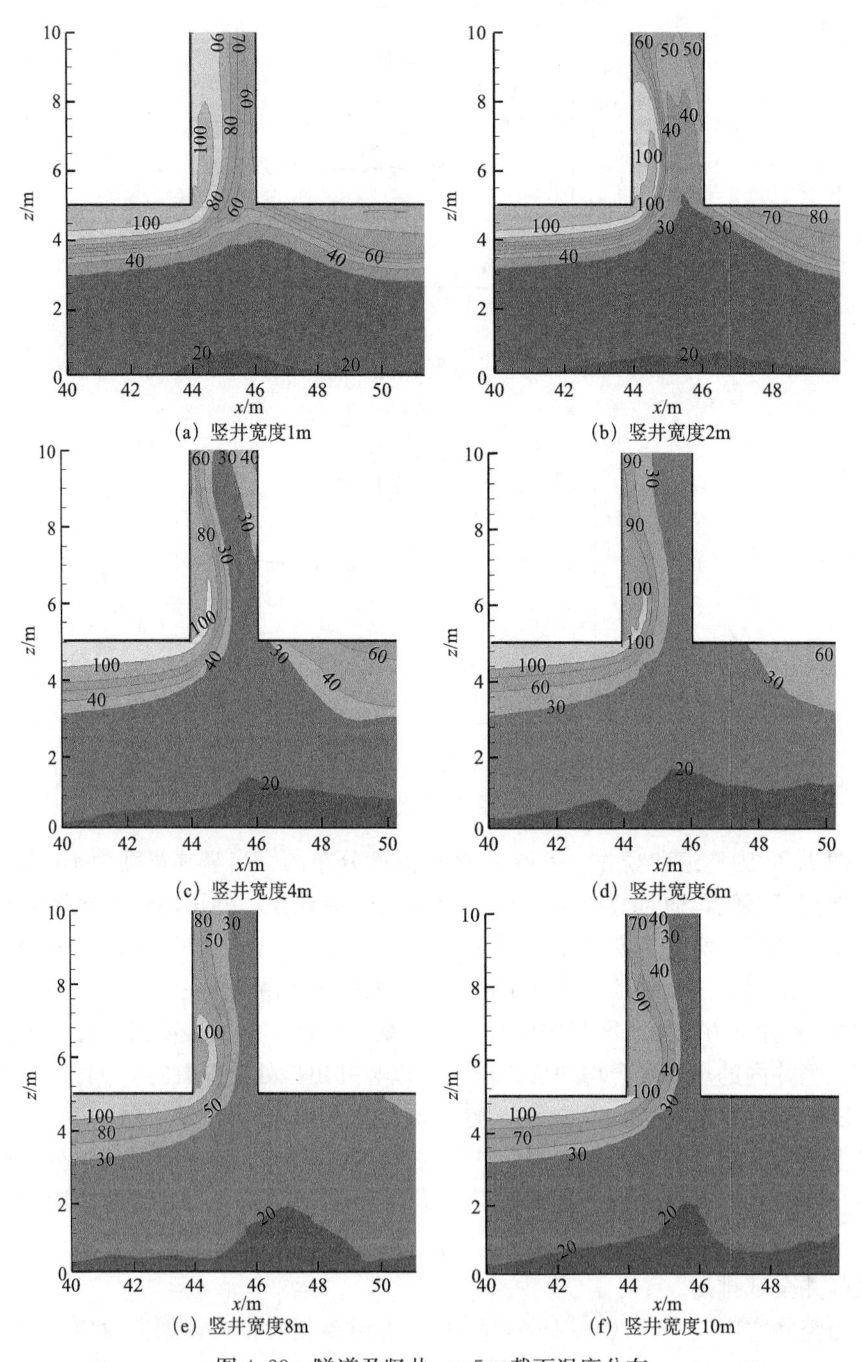

图 4.28 隧道及竖井 $y=5\text{m}$ 截面温度分布

离现象，在竖井左侧形成漩涡，使得竖井中下游烟气速度大于上游，如图 4.29 所示。

由图 4.28 和图 4.29 可知，竖井底部开口与隧道顶棚连接处存在一个高温滞止区，里面存在着较大的湍流漩涡。漩涡阻碍了竖井左侧区域烟气向上流动，从而使竖井出口处上游烟气流速小于下游烟气流速。此外，热烟气在漩涡区域上方重新黏附到竖井侧壁，即发生边界层吸附效应，即通常所指的康达效应。康达效应指出，如果平顺流动的流体经过具有一定弯度的凸表面的时候，有向凸表面吸附的趋向。烟气在运动过程中要不断卷吸周围空气，而竖井左侧壁面的存在限制了烟气的卷吸，因此烟气会向壁面靠近。Harrison 在研究黏附溢流的卷吸问题时也观察到了这种现象[14,22]。

随着竖井宽度的增加，竖井下方的凹陷区域面积逐渐增加以及最高点位置升高。当宽度为 4m 时，凹陷区域最高点已经达到竖井顶部出口，说明隧道底部的冷空气通过竖井直接排出。当竖井宽度为 6m 时，竖井下游基本已无热烟气排出，此时竖井的利用率只有一半，竖井的排烟效果大大降低。当竖井完全被冷

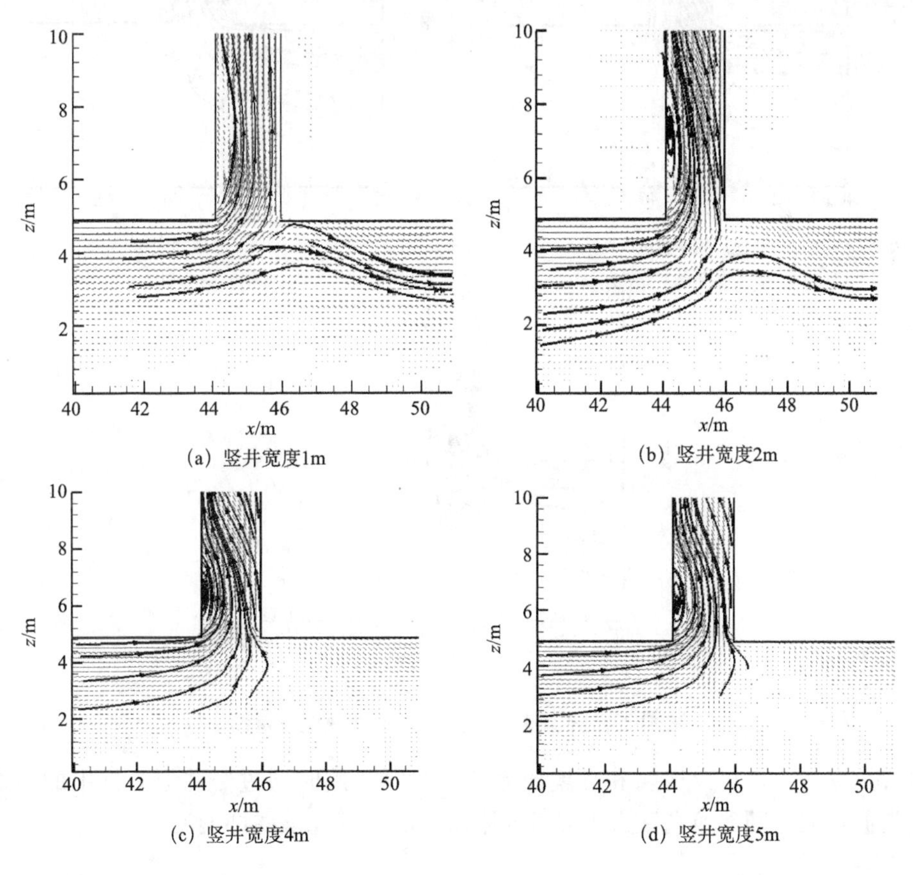

(a) 竖井宽度1m　(b) 竖井宽度2m

(c) 竖井宽度4m　(d) 竖井宽度5m

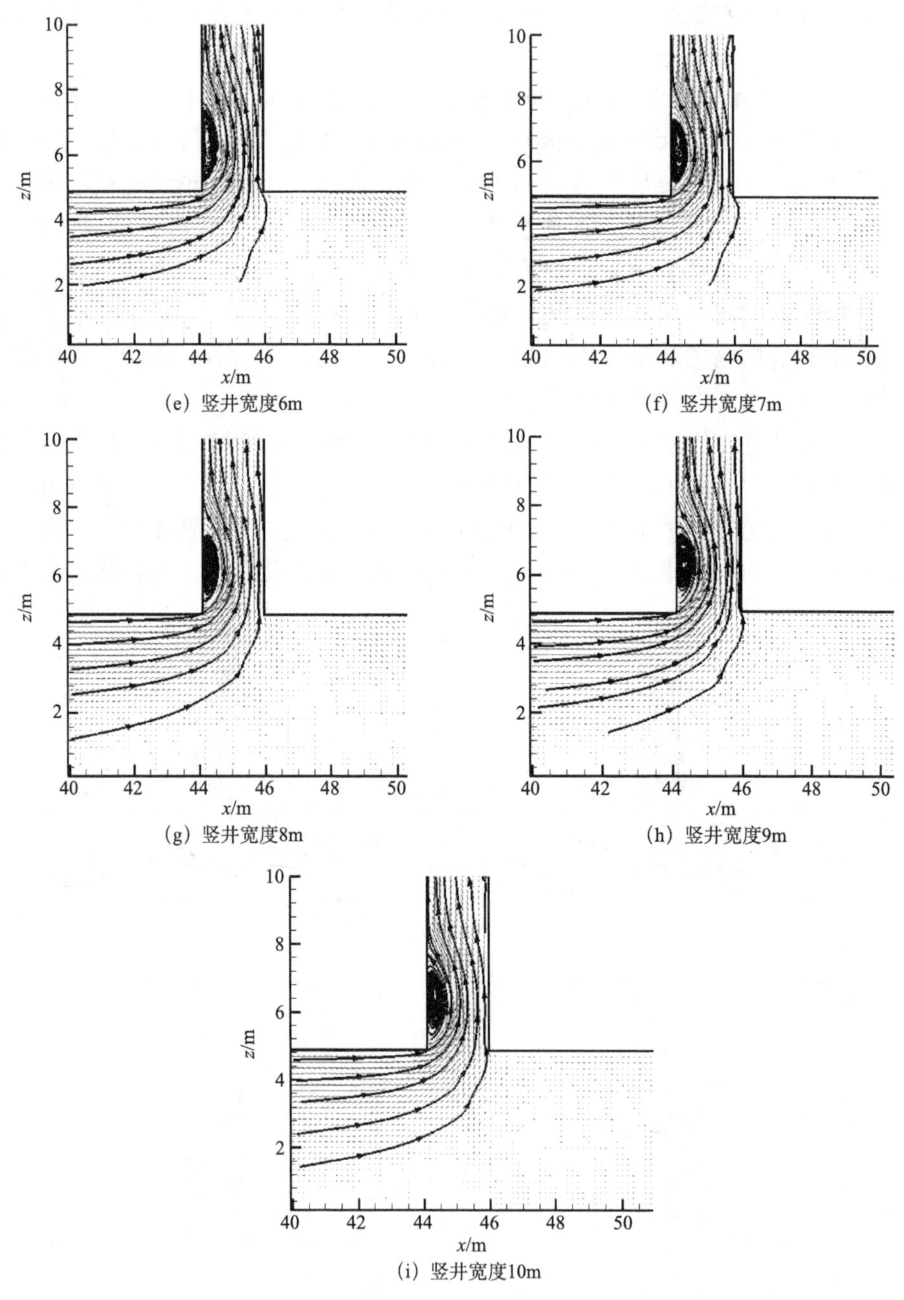

(e) 竖井宽度6m　(f) 竖井宽度7m

(g) 竖井宽度8m　(h) 竖井宽度9m

(i) 竖井宽度10m

图 4.29　隧道及竖井 $y=5$m 截面速度矢量图

空气贯穿时，被贯穿区域和环境压差几乎为零，此时通过竖井上游排出的热烟气类似于大空间建筑仓室火灾墙壁黏附溢流的近域二维线性羽流。

Poreh 和 Morgan[23,24]发展了以下公式来预测热烟气通过开口溢流到外部环境的质量流量，同时假设热烟气通过溢流口的速度是稳定的，则

$$m_s = \frac{2}{3} C_d^{3/2} (2g\theta_{max,s} T_a)^{1/2} \frac{W_s \rho_a}{T_{max,s}} d_s^{3/2} \kappa_m \tag{4.14}$$

$$m_z = 0.075 \dot{Q}_c^{1/3} W_s^{2/3} (z_s + d_s) + m_s \tag{4.15}$$

式中，m_s 是通过溢流口的热烟气质量流量，T_a 是环境绝对温度，ρ_a 是环境密度，$T_{max,s}$是烟气层最高温度，$\theta_{max,s}$是烟气层和环境最大温度差值，d_s 是内部烟气厚度，W_s 是溢流口宽度，κ_m 是温度修正系数，取值 1.3，C_d 是系数，取值 1.0，m_z 是竖井高度 z 处的烟气溢流质量流量，$\dot{Q}_c$ 是进入竖井的烟气对流热。

Harrison 等人通过实验证明了 Poreh 和 Morgan 提出的模型的准确性。图 4.30 给出了不同竖井宽度下烟气质量流量计算值和模拟值的对比。在竖井宽度较小时，竖井内外温差较大，烟囱效应作用比较明显，烟气通过竖井有效的排出，而公式（4.15）计算的是在某一宽度下发生自然溢流时的溢流质量，没有考虑烟囱效应对烟气排出的促进作用，所以当竖井宽度较小时，模拟值偏大。随着竖井宽度的增加，竖井右侧区域基本没有烟气，左侧区域的烟气黏附到左侧壁面排出，也就是发生自然溢流，此时用公式（4.15）计算溢流质量，得到的结果和模拟值很相近。

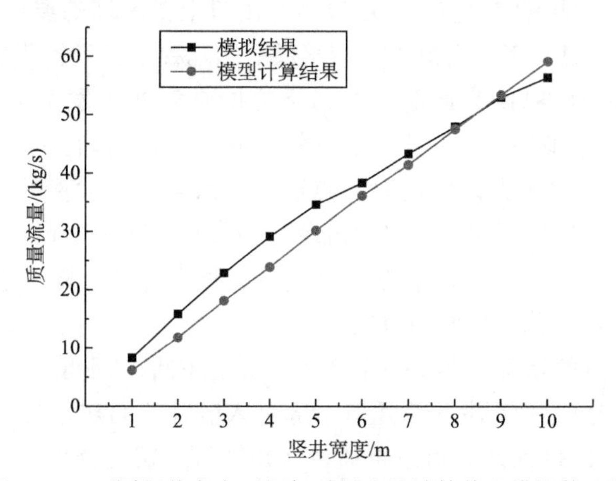

图 4.30　不同竖井宽度下烟气质量流量计算值和模拟值比较

根据公式（4.8）～（4.10），图 4.31 给出了竖井出口各参数的质量流量，其中包括排出热烟气流量 m_s、单位面积热烟气排出量 m_s/A、排出冷空气质量流量 Cm_a 以及总质量流量 m_e。根据上文分析可知，当热烟气以黏附溢流的形式排出隧道时，竖井出口总质量流量的增加是由排出的冷空气质量流量的增加引起的。单位面积热烟气排出质量流量随着宽度增加先减小而后趋于稳定，趋于稳定时对应的竖井宽度正好是竖井下方凹陷区最高点达到竖井顶部出口位置处。

综合考虑，可以得到以下结论：当隧道下方冷空气直接通过竖井排出时，此时竖井宽度的增加不会导致更好的排烟效果。

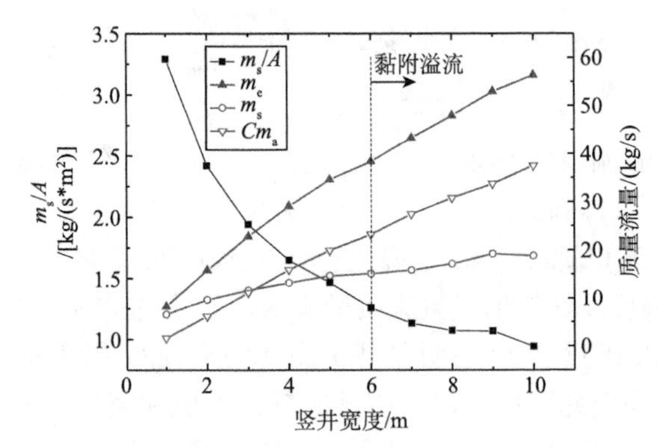

图 4.31　不同竖井宽度下竖井出口各参数的质量流量

4.4.3　竖井长度对排烟效果的影响研究

图 4.32 给出了不同竖井长度下的温度及速度分布。当竖井长度为 1m 时，从隧道顶棚下方进入竖井的烟气受到竖井右侧壁面的限制，在向上运动的过程中不断卷吸竖井左侧区域的空气，所以竖井出口上游区域的温度低于下游区域。当竖井长度为 2m 时，竖井右侧下方烟气层的凹陷程度已经很明显，部分冷空气被直接吸入竖井，可以认为此时排烟口下方的烟气处于发生吸穿的临界状态，进入竖井的热烟气和冷空气在竖井出口附近混合比较均匀。当竖井长度增加到 3m，排烟口下方烟气层凹陷区的最高点已经进入竖井，大量的冷空气被直接吸入竖井，此时已经发生了明显的吸穿现象。当竖井长度增加到 5m 时，凹陷区最高点达到竖井顶部出口，隧道下方冷空气贯穿整个竖井。随着竖井长度的继续增加，冷空气贯穿竖井区域面积也增大。

随着竖井长度的增加，竖井体积增大，隧道内烟气不能及时填充到竖井下方，造成大量冷空气从竖井下部开口中部进入竖井，而热烟气基本通过竖井上下游排出。如图 4.33 所示，可以将通过竖井排出的烟气分为三个部分：(a) 大部分烟气通过竖井上游排出；(b) 小部分烟气通过竖井下游排出；(c) 小部分烟气通过竖井两侧排出。当竖井中间区域发生冷空气贯穿之后，竖井长度的增加不会对通过竖井上下游排出的烟气部分产生影响，只会增加通过竖井两侧排出的烟气部分，但是此部分在竖井排出的全部烟气中占很小的比例。

在竖井长度达到一定值之后，竖井排出的烟气质量流量主要包括上述三部分，然而 Morgan 等人提出的烟气质量预测模型只能计算通过竖井上游排出的部分，即图 4.33 中 (a) 部分。而近域溢流区域可以近似为长度为溢流口宽度的

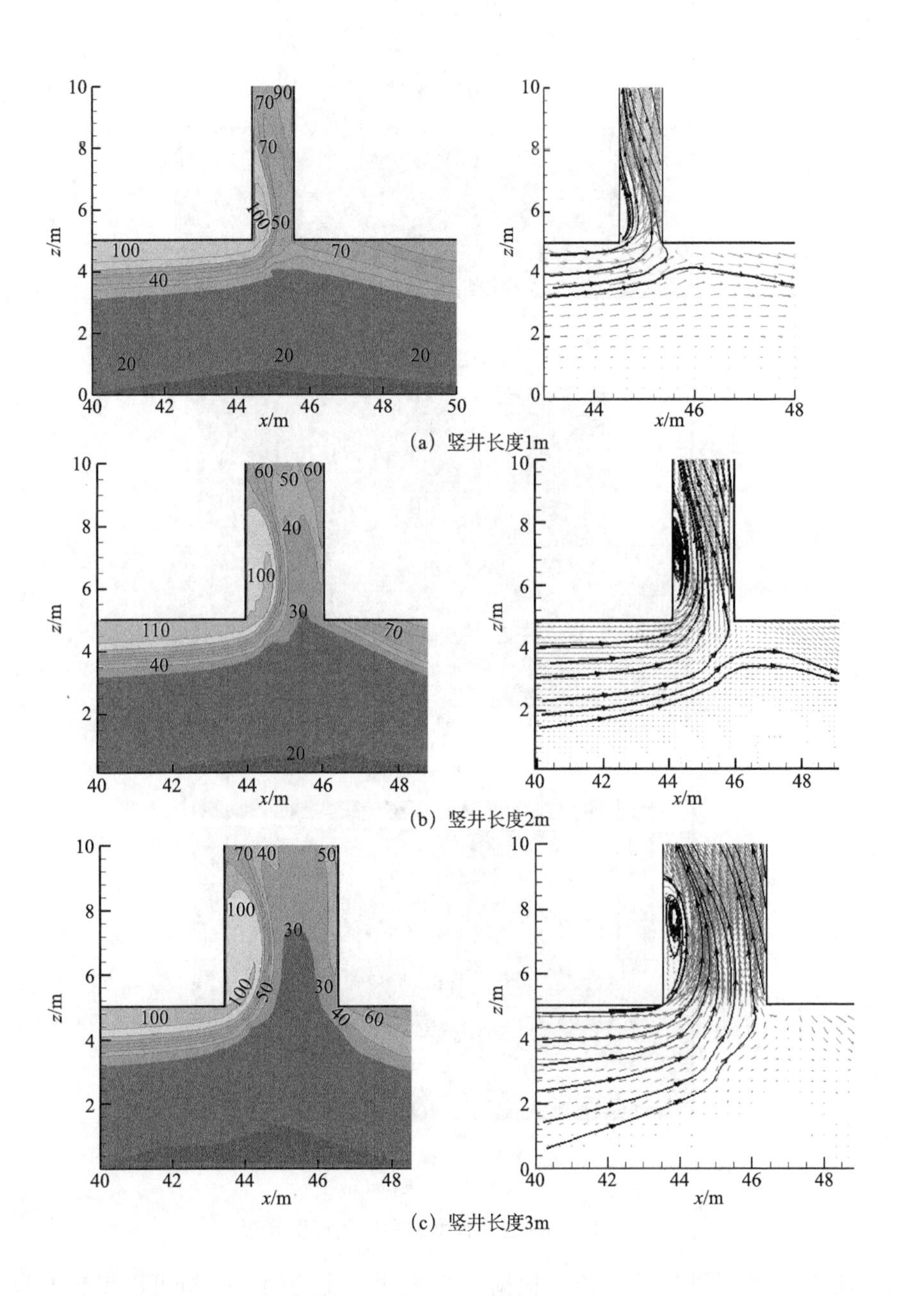

(a) 竖井长度1m

(b) 竖井长度2m

(c) 竖井长度3m

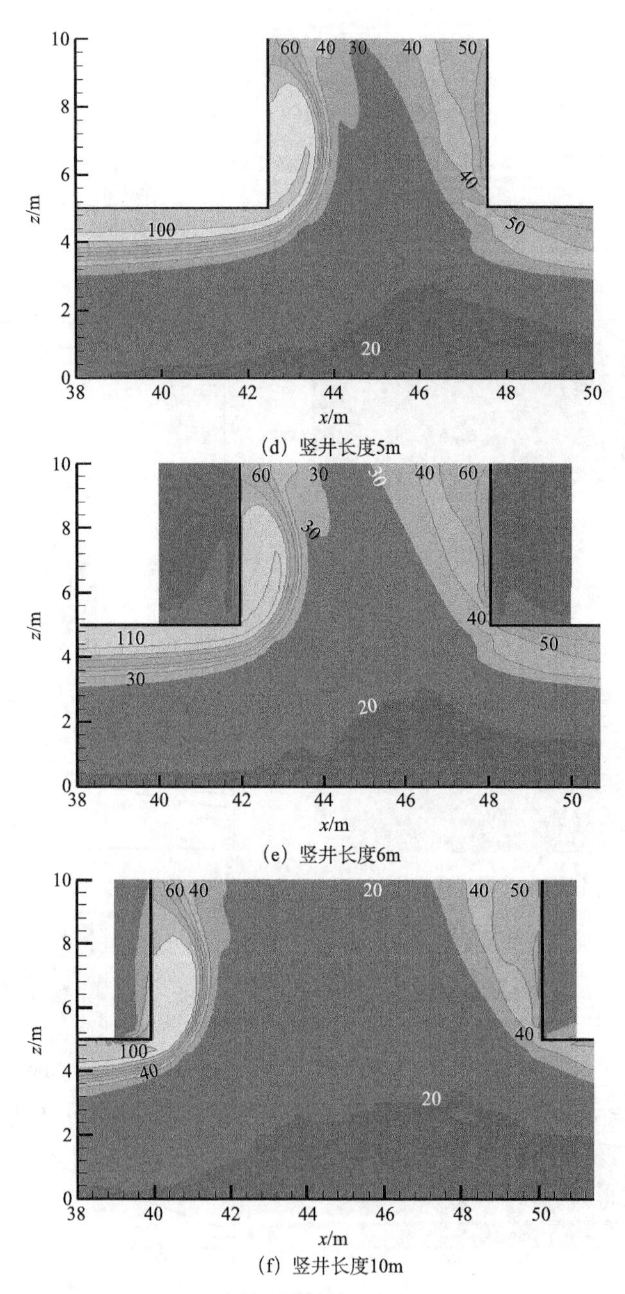

图 4.32　不同竖井长度的温度及速度分布

线形虚源产生的二维线性羽流。根据二维线性羽流的纲量分析可以得到质量卷吸流量和对流热量，进而通过无纲量参数守恒分析的方法求得溢流半宽 b[25]，

$$b = 0.103(z - H_v) + (\sqrt{2}/2)H_s \tag{4.16}$$

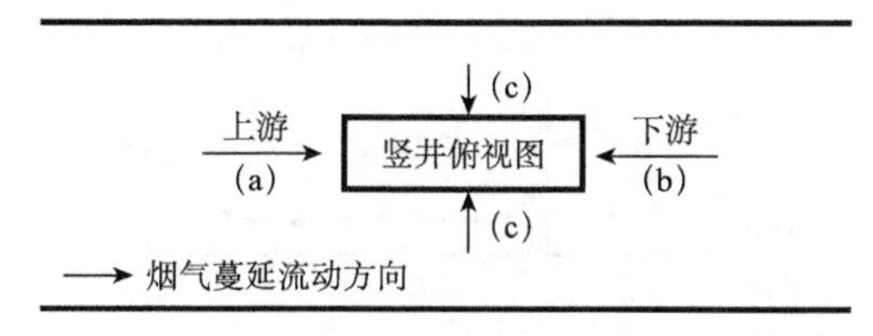

图 4.33　烟气在竖井底部流动示意图（俯视图）

式中，H_v 溢流口高度，H_s 溢流烟气层厚度，如图 4.25 所示。由上文的分析可知，竖井长度为 5m 时竖井中部处于发生贯穿的临界状态，竖井长度为 6m 时竖井中部已经完全被冷空气贯穿，此时热烟气通过竖井上游排出过程可以采用二维线性羽流特征方程分析。将相应工况参数值代入式 4.16 可以得到溢流半宽 b，计算结果见表 4.3。

表 4.3　溢流半宽

竖井长度/m	6	7	8	9	10
b/m	1.78	1.82	1.79	1.80	1.87

图 4.34 给出了竖井出口截面中心线处的 CO 浓度随竖井长度方向的变化趋势，图中标注的烟气宽度是通过 N 百分比法确定的溢流烟气宽度。由 N 百分比法确定的烟气宽度和 CO 的变化趋势相符，说明此方法可以用来确定竖井出口截面处的烟气宽度。基于二维线性羽流特征方程得到的烟气宽度和通过 N 百分比法得到的烟气宽度，两者之比在 0.94～1.02。因此当竖井中间区域完全被冷空气贯穿时，此时热烟气通过竖井上游排出过程可以用大空间建筑仓室火灾墙壁黏附溢流的近域二维线性羽流模型预测。

图 4.35 给出了不同竖井长度下竖井出口各参数的质量流量。随着竖井长度的增加，单位竖井面积排出的纯烟气量呈现下降的趋势。根据以上分析可知，竖井长度小于 5m 时，竖井中间区域没被冷空气贯穿，此时烟囱效应是竖井排烟的主要驱动力。随着长度增加到 6m，竖井中间区域被冷空气完全贯穿，此时进入竖井的热烟气黏附在竖井侧壁向上流动排出。继续增大竖井长度，并没有增加有效排烟面积，竖井排出的纯烟气不再随着长度的增加而增大。由于此时竖井中间被冷空气贯穿的区域随着长度的增加而增大，使得隧道中越来越多的冷空气直接排出，因此，竖井出口排出烟气中的空气成分随长度的增加而持续增大。

当竖井横截面积较大时，烟囱效应变弱，烟气以黏附溢流的形式排出，这大大降低了竖井的自然排烟效果。从实际工程考虑，应该使竖井的单位面积排出的纯烟气量尽量大。因此，在竖井横截面积一定时，可以把较大横截面积的竖井分成若干个较小横截面积的竖井，避免竖井中间区域被冷空气贯穿，从而增大竖井的有效排烟面积，提高竖井的排烟效果。

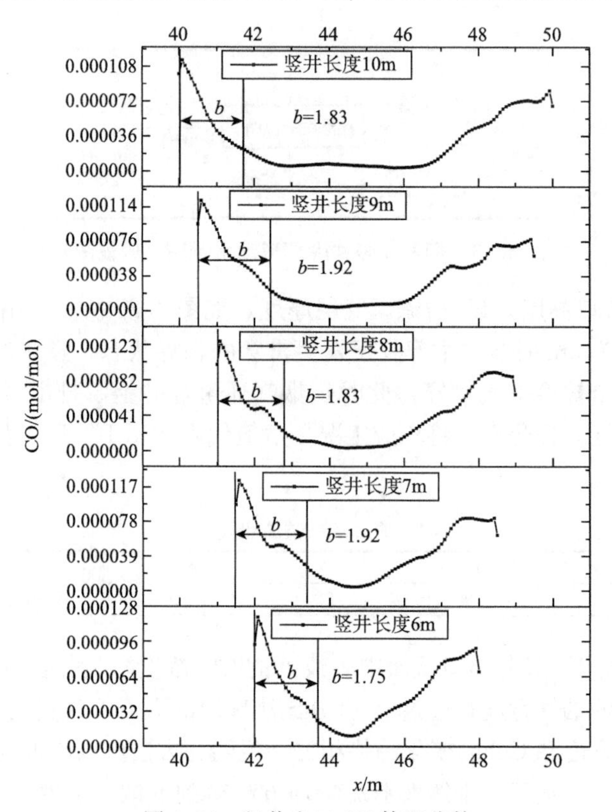

图 4.34 竖井出口 CO 体积分数

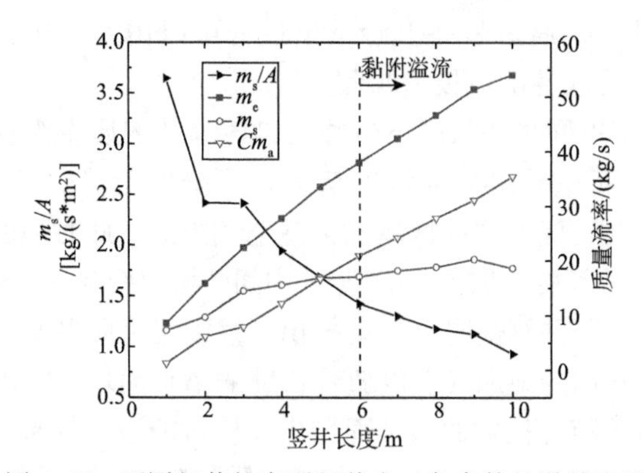

图 4.35 不同竖井长度下竖井出口各参数的质量流量

4.5 纵向风对自然排烟效果的影响

设置有竖井进行自然排烟的隧道中虽然没有纵向机械排烟系统，但由于隧道两端出口温度差等因素，也会在隧道内形成热浮力驱动的自然单向流动，这对竖井的自然排烟效果也会产生影响。下面运用数值模拟方法对不同纵向自然风速下的自然排烟效果进行研究[29]。参照 4.3 节建立的隧道模型进行模拟。火源功率设置为 3MW。竖井高度为 5m，截面尺寸为 2m×2m。考虑纵向风速为 0～3m/s（间隔 0.5m/s），共 7 种工况。环境温度设为 20℃。

4.5.1　隧道内烟气层厚度和温度

图 4.36 和图 4.37 给出了不同纵向风速下隧道内部竖井上游烟气层的高度和平均温度。随着纵向风速的增大，隧道内部烟气层的高度和平均温度逐渐下降。在纵向风速为 3m/s 时，烟气层界面已经下降到 1.2m 的位置，烟气层平均温度为 25℃，略高于环境温度。这是因为随着隧道内部纵向自然风速的增大，烟气层与下方冷空气的掺混加强，大量冷空气被掺混进入热烟气层。同时，较大的纵向风速具有较强的水平惯性力，这会破坏烟气层的分层稳定性，导致烟气沉降到地面附近。

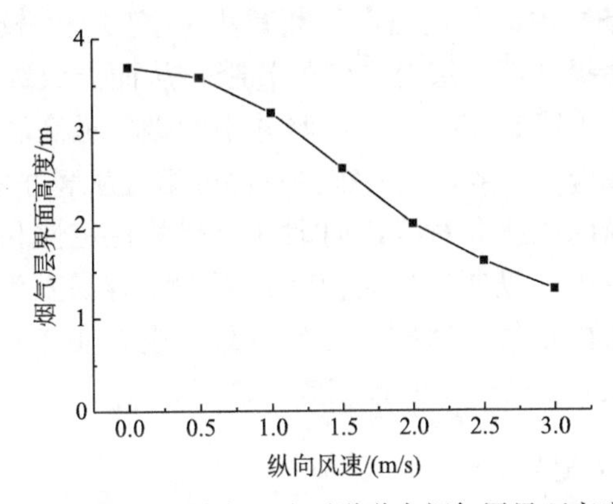

图 4.36　不同纵向风速下隧道内烟气层界面高度

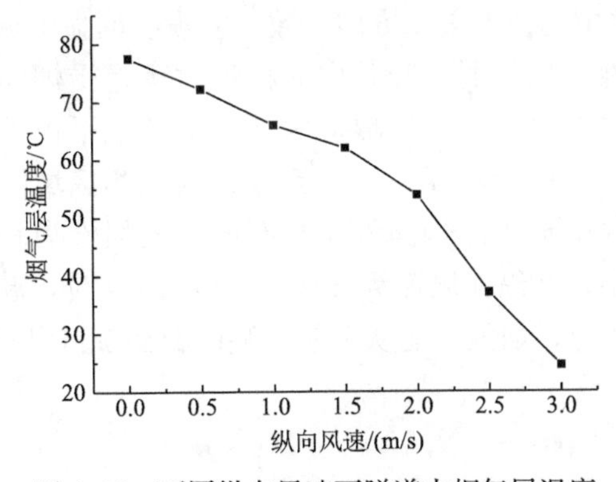

图 4.37　不同纵向风速下隧道内烟气层温度

4.5.2 竖井和隧道内温度分布

图 4.38 给出了不同纵向风速下竖井和隧道内温度分布情况，右侧部分为竖井内等温线的放大图。当纵向风速为 0m/s 和 0.5m/s 时，在竖井下部的存在一个温度仅为 20～30℃的低温区域，而竖井中大部分区域的温度在 40～60℃。由于在纵向风速较小时，隧道内部烟气的温度比较高，那么热烟气流入竖井后形成的烟囱效应就比较强，而此时隧道内烟气层的厚度却比较小。因此，烟囱效应具有的强大竖向惯性力会很容易破坏竖井下方烟气层的分层，进而导致大量空气被竖井直接排出隧道，即发生了吸穿现象。

随着纵向风速的提高，隧道内形成了具有相对较强的水平惯性力的较厚的烟气层，竖井下方的烟气层更加稳定，进而抑制了吸穿现象的发生。因此，当纵向风速为 1.0m/s 和 1.5m/s 时，竖井下方的低温区域消失，此处的温度上升到 40～50℃。

在纵向风速较高时（2～3m/s），竖井和隧道内的温度分布趋于一致。随着纵向风速的变大，竖井中的平均温度不断减小。事实上，较大的纵向风速具有的较强水平惯性力会提高烟气层对空气的卷吸，从而导致纵向风速为 3m/s 时，隧道内的烟气层温度下降到 25℃左右，竖井中的烟气最高温度仅为 26℃，此时竖井中形成的烟囱效应会很弱，只有很少一部分烟气从竖井中排出。

因此，不同的纵向风速会对隧道内烟气分层的稳定性和竖井自然排烟效果产生明显的影响。较小的纵向风速会使竖井下方很容易发生吸穿现象，较大的纵向风速会提高隧道内烟气层对空气的卷吸量，进而使竖井内形成的烟囱效应较弱。相对来说，纵向风速适中时排烟效果较好。

4.5.3 竖井中速度矢量场

图 4.39 给出了不同纵向风速下竖井内的速度矢量场。在纵向风速为 0m/s 和 0.5m/s 时，竖井中的速度矢量方向一致，并没有明显的漩涡区域存在。这是因为烟气的水平惯性力比较弱，竖井中的排烟过程是受烟囱效应引起的竖向惯性力所控制。随着纵向风速变大，隧道内烟气层的水平惯性力不断增强，在竖井中发生了明显的边界层分离现象，而且竖井内左侧区域漩涡随着风速增加而增大。由于此时竖井中形成的烟囱效应具有的竖向惯性力较弱，排烟过程由烟气的水平惯性力控制。在纵向风速为 2.5m/s 和 3m/s 时，漩涡区分别占据了竖井中 1/2 和 3/4 的区域，烟气只能从竖井右侧的非涡旋区域排出，竖井中的有效排烟区域大大减小。

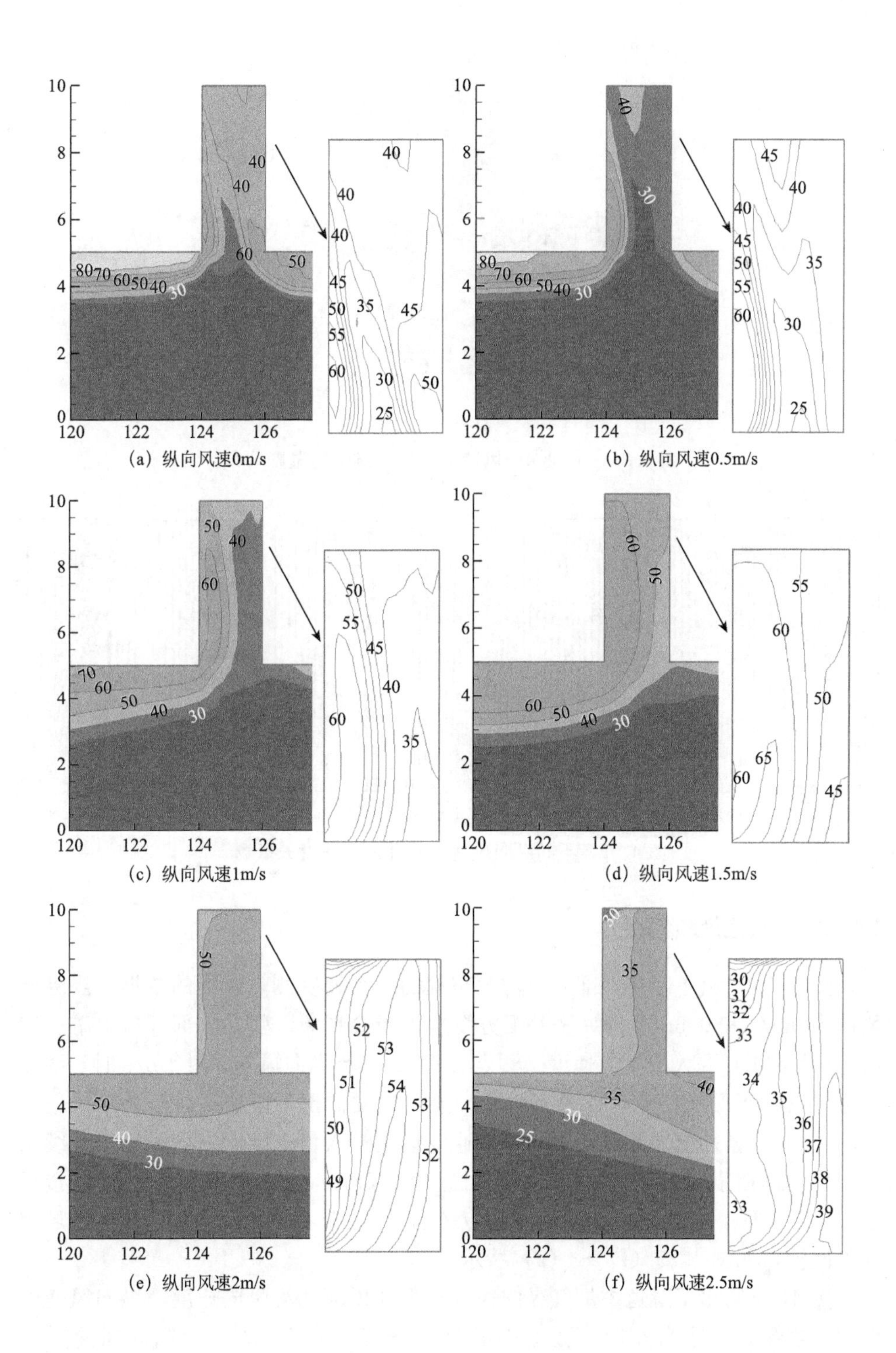

(a) 纵向风速0m/s　(b) 纵向风速0.5m/s

(c) 纵向风速1m/s　(d) 纵向风速1.5m/s

(e) 纵向风速2m/s　(f) 纵向风速2.5m/s

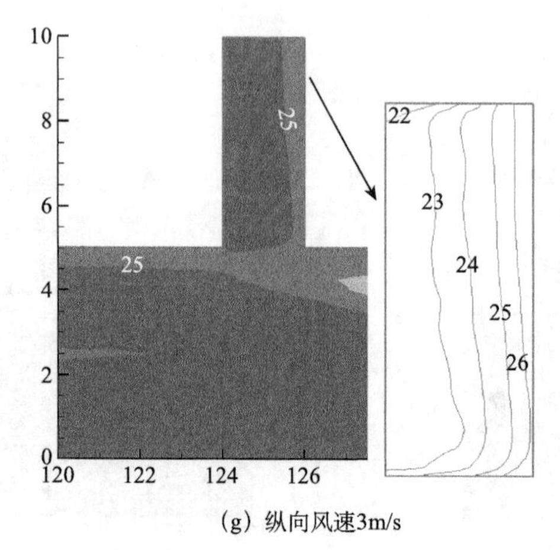

(g) 纵向风速3m/s

图 4.38 不同纵向风速下竖井和隧道内温度分布

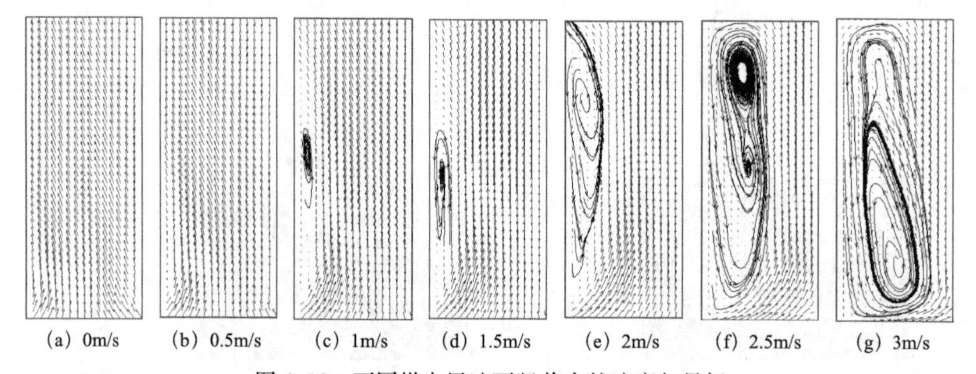

(a) 0m/s (b) 0.5m/s (c) 1m/s (d) 1.5m/s (e) 2m/s (f) 2.5m/s (g) 3m/s

图 4.39 不同纵向风速下竖井内的速度矢量场

4.5.4 烟气速度和惯性力

图 4.40 给出了竖井上部开口均匀布置的 4 个速度测点所测的数据。当纵向风速为 0m/s 和 0.5m/s 时，竖井下方发生了吸穿现象，竖井上部开口上游速度（测点 A 和 B）要大于下游速度（测点 C 和 D）。当纵向风速超过 1m/s 时，明显的边界层分离现象发生，竖井上部开口上游速度低于下游速度。在纵向风速为 1.5m/s 时，竖井上部开口的平均排烟速度达到最大值，随着纵向风速的继续增加，平均排烟速度逐渐下降。当纵向风速为 2.5m/s 和 3m/s 时，上游速度接近于 0（测点 B），甚至转变为负值（测点 A），这意味着竖井顶部开口左侧区域出现了回流，如图 4.39（f）～（g）所示。

图 4.41 给出了隧道中烟气纵向速度和竖井顶部气流竖向速度随纵向风速的变化。当纵向风速为 0 时，隧道中的烟气速度为 0.88m/s。当纵向风速超过

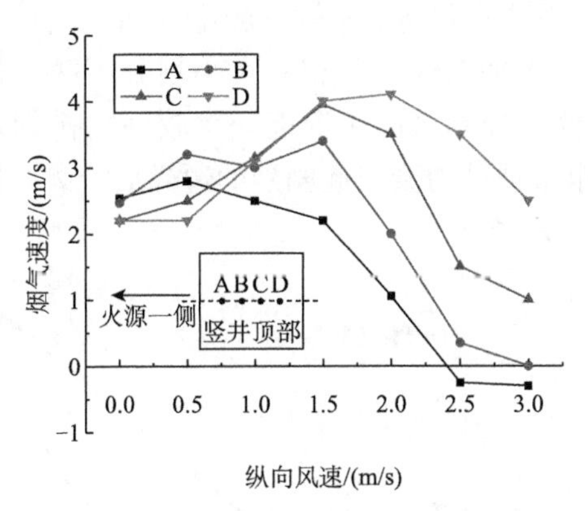

图 4.40　竖井顶部气流速度

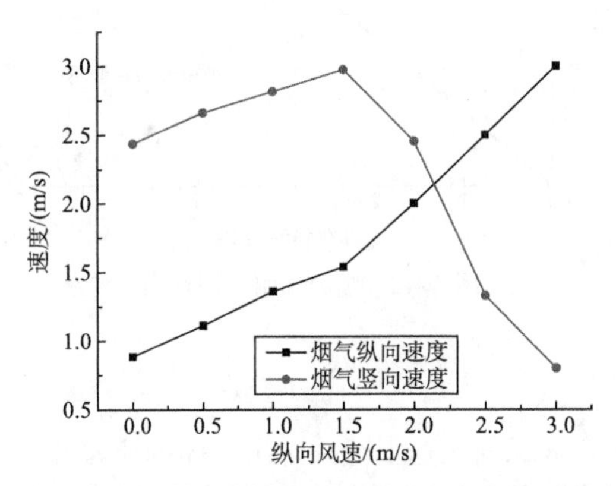

图 4.41　隧道中烟气纵向速度和竖井顶部气流竖向速度

1.5m/s 时，隧道中烟气速度约等于纵向风速。这是因为，在纵向风速较小时，隧道中的烟气运动是受浮力驱动的；纵向风速较大时，烟气运动主要是受纵向自然风驱动的。同时，当纵向风速低于 2m/s 时，竖井上部开口烟气的竖向速度要高于隧道中烟气的纵向速度，当纵向风速超过 2m/s 时，反之。

下面利用图 4.41 中的速度数据计算烟气的竖向和水平惯性力。惯性力表达式为

$$P = \frac{1}{2}\rho v^2 \tag{4.17}$$

式中，ρ 和 v 分别代表烟气密度和速度。对热烟气运用理想气体定律，忽略压力变化，密度 ρ 可表示为

$$\rho = \frac{\rho_a T_a}{T} \tag{4.18}$$

式中，T 代表烟气温度，ρ_a 代表空气密度，T_a代表空气温度。

图 4.42 给出了利用竖井和隧道中烟气的温度和速度计算出的竖向和水平惯性力。图中根据竖向和水平惯性力的相对大小划分了两个控制区域。结合之前的分析，位于竖向惯性力控制区的工况能获得较好的排烟效果。当纵向风速超过 2m/s 时，较大的水平惯性力会引起剧烈的边界层分离，因而处于水平惯性力控制区的工况排烟效果较差。

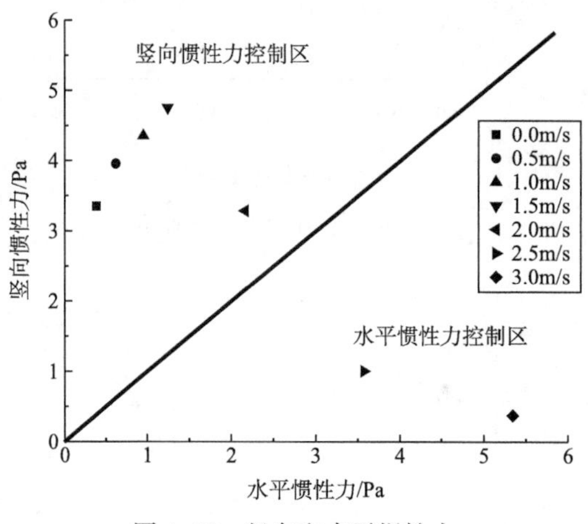

图 4.42　竖向和水平惯性力

4.5.5　竖井排烟量

图 4.43 给出了不同纵向风速下竖井排出气体的质量流量。当纵向风速小于 1.5m/s 时，质量流量随着纵向风速的增大而缓慢增加，当纵向风速大于 1.5m/s 时，质量流量随着纵向风速的增大而迅速减小。

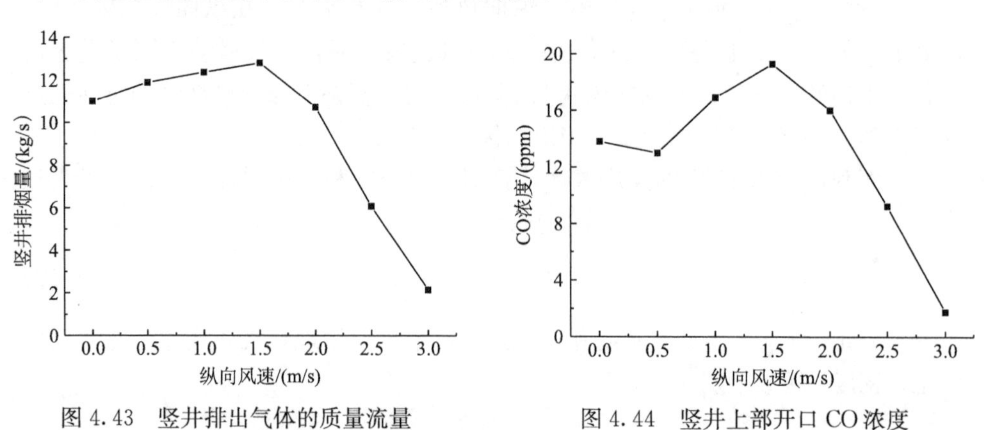

图 4.43　竖井排出气体的质量流量　　　图 4.44　竖井上部开口 CO 浓度

一般认为，排烟系统排出的气体质量流量是一个判断排烟有效性的重要参数。但是，由于竖井排出的气体质量流量中有部分是卷吸进入烟气中的空气

(包括由于吸穿现象的发生而直接吸入竖井的空气)，排出的质量流量并不能完全反映排烟效果。而竖井中烟气的 CO 浓度能够反映卷吸空气的程度。图 4.44 给出了在竖井上部开口测得的 CO 浓度。当纵向风速在小于 1.5m/s 时，CO 浓度随着纵向风速的增加呈变大的趋势，而当纵向风速在 1.5m/s 到 3m/s 之间时，CO 浓度随着纵向风速的增加而迅速减小。总体看来，在纵向风速为 1.5m/s 的工况下，吸穿现象没有发生，边界层分离现象也不明显，此时排烟效果相对最好。

4.6　斜角竖井对边界层分离现象的抑制作用

在前面的章节中，我们发现在竖井的自然排烟过程中有时会发生剧烈的边界层分离现象，这会大大降低排烟效果。而在目前的实际工程中，竖井与隧道的连接角度一般为直角，这就难以避免边界层分离的发生。下面把竖井与隧道的连接角度改为斜角，利用 FDS 模拟软件研究“斜角竖井”的自然排烟效果[30]。

模型隧道长 50m，宽 12m，高 5.4m。火源功率设为 4MW。火源距离隧道左侧开口 10m，竖井设在火源右侧 16m。纵向自然风速设为 1m/s，环境温度设为 20℃。模拟中直角竖井长 3m，宽 3m，设置的竖井高度 (h) 分别为 2.6m，4.6m 和 6.6m。竖井与隧道的连接角度 (θ) 分别为 90°，63.4°，45°和 26.6°，如图 4.45 所示。各斜角竖井相对直角竖井增加的空间体积一样。

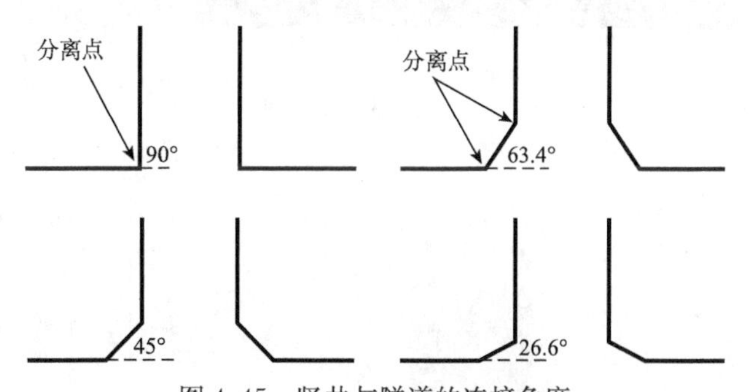

图 4.45　竖井与隧道的连接角度

为方便对比，先对直角竖井排烟效果进行数值模拟。图 4.46 给出了直角竖井工况下，隧道及竖井内温度分布情况，右侧为竖井内等温线的放大图。竖井高度为 2.6m 时，竖井内部右侧（远离火源一侧）区域的温度要明显大于左侧的温度，竖井左侧温度很低，略高于环境温度，即发生了边界层分离现象。随着竖井高度的增加，烟囱效应不断增强，竖井下部烟气层“凹陷”，凹陷处靠近竖井右侧，这不像普通的蓄烟空间中凹陷面位于竖井正下方。在凹陷面处，空气将与烟气掺混且有部分冷空气直接被吸入竖井。竖井内上部空间中烟气混合较为均匀，左右两侧温度相差不大，烟气温度在 40～60℃之间。

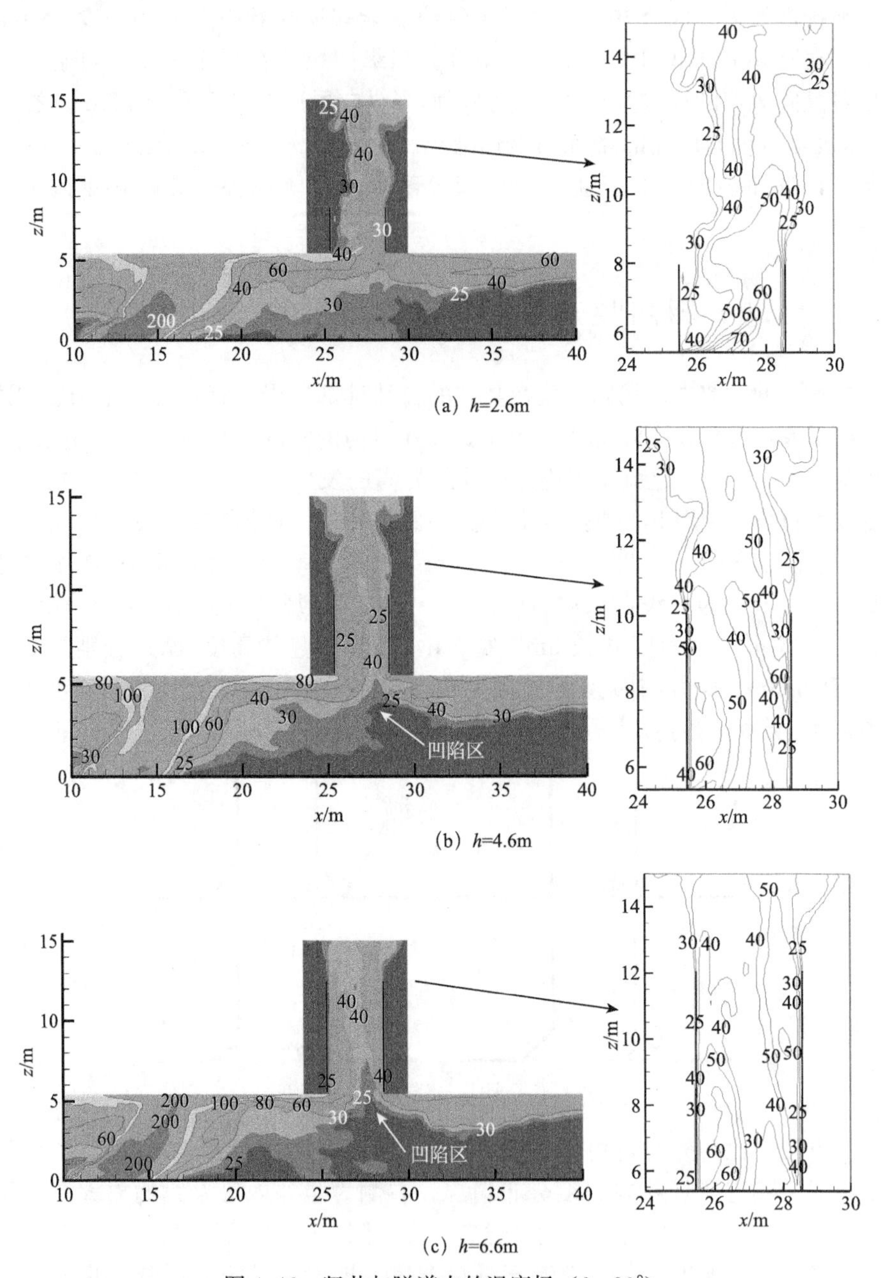

(a) h=2.6m

(b) h=4.6m

(c) h=6.6m

图 4.46　竖井与隧道内的温度场（θ=90°）

图 4.47 给出了 θ 为 90°时竖井内部流场形态。竖井高度为 2.6m 时，在分离点附近的气体速度几乎为零，竖井外部的空气由逆压梯度区流入竖井，形成了

大尺度的湍流漩涡，该湍流漩涡阻挡了下部烟气经由竖井左侧排出，烟气只能从竖井右侧排出。竖井内此时的烟气浓度场和流动状态如图 4.48（a）所示，由于少量烟气回流至湍流漩涡左侧，竖井左侧烟气浓度非常低，稍高于环境空气。随着竖井高度的增大，竖井左侧回流区的漩涡逐渐减小，仅出现在竖井左侧壁面附近。在漩涡以上区域烟气重新黏附到壁面上，即发生了边界层吸附效应。因此，竖井高度的增加有助于因边界层分离而离开竖井壁面的烟气重新贴近壁面流动，同时烟囱效应的加强使竖井内烟气流速增加，从而使得回流漩涡的体积变小，改善了竖井排烟效果。

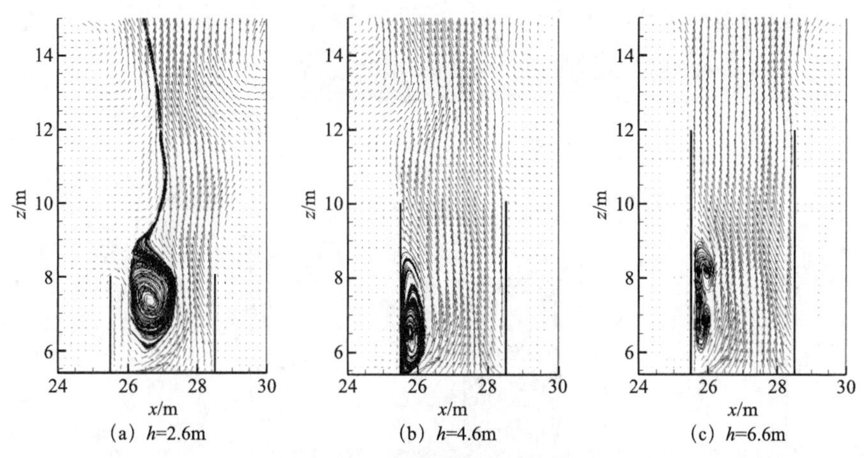

（a）h=2.6m　（b）h=4.6m　（c）h=6.6m

图 4.47　竖井内的速度矢量场（$\theta=90°$）

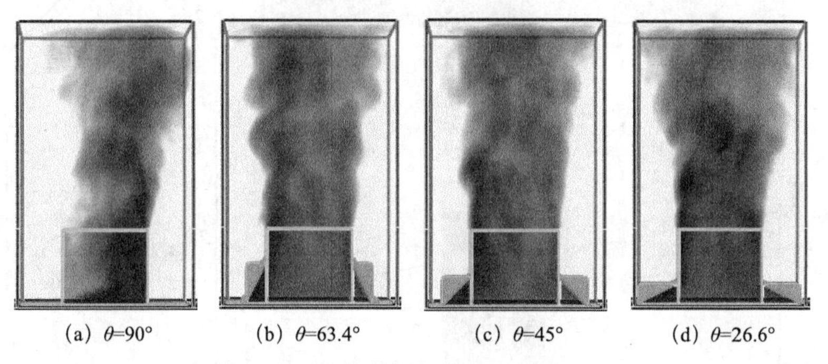

（a）θ=90°　（b）θ=63.4°　（c）θ=45°　（d）θ=26.6°

图 4.48　竖井内烟气分布（$h=2.6$m）

图 4.49 给出了竖井高度为 2.6m，θ 为 63.4°，45°和 26.6°时的隧道及竖井内的温度分布情况。与图 4.46（a）（$\theta=90°$）相比，竖井下方和竖井下游的烟气层厚度均有所减小，表明斜角竖井排出了更多的烟气。同时，竖井中的温度场没有呈现出图 4.46（a）中左侧显著低于右侧的情况，且竖井下方的温度等值线呈现明显的向上凹陷，这与图 4.46（b）和（c）中的温度分布特征相似。这些

说明相对于直角竖井的工况，斜角竖井工况下的烟囱效应较强，竖井中烟气的竖向惯性力和排烟速度增大。

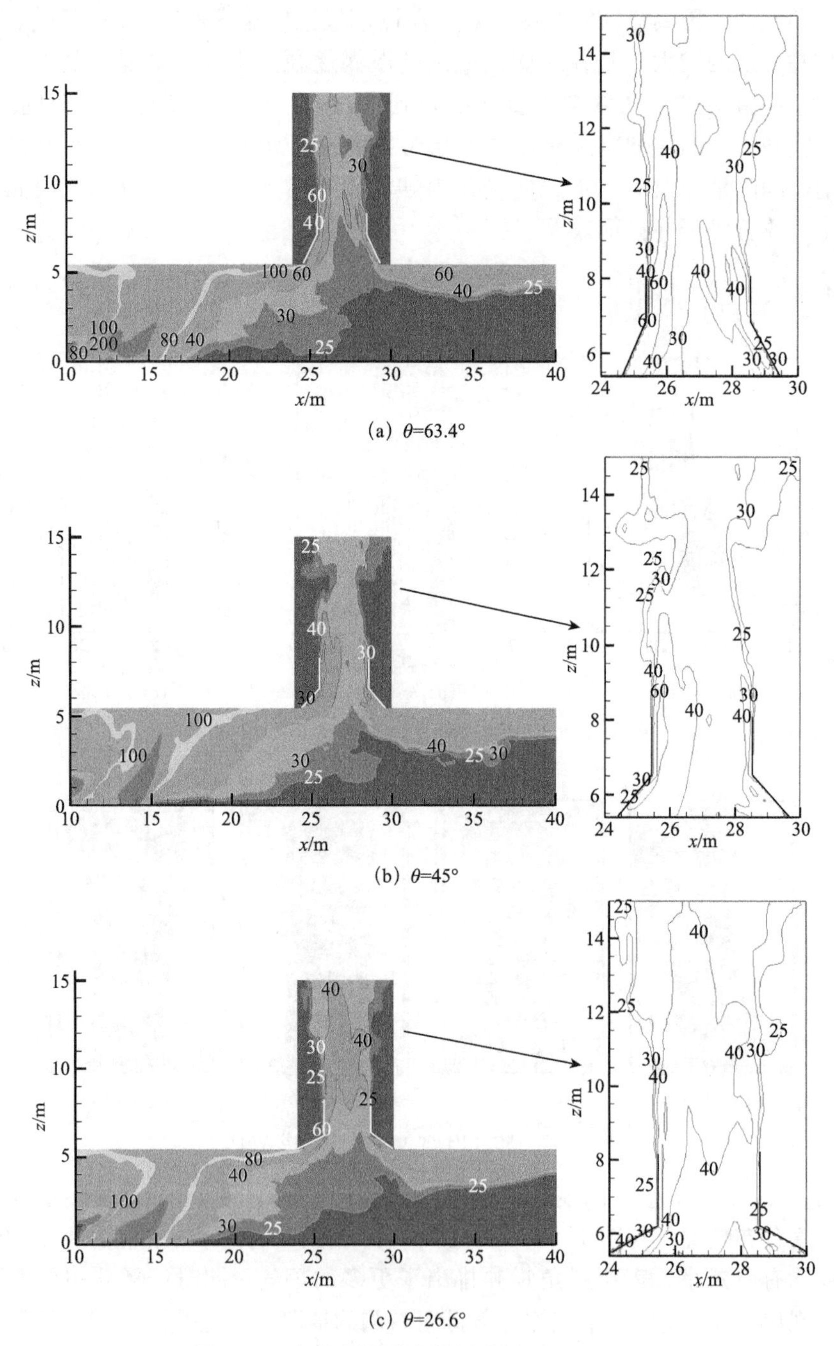

(a) θ=63.4°

(b) θ=45°

(c) θ=26.6°

图 4.49　竖井与隧道内的温度场（h=2.6m）

图4.50给出了竖井高度为2.6m，θ为63.4°，45°和26.6°时的竖井内流场形态。与图4.47（a）（$\theta=90°$）相比，竖井内左侧区域中没有出现会阻碍烟气排出的大回流漩涡。从理论上来说，由于仅将一个直角分离点改成了两个钝角分离点，并未将连接处设计成流线型，仍然存在一定程度的边界层分离，但分离现象会相对较弱。从流场图上来看，两个钝角分离点处的区域已经完全被烟气充满，边界层分离对排烟的不利影响已经基本消除。从图4.48（b），（c）和（d）能清楚的看出，烟气在竖井内得到了充分的混合，竖井内左右两侧区域中的烟气浓度基本一致。

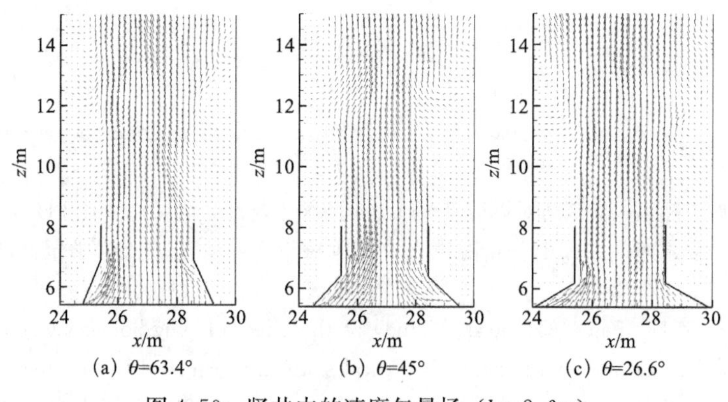

(a) θ=63.4°　(b) θ=45°　(c) θ=26.6°

图4.50　竖井内的速度矢量场（$h=2.6$m）

图4.51给出了各工况下竖井排出烟气的质量流量。θ不变时，随着竖井高度的增加，烟气排出质量流量增大。因为竖井高度越大，产生的烟囱效应越强，进而排出了更多的烟气。在相同竖井高度下，不同斜角的竖井排出的烟气质量流量相近，都大于直角工况下的排烟量。对于竖井高度为2.6m的工况，由于θ

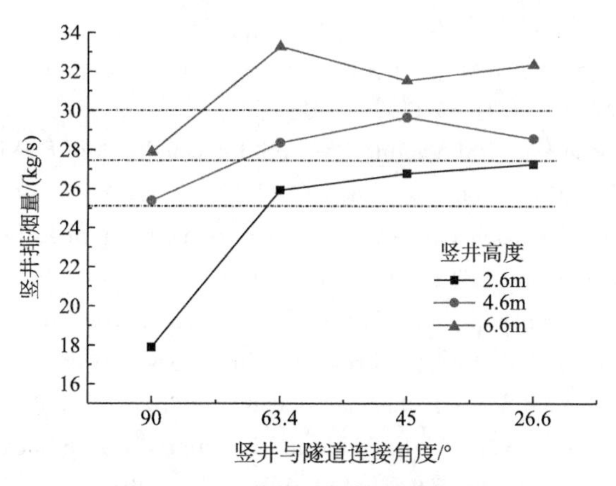

图4.51　竖井排出烟气的质量流量

为 90°时，竖井内产生了显著的边界层分离现象，大回流漩涡严重阻碍了竖井的排烟，所以当斜角竖井基本消除了边界层分离现象对自然排烟的不利影响后，排烟质量流量提高最为显著，斜角竖井的排烟质量流量为直角竖井的 1.5 倍左右。当竖井高度为 4.6m，6.6m 时，斜角竖井的排烟质量流量为直角竖井的 1.15 倍左右。通过图 4.51 还可以发现，竖井高度为 2.6m 时斜角竖井的排烟量略高于竖井高度为 4.6m 时直角竖井的排烟量，竖井高度为 4.6m 时斜角竖井的排烟量略高于竖井高度为 6.6m 时直角竖井的排烟量。这说明在增加竖井高度的同时，配合竖井与隧道连接角度的改变可达到更优的自然排烟效果。

参考文献

[1] Alarie Y. Toxicity of fire smoke [J] . CRC Critical Reviews in Toxicology，2002，32 (4)：259-289.

[2] 石芳 . 城市隧道火灾消防对策初探 [J] . 消防技术与产品信息，2004 (11)：9-12.

[3] 戴国平，夏永旭 . 二郎山公路隧道火灾通风对策 [J] . 长安大学学报：自然科学版，2002，22 (6)：42-45.

[4] Ji J，Gao Z H，Fan C G，et al. A study of the effect of plug-holing and boundary layer separation on natural ventilation with vertical shaft in urban road tunnel fires [J]. International Journal of Heat and Mass Transfer，2012，55 (21-22)：6032-6041.

[5] 洪丽娟，刘传聚 . 隧道火灾研究现状综述 [J] . 地下空间与工程学报，2005，1 (1)：149-155.

[6] Delichatsios M A. The flow of fire gases under a beamed ceiling [J] . Combustion and Flame，1981，43：1-10.

[7] Kunsch J P. Simple model for control of fire gases in a ventilated tunnel [J] . Fire Safety Journal，2002，37 (1)：67-81.

[8] Kunsch J P. Critical velocity and range of a fire-gas plume in a ventilated tunnel [J]. Atmospheric Environment，1999，33 (1)：13-24.

[9] Cooper L Y. Smoke and Heat Venting [M] . SFPE Handbook of Fire Protection Engineering：National Fire Protection Association (NFPA)，2002，3：3-219.

[10] Lougheed G D，Hadjisophocleous G V. The smoke hazard from a fire in high spaces [J]. ASHRAE Transactions，2001，107 (1)：720-729.

[11] Vauquelin O. Experimental simulations of fire-induced smoke control in tunnels using an "air-helium reduced scale model"：Principle，limitations，results and future [J]. Tunnelling and Underground Space Technology，2008，23 (2)：171-178.

[12] Ji J，Li KY，Zhong W，et al. Experimental investigation on influence of smoke venting velocity and vent height on mechanical smoke exhaust efficiency [J] . Journal of Hazardous Materials，2010，177 (1-3)：209-215.

[13] 庄礼贤，尹协远，马晖扬．流体力学 [M]．合肥：中国科学技术大学出版社，2009.

[14] Harrison R, Spearpoint M. Physical scale modelling of adhered spill plume entrainment [J]. Fire Safety Journal, 2010, 45 (3): 149-158.

[15] Galea E, Berhane D, Hoffmann N. CFD analysis of fire plumes emerging from windows in high-rise buildings [J]. Proceedings of Fire Safety by Design, 1995, 3: 111-120.

[16] Chow W, Yi L, Shi C, et al. Mass flow rates across layer interface in a two-layer zone model in an atrium with mechanical exhaust system [J]. Building and Environment, 2006, 41 (9): 1198-1202.

[17] Morgan H, Gardner J P. Design Principles for Smoke Ventilation in Enclosed Shopping Centres [M]. London: Building Research Establishment, 1990.

[18] Ji J, Gao Z, Fan C, et al. Large eddy simulation of stack effect on natural smoke exhausting effect in urban road tunnel fires [J]. International Journal of Heat and Mass Transfer, 2013, 66: 531-542.

[19] McGrattan K, McDermott R, Hostikka S, et al. Fire dynamics simulator user's guide (Version 5) [R]. Gaithersburg: NIST Special Publication, 2010.

[20] Zhang X, Yang M, Wang J, et al. Effects of computational domain on numerical simulation of building fires [J]. Journal of Fire Protection Engineering, 2010, 20 (4): 225-251.

[21] Ji J, Han J, Fan C, et al. Influence of cross-sectional area and aspect ratio of shaft on natural ventilation in urban road tunnel [J]. International Journal of Heat and Mass Transfer, 2013, 67: 420-431.

[22] Harrison R, Spearpoint M. The horizontal flow of gases below the spill edge of a balcony and an adhered thermal spill plume [J]. International Journal of Heat and Mass Transfer, 2010, 53 (25-26): 5792-5805.

[23] Morgan H. The horizontal flow of buoyant gases toward an opening [J]. Fire Safety Journal, 1986, 11 (3): 193-200.

[24] Poreh M, Marshall N R, Regev A. Entrainment by adhered two-dimensional plumes [J]. Fire Safety Journal, 2008, 43 (5): 344-350.

[25] 史聪灵．大空间内仓室火灾增长特性及烟气蔓延规律研究 [D]．合肥：中国科学技术大学，2005.

[26] Zukoski E. Properties of fire plumes, Combustion Fundamentals of Fire [M]. London: Springer, 1995.

[27] Wang Y, Jiang J, Zhu D. Full-scale experiment research and theoretical study for fires in tunnels with roof openings [J]. Fire Safety Journal, 2009, 44 (3): 339-348.

[28] Wang Y F, Jiang J C, Zhu D Z. Diesel oil pool fire characteristic under natural ventilation conditions in tunnels with roof openings [J]. Journal of Hazardous Materials, 2009, 166 (1): 469-477.

[29] Zhong W, Fan C G, Ji J, et al. Influence of longitudinal wind on natural ventilation with

vertical shaft in a road tunnel fire [J]. International Journal of Heat and Mass Transfer, 2013, 57 (2): 671-678.

[30] Ji J, Fan C G, Gao Z H, et al. Effects of vertical shaft geometry on natural ventilation in urban road tunnel fires [J]. Journal of Civil Engineering and Management, 2014, 20 (4): 466-476.

第 5 章　隧道机械防排烟系统的有效性

由于隧道等狭长空间火灾烟气蔓延的特殊性，烟气控制是隧道火灾防治中的一个非常重要的问题。在隧道设计阶段，就应当根据隧道长度、平曲线半径、坡度、交通条件、气象条件和环境条件等设计有效的通风排烟系统，以最大限度的降低隧道烟气对人员造成的危害，而且还要兼顾经济性和易用性。通风排烟系统的设计与运行应当根据火灾发展特点合理进行。隧道内的通风和烟气控制主要有两大类，分别是自然通风方式和机械通风方式。其中机械通风方式又包括全横向通风、半横向通风和纵向通风三种方式。本章通过实验和数值模拟的方式，对横向排烟速率对烟气水平输运特性的影响、射流风机作用下的隧道流场特性、纵向风对主辅双洞隧道火灾烟气的控制作用，以及隧道火灾烟气分岔流动现象进行分析，为隧道火灾的烟气控制提供一定的参考。

5.1　横向排烟速率对烟气水平输运特性的影响

地铁站台、地下商业街以及部分特长公路隧道等狭长型结构内大量采用横向排烟模式，对此，前人对横向排烟效率的影响因素进行了宏观探讨[1~5]，主要包括排烟速率、排烟口形状、位置以及火源功率、排烟口与补气口相对位置等。应注意到，横向排烟系统在排除烟气的同时，所引起的纵向气流会削弱甚至破坏烟气的层化，横向排烟速率越大，烟气层化效果越差。维持通道内烟气的层化不仅有利于火灾初期的人员疏散，对于消防队员接近火点实施灭火工作也具有重要意义[6]。而目前对于烟气层化特征随排烟速率的变化尚缺乏深入的研究。另外，烟气温度和蔓延速度也是重要的火灾参数，对人员安全疏散具有重要影响。横向排烟能够降低烟气的温度和水平蔓延速度，对其进行系统研究有十分重要的意义。

针对以上问题，通过在长通道模型中开展一系列横向机械排烟实验，对不同火源功率情况下，通道内不同位置处烟气层化形态、横向排烟对烟气水平流动速度以及烟气层最高温升的影响进行了研究，分析了烟气层与下部空气出现掺混的机理以及不同位置掺混程度出现差异的原因，获得了烟气层最高温升和水平流动速度随排烟速率的定量变化规律。实验中所采用的通道模型及测点布置如图 5.1 所示。

使用气体燃烧器来模拟火源，其中心距离通道左端 1.85m。燃料为液化石

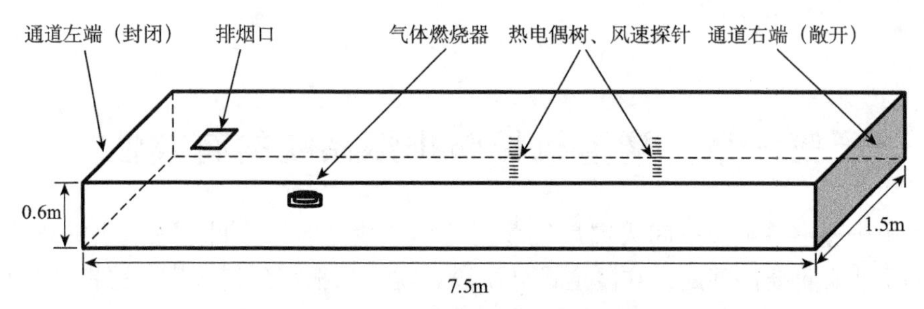

图 5.1 通道模型的尺寸及测点布置

油气，燃烧热 46.0MJ/kg。火源功率通过改变液化气的流量来控制，本实验使用 7.8kW 和 10.4kW 两种功率，排烟速率介于 1.24～8.86m/s，环境温度为 15～17℃。由于燃烧产物无色透明，因此在火羽流附近添加示踪烟气，以便于观察通道内热烟气的运动状况，同时使用激光片光源来增强示踪烟气的可视效果。机械排烟口距通道左端 0.8m，尺寸为 0.2m×0.2m，通过对风机变频实现排烟速率的连续调节。

在距离通道左侧端部 3.4m 和 5.5m 处分别布置 4 个风速测点和 14 个热电偶测点。风速测点分辨率为 0.01m/s，采集间隔为 0.1s。4 个风速测点沿竖向排列，分别距顶棚 0.03m，0.07m，0.14m 和 0.18m。该间距由预实验确定，确保上面两个测点在上部热烟气层中，下面两个在下部空气层中。采用 K 型热电偶测量温度，采集间隔为 0.5s。竖向热电偶串最高点距顶棚 0.03m，相邻测点间隔为 0.02m。

5.1.1 烟气输运特性参数

1. 烟气层厚度及温度竖向分布函数

判断烟气层厚度，主要有 N-百分比法，积分比法等[7,8]。其中，N-百分比法使用得较为广泛，但对于 N 的取值主观性较强，尤其是当烟气层界面处的温度梯度变化不大时，N 值的较小变化可能对计算得到的烟气层厚度带来较大误差[7]。积分比法对烟气层厚度的预测较准确[7]，在火灾领域广泛使用的 FDS 软件就采用了这种方法来计算烟气层界面高度[9]，其基本的原理是基于烟气分层现象，分别计算上层烟气和下层空气的积分比。

上层烟气温度积分比为

$$r_{\mathrm{u}} = \frac{1}{(H - H_{\mathrm{int}})^2} \int_{H_{\mathrm{int}}}^{H} T(z)\,\mathrm{d}z \int_{H_{\mathrm{int}}}^{H} \frac{1}{T(z)}\,\mathrm{d}z \tag{5.1}$$

下层空气温度积分比为

$$r_{\mathrm{l}} = \frac{1}{{H_{\mathrm{int}}}^2} \int_{0}^{H_{\mathrm{int}}} T(z)\,\mathrm{d}z \int_{0}^{H_{\mathrm{int}}} \frac{1}{T(z)}\,\mathrm{d}z \tag{5.2}$$

积分比之和为

$$r_t = r_u + r_l = f(z) \tag{5.3}$$

式中，H 是地面到顶棚的总高度，H_{int} 是烟气层界面的高度，$T(z)$ 是温度竖向分布函数。当 r_t 最小时对应的 H_{int} 就是烟气层界面高度，烟气层厚度随即可知[5]。这里的温度竖向分布函数 $T(z)$ 可通过对实验测量得到的温度分布曲线进行非线性拟合得出。图 5.2 是火源功率 10.4kW、排烟速率 1.24m/s 时，距离开口端部 2m 处竖直方向上的温度分布。从实验数据可以看出，温度在竖直方向上的分布呈 S 形状，因此采用 Sigmoidal 函数对分布曲线进行逼近，将拟合得到的连续函数作为温度积分函数 $T(z)$。

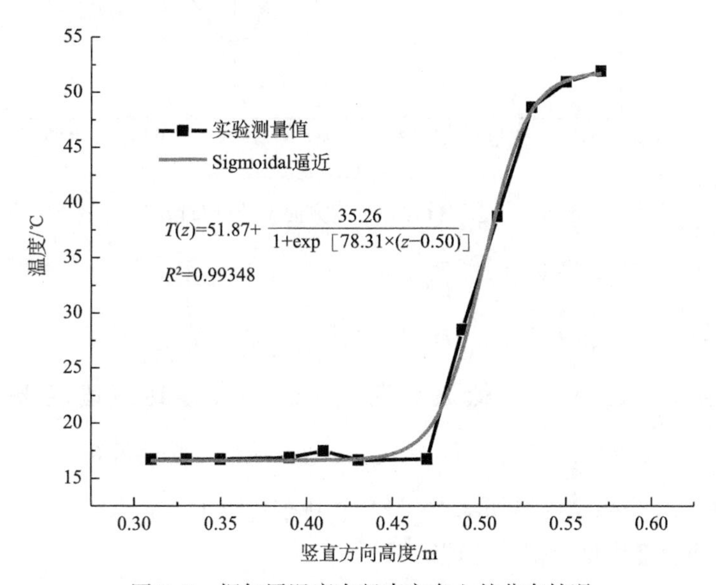

图 5.2　烟气层温度在竖直方向上的分布情况

通过使用积分比法来计算稳定分层区的烟气层厚度，数值积分通过 Matlab 程序实现。图 5.3 是某典型工况下 r_t 随高度发生变化的曲线，此时的烟气层厚度为 0.1m。

2. 烟气的水平流速

在实验中实时测得的气流速度数据可能会有较大的波动。可以认为这种气流速度是定常速度和扰动速度的叠加：$u(t) = u_{const} + u'(t)$，其中 $\int_0^\infty u'(t)\mathrm{d}t = 0$。离散后得到：$u_n = u_{const} + u'_n, \sum u'(t) = 0$。对速度进行傅里叶变换滤波处理[10]，取其 0Hz 低通分量。使用傅里叶变换：

$$U(\omega) = \frac{1}{N}\sum_{n=1}^{N} u_n \mathrm{e}^{-\mathrm{i}n\omega} = \frac{1}{N}\sum_{n=1}^{N} (u_{const} + u'_n)\mathrm{e}^{-\mathrm{i}n\omega} \tag{5.4}$$

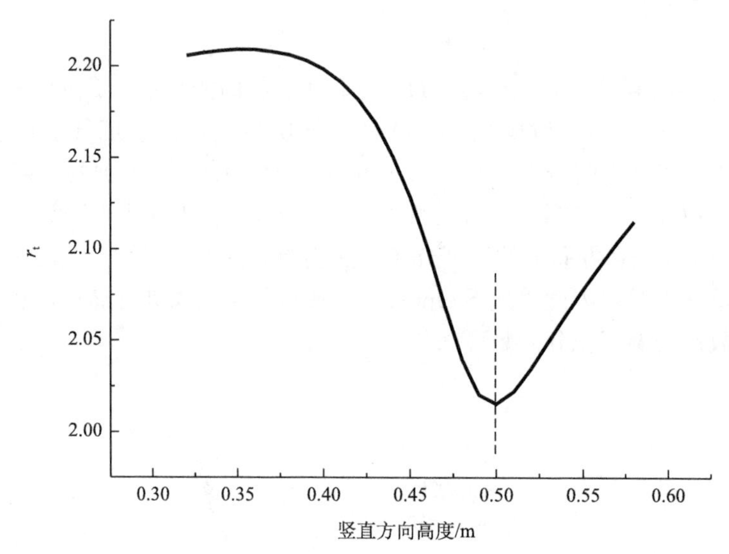

图 5.3　总积分比在竖直方向上的分布情况

对于 $\omega=0$，前式将变为

$$U(0)=\frac{1}{N}\sum_{n=1}^{N}(u_{\mathrm{const}}+u_n')=\frac{1}{N}\sum_{n=1}^{N}u_{\mathrm{const}}+\frac{1}{N}\sum_{n=1}^{N}u'=u_{\mathrm{const}} \tag{5.5}$$

由此可见，进行 0Hz 低通截断后，逆变换得到的速度 $u_{\mathrm{filtered}}(n)=\frac{1}{2\pi}\int_{-\pi}^{\pi}U(\omega)\mathrm{e}^{in\omega}\mathrm{d}\omega=\frac{1}{2\pi}\int_{-\pi}^{\pi}u_{\mathrm{const}}\mathrm{d}\omega=u_{\mathrm{const}}$。故滤波后，将能够得到气流速度的定常分量。图 5.4 给出了火源功率 10.4kW、排烟速率 1.24m/s 时，距离开口端部 2m 处的气流速度测量数据及处理结果。

3. 烟气分层的 *Fr* 数

烟气层化和掺混特征可使用弗洛德数 *Fr* 来定量分析。在流体力学中，通常用 *Fr* 描述惯性力和浮力之间的比值，*Fr* 数值越大，则惯性力在其中的主控作用就越强[11]。本节中，惯性力即烟气-空气之间的水平剪切力，是出现掺混的主导因素；浮力则是维持烟气层化的主导因素。弗洛德数的表达形式如下所示：

$$Fr=\left[\frac{\rho_s\Delta V^2}{g\Delta\rho H_{\mathrm{int}}}\right]^{1/2} \tag{5.6}$$

式中，g 为重力加速度；ρ_s 为上层烟气的平均密度；$\Delta\rho$ 为烟气层和空气层的平均密度之差；ΔV 为剪切速度，即烟气层和空气层的平均速度之差；H_{int} 为烟气层界面的高度。将烟气视为理想气体，则平均密度可以通过平均温度换算得到。平均温度根据温度竖向分布函数 $T(z)$ 得到，具体的计算方式如下：

上层烟气的平均温度：

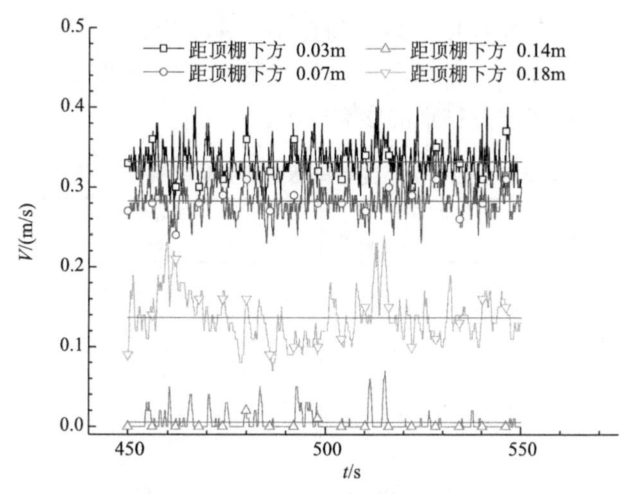

图 5.4　典型的气流速度数据及处理结果

$$T_u = \frac{1}{H - H_{int}} \int_{H_{int}}^{H} T(z)\mathrm{d}z \tag{5.7}$$

下层空气的平均温度：

$$T_l = \frac{1}{H_{int}} \int_{0}^{H_{int}} T(z)\mathrm{d}z \tag{5.8}$$

5.1.2　不同排烟速率下烟气层界面的形态特征

在实验过程中观察到，当排烟速率较小时，通道内的烟气层化很明显，如图 5.5（a）所示。但随着排烟速率的增大，初始的稳定烟气层开始变得紊乱，烟气层和空气层之间出现较为强烈的掺混现象。观察示踪烟气的形态发现，此时的烟气层可分为两个区域，即上部稳定分层区和下部湍流掺混区，越靠近通道右端开口位置处的掺混越强，强分层区的厚度越薄，如图 5.5（b）所示。

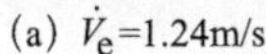

(a) $\dot{V}_e$=1.24m/s

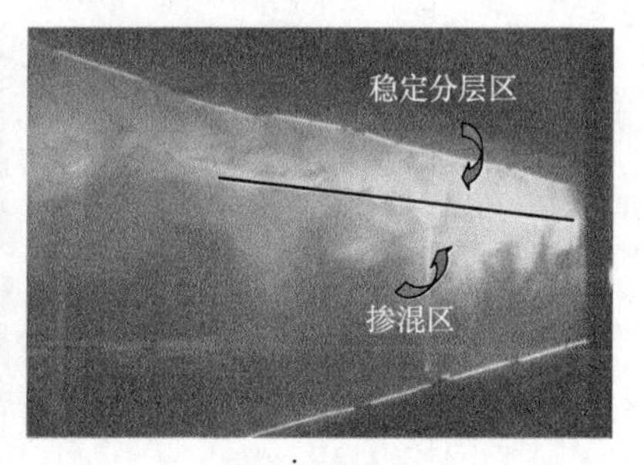

(b) $\dot{V}_e$=5.20m/s

图 5.5　不同排烟速率下的烟气层化特征（10.4kW）

各实验工况下烟气层厚度计算结果如表 5.1 所示。从表中的数据可以看出，同一火源功率下，烟气层厚度总体上随着排烟速率增大呈变薄的趋势。但是这一趋势在通道开口近处更为明显，该位置处的烟气层厚度甚至比远处更薄，通道开口远处的烟气层厚度受排烟的影响较小。

表 5.1 烟气层厚度随排烟速率变化的实验结果

	排烟速率 $\dot{V}_e$/(m/s)	H_{int}/m			排烟速率 $\dot{V}_e$/(m/s)	H_{int}/m	
		7.8kW	10.4kW			7.8kW	10.4kW
距开口端 2m	1.24	0.1	0.1	距开口端 4.1m	1.24	0.1	0.11
	1.43	0.1	0.1		1.43	0.1	0.1
	3.33	0.1	0.1		3.33	0.1	0.1
	4.89	0.09	0.09		4.89	0.1	0.1
	5.20	0.08	0.09		5.20	0.1	0.1
	7.51	0.08	0.07		7.51	0.09	0.1
	8.86	/	0.07		8.86	/	0.08

图 5.6 是火源功率分别为 7.8kW，10.4kW 时，通道内不同位置处的 Fr 数值随排烟速率的变化情况。横轴的排烟速率以无量纲形式表示，$\dot{V}_e/\dot{V}_{e,max}$，其中 $\dot{V}_{e,max}$表示相同火源功率下同一组实验工况中的最大排烟速率。从图中可以看出，距通道端部开口远端和近端的 Fr 数都随着排烟速率的增大而增大，即通道内烟气层和空气之间的剪切运动总体上随之呈增强的趋势。但是，Fr 数在通道开口近端始终大于远端，表明在开口近端位置，烟气层和空气之间的剪切运动更强，剪切力对烟气掺混的作用更大，浮力作用则相对较弱。由此也导致开口近端的掺混加剧，稳定分层区的烟气层厚度变薄。而开口远端的 Fr 数值相对较小，表

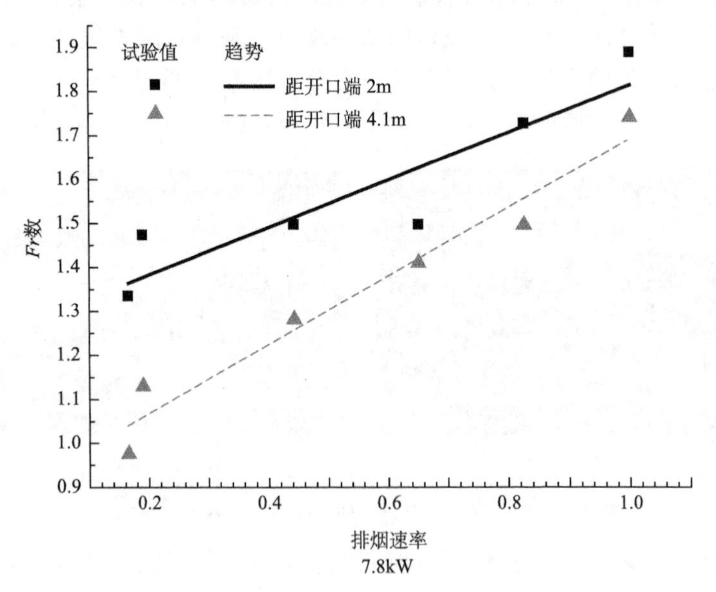

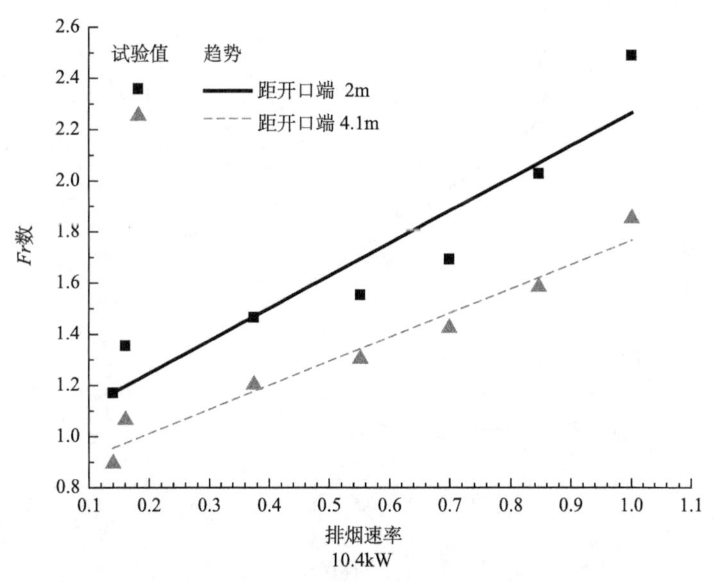

图 5.6 *Fr* 数随排烟速率的变化情况

明由排烟引起的烟气层和空气之间剪切运动较弱，在热浮力的作用下，烟气仍然能够维持较好的分层结构，因此烟气层厚度变化不大。这与表 5.1 计算得到的烟气层厚度变化情况是一致的。由此可以看出，*Fr* 数是影响烟气层化特征的重要无量纲参数。

5.1.3 烟气层内最高温升随排烟速率的变化

烟气层内最高温升随排烟速率的变化如图 5.7 所示，烟气层内的最高温升和排烟速率都用无量纲形式表示，分别是 $\Delta T/\Delta T_{1.24}$，$\dot{V}_e/\dot{V}_{e,\max}$，其中 $\Delta T_{1.24}$ 表示排烟速率 $\dot{V}_e=1.24\text{m/s}$ 时对应的烟气层内最高温升；$\dot{V}_{e,\max}$ 表示相同火源功率下同一组实验工况中的最大排烟速率。从图中的实验值可以看出，烟气层内的最高温升随着排烟速率的增大而减小。离开口近处位置（2m）的温升随排烟速率增大而衰减得更快。根据 5.1.2 节中的分析，开口近处的 *Fr* 数比远处更大，表明烟气层与空气层之间的剪切运动更加强烈，湍流掺混加剧，由此导致稳定分层区内的高温烟气与下部低温空气之间的对流传热效应加强，从而使得温度衰减更快。根据温升随排烟速率的衰减趋势，这里对测量值采用幂指数逼近，$\Delta T/\Delta T_{1.24}=a\exp\left[-\mathrm{b}\times(\dot{V}_e/\dot{V}_{e,\max})\right]$。从表 5.2 中的拟合结果可以看出，最高温升随着排烟速率的增加呈较好的幂指数衰减趋势。两种火源功率下，距端部开口 4.1m 处的衰减指数分别为 0.37434 和 0.39933，较为接近；而两种功率下，距离端部开口 2m 处的衰减指数则差异稍大，分别为 0.64046（7.8kW）和 0.8164（10.4kW）。

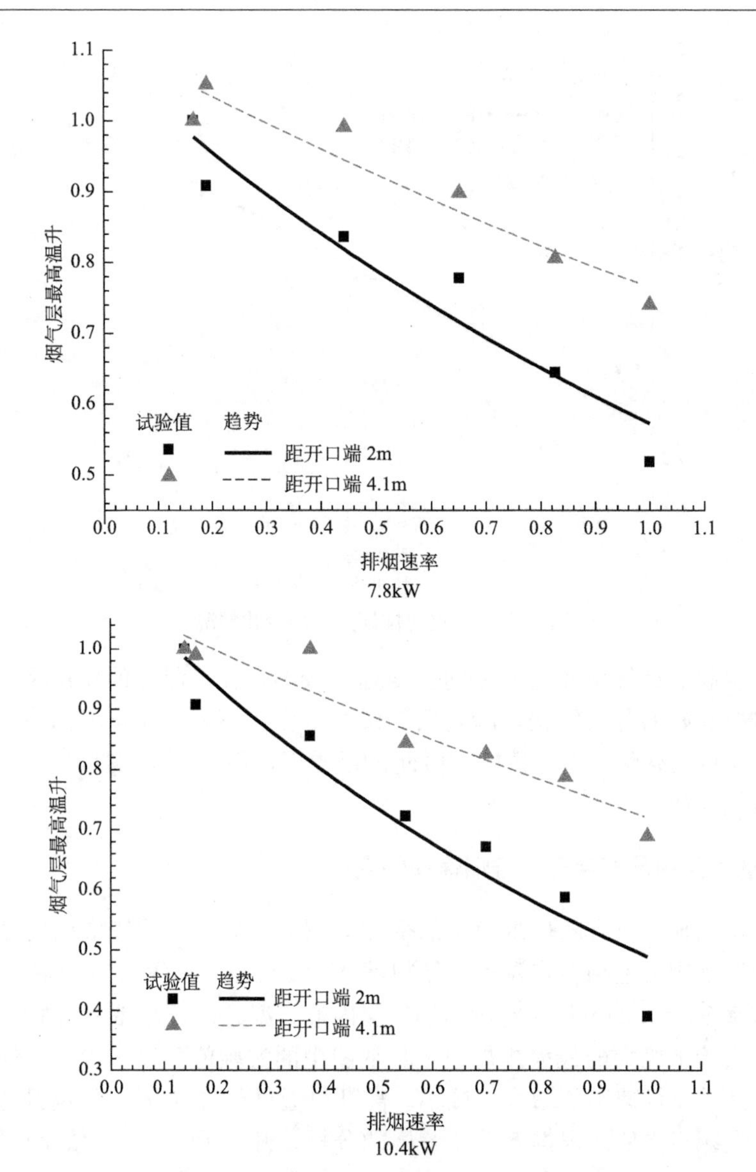

图 5.7 最高温升随排烟速率的衰减情况

表 5.2 对烟气层内最高温升随排烟速率衰减的拟合结果

工况	拟合结果				相关系数(R^2)
	a		b		
	数值	标准差	数值	标准差	
7.8kW，距开口端 2m	1.08704	0.0512	0.64046	0.09108	0.91516
7.8kW，距开口端 4.1m	1.11482	0.03611	0.37434	0.05753	0.89705
10.4kW，距开口端 2m	1.10547	0.05941	0.8164	0.11109	0.91069
10.4kW，距开口端 4.1m	1.07926	0.0341	0.39933	0.05711	0.89309

5.1.4　烟气水平流动速度随排烟速率的变化

图 5.8 是两种火源功率下，烟气水平流动速度随排烟速率的变化曲线，两个参数均用相应的最大值进行无量纲处理，分别为 $u/u_{\max}$ 和 $\dot{V}_e/\dot{V}_{e,\max}$。当火源功率为 7.8kW，$\dot{V}_e/\dot{V}_{e,\max}\leqslant 0.19$ 时，开口近处与远处的烟气无量纲蔓延速率较为接近，表明横向排烟对两个位置处烟气蔓延的抑制作用相当；当 $\dot{V}_e/\dot{V}_{e,\max}\geqslant 0.44$ 时，开口近处与远处蔓延速率之间的差异逐渐递增，近处的蔓延速率随排烟速率衰减的更快，表明横向排烟对端部开口近处烟气蔓延的抑制作用更强。当火源功率为 10.4kW，$\dot{V}_e/\dot{V}_{e,\max}\leqslant 0.55$ 时，开口近处和远处蔓延速率之间的差

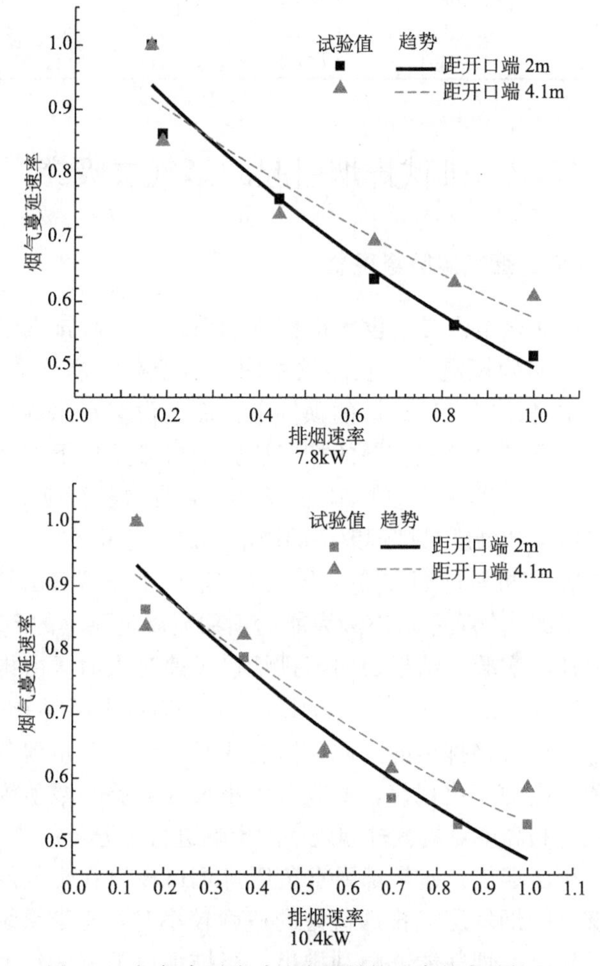

图 5.8　烟气水平流动速度随排烟速率的衰减情况

异较小；$\dot{V}_e/\dot{V}_{e,max}\geqslant 0.70$ 时，两者的差异增大。根据曲线的变化趋势，这里同样使用幂指数函数对曲线进行逼近，$u/u_{max}=a\exp\left[-b^*(\dot{V}_e/\dot{V}_{e,max})\right]$，拟合结果如表 5.3 所示。从拟合结果可以看出，无量纲烟气蔓延速率随着排烟速率呈较为明显的幂指数衰减趋势。两种火源功率下，距离开口端部 2m 处的衰减指数较为接近，分别为 0.76204（7.8kW）和 0.78649（10.4kW）；距开口端部 4.1m 处两者的差异稍大，分别为 0.55716（7.8kW）和 0.63451（10.4kW）。

表 5.3　对烟气水平流动速度随排烟速率衰减的拟合结果

工况	拟合结果				相关系数 (R^2)
	a		b		
	数值	标准差	数值	标准差	
7.8kW，距开口端 2m	1.06498	0.04586	0.76204	0.08669	0.94378
7.8kW，距开口端 4.1m	1.00591	0.05645	0.55716	0.10561	0.84772
10.4kW，距开口端 2m	1.04211	0.04826	0.78649	0.09477	0.92376
10.4kW，距开口端 4.1m	1.00504	0.05762	0.63451	0.1116	0.84416

5.2　机械排烟引起的烟气层吸穿

5.2.1　机械排烟中的烟气层吸穿现象

我国规定在地铁车站内必须设置机械排烟系统，并对排烟量、排烟口最大风速等参数进行了明确规定[12]。在地铁站内，出于空气调节系统节能的需要，机械排烟口通常不是设置在地铁站的顶棚上，而是设置在吊顶附近，导致火灾初期机械排烟口下方难以聚积较厚的烟气层。如果排烟口下方烟气层较薄且排烟口风速较大，大量空气将通过排烟口直接排出，导致机械排烟效率降低。

机械排烟口风速和高度对排烟效率的影响问题已经引起了一些学者的关注，史聪灵等[13]通过小室机械排烟实验发现，当排烟口下方烟气层较薄时，由机械排烟带入到烟气层的空气质量流率最大能达到羽流质量流率的 50%。易亮等[14]在全尺寸中庭内开展实验，结果表明当排烟口风速过大时，由排烟造成的烟气掺混量接近于机械排烟量的 40%。Lougheed 等[15]通过小尺度中庭实验研究了机械排烟时新鲜空气被直接排出的问题。但这些研究尚未定量地分析烟气掺混量随排烟口风速和高度的变化规律，本节采用小尺寸实验与数值模拟相结合的方法，对排烟口风速和高度对机械排烟效率的影响进行了分析。

为了有效的排出烟气，通常都要求负压排烟口浸没在烟气层之中。当排烟口下方存在足够厚的烟气层或排烟口处的速度较小时，排烟系统对烟气与空气交界面处的扰动较小，烟气能够顺利排出。当排烟口下方无法聚积起较厚的烟气层或者排烟速率较大时，在排烟时就有可能发生烟气层的吸穿现象，此时有一部分空气被直接吸入排烟口中，导致机械排烟效率下降。同时，风机对烟气与空气界面处的扰动更为直接，可使得更多的空气被卷吸进入烟气层内，增大了烟气的体积。当排烟口下方积累了一定厚度的烟气层时，其机械排烟过程如图 5.9 所示。图中 $\dot{m}_e$ 是机械排烟量，$\dot{m}_s$ 是排出的气体中烟气的量，$\dot{m}_a$ 是卷吸的空气量，$\dot{m}_p$ 是发生吸穿时通过排烟口直接排出的空气的量，它们之间的关系式为

$$\dot{m}_e = \dot{m}_s + C\dot{m}_a + \dot{m}_p \tag{5.9}$$

其中，C 是在 0～1 的系数。理论上说，当 $C\dot{m}_a$ 和 $\dot{m}_p$ 越小时，排烟效果就越好。如果 $\dot{m}_p$ 不等于 0，说明排烟口下方的冷空气通过排烟口直接排出，发生了烟气层吸穿现象。

从公式（5.9）中可以看出，掺混入烟气层中的空气只有一部分（$C\dot{m}_a$）被排出，剩余的部分［（1－C）$\dot{m}_a$］仍然留在烟气层中。因此，在机械排烟作用下增加的烟气量可以表示为

$$\dot{m} = \dot{m}_f - \dot{m}_e + \dot{m}_a + \dot{m}_p \tag{5.10}$$

其中，$\dot{m}_f$ 是羽流产生的质量流率，可以根据前人关于羽流质量的公式确定[16~18]。理想情况下，$\dot{m}_a$ 和 $\dot{m}_p$ 应该等于 0，$\dot{m}_e$ 应该等于 $\dot{m}_f$。因此，当 $\dot{m}$ 等于 0 时对应于最高的排烟效率，此时火源生成的烟气不与空气混合且被完全排出。

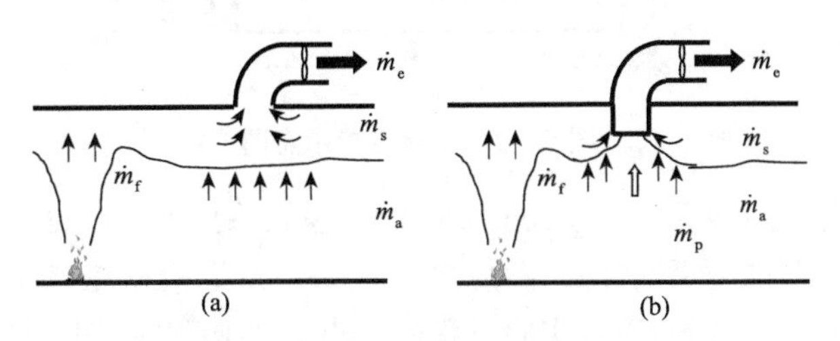

图 5.9　排烟口下方的流场示意图

5.2.2　排烟口高度和排烟速率对机械排烟效率的影响

1. 实验工况介绍

为了深入研究机械排烟中的吸穿现象，建立了大尺寸机械排烟实验台，如图 5.10 所示。实验台分为燃烧室和蓄烟室两个部分，燃烧室尺寸为 4m×2m×2.7m，在其东西两侧各开有三个补气口，补气口尺寸为 0.8m 长，0.4m 高。蓄烟室尺寸为 4.2m×4.2m×4m，其顶部封闭，东、西、北三侧均为 2m 深的挡烟垂壁，南侧为 1m 深的垂壁。蓄烟池顶部东侧设有机械排烟口，尺寸为 30cm×30cm，可通过 5 块高 0.2m 的档板调整排烟口高度在 3.0～4.0m。变频排烟风

机可以实现 0～5000m^3/h 的排烟量。蓄烟室中心线上布置有两串热电偶，其中一串垂吊于蓄烟室中央，另一串垂吊于右侧烟气溢出口，热电偶相邻测点间距为 0.25m，最高测点距离顶棚 3cm。热电偶数据的采样间隔为 0.5s，误差小于 1℃。南侧挡板下方设有两串标尺来读取烟气界面高度。烟气溢出速度由布置于南边挡烟垂壁下方的两台 KANOMAX 热线式风速测点测量。在排烟管、南边烟气溢出口处以及烟气填充室内各布置一个 CO 浓度测点。

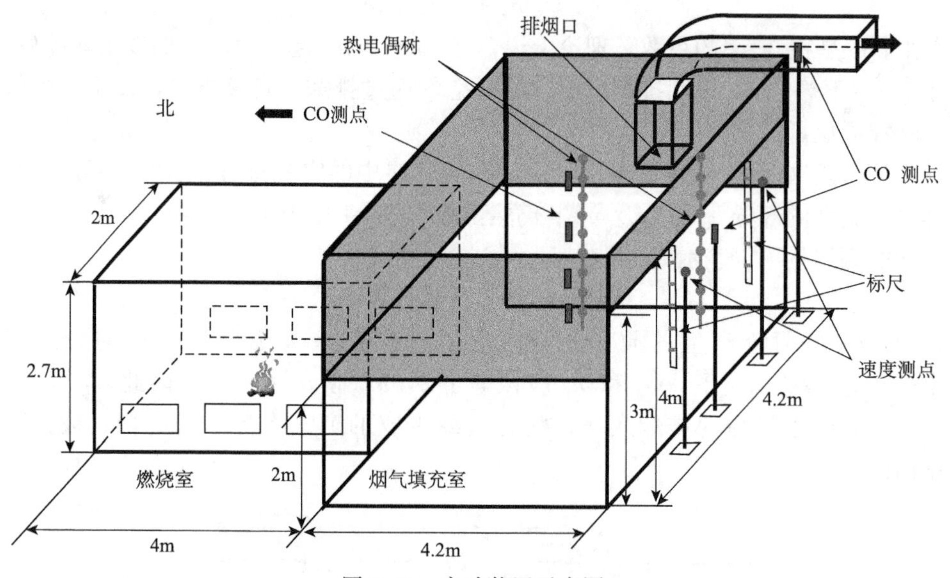

图 5.10 实验装置示意图

实验中采用的油盆尺寸为 30cm×30cm，燃料采用汽油，功率根据油池下方天平测得的质量损失速率求得，燃烧热 46000kJ/kg，燃烧效率为 0.8[14]，油盆稳定状态时的功率是 120kW。实验过程中，点火 120s 以后烟气层达到相对稳定状态，180s 时启动排烟风机。实验一共进行了 19 组，工况如表 5.4 所示。

表 5.4 实验工况表

实验编号	功率/kW	环境温度/K	排烟口高度/m	排烟速度/(m/s)	排烟量/(m^3/s)
1	120	279.8	3	0	0
2	120	280.3	3	10	0.9
3	120	279.8	3	7	0.63
4	120	279.8	3	4	0.36
5	120	279.5	3.2	10	0.9
6	120	279.8	3.2	7	0.63
7	120	279.5	3.2	4	0.36
8	120	279.5	3.4	10	0.9

续表

实验编号	功率/kW	环境温度/K	排烟口高度/m	排烟速度/(m/s)	排烟量/(m^3/s)
9	120	279.5	3.4	7	0.63
10	120	280	3.4	4	0.36
11	120	280	3.6	10	0.9
12	120	280	3.6	7	0.63
13	120	280	3.6	4	0.36
14	120	280.3	3.8	10	0.9
15	120	280	3.8	7	0.63
16	120	280.5	3.8	4	0.36
17	120	280	4.0	10	0.9
18	120	281	4.0	7	0.63
19	120	280.4	4.0	4	0.36

2. 实验结果与分析

工况 1 和工况 2 测量的温度如图 5.11 所示。从图 5.11（a）可以看出，烟气温度在第 22s 开始增加，在 120s 以后保持相对稳定。在没有开启排烟系统的工况 1 中稳定阶段持续了约 300s。在开启排烟系统的工况中，排烟风机在第 180s 启动，烟气温度从该时刻开始降低且在 270s 之后达到稳定状态，直至 400s 时燃料耗尽，如图 5.11（b）所示。下文中烟气温度和 CO 浓度值均采用稳定阶段的均值。

当烟气充满整个蓄烟室后开始从挡烟垂壁的底部边缘溢出。当烟气温度在 120s 稳定后烟气层厚度也保持稳定，实验过程中每隔 10s 读取一次烟气层厚度值。图 5.12 所示为所有工况下烟气层厚度在稳定阶段的平均值。工况 1 在没有机械排烟情况下的烟气层厚度为 0.295m，大于排烟系统开启的工况。排烟速度一定时，烟气层厚度随着排烟口高度的增加而减小。在所有三种排烟风速下，当排烟口高度从 3.0m 升至 3.2m 时，溢流烟气层厚度大幅度减小，随着排烟口高度继续升高，溢流烟气层逐渐变薄，但变化率降低。

排烟口高度一定，不同排烟风速下烟气层厚度的变化比较复杂。当排烟口高度为 3.0m 和 3.2m 时，排烟风速增加导致溢流烟气层厚度增加。排烟口高度高于 3.2m 时，溢流厚度随排烟速度增加而减小。排烟口较低时，排烟口下方烟气层相对较薄，较大排烟风速更容易引起烟气-空气分界面的扰动，造成更多的冷空气掺混入烟气层中，增加了烟气层厚度。卷吸的一部分空气（$C\dot{m}_a$）从排烟口排出，其余部分则留在烟气层中。另一方面，由于发生了烟气层吸穿现象，一部分新鲜空气直接从排烟口排出，降低了排烟效率。因此，当排烟口高度较低时，随着排烟风速的增加，排烟效率反而会降低。随着排烟口高度的增加，排烟口下方的烟气层厚度增加，抑制了吸穿现象的发生，烟气与空气掺混程度

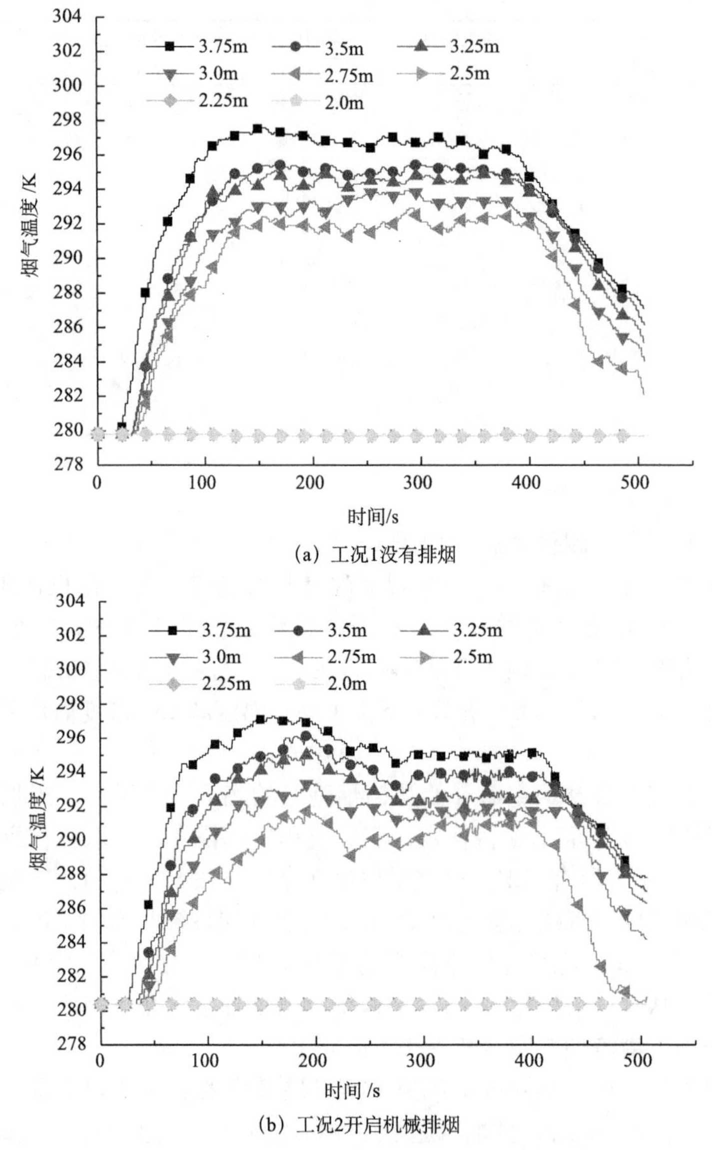

(a) 工况1没有排烟

(b) 工况2开启机械排烟

图 5.11　蓄烟室内的温度变化曲线

减弱，卷吸入烟气层的空气量减少。在这种情况下，随着排烟风速的增加更多的烟气将被排出，烟气溢流厚度逐渐减小。

根据烟气层厚度和溢流速度结果，可以计算出烟气溢流的体积流率，如图 5.13 所示。从图中可以看出，对所有的排烟速度，烟气溢流的体积流率随排烟口的升高而减小。同一排烟口高度下，体积流率随排烟速度的增加而减小。排烟口高度为 3.0m 和 3.2m 时，溢流厚度较大，但同时溢流速度也更低，因

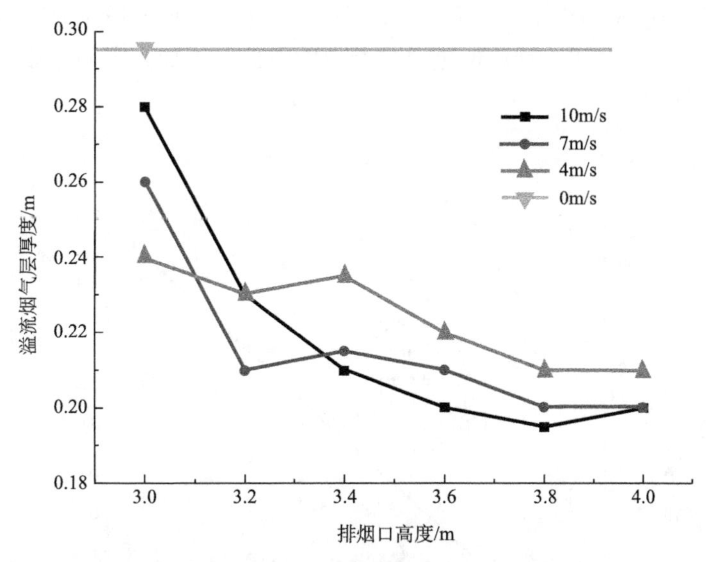

图 5.12 所有工况下的溢流烟气层厚度

此，排烟风速较高时，溢流体积流率比排烟风速低的工况小。排烟口高度为 3.8m 和 4.0m 时，排烟风速 10m/s 时的溢流烟气体积流率仅为 4m/s 时的一半。

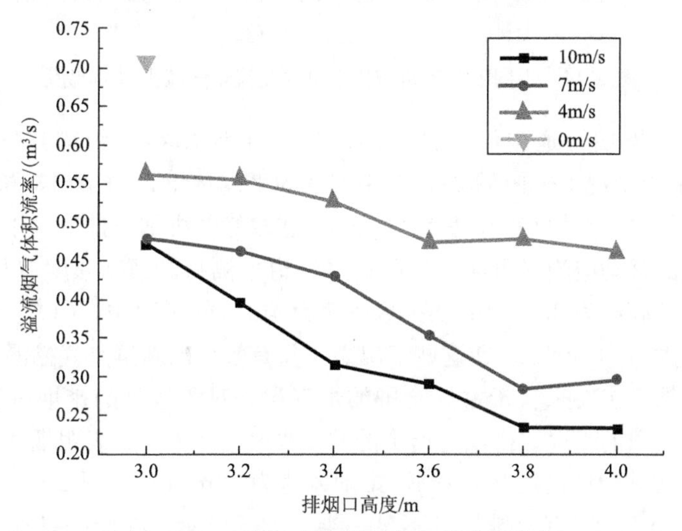

图 5.13 不同工况下溢流烟气的体积流率

从理论上来说，在理想的排烟过程中，新鲜空气不与烟气掺混，即在烟气层分界面处的空气卷吸增量为零，溢流减少的烟气流率应该与排烟量相等。但是，在实际情况下，烟气与空气的掺混是不可避免的，或多或少始终存在，因此，即使对于工况 19 中最高的排烟口和最低的排烟风速，溢流体积流率的减少仍然小于排烟速率。图 5.14 表明排烟速率与溢流烟气的体积流率减少量之比在 1.4∶1 到 3.6∶1 之间，且该值随着排烟口的降低而增加，表明更多的空气被卷吸进入了烟气中。

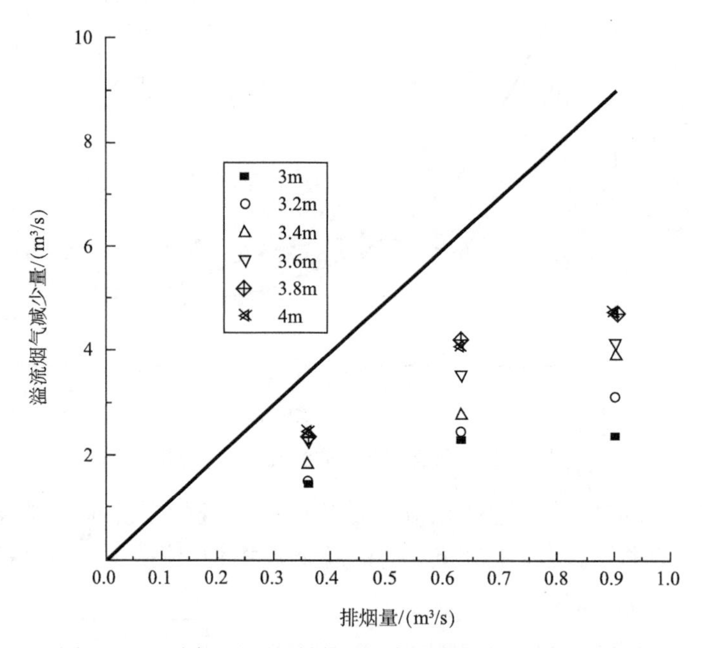

图 5.14　不同工况下机械排烟量与溢流烟气减少量的比值

蓄烟室和排烟管道中测得的 CO 浓度用于计算卷吸新鲜空气，即 $C\dot{m}_a$。图 5.15 所示为工况 2～19 排烟管道中 CO 的平均浓度，当不启动机械排烟时，工况 1 的烟气层中平均 CO 浓度为 23ppm。在较好的排烟设计下，排烟引起的烟气层分界面的扰动应当尽可能少，因此，管道中测得的 CO 浓度应与 23ppm 接近。在排烟口高度为 3.6～4m 和排烟风速为 4m/s 的工况中，CO 浓度达到实验工况下的最大值，20ppm。在这些工况中，只有较少的新鲜空气掺混进入烟气层中，排出的烟气主要来自于蓄烟仓中的烟气层。对于较高的排烟风速和排烟口下方烟气层较薄的工况，排烟管道中的 CO 浓度显著减小，表明烟气与新鲜空气大量掺混。在排烟口高度为 3.0m，排烟风速为 10m/s 的工况 2 中，CO 浓度最低，为 11ppm，此时有效排烟量不足一半。如图所示，在同一排烟风速下，排烟口高度存在一个过渡区域，在低于过渡区域的值时，排烟效率显著降低，排烟风速为 10m/s，7m/s 和 4m/s 时的过渡区域分别为 3.4～3.6m，3.6～3.8m 和 3.6～3.8m。

由前面的分析可知，当排烟口高于某个临界高度后，再继续升高对排烟效率影响不大，若高度降低则排烟效率降低。根据前人的研究[15,19～21]，排烟口下

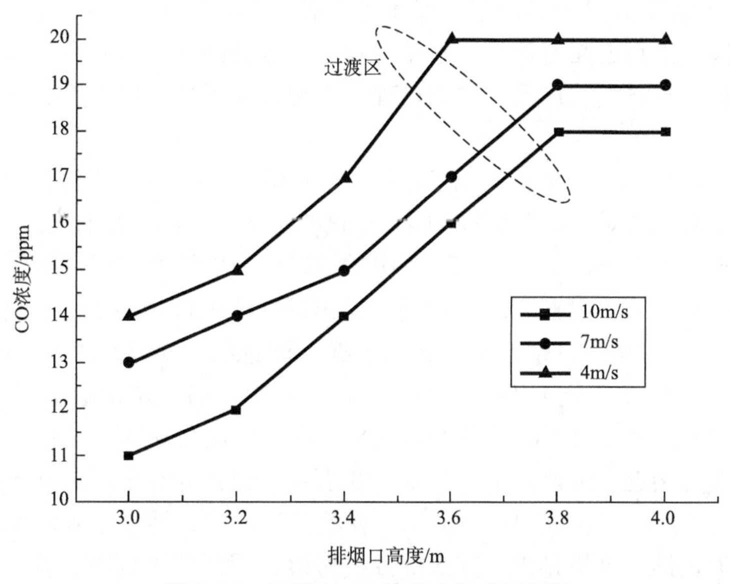

图 5.15　工况 2～19 管道内的 CO 浓度

方烟气层吸穿将导致排烟效率的显著降低，在自然通风系统中，该发生吸穿现象的临界条件由公式（4.3）确定。但是，此公式在计算排烟口下方的烟气厚度时假设排烟口位于顶棚，在本节中，公式中的烟气厚度由排烟口和烟气层分界面之间的距离代替。根据公式（4.3），可以确定所有工况下的弗洛德数，如图 5.16 所示，其中 ΔT 取排烟口下方的平均温度。

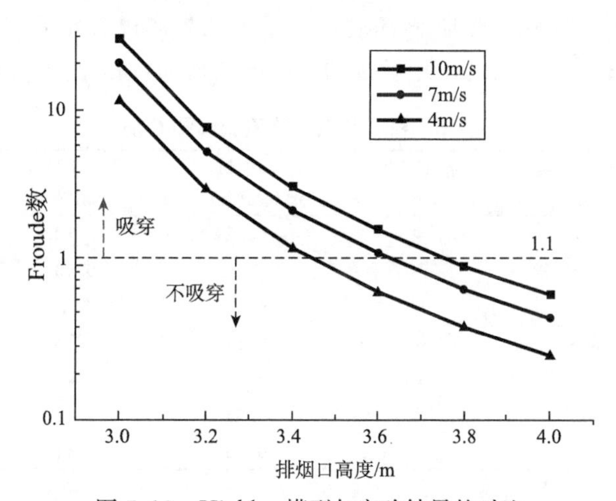

图 5.16　Hinkley 模型与实验结果的对比

对比图 5.15 和图 5.16，对于排烟效率比较低的工况，即图 5.15 中的过渡区，弗洛德数均比发生吸穿的临界值 1.1 大，且在排烟效率较高的工况中弗洛德数均小于1.1，说明模型的预测值和实验结果相符。但是，应当指出Hinkley的公式仅能用于判定在何种情况下排烟效率会显著降低，而并不能解释烟气层交界面处烟气与空气的掺混对排烟过程的影响，并不足以用于机械排烟系统的设计。

接下来，对于没有发生吸穿的工况（工况13～19），我们来讨论评估掺混入烟气中的新鲜空气对排烟效率的影响，在这些工况中，由于没有发生吸穿现象，$\dot{m}_p=0$。根据公式（5.10）和图5.14中的结果，可以计算得到与烟气层掺混而卷吸的新鲜空气的体积流率$\dot{m}_a$。同时，排出的气体中包含的空气卷吸增量可通过比较图5.15中的CO浓度和无排烟工况下测量的CO起始浓度23ppm来确定。这样，就可以确定C的值。图5.11（a）中，烟气层的最大平均温度为294K，基于此，可算出环境温度与烟气平均温度之比为95%，表明烟气温度与环境温度非常接近。因此，烟气与空气的密度差异在计算中可忽略不计，计算结果如表5.5所示。从表中可以看出，在这些工况中，卷吸进入的新鲜空气大约有一半通过排烟风机排出，其余部分仍保留在烟气层中且向前蔓延。卷吸进入烟气层中的新鲜空气的量占排烟量的48%（工况14），因此，为了达到更好的排烟效果，排烟引起的空气卷吸数量，即$\dot{m}_a$的量应当尽可能减少。

本节通过一系列的实验，研究了排烟口高度和排烟速度对机械排烟效果的影响。结果表明较高的排烟口和较低的排烟口风速能够抑制吸穿现象的发生并减弱作用于烟气-空气分界面的扰动，达到较好的排烟效果。相反，较低的排烟口和较大的排烟口风速将导致排烟口下方烟气层吸穿，排烟效果大为下降。在同一排烟风速下，存在一个临界高度，小于该临界高度，随着排烟口高度的降低排烟效率显著降低，反之，随着排烟口高度的增加，排烟效率基本保持不变。

表5.5　卷吸空气的体积流率和*C*值

实验工况	排烟口高度/m	排烟速度/(m/s)	排烟量/(m^3/s)	空气卷吸量/(m^3/s)	*C*
13	3.6	4	0.36	0.12	0.39
14	3.8	10	0.9	0.43	0.46
15	3.8	7	0.63	0.2	0.55
16	3.8	4	0.36	0.13	0.36
17	4.0	10	0.9	0.42	0.47
18	4.0	7	0.63	0.21	0.52
19	4.0	4	0.36	0.11	0.43

5.2.3　隧道内发生吸穿的临界Froude数

Hinkley[19]提出了可以采用无量纲数*Fr*来描述自然排烟时的吸穿现象，当排烟口位于蓄烟池中心位置时，$F_{critical}$可取 1.5，当排烟口位于蓄烟池边缘时，$F_{critical}$可取为 1.1[20,21]。Lougheed[15]指出采用无量纲数 F 可以判断中庭结构内的吸穿现象，该结论适用于排烟口下方能形成稳定的蓄烟空间的情况，相比于中庭，隧道中并没有挡烟垂壁限制，顶棚下方的烟气具有较大的纵向速度，前人关于 $F_{critical}$的结论能否适用于隧道的情况还需要进一步验证。

1. 场景设计

本节采用数值模拟（FDS）的方法来研究隧道火灾时机械排烟引起的临界吸穿现象。结合实际隧道中的高宽比，该模型隧道长 50m、宽 12m、高 5.5m，如图 5.17 所示。火源功率分别为 4MW，10MW，20MW，30MW，50MW，100MW，模拟不同种类的车辆火灾。火源距离隧道左侧开口 10m，机械排烟口设在火源右侧 30m。在排烟口下方设置了一串竖向热电偶。对于每种火源功率，均设置多种排烟速率以保证发生吸穿现象，如表 5.6 所示。

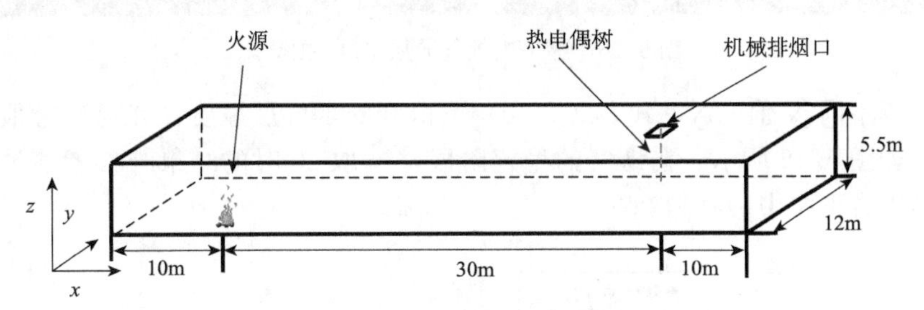

图 5.17 隧道模型示意图

表 5.6 实验中的火源功率与排烟速率

火源功率/MW	4	10	20	30	50	100
排烟速率/(m^3/s)	1～10	1～16	1～25	1～32	1～33	1～34

2. 结果与分析

(1) 烟气层厚度

N 百分比法是基于上层热烟气与下层冷空气的竖向温度分布来确定烟气层界面高度的，被广泛地运用于火灾烟气层分界面位置的判断，其计算公式为

$$T_{int} - T_a = (T_{max} - T_a) \times N/100 \tag{5.11}$$

其中，T_{int}是烟气层分界面的温度，T_a是环境的温度，T_{max}是烟气层内竖向的最高温度。N 百分比法简单实用，应用非常广泛。但是 N 的取值存在一定主观性，很多研究中给出的 N 的值在 10 到 20 之间。我们采用第 2 章中介绍的 1∶6 的小尺寸实验台开展实验来确定适用于隧道火灾烟气层分界的 N 值。

图 5.18 给出了 DV 拍摄的烟气层形态。我们采用视频分析得到的烟气层厚度值作为参考值。在标尺的旁边，布置一串热电偶测量烟气温度。利用 N 百分

图 5.18 隧道内烟气分层（DV 拍摄）

比法计算不同 N 值（N=10，20，30）下得到的烟气层厚度，并与参考值进行比较，如图 5.19 所示。在烟气的稳定阶段，N 取 20 时的结果与参考值最为接近。所以在下文中，N 取 20。

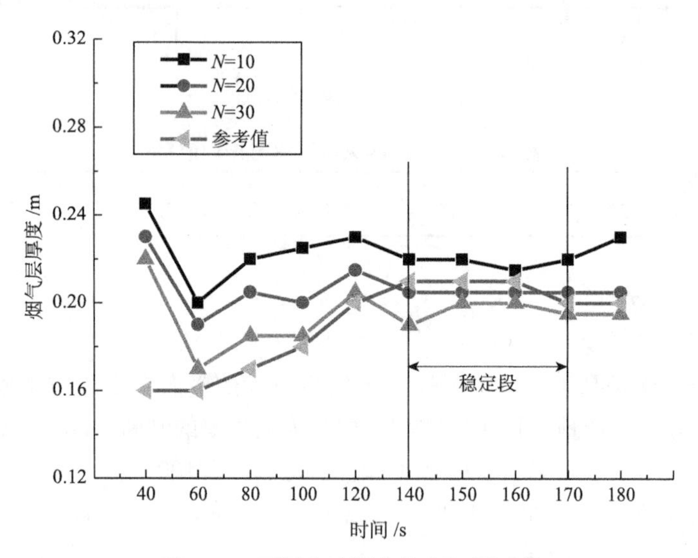

图 5.19 不同方法测定的烟气层厚度

（2）临界排烟速率

通过数值模拟得到的不同火源功率下无排烟时排烟口下方的烟气层厚度、平均温度以及最高温升如表 5.7 所示。

表 5.7　无排烟工况下烟气参数

火源功率/MW	4	10	20	30	50	100
烟气平均温度/℃	57.3	75.9	117.7	155.1	201.4	289.5
烟气最高温度/℃	65.3	92.2	141.2	182.7	249.7	369.6
烟气层厚度/m	1.47	1.84	1.93	1.91	1.88	1.82

假设临界 Fr 数值 1.5 适用于隧道机械排烟的情况，由 Fr 数的表达式 (4.3) 可以反推得到吸穿时临界排烟速率的计算表达式：

$$V_{\text{critical}} = 1.5\,(g\Delta T/T_{\text{a}})^{1/2}d^{5/2} \tag{5.12}$$

随着排烟速率的增加，排烟口下方有更多的烟气被排出，排烟口下方的烟气温度随之降低。当排烟口中心的烟气温度下降到相同火源功率下烟气层分界面的温度时，即认为此时的排烟速率是吸穿发生时对应的排烟速率。根据无排烟工况下排烟口下方的烟气层厚度和平均温度（见表 5.7），可计算得到在某特定的火源功率下发生吸穿时的临界排烟速率。图 5.20 给出了火源功率为 100MW 时排烟口下方温度随着排烟速率变化的曲线。随着排烟速率的增大，排烟口下方位于烟气层内各点温度均呈下降趋势，位于下层冷空气中的测点温度基本不变。同时，随着排烟速率的增大，排烟口下方烟气层的厚度变薄，烟气层开始发生凹陷，当排烟速率增大到一定程度时，排烟口下方的烟气层厚度变为 0，此时发生吸穿现象。但是由于机械排烟对烟气层的扰动，烟气与空气的掺混剧烈，发生吸穿的工况下，排烟口中心下方的温度要略高于环境温度。

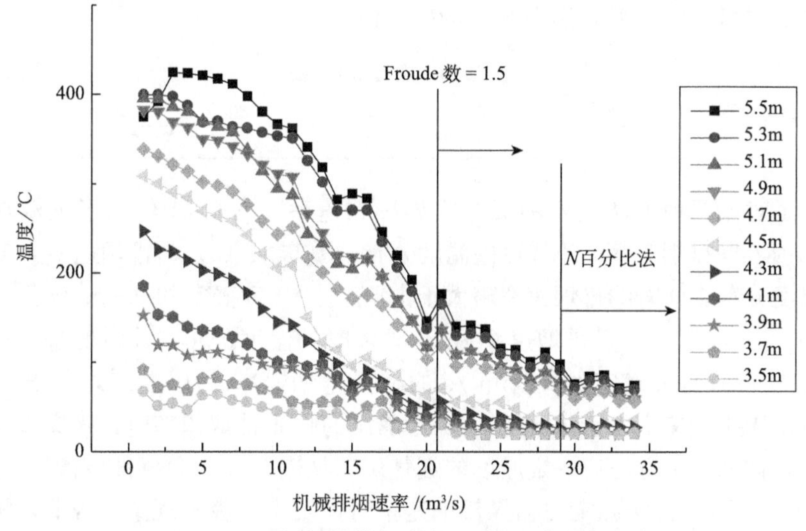

图 5.20　不同机械排烟速率下顶棚下方烟气温度

表 5.8 列出了由公式（5.12）得出的不同火源功率下的临界排烟速率，以及对应的排烟口中心位置的烟气温度。表 5.9 给出了无排烟工况下由 N 百分比

法得到的不同火源功率下的烟气层分界面的温度以及排烟口下方烟气层厚度为 0 时的临界排烟速率。

表 5.8　临界排烟速率和排烟口处的烟气温度

火源功率/MW	4	10	20	30	50	100
临界排烟速率/(m^3/s)	4.5	9.8	14.5	15.7	18.5	20.9
排烟口处的温度/℃	36	53	71	85	110	176

表 5.9　*N* 百分比法确定的烟气层界面温度和临界排烟速率

火源功率/MW	4	10	20	30	50	100
烟气层界面温度/℃	29.0	34.4	44.2	52.5	66	90
临界排烟速率/(m^3/s)	6	14.5	19	23.5	27	29

火源功率为 100MW 的工况下，由两种方法得出的临界排烟速率标注在图 5.20 中。从图中可知，由公式（5.12）得出的临界工况下的排烟口下方温度要高于由 *N* 百分比法的确定值。

临界风速工况下排烟口下方温度与无排烟时排烟口下方最高温度的比值可由下式得出

$$M=\frac{\Delta T_{\text{critical}}}{\Delta T_{\max}}\times 100 \tag{5.13}$$

表 5.10 列出了不同火源功率下的 *M* 值，各功率下的 *M* 值在 40 左右，大于 *N* 百分比法选取的 *N* 值（20），同样意味着公式（5.12）得出的临界工况下的排烟口下方温度要高于 N 百分比法的确定值。

表 5.10　温度比值 *M*

火源功率/MW	4	10	20	30	50	100
M	35	45	42	40	39	45

为了对比两种方法确定的吸穿临界排烟速率，图 5.21 给出了火源功率为 10MW 时不同排烟速率下的隧道内温度分布。图 5.21（a）为排烟速率为 $10m^3/s$ 时的温度分布，此时的排烟速率略大于由 $F_{\text{critical}}=1.5$ 确定的 $9.8m^3/s$ 的临界排烟速率。图 5.21（f）是排烟速率为 $15m^3/s$ 时的温度分布，此时的排烟速率略大于由 *N* 百分比法确定的 $14.5m^3/s$ 的临界排烟速率。从图 5.21（a）～（e）可以看出当排烟速率大于由 $F_{\text{critical}}=1.5$ 确定的临界排烟速率时，吸穿现象并没有发生，排烟口下方还有一定厚度的烟气层。从图 5.21（f）可以看出当排烟速率大于由 *N* 百分比法确定的临界排烟速率时，发生了吸穿现象。因此，根据具有稳定蓄烟空间工况下得到的 $F_{\text{critical}}=1.5$，并不适用于隧道火灾的情况。

表 5.11 给出了根据 *N* 百分比法计算得到的临界吸穿工况下不同火源功率时的 *Fr* 数值。可以看出，对于隧道机械排烟来说，由 *N* 百分比法确定的临界吸穿

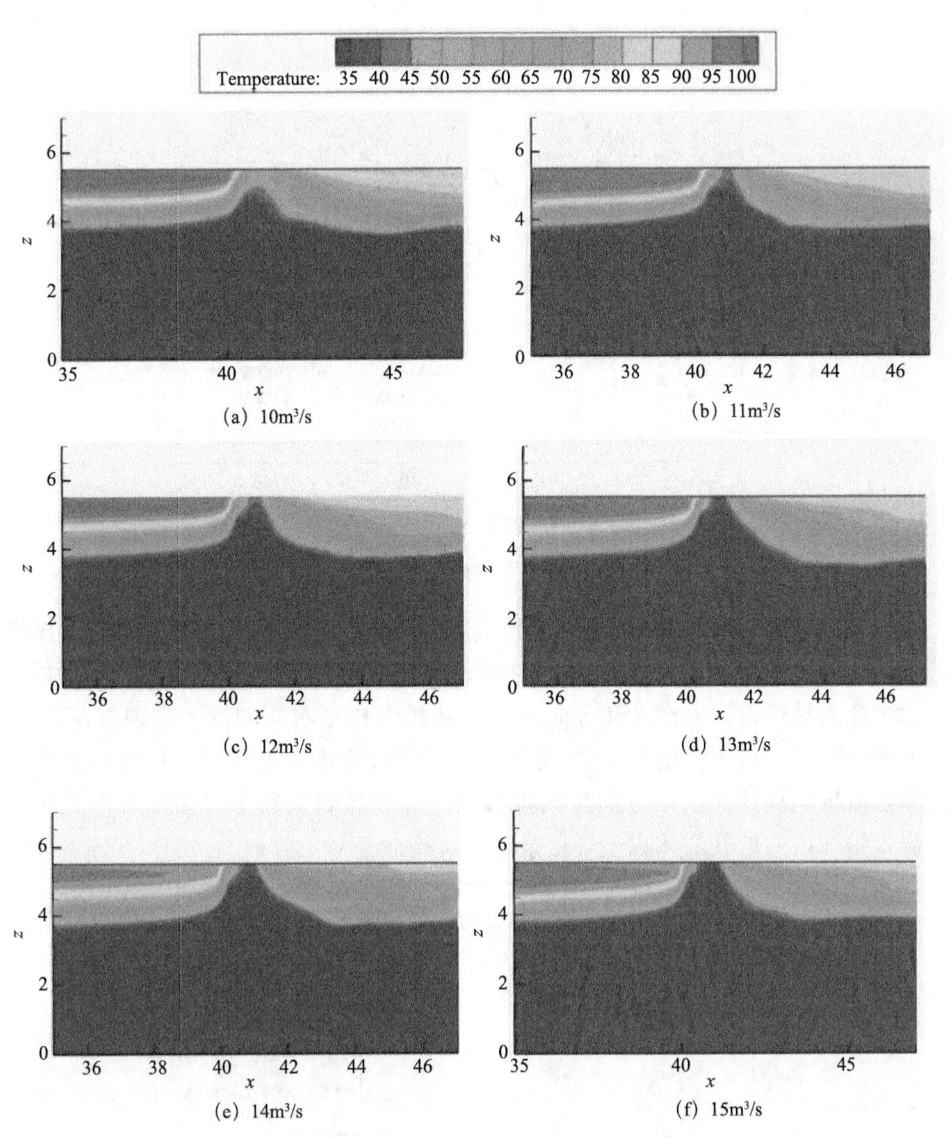

图 5.21　火源功率为 10MW 时不同排烟速率下的隧道内温度分布

工况对应的 Fr 数值在 2.1 附近。

表 5.11　由 N 百分比法确定的临界 Fr 数

火源功率/MW	4	10	20	30	50	100
临界 Fr 数	1.98	2.21	1.96	2.11	2.18	2.09

图 5.22 给出了不同火源功率下，排烟速率与 Fr 数的关系。在隧道火灾中，临界 Fr 数在 2.1 左右。如果 Fr 数超过 2.1，排烟口下方的烟气层就会发生吸穿现象。

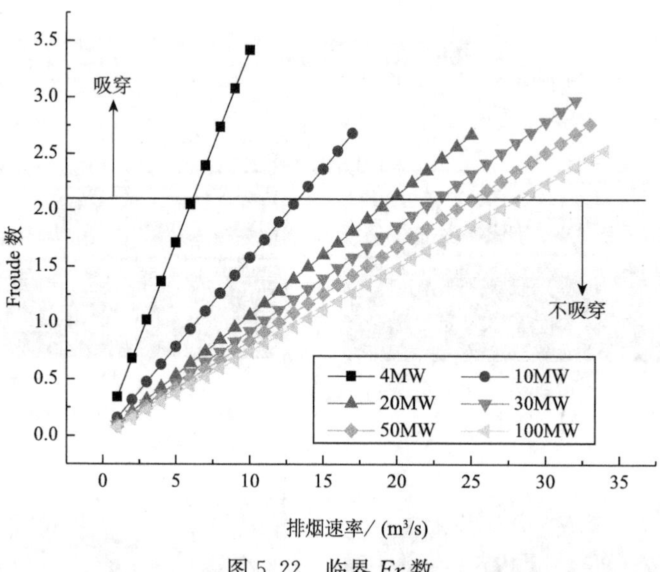

图 5.22　临界 Fr 数

图 5.23 给出了在不同火源功率下，临界吸穿工况时通过四个方向流入排烟口的烟气的体积流量。方向 1 表示从排烟口上游流入排烟口，方向 2 表示从排烟口下游流入排烟口，方向 3 和方向 4 表示从排烟口左右两侧流入排烟口，$V_{critical}$ 由公式（5.12）得出。由图 5.23 可以看出，通过排烟口上游流入排烟口的烟气的体积流量比从其他三个方向流入排烟口的体积流量大很多，而从其他三个方向流入排烟口的烟气的体积流量相差不大，接近于 $V_{critical}/4$。

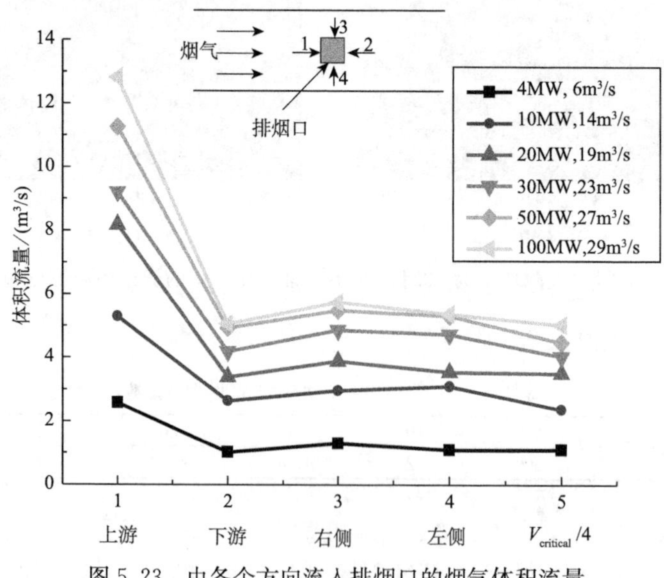

图 5.23　由各个方向流入排烟口的烟气体积流量

在隧道火灾的机械排烟过程中，由于无法形成稳定的蓄烟空间，烟气在浮力驱动下以一定的速度向火源下游蔓延，因此排烟口下方的烟气的温度场和速度场在排烟口的上下游都是不对称的，这是隧道内机械排烟和具有稳定蓄烟空间的中庭机械排烟的一个显著差别。

5.3　射流风机作用下的隧道流场特性

5.3.1　射流风机在纵向排烟中的应用

1. 射流风机的基本功能

射流风机是一种特殊的轴流风机，一般安装在隧道顶部或两侧。射流风机运行时，将隧道内的一部分空气从风机的一端吸入，经叶轮加速后，由风机的另一端高速射出。这部分带有较高动能的高速气流将能量传送给隧道内的其他气体，产生克服隧道阻力的压升，从而推动隧道内的空气顺风机喷射气流方向流动。当流动速度衰减到一定程度时，下一组风机继续工作。这样，就实现了从隧道的一端吸入新鲜空气，从另一端排出烟气的目的。

与其他通风方式相比，全射流风机纵向式通风有以下优点：车道作为风道，风压损失小，不另设风道，隧道工程量较小；在单向行车的隧道中可有效利用行车的活塞风作用，节约能源；使用射流风机，价格较低，设备费用小；可根据交通量的增长情况分期安装风机，从而减少工程前期投入；可根据需要控制风机运转台数，有利于降低运营费用。在我国，利用射流风机进行纵向通风是一种非常普遍的隧道排烟形式。

射流风机在平时担当通风换气作用，保证隧道内的有毒有害气体浓度以及能见度保持在安全水平之上，在火灾时担当排烟风机，迅速将火灾烟气排出隧道。但由于射流风机工作时并不安装风管等辅助设施，容易造成风机附近的流场紊乱，这其中就存在着一些需要特殊注意的问题，值得我们仔细研究。

2. 隧道射流风机的适用场合

据统计，20 世纪 80 年代以前，全球的隧道均较多采用全横向式和半横向式通风，以欧洲的瑞士、奥地利和意大利为代表。而纵向通风方式出现后，特别是近 20 年，公路隧道通风方式基本分为两种主要形式。欧洲仍然以半横向、全横向居多，而亚洲以日本为代表，全部支持分段纵向。日本甚至认为，加静电除尘器的分段纵向通风方式，适合任何交通形式和任何长度的公路隧道。近年来，双洞单向交通、分段纵向通风的隧道在欧洲各国也逐渐增多[22]。

国内隧道的通风方式，也经历了由最初的全横向、半横向向分段纵向逐渐过渡的过程。如上海的打浦路隧道（2.761km）、延安东路隧道右洞（2.261km）采用的是全横向。深圳的梧桐山隧道左线（2.238km）为半横向。1989 年建成的七道梁隧道（1.56km），在国内首次采用全射流纵向通风。而 1995 年 3 月建成的中梁山隧道（左洞 3.165km，右洞 3.103km）和缙云山隧道（左洞 2.528km，右洞 2.478km），变原来的横向通风方式为下坡隧道全射流纵向通风，上坡隧道竖井分段纵向通风，在国内首次将纵向通风技术运用于 3.0km 以上的公路隧道。随后，铁坪山隧道（2.801km）、谭峪沟隧道（3.47km）、木鱼槽隧道（3.61km）、梧桐山隧道右洞（2.27km）、大溪岭隧道（4.1km）、二郎山隧道（4.61km），均采用了纵向或分段纵向通风方式[23]。

对于全射流通风的适用长度，日本《道路公团设计要领》（通风篇）中规定，双向行车的隧道为 1km 左右，单向行车的隧道为 2km 左右；我国《公路隧道通风设计细则》（JTG/TD70/2-02-2014）中则规定，采用纵向通风方式时，单向交通且长度小于等于 5km 和双向交通且长度小于等于 3km 的隧道可采用全射流纵向通风方案[24]。

3. 射流风机常见布置形式

根据《公路隧道通风设计细则》(JTG/TD70/2-02-2014）的规定[24]，“射流风机不应侵入隧道建筑限界，射流风机的边沿与隧道建筑限界的净距不宜小于 15cm。应根据隧道断面形状、断面大小、全隧道射流风机总体布置情况，以及供配电系统实施的合理性，确定同一断面上风机的设置数量”。图 5.24 是两种典型隧道横断面形状下射流风机的安装方式。

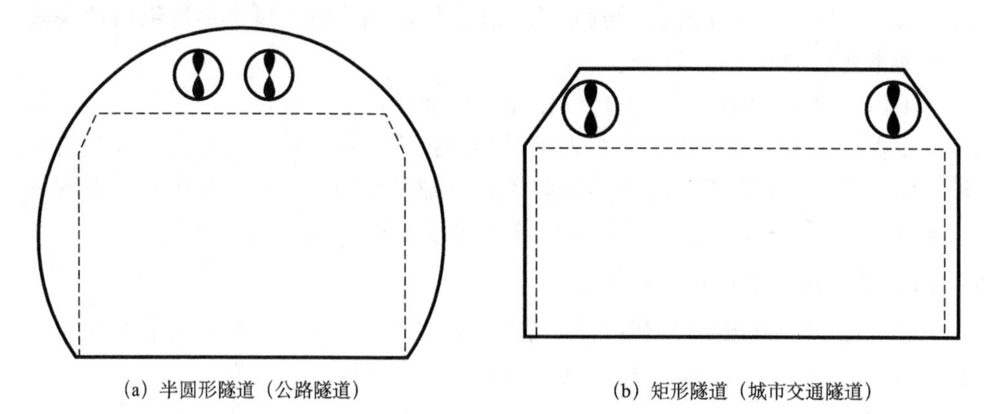

(a) 半圆形隧道（公路隧道）　　(b) 矩形隧道（城市交通隧道）

图 5.24　典型隧道横断面形状

如果隧道中每组风机之间具有足够的距离，则喷射气流会有充分的减速空间，如果喷射气流减速不完全，将会影响到下一级风机的工作性能。一般情况下，每组风机之间的纵向间距取为隧道截面水力当量直径的 10 倍或 10 倍以上，也可以取风机空气动压（Pa）的十分之一作为风机纵向间距（m），同一组风机之间的中心间距至少取为风机直径的 2 倍。隧道中的射流风机布置并不一定具有同一间距，只要风机之间具有足够的纵向间距，则风机可以尽可能地布置在靠近隧道洞口的位置；如果风机轴向安装位置允许存在一定倾斜，则风机之间的纵向距离可以减少，从而可以提高安装系数[25]。在《公路隧道通风设计细则》（JTG/TD70/2-02-2014）中，还提出了对射流风机布置间距的要求：口径不大于 1000mm 的射流风机间距宜小于 120m，口径大于 1000mm 的射流风机间距宜大于 150m。隧道曲线段内射流风机的纵向布置距离不宜大于 100m。图 5.25 示意了口径小于 1000mm 的射流在隧道内的安装间距。

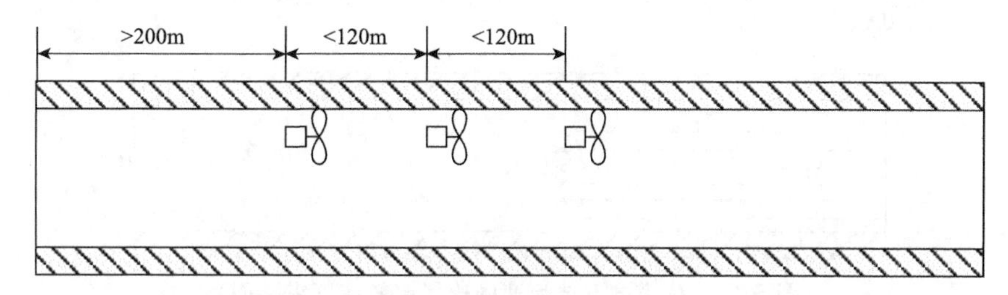

图 5.25　公路隧道内射流风机安装间距示意图（纵截面）

5.3.2　射流风机对隧道流场的影响

1. 隧道内气体流动概况

图 5.26 给出了使用射流风机进行隧道通风时的压力平衡图[24]。

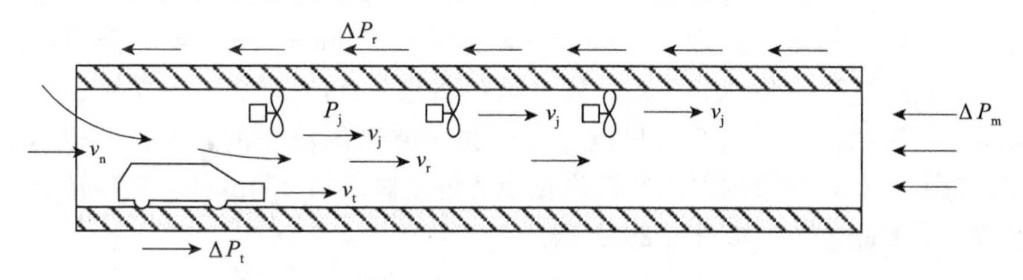

图 5.26　全射流纵向通风模式压力平衡图

隧道内压力平衡应满足：

$$\Delta P_{\mathrm{r}} + \Delta P_{\mathrm{m}} = \Delta P_{\mathrm{t}} + \sum \Delta P_{\mathrm{j}} \tag{5.14}$$

其中，ΔP_{r} 为通风阻抗力，主要由设计风速 v_{r} 以及隧道几何尺寸和建筑材料等决定；ΔP_{m} 为自然风阻力，主要由外界环境诱导产生的隧道自然风 v_{n} 以及隧道内外气候气压差异等决定；ΔP_{t} 为交通通风力，主要由车辆行驶速度 v_{t} 以及车辆等效阻抗面积等决定，ΔP_{j} 为单台风机的射流风压，主要由射流风机出风口

风速 v_j 等决定。

风机的启动需要一定时间，目前常用的风机大约需要 120s。在这段时间隧道内气体由静止逐渐加速到最大值，此后隧道内形成较平稳的气流。当气体在隧道内稳定流动时，由于壁面的摩擦力，隧道内流速在同一横断面上呈类似抛物线形分布，如图 5.27 所示。隧道边缘与中央的气流速度差主要有两个影响因素：当气流速度较高时，中央区与边缘区的速度差别不大；当隧道内表面较粗糙时，气体流动边界层效应越明显，中央区与边缘区的气体流速相差较大。

由于隧道截面并非完整的圆形，流速最高速度区并不在隧道高度一半处，而是在略偏上的位置。例如，净高 7m 高的公路隧道，气流最高速度出现在距地面约 4m 高处。

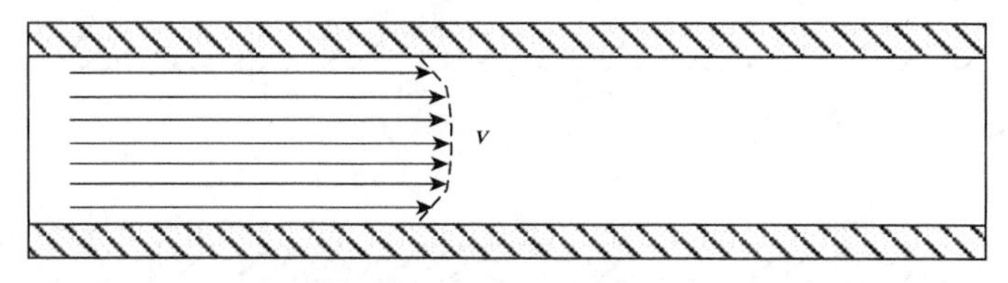

图 5.27　隧道内气体流速的边界层效应（纵断面）

射流风机作用下的隧道流场不易用实验的方法进行测量，下文主要使用 CFD 模拟的方法来研究这种现象。

2. CFD 模型的建立

在利用 FDS 进行 CFD 模拟时，以第 2 章介绍的隧道 E 作为研究对象，按照其截面尺寸建立了两种隧道模型，一种用来研究隧道内射流风机对本隧道内流场的影响，模拟隧道长度取为 1000m（坐标为－150m～＋850m），隧道内的射流风机设在距隧道左侧入口 250m 处（坐标＋100m），如图 5.28 所示；另一种用来研究射流风机对通过车行横洞相连的另一隧道内流场的影响，模拟隧道长度也取为 1000m，隧道内射流风机设在距隧道左侧入口 250m 处，横洞位于距隧道左侧入口 260m 处，如图 5.29 所示。

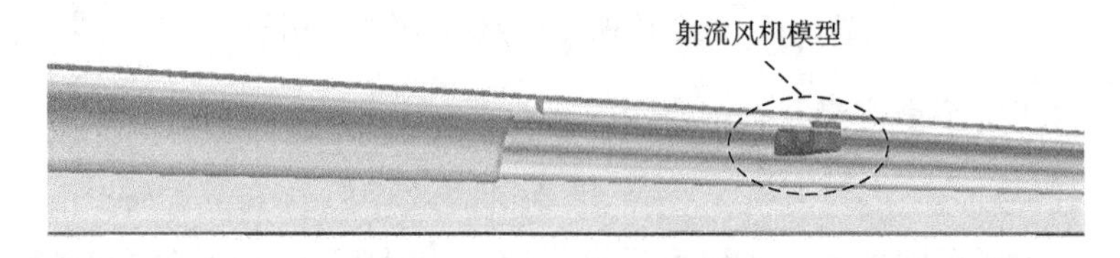

图 5.28　单条隧道模型图

由于隧道较长，在建模时的网格总数较大，为了在保证模拟结果的精度的前提下降低模拟时间，将模型隧道划分为两个区域：230～370m 为射流风机所

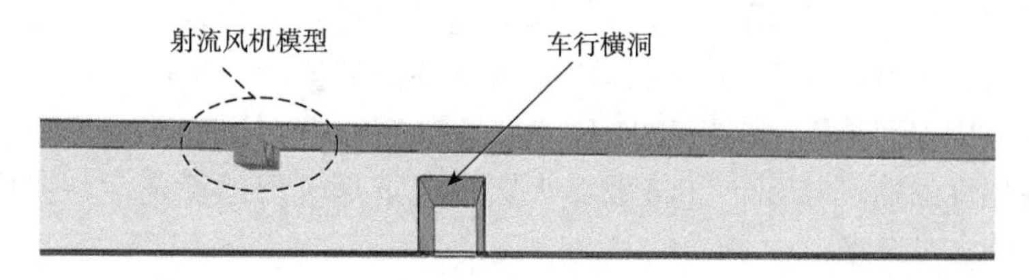

图 5.29　由横洞相连的双隧道模型

在区域，网格尺寸 0.3m×0.3m×0.3m；0～230m 以及 370～1000m 为射流风机以外区域，网格尺寸为 0.5m×0.5m×0.5m，如图 5.30 所示。

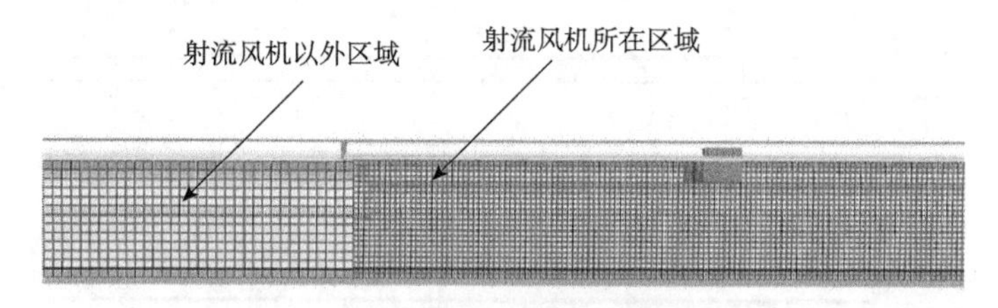

图 5.30　隧道模型的网格划分

射流风机的风量按照隧道内实际运营的风机取值，单台直径 1.0m，风机风量为 23.5m^3/s，即 85000m^3/h。

以往的研究者在使用 FDS 模拟隧道火灾中的射流风机时，主要有两种方式：一种是在隧道内设定一个较大的环境风速，以此替代射流风机引起的纵向风，此种方式得到的必定是一个均匀的流场，无法得到射流风机对其附近局部流场的影响；另一种方式是在隧道内本该设置射流风机的地方设置一个两端开口的长方体，其一侧开口设置为将周围气流抽走的排烟口，另一侧的开口设置为向周围补充新鲜空气的送风口。如果从单纯研究射流风机周围流体的流动状态这一角度来说，只要保证排烟口和送风口的风量相当，此种方式应该可以胜任。但是由于烟气在进、出该“射流风机”过程中，由富含燃烧产物的高温烟气变成了环境温度下的新鲜空气，其模拟所得的温度场和烟气浓度场等结果必然与实际情况存在较大误差。为了既能模拟出射流风机附近流体的流动状态，又能准确模拟火灾情况下隧道内各处温度、烟气浓度、能见度等重要参数，本文把射流风机设置为 0 厚度的障碍物（OBSTruction），表面属性（SURFface）POROUS=.TRUE.，此时可模拟流体以一定流速穿过射流风机且流体的性质在穿越前后没有任何变化，以研究射流风机在隧道火灾中所起的作用。

3. 模拟结果分析

(1) 射流风机对周围流场的影响

当射流风机刚启动时，射流风机向前喷出的气体推动的力量较大，故在风机前方形成正压区，然而由于前方气体沿隧道流动的阻力较大，难以以足够大的速度向前流，可能导致部分气体沿隧道下部向后流动，然后再补充到风机的进风口，形成“回流”，如图 5.31 所示。这种回流会在风机下方形成漩涡，影响隧道内烟气的顺利排出，并将破坏火灾情况下烟气层的稳定性，造成能见度下降，影响人员疏散。

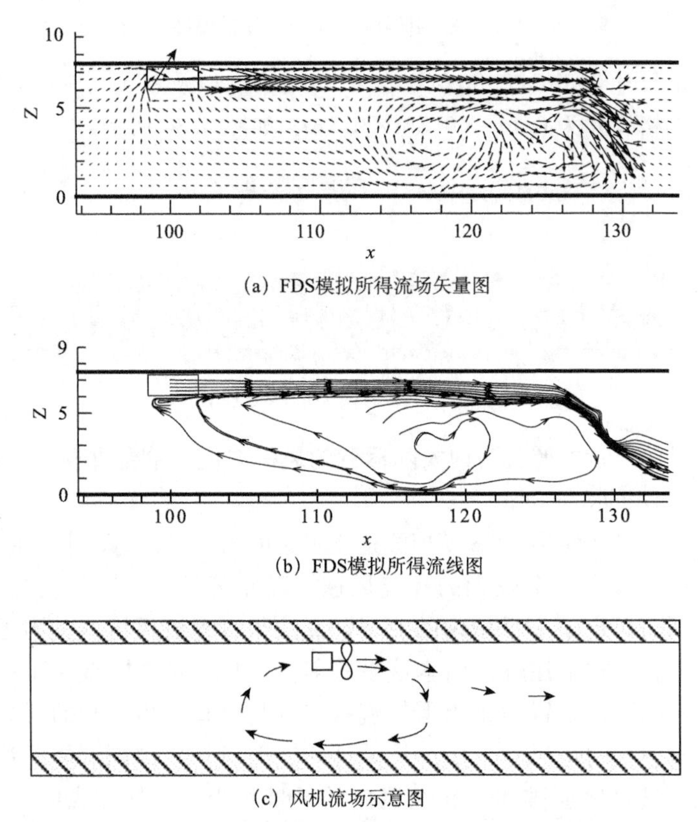

(a) FDS模拟所得流场矢量图

(b) FDS模拟所得流线图

(c) 风机流场示意图

图 5.31　射流风机启动 30s 后附近的流场（纵断面）

若隧道的长度有限，则风机下的漩涡长度能够迅速加长，最终能够将气体从隧道的上游洞口吸入、从下游洞口推出，即形成贯通流动，隧道内出现较稳定的定向流，漩涡流动消失，隧道内烟气可以顺利排出，如图 5.32 所示。

若隧道较长，则风机需要较长时间甚至根本无法驱动气体在隧道内形成贯穿流动，此时的风机只是在隧道内起到加强烟气与空气掺混的作用。

若长隧道内安装了多台风机，在它们运行的开始阶段可能各自形成如图 5.33 所示的漩涡，在两台风机之间的一段区域基本上没有流动［图 5.33 (a)］；但经过一段时间，它们一般会形成很长的复合漩涡［图 5.33 (b)］，最后形成稳定的贯通流场，将烟气排出洞外。

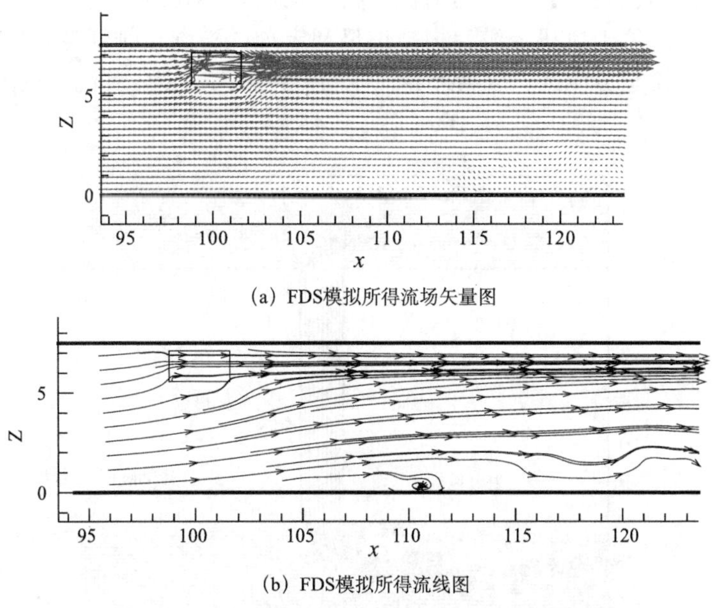

(a) FDS模拟所得流场矢量图

(b) FDS模拟所得流线图

图 5.32　射流风机启动 200s 后隧道内形成的贯通流场

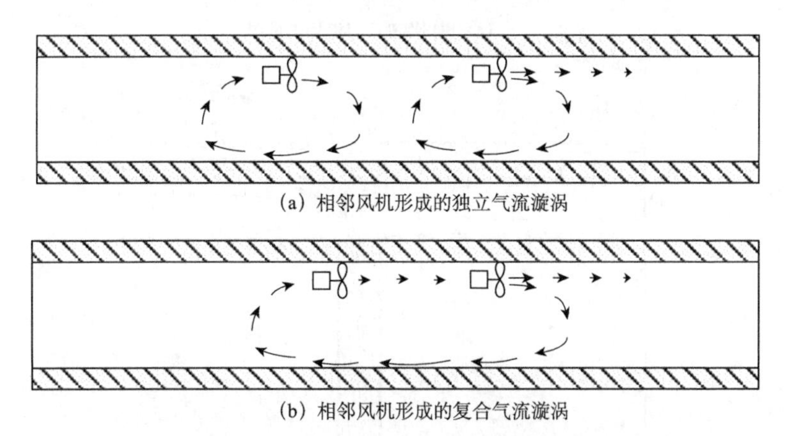

(a) 相邻风机形成的独立气流漩涡

(b) 相邻风机形成的复合气流漩涡

图 5.33　隧道中部多台射流风机刚开启时的流场（纵断面）

综上所述，隧道火灾发生时，为了能既有效排出烟气，又尽量降低对烟气稳定性的影响，应该合理安排射流风机的开启方式。例如，当隧道火灾发生时，在下游风机启动之前，宜先启动上游的风机，使隧道内形成流向下游的定向风速，然后再启动火源下游的射流风机，以免在下游射流风机区形成漩流，破坏烟气层的稳定。

(2) 射流风机对相邻隧道流场的影响

射流风机不但对排烟隧道的流场有较大影响，对通过横洞与其相连的相邻隧道的气体流动也会有影响。当射流风机启动后，会在风机周围形成高速运动的气流，若横洞位于风机上游，根据伯努利定理，横洞在排烟隧道的一侧相对于相邻隧道来说是负压区，成为外界气体的一种流入通道，其流场见图 5.34。

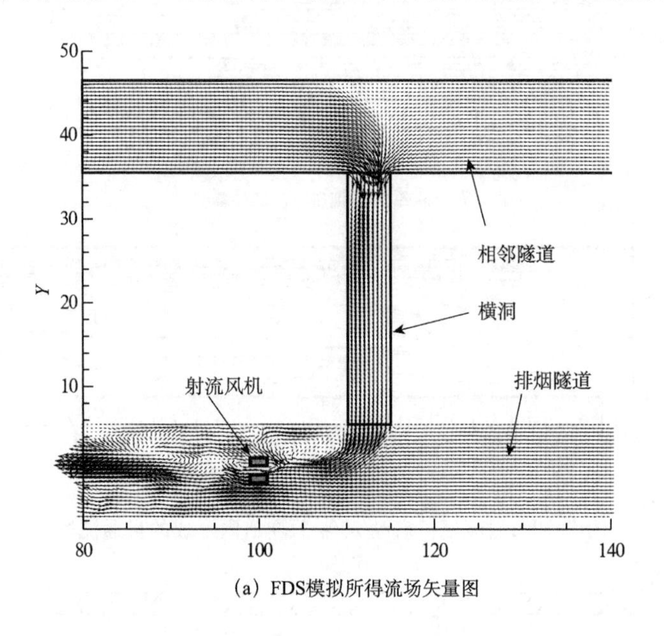

(a) FDS模拟所得流场矢量图

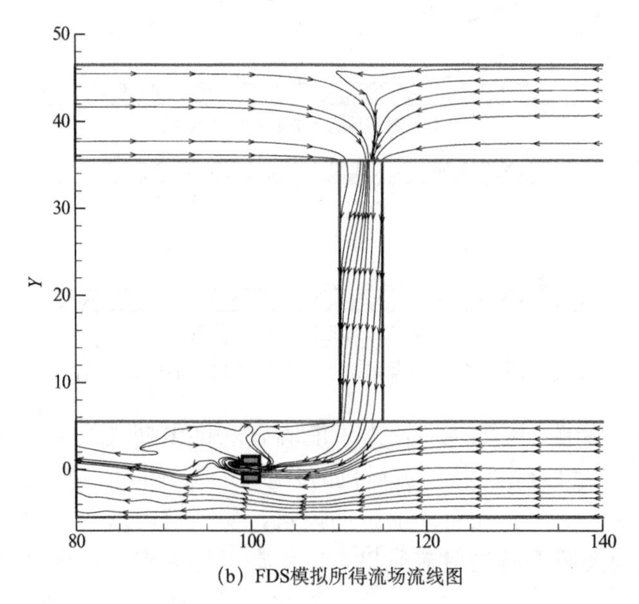

(b) FDS模拟所得流场流线图

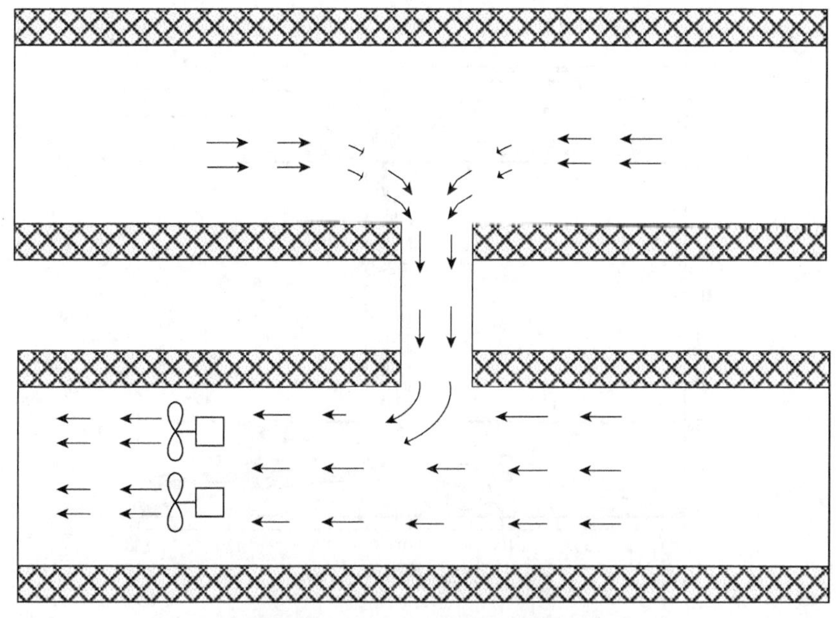

(c) 横洞位于射流风机上游时隧道流场示意图

图 5.34　横洞位于射流风机上游时的流场（俯视图）

若横洞位于射流风机的下游，在隧道与横洞的连接处也会形成很大的负压。相邻隧道内的气体同样会经横洞进入排烟隧道，见图 5.35。

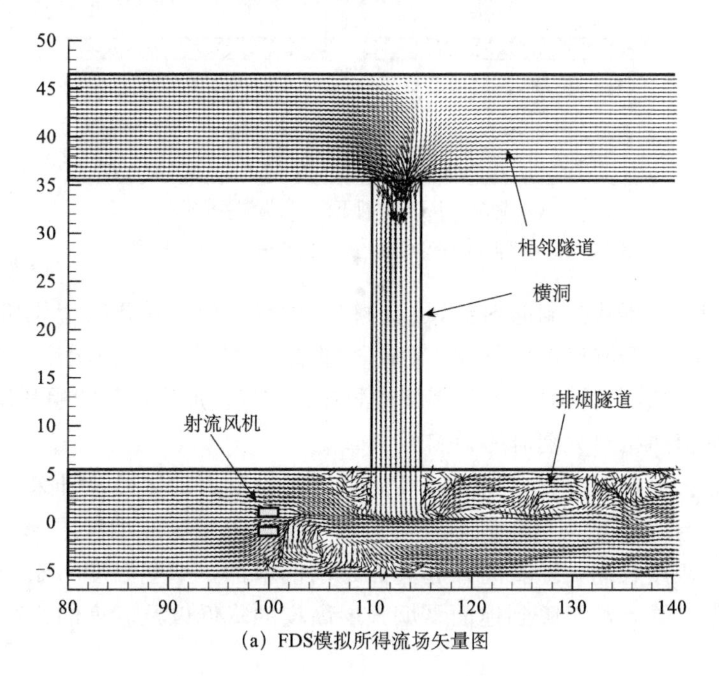

(a) FDS模拟所得流场矢量图

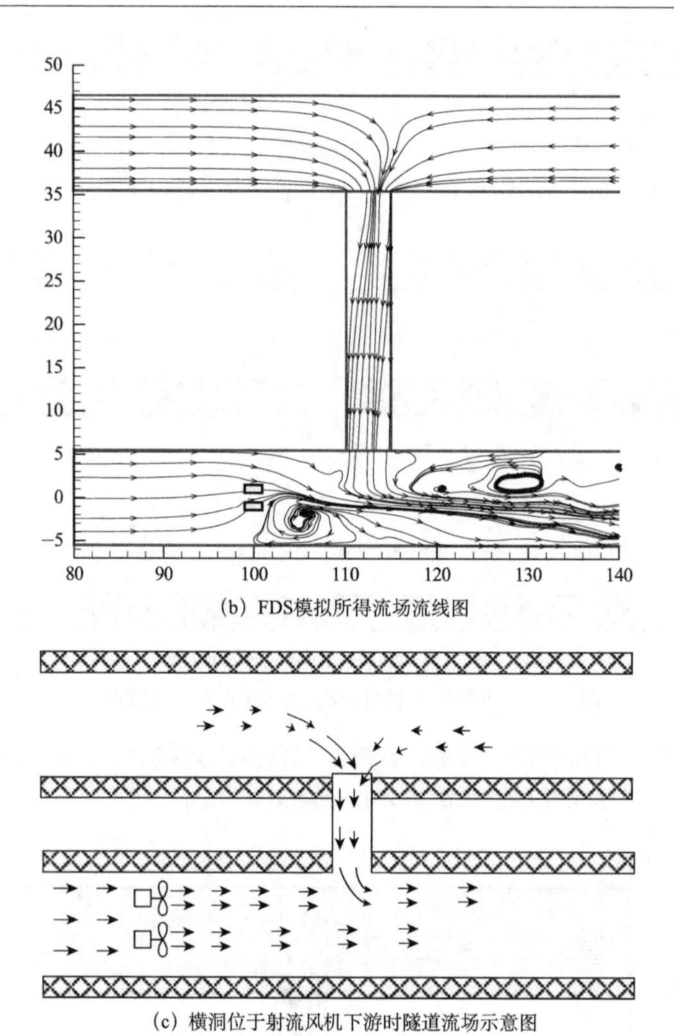

(b) FDS模拟所得流场流线图

(c) 横洞位于射流风机下游时隧道流场示意图

图 5.35　横洞位于射流风机下游时的流场（俯视图）

总的来说，不管横洞与射流风机的相对位置如何，只要射流风机启动，就会在排烟隧道的横洞口形成负压，促使相邻隧道内的气体经横洞流入排烟隧道。当起火点处在横洞下游时，可利用该横洞补充空气，加快烟气的顺利排出。

（3）射流风机对火羽流的影响

当隧道内某位置起火，生成的高温烟气将沿隧道顶棚蔓延开来，形成顶棚射流[26]。由于烟气的温度较高，在隧道内可形成较稳定的烟气层。在起火点附近，烟气层高度较高，随着离开起火点距离的增加，烟气温度不断降低，烟气层高度逐渐下降，甚至降到地面。烟气层高度的降低以及温度的衰减速度与火源功率有关[27]。

若隧道内无风，火羽流撞击顶棚之后顶棚射流对称地向隧道上下游蔓延。若隧道内存在稳定的定向风，顶棚射流向上游的蔓延将较困难，通常只能向上游蔓延一段距离。这一距离主要与烟气的流量、温度以及定向风速相关。若风速大到一定值，则可完全阻止烟气向上游蔓延。这一风速即为抑制烟气逆流的临界风速[28]。较大的纵向风速有助于烟气向下游流动。但如果风速过大，可能加大烟气与下方空气的掺混。

对于隧道内通常的通风换气来说，气流紊乱并没有什么不良影响，但对于火灾情况下的排烟来说，烟气的掺混可能致使烟气层过早下降，对隧道中的人员造成更大的危害。隧道内新鲜空气流动，除了能够排除烟气外，还会促进燃烧，因此应当在明火焰熄灭后再加强纵向排烟。

射流风机产生的纵向风除了影响燃料的燃烧速率以外，还会对火源附近的烟气流动造成重要影响。为了分析这种影响，使用 FDS 模拟了火源功率 3MW 的隧道火灾发生后，不开启射流风机、开启火源上游 10m 处射流风机、开启火源下游 10m 处射流风机三种情况下火源附近的流场，模拟结果如图 5.36～5.38 所示。

可见，当射流风机不启动时，火源燃烧产生的烟气层化状况较好，向隧道两侧均匀蔓延，烟气层维持在比较高的水平，对周围人员的危害不大。

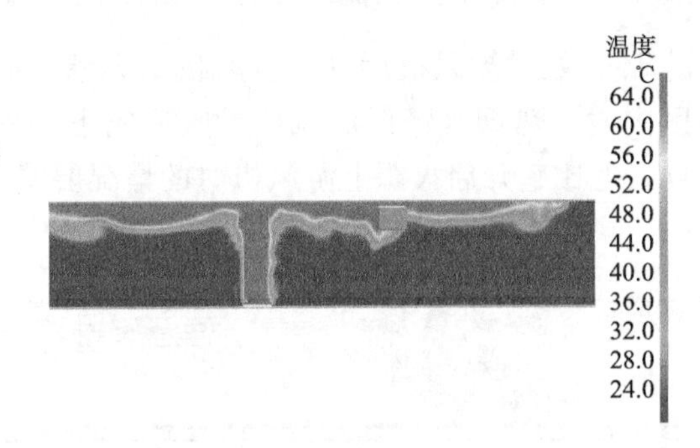

(a) 竖直截面温度云图

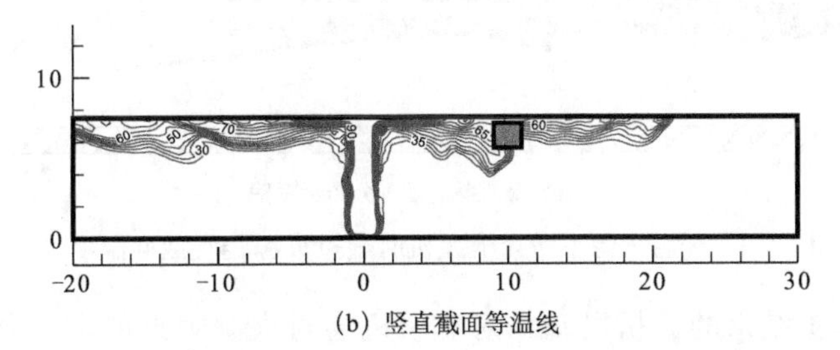

(b) 竖直截面等温线

图 5.36　不开启风机时通过火源竖直截面温度分布

当开启火源上游 10m 处射流风机后（射流风机向火源“吹气”），起火点位于风机下游的强混合区内，风机的启动将强化烟气与空气的掺混，火源下游烟气的稳定分层结构被破坏，此区域的烟气呈弥散状，对下游区域的人员疏散影响很大。

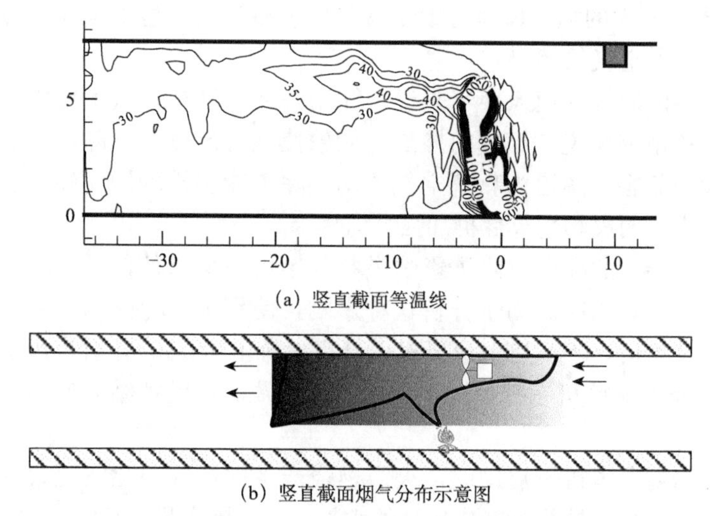

(a) 竖直截面等温线

(b) 竖直截面烟气分布示意图

图 5.37　开启火源上游射流风机时火源截面温度分布

当开启火源下游 10m 处射流风机后（射流风机从火源“抽气”），起火点位于风机上游的卷吸区内时，热烟气经射流风机卷吸后向下游呈锥状喷射，也会对烟气层化造成影响，但比起开启火源上游风机时的情况要弱一些。

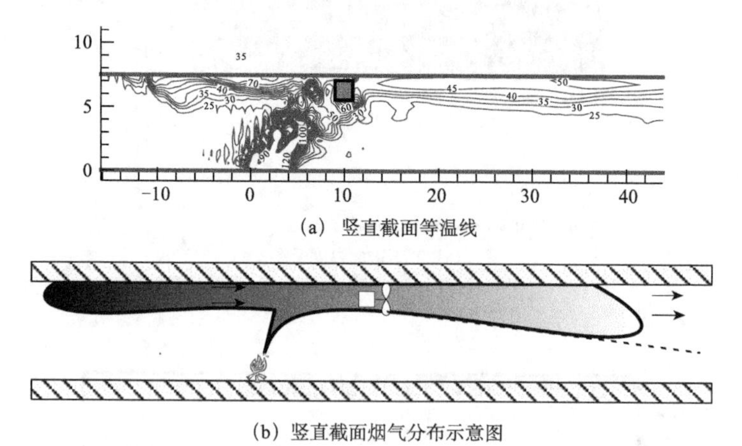

(a) 竖直截面等温线

(b) 竖直截面烟气分布示意图

图 5.38　开启火源下游射流风机时通过火源竖直截面温度分布

通过对模拟结果的分析可知，射流风机会对火源附近的烟气分层结构造成影响，为了降低射流风机对火源附近层化烟气的扰动和破坏，应保证两者间有足够距离，即尽量开启距离火源较远处的射流风机。

长隧道内的烟气控制是一个受到许多因素影响的复杂问题，通过对射流风机运行状况及其对火灾烟气影响的分析，得出了长隧道内全射流纵向通风对隧道内流场的影响：

（1）射流风机刚启动阶段，会在射流风机下游区域形成漩涡，破坏周围烟气层的稳定，影响人员疏散。但当射流风机运行一段时间后，就会形成稳定的贯通流场，有利于隧道内烟气的顺利排出。

（2）对于较长的隧道来说，横洞是连接两条隧道的通路，给人员安全疏散提供了便利。同时，它也是气流运动的通路，一般情况下，横洞可使得排烟时出现气流“短路”的现象，降低起火隧道内的排烟效率。然而，当起火点处在某横洞的下游时，亦可利用该横洞补充空气，加快烟气的顺利排出。

（3）当火源附近的射流风机启动时，风机的启动将强化烟气与空气的掺混，破坏烟气层的稳定性，不利于对该区域人员的安全疏散。对于同等风量的射流风机，启动火源上游的射流风机比启动火源下游对称位置的射流风机对烟气层稳定性的破坏作用更大。因此，在火灾时应启动离起火点较远的风机，且避免让风机射流直接吹向火源。

5.4　纵向风对主辅双洞隧道火灾烟气的控制作用

本节将以某主辅双洞隧道为研究对象，采用 CFD 模拟的方法来研究此类隧道中两种烟气控制方案的优劣。通过对模拟结果的分析比较，找到了一种适合于此类隧道的火灾控烟方案，即从隧道两侧的平行导洞同时向内送新风，在平行导洞内形成正压，以抑制火灾烟气进入平行导洞，为人员安全疏散提供便利。

该主辅双洞隧道地处四川省天全县与泸定县交界的二郎山主脉，海拔高度约 2200m，全长 4176m，是连接四川和西藏的一条交通要道[46]。其行车主隧道横断面为三心圆，面积约为 55.6m^2，净高 5.9m，隧道为单洞双车道，双向行驶。在隧道的右侧有一条平行导洞，用于通风和紧急救援，导洞全长 4155m。导洞和隧道间通过 14 条横洞相连，横洞间的间距各不相同，见图 5.39 所示，横洞宽 4m。导洞和横洞的高约为 5.5m，横断面也为三心圆，横断面积约为 25.32m^2。

该隧道采用平行导洞送风型半横向通风方式，新风经平行导洞、横洞送入隧道的车道，污染空气沿车道纵向从隧道洞口排出。隧道的东、西两段设有轴流风机房，每座风机房设有三台大型轴流风机，每台轴流风机的功率为 110kW，工作压力 617Pa，所提供的设计风量为 123.38m^3/s。这些风机既可以实现向洞内吹风，又可以从洞内向外排风。并且在隧道内安装射流风机调压，以确保中性点（隧道内断面平均风速等于零处）位于设计位置上，同时协助火灾时的应急通风。为了满足隧道内不同排烟方式的要求，每个横洞内都安装了卷帘门，可以在必要的时候放下，以分隔主洞和平行导洞。在平行导洞内 7 号横洞位置处也安装了一卷帘门，将平行导洞分成了大致等长的东西两段。

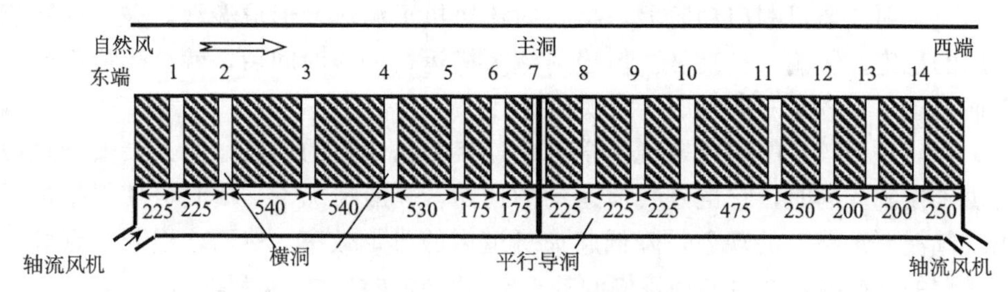

图 5.39　主辅双洞隧道结构及风机系统示意图

由于该隧道所处海拔较高，隧道外自然风很大，而且隧道两端分处山阳和山阴，存在较大热位差，因此大多数时间隧道内存在由山阴端吹向山阳端的纵向风，风速达 3m/s 左右。为了降低隧道内的纵向风，通常会开启隧道主洞内的射流风机，将自然风速调节至 1m/s 左右。目前隧道内的风机在平常情况下进行通风，火灾时进行防排烟，以及时将烟气排出隧道，以保证人员的安全疏散。

1. 控烟方案设计

曾经有研究人员对该隧道提出了五种火灾时烟气控制方案[46]：

（1）卷帘门全开，两端轴流风机排烟；

（2）仅打开距起火点最近的两个卷帘门，两端轴流风机排烟；

（3）仅打开距起火车辆最近的一个卷帘门，两端风机排风；

（4）卷帘门全开，一端风机排风，一端风机送风；

（5）卷帘门部分打开，一端风机排风，一端风机送风。

本节选取其中两个方案进行分析：

方案 A：利用风机从平行导洞的两端向内进行不对称送风（两端的送风量不同），在平行导洞内形成正压，阻止火灾烟气从隧道内经横洞进入平行导洞，人员和车辆则经导洞疏散出去，如图 5.40 所示；

方案 B：利用一侧的轴流风机进行抽烟，另一侧的风机进行送风，人员和车辆从隧道和导洞中分别疏散，如图 5.41 所示。

模拟的火灾场景包括该隧道在不同火灾规模下，A 和 B 两种烟气控制方式的控烟效果。模拟时整个计算区域分为三个部分：隧道主洞区（4176m×10m×7.2m）、平行导洞区（4155m×4.8m×5.9m）和 14 个横洞区（单个 4.4m×37m×5.78m）。对于火源附近区域采用局部加密，网格尺寸为 0.2m×0.2m×0.2m。

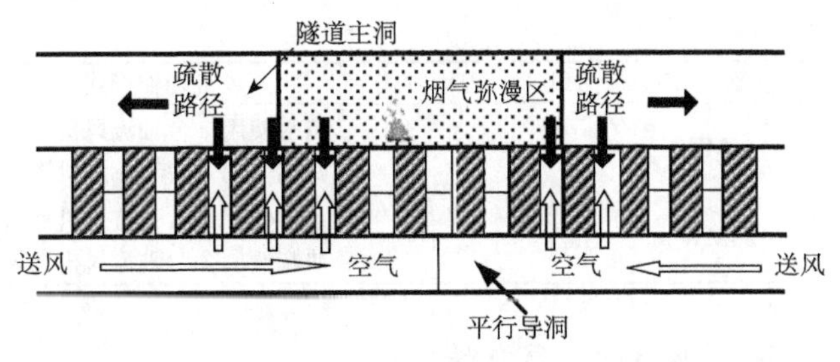

图 5.40　烟控方案 A

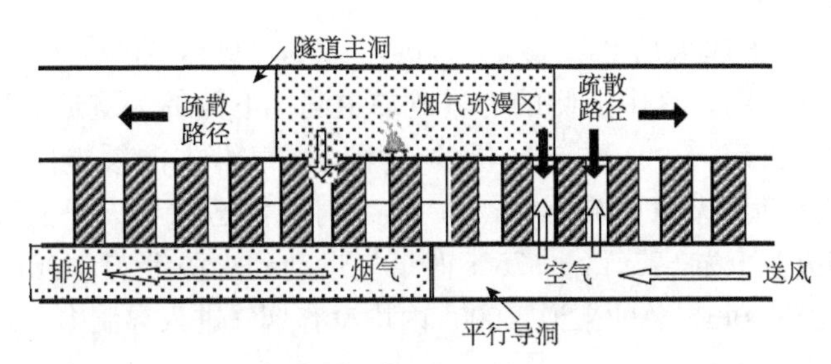

图 5.41　烟控方案 B

2. 火灾场景设置

该隧道为公路隧道，其中的可燃危险品主要是汽车，分为小轿车、客车以及大货车等，因此隧道火灾的最主要可燃物是车辆。通过文献资料的查阅，可以得到这三种汽车在燃烧时的功率[48~51]。从文献中可知，轿车燃烧过程的平均火源功率在 1.5MW 左右，最大火源功率可以达到 4MW；大巴燃烧过程的平均火源功率在 10～15MW 左右，最大火源功率可以达到 30MW；货车燃烧过程的平均火源功率在 10～15MW 左右，其最大火源功率可以达到 15MW。综合考虑，选取典型的火源功率 2MW 和 20MW 进行模拟分析。

该隧道很长，隧道的出口分布在两端，且隧道内存在常年定向的自然风，因此当火灾发生在隧道内自然风向的上游区域时，烟气在自然风的作用下，将很快向下游蔓延。此时，位于火源下游区域的人员必须向下游出口疏散，但是火源周围的人员离下游隧道出口却有很长的距离，这给人员疏散带来了很大的困难，因此把这种火源位置作为典型火源位置。

具体火灾模拟场景如表 5.12 所示。

表 5.12　模拟计算场景设置

序号	起火位置	火源功率	自然风速	控烟方式	风机动作形式	横洞开启编号
1	距离东端出口 1035m	2MW	1m/s	A	东端使用 1 台轴流风机送风 西端使用 2 台轴流风机送风	1～10
2	距离东端出口 1035m	2MW	1m/s	B	东端使用 2 台轴流风机抽烟 西端使用 2 台轴流风机送风	3 8～10

续表

序号	起火位置	火源功率	自然风速	控烟方式	风机动作形式	横洞开启编号
3	距离东端出口 1035m	20MW	1m/s	A	东端使用 2 台轴流风机送风 西端使用 3 台轴流风机送风	1～10
4	距离东端出口 1035m	20MW	1m/s	B	东端使用 2 台轴流风机抽烟 西端使用 2 台轴流风机送风	3 8～10

3. 不同火灾场景下的烟气蔓延情况

(1) 火灾场景 1

图 5.42 给出了起火后 0s，150s，300s，450s，600s，750s，900s 时隧道内烟气蔓延过程的俯视图，其中上侧的为隧道的主洞、下侧的为隧道的导洞。从图中可以看出，自点火后，由于轴流风机的作用，烟气沿主洞缓慢向上游运动。到 300s 时，烟气运动到火源上游 345m 处；450s 时烟气运动到火源上游 460m；600s 时烟气运动到火源上游 575m 处；750s 时烟气运动到火源上游 640m；900s 时烟气运动到火源上游 690m。总的来说，900s 内均没有烟气进入导洞中。

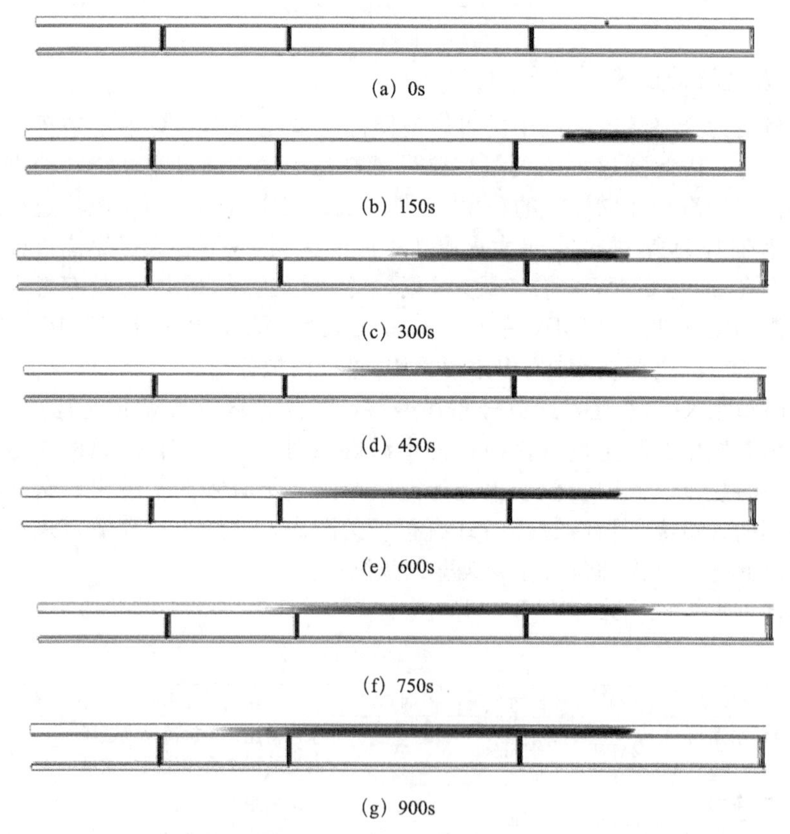

(a) 0s

(b) 150s

(c) 300s

(d) 450s

(e) 600s

(f) 750s

(g) 900s

图 5.42　风机不对称送风、2MW 火源靠近东端时的烟气蔓延图

（2）火灾场景 2

图 5.43 中可以看出，在 150s 时烟气向下游蔓延了一定距离，没有到达 4 号横洞口；向上游方向，烟气已经越过 3 号横洞，并通过该横洞进入了导洞。300s 时，在风机的作用下，火源下游不再存在烟气，烟气已充满 3 号横洞上游的整个导洞，随后逐渐充满了整个上半区的导洞。

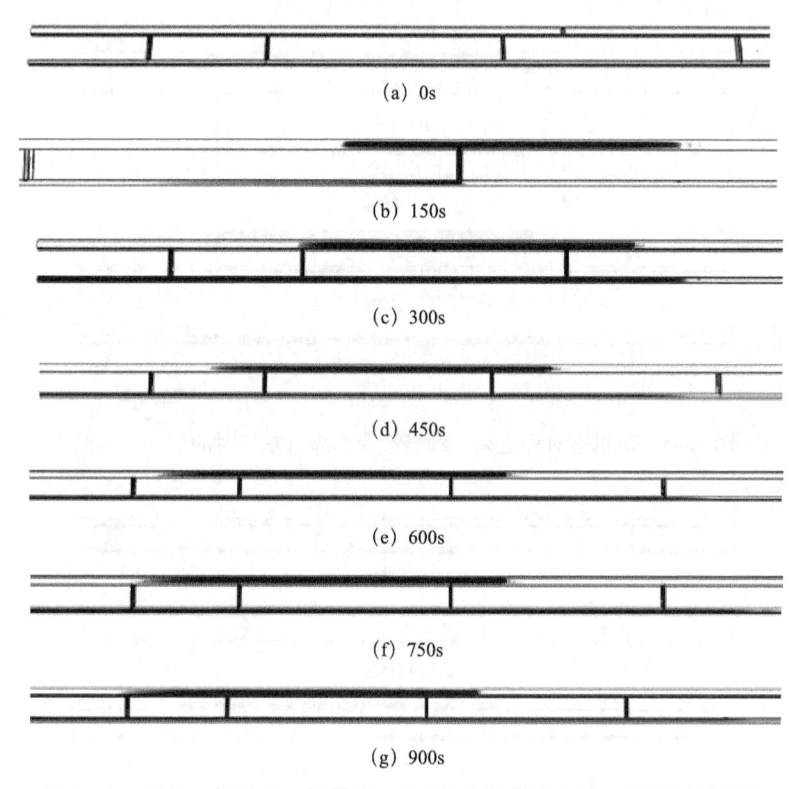

图 5.43　风机一侧送风一侧排烟、2MW 火源靠近东端时的烟气蔓延图

（3）火灾场景 3

从图 5.44 中可以看出，自点火后，由于轴流风机的作用，烟气沿主洞缓慢向风上游运动。到 300s 时，烟气运动到火源上游 410m 处；450s 时烟气运动到火源上游 500m；600s 时烟气运动到火源上游 575m 处；750s 时烟气运动到火源上游 640m；900s 时烟气运动到火源上游 690m。没有烟气进入导洞中。

（4）火灾场景 4

从图 5.45 中可以看出，烟气始终维持在火源的上游方向。在 150s 时烟气已经越过 3 号横洞，并通过该横洞进入了导洞。300s 时烟气已充满了 3 号横洞上游的整个导洞，随后逐渐充满了整个上半区的导洞。

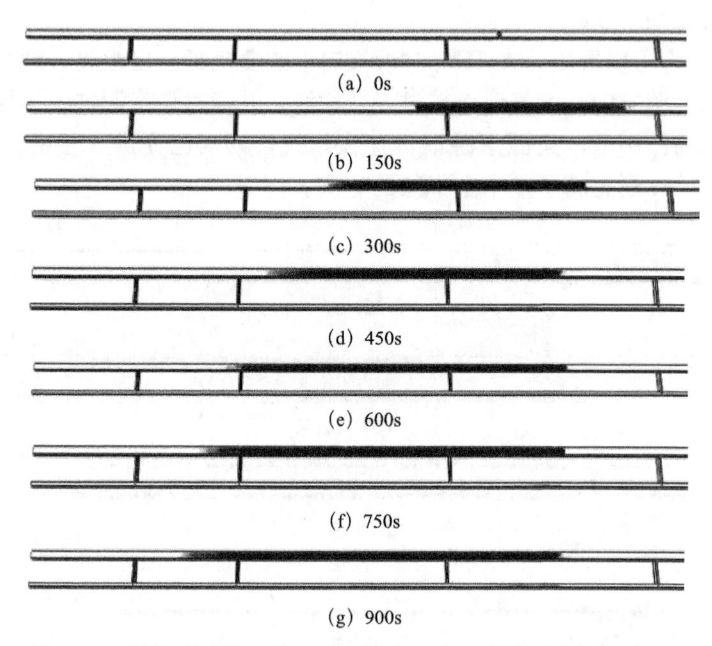

图 5.44　风机不对称送风、20MW 火源靠近东端时的烟气蔓延图

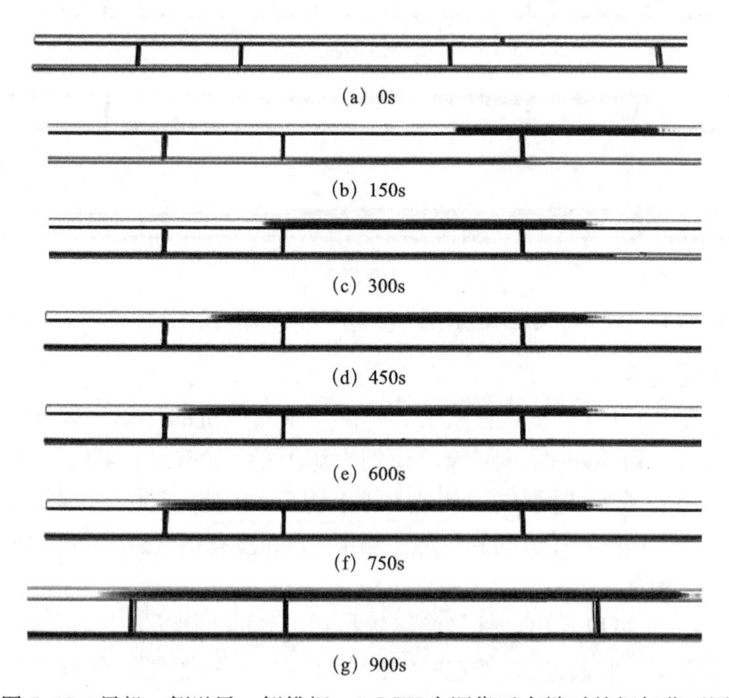

图 5.45　风机一侧送风一侧排烟、20MW 火源靠近东端时的烟气蔓延图

4. 不同控烟方案效果对比

为了比较两种控烟方案的优劣，这里主要以火灾场景 3 和 4 在起火后 900s 的烟气分布图进行比较说明，这两个场景的区别在于控烟方案的不同。如图 5.46 所示，烟气控制方案 A，通过平行导洞两端的不对称送风，烟气被有效地控制在主洞中，平行导洞可以作为人员安全的疏散通道。而烟气控制方案 B，抽烟这一半区的导洞将被烟气充满，而且主洞中也有部分烟气，不利于人员的安全疏散，方案 A 更加有效。

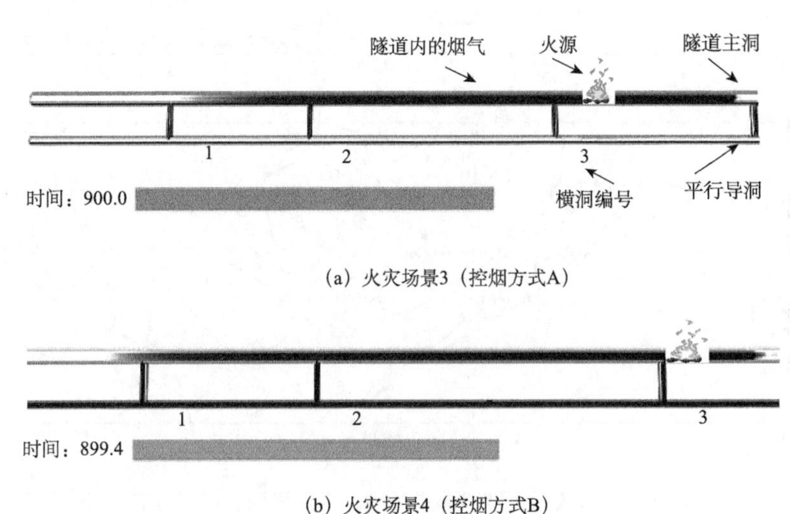

图 5.46　900s 时隧道内的烟气分布图

图 5.47 给出了火灾场景 3（控烟方案 A）900s 时在距离隧道东端出口 920m 处，即图中 3 号横洞位置，主隧道（main tunnel）和平行导洞（pilot tunnel）40m 范围内 3m 高处的水平面温度场分布。由于平行导洞两端均有轴流风机送风，在其内部形成了正压区。火灾烟气无法通过 920m 处的 3 号横洞由主隧道进入平行导洞。平行导洞内的温度明显低于主隧道内的温度，为人员逃生创造了极好的条件。

相比之下，烟气控制方案 A 更加安全。方案 A 中之所以采用两侧不对称送风，是为了东西两侧进入主洞的空气有一个压力差，从而使其中的烟气形成定向运动，以顺利排出洞外。当然，本节的模拟计算是以隧道主洞内负责调节纵向风速的射流风机始终正常工作，隧道内自然风速始终维持在 1m/s 为边界条件的；一旦隧道主洞内的射流风机失效，隧道内的自然风速将上升至 3m/s 左右，这时的烟气运动状况将会与此处的模拟结果有较大差异，需要重新考虑。

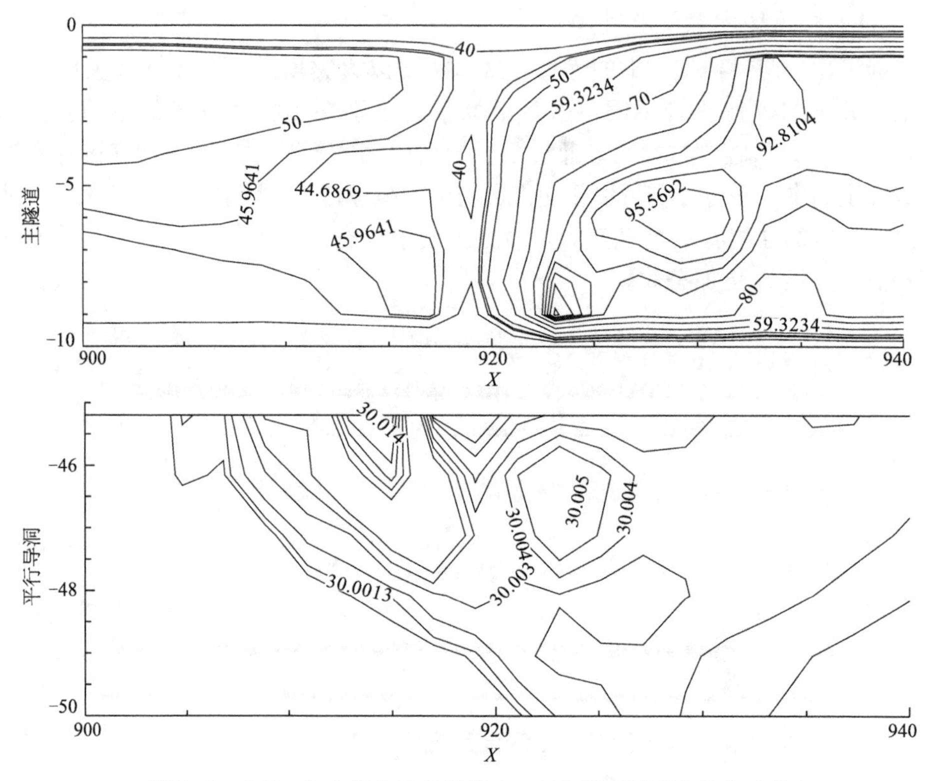

图 5.47　920m 处主洞与平行导洞 3m 高水平面温度场分布比较

5.5　隧道火灾烟气分岔流动现象

5.5.1　分岔流动现象的形成原因

在采用纵向通风排烟方式时，隧道内的纵向风速是一个关键参数。当纵向风速小于某个临界值时，将产生烟气逆流，不利于人员疏散和火灾扑救；然而当纵向风速过大时，则可能造成烟气层失稳，破坏隧道内的烟气层化现象。对于后一种情况，目前相关研究还较少，李开源[52]通过数值模拟发现在纵向风速过大时，隧道内烟气将不再是整体，而是形成两股分离的烟气各自紧贴隧道侧壁向下游流动，并将此现象定义为烟气分岔流动（bifurcation flow）。

烟气分岔流动形成的主要原因是过大的纵向风破坏了隧道内烟气层的形成过程。对于无纵向通风或纵向风速非常小的情况下，隧道内火灾烟气层的形成过程大致可分为 4 个阶段[53～55]：首先是羽流的竖直上升阶段，当竖直上升羽流撞击到顶棚后形成顶棚射流；顶棚射流烟气卷吸大量冷空气并由竖直向上流动转变为径向的水平流动；径向蔓延的顶棚射流撞击到隧道侧壁后形成反浮力壁面射流；卷吸大量空气并反向流向隧道中部最终形成稳定的烟气分层结构。

由以上分析可知在烟气层的形成过程中，顶棚射流撞击隧道侧壁后形成的反向流动起到了重要作用。在无纵向风时，反向流动的烟气会在羽流撞击区附近交汇；但是在强纵向风的作用下，烟气流动在径向扩散的同时又有纵向蔓延[56]，烟气流动一方面受到纵向风惯性力的作用；另一方面纵向风加剧了烟气对空气的卷吸，减弱了顶棚射流和烟气反向流动的驱动力，导致反向流动的烟气交汇区远离羽流撞击区，从而使隧道中部的烟气层出现凹陷，如图 5.48 所示。随着纵向风的增大，烟气在隧道中部分离成独立的两部分，分别沿隧道侧壁向下游流动，导致烟气分岔流动的产生，并在隧道中部形成了一个几乎没有烟气存在的中心低温区。

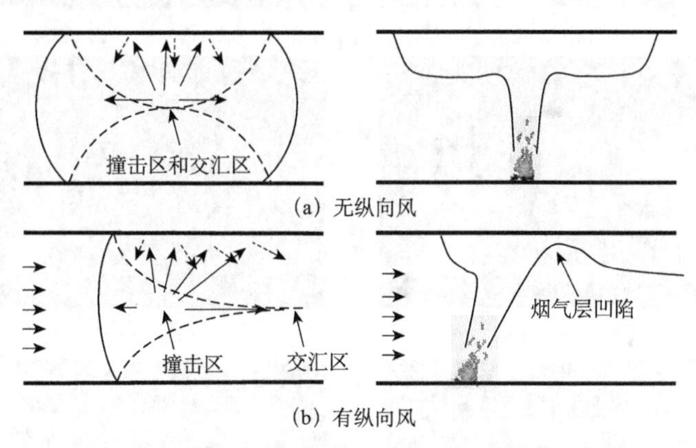

图 5.48 纵向风作用下烟气分岔流动的形成过程

5.5.2 分岔流动现象的实验和数值模拟

1. 模型实验

(1) 分岔流动现象的形成

以 8cm×8cm 的油盘为例，采用激光片光源流场显示技术，得到的不同纵向风速下，隧道内烟气流场如图 5.49 所示。从图中可以看出，当隧道内无风时，烟气在浮力的驱动下竖直上升，撞击到模型隧道顶棚时形成顶棚射流，开始转变为沿隧道纵向方向流动的一维水平运动。风速增大到 0.28m/s 时，火源下游烟气层发展比较平稳，烟气撞击隧道侧壁后在隧道中心汇聚。风速达到 0.43m/s 时，烟气层出现一个较小的凹陷，这是因为顶棚射流与侧壁撞击后形成了反浮力壁面射流，反向烟气流在纵向风的作用下向下游流动，使得烟气汇聚区远离撞击区，但是此时在羽流撞击区上游仍有烟气存在，并随着纵向风的驱动进入下游烟气层中。风速增大到 0.59m/s 时，烟气层出现明显凹陷，且羽流撞击区上游不再有烟气逆流现象，此时已经出现烟气分岔流动，随着风速的继续增大，纵向风的惯性力使得烟气对空气的卷吸加强，横向驱动力减弱，烟气汇聚区与撞击区的距离越来越远，导致烟气凹陷现象逐渐严重，隧道中部基本无烟气存在。

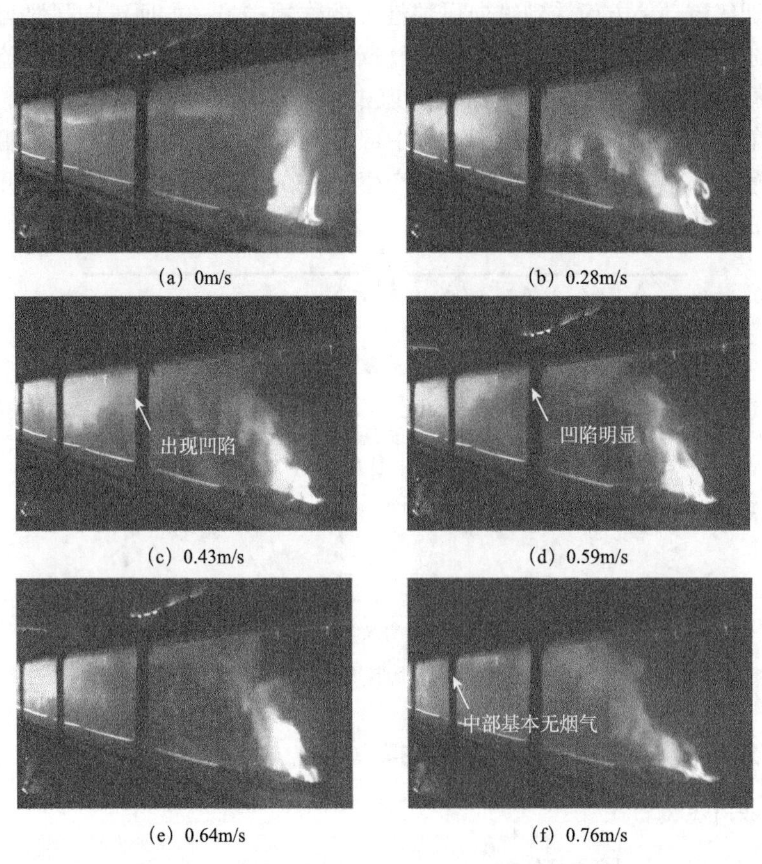

(a) 0m/s　(b) 0.28m/s　(c) 0.43m/s　(d) 0.59m/s　(e) 0.64m/s　(f) 0.76m/s

图 5.49　小尺寸实验 8cm×8cm 油盘烟气发展情况

(2) 顶棚温度分布

图 5.50 为不同纵向风速下小尺寸实验中顶棚温度分布情况。图中横坐标为 0 的位置即火源中心，横坐标上的负值和正值分别代表火源上游和火源下游热电偶位置与火源中心的距离，虚线椭圆给出了羽流撞击区位置，其中温度最高处为羽流撞击区中心。从图中可以看出，除隧道内无风情况下羽流撞击区中心位于火源正上方之外，其余风速下羽流撞击区均位于火源下游，且随着风速的增大，烟气在纵向风作用下倾斜角度增大，使得撞击区位置逐渐后移。

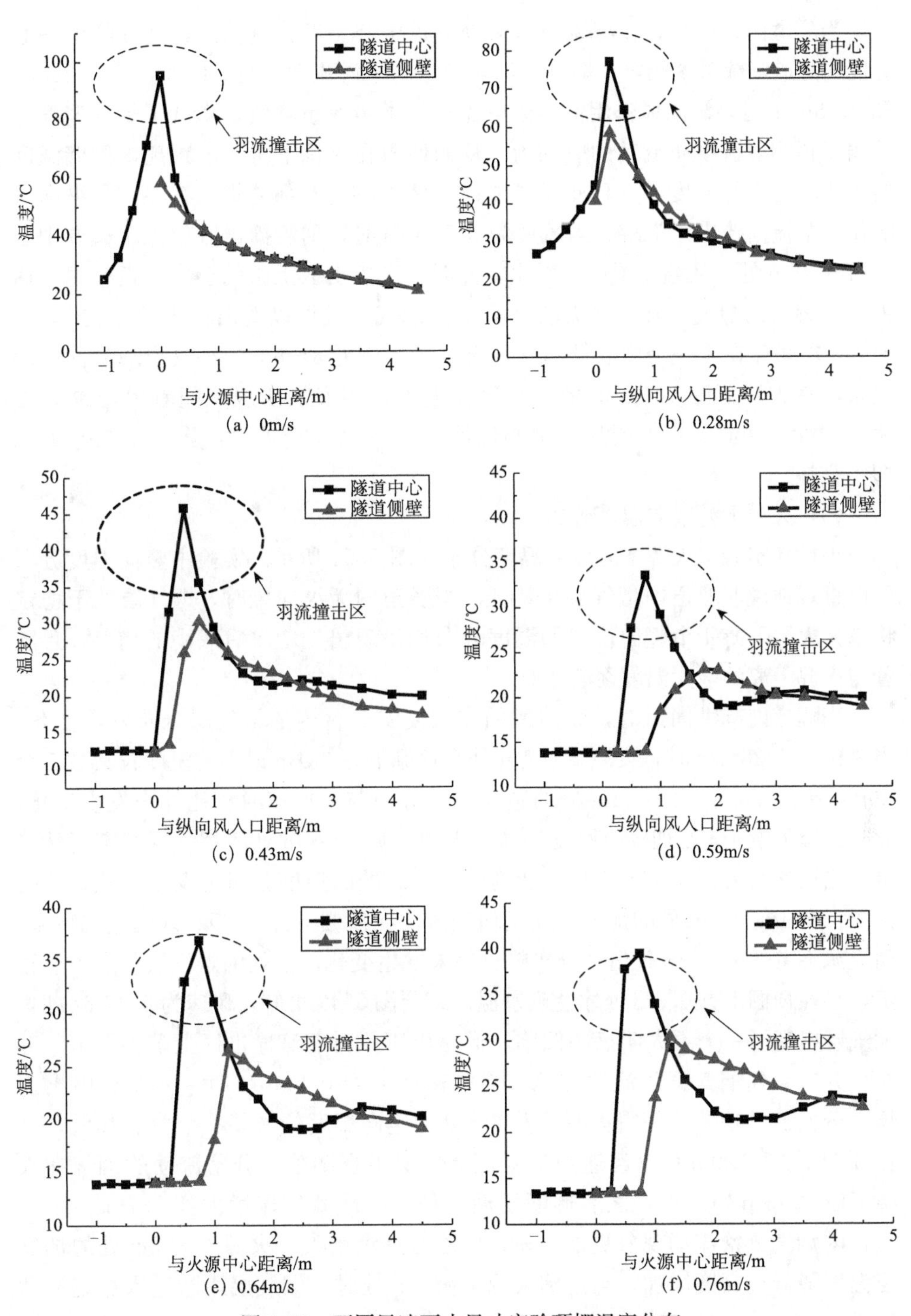

图 5.50　不同风速下小尺寸实验顶棚温度分布

当隧道内无风时，在羽流撞击区处隧道中心温度较侧壁高，之后隧道中心温度与隧道侧壁温度相等，烟气层均匀稳定向下游流动。当纵向风速为0.28m/s和0.43m/s时，纵向风作用使顶棚射流烟气卷吸大量空气，降低了烟气温度并减弱了顶棚射流横向流动的驱动力，从而使得在火源下游一段距离内侧壁温度略小于隧道中心温度，并且此时羽流撞击区上游仍有部分烟气存在，在纵向风的作用下流向撞击区下游。当风速为0.59m/s时，羽流撞击区位于距火源中心下游0.75m处，从温度图可以看出，此时羽流撞击区上游的温度接近室温，撞击区上游已无烟气存在，将无法补充下游烟气，且可以看出在火源下游1.5m至3m之间存在有一个中心低温区，温度较周围低3～5℃，烟气出现分岔流动现象，在火源下游3m处汇聚，并逐步进入稳定发展阶段。随着风速继续增大，烟气分岔流动更加明显，中心低温区范围也逐步扩大，隧道顶棚基本无烟气存在。

(3) 火源下游竖向温度分布

小尺寸实验中火源下游竖向温度分布如图5.51所示。实验中竖向温度分布可以直观地说明隧道内烟气层化特征。当隧道内无纵向风时，烟气层处于稳定状态，火源下游4个竖向位置的温度分布均呈现出先增大后减小的趋势，且随着与火源距离的增大温度逐渐降低。

当隧道内有纵向风时，纵向风的作用使实验台内的烟气层分布发生变化，当风速为0.28m/s时，火源下游1m处在顶棚下方0.1m以下的温度较其余三个位置处温度都低，而2～4m处的竖向温度分布与无风速时相比并未发生变化，此时火源下游1m处烟气层厚度变薄，火源下游2～4m处的烟气层状态仍然稳定。当风速增大到0.43m/s时，火源下游2m处的温度分布也发生变化，此时火源下游1m和2m处的烟气层厚度均变薄，在顶棚下方0.25m处已达到室温，而火源下游3m和4m处温度分布趋势仍未发生变化，该处的烟气层状态依然稳定，且在顶棚下方0.3m处才达到室温。结合图5.49可知，风速为0.43m/s时，烟气层出现了一个不太明显的凹陷，但是由于此时羽流撞击区上游仍有烟气存在，并未看到烟气分岔流动现象。当风速增大到0.59m/s时，实验台内出现烟气分岔流动现象，使得火源下游2m处的竖向温度较另外三个位置都低，且在顶棚下方0.20m处已经达到室温，烟气层出现凹陷，分岔流动的烟气在火源下游2.75m处汇聚，之后逐渐发展至稳定。随着风速增大到0.76m/s，实验台内烟气分岔流动现象更加明显，凹陷区逐渐增大，火源下游3m处的烟气层温度降低，高度增加，当达到火源下游4m处时，烟气层逐渐进入稳定流动阶段。

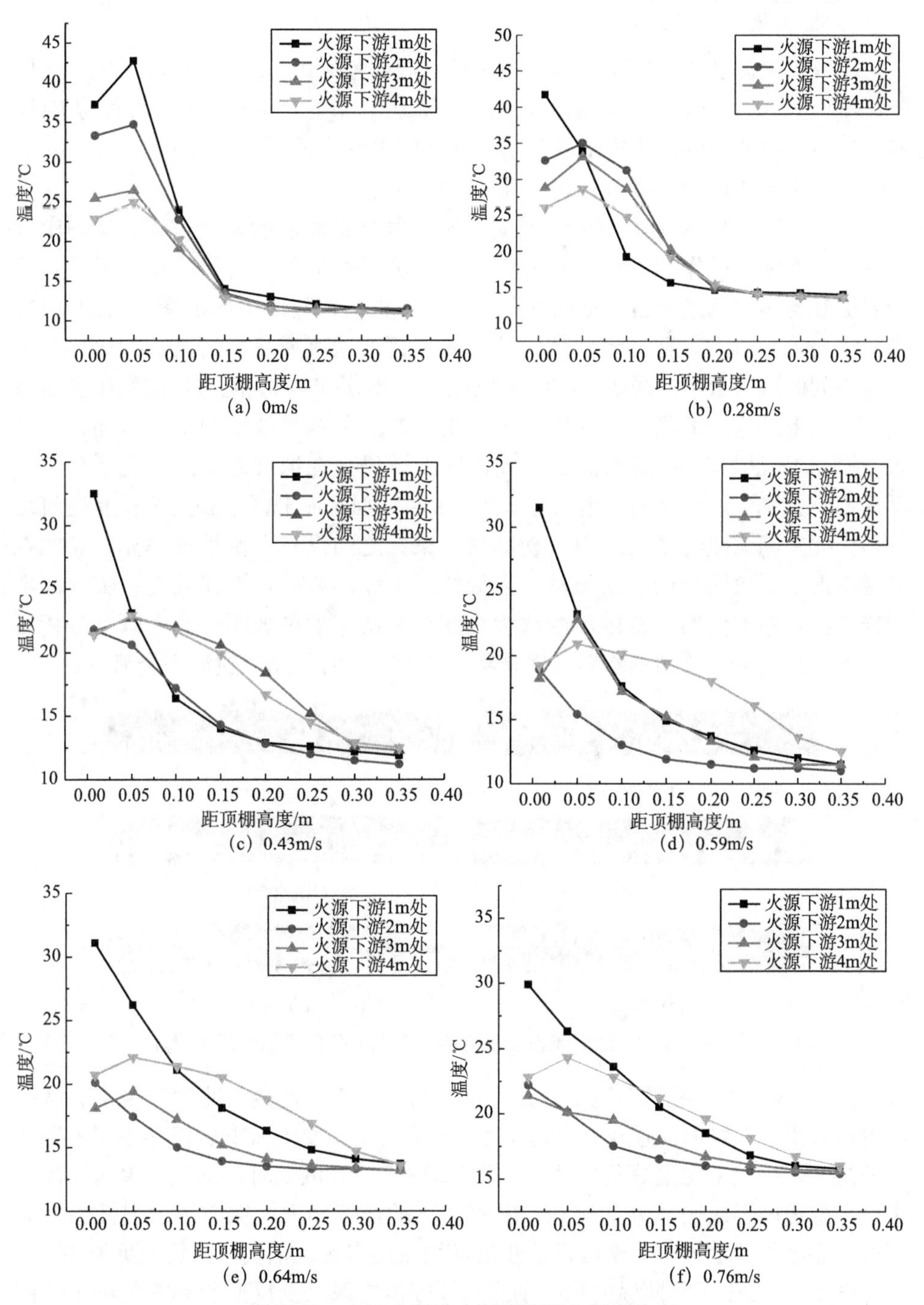

图 5.51　小尺寸实验火源下游竖向温度分布

2. 数值模拟

本节以火源功率 3MW 为例，考虑纵向风速在 0～4m/s 之间变化，选取 0m/s，1m/s，1.5m/s，2m/s，2.5m/s，3m/s，3.5m/s 和 4m/s 八种纵向风速，对不同风速下隧道火灾烟气分岔流动情况进行分析。

(1) 纵向风作用下隧道火灾烟气分岔流动发展

图 5.52 给出了纵向风作用下隧道火灾烟气分岔流动的发展过程。从图中可以看出，在纵向风作用下，烟气羽流与隧道顶棚发生撞击后形成顶棚射流，顶棚射流在与隧道侧壁撞击后形成反向流动，并再次在隧道中部汇聚形成烟气层。随着纵向风的增大，反向流动烟气的汇聚区逐渐远离羽流撞击区，并导致流入二者之间的烟气量不断减少。在纵向风速小于 2m/s 时，羽流与顶棚发生撞击后仍存在向上游逆流的烟气，在纵向风作用下这部分烟气被带向下游方向，并进入下游的烟气层中。因此对于羽流撞击区上游仍存在烟气逆流的情况下分岔流动现象不会发生。当纵向风增大至 2.5m/s 时，羽流撞击区上游完全没有逆流烟气，因此在羽流撞击区与反向流动烟气汇聚区之间没有上游烟气填充，导致在隧道内形成了较明显的分岔流动。当继续增大纵向风后，汇聚区进一步远离羽流撞击区，中部低温区范围不断增大，烟气分岔流动更加明显。由以上分析可知，产生烟气分岔流动的临界条件是羽流撞击区上游的烟气逆流完全消失。

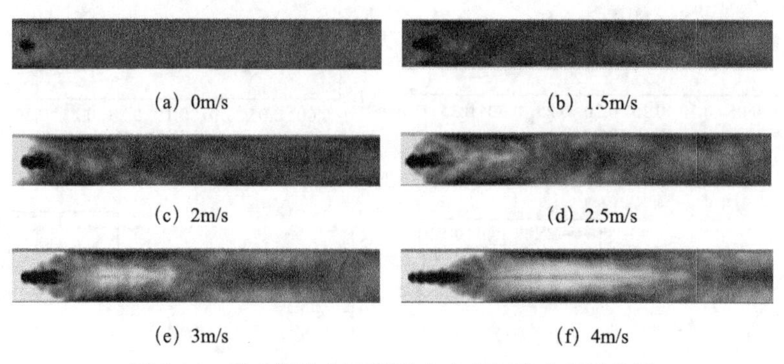

图 5.52　纵向风作用下隧道火灾烟气分岔流动发展

图 5.53 给出不同纵向风下隧道顶棚下方 0.167m 处截面速度矢量图。从图中可以看出，在纵向风速小于 2m/s 时，羽流与顶棚发生撞击后仍存在向上游逆流的烟气，烟气未发生分岔流动，当风速增大至 2.5m/s 时，烟气汇聚区远离撞击区，隧道内形成明显分岔流动，随着风速的继续增大，纵向风的惯性力及对空气的卷吸不断增强，汇聚区进一步远离羽流撞击区，烟气分岔流动更加明显。

图 5.54 给出了不同纵向风时羽流与顶棚撞击区以及反向流动烟气汇聚区的位置。从图中可以看出在没有纵向风时二者是重合的。而在有纵向风存在的情况下，汇聚区的位置不断向下游移动，这是由于纵向风加剧了顶棚射流与空气

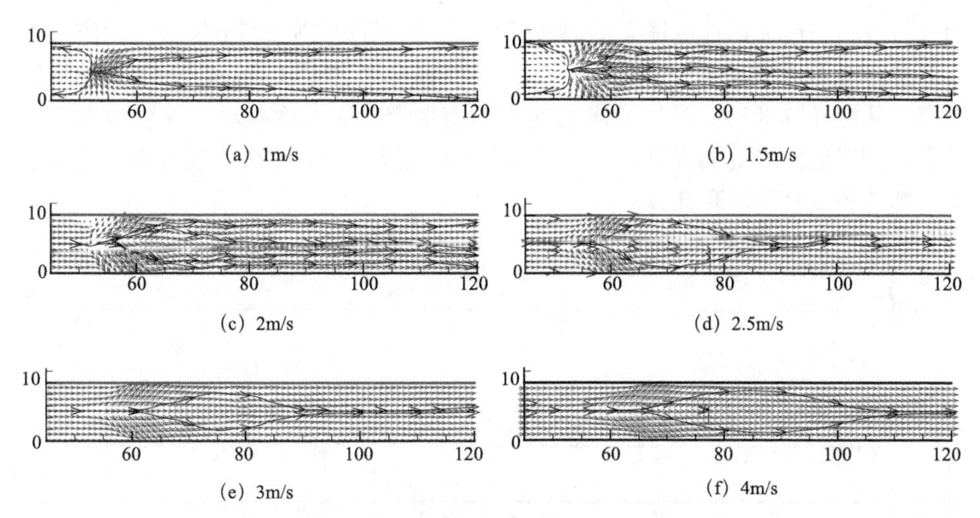

图 5.53 纵向风下隧道顶棚下方截面速度矢量图（隧道顶棚下 0.167m 处）

的掺混，降低了烟气温度并减弱了顶棚射流横向流动的驱动力，这也导致顶棚射流撞击隧道侧壁后形成的反向流动需要更长的时间才能在隧道中部再次汇聚。

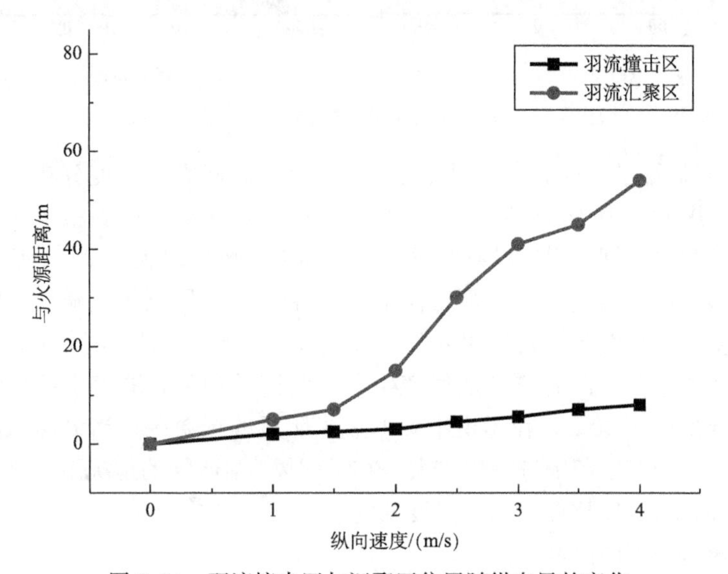

图 5.54 羽流撞击区与汇聚区位置随纵向风的变化

（2）隧道内温度分布

图 5.55 显示了不同纵向风速下隧道过火源中心截面的温度分布。从图中可以看出随着纵向风的增加，羽流撞击区下游烟气层温度和厚度都表现出先增大后减小的趋势。这是由于在纵向风较小时，原本向上游流动的部分烟气转而流向下游，增大了下游烟气量和温度，而纵向风对烟气的强迫掺混作用使得下游

烟气量进一步增加，这也增大了烟气层厚度。当纵向风为 2.5m/s 时，羽流撞击区下游出现了较明显的分岔流动，而上游不再有烟气逆流存在，无法补充隧道中部，从而导致烟气层产生了向上的凹陷使得烟气层厚度减小。继续增大纵向风后，烟气层凹陷更加明显，在 3m/s 时几乎与隧道顶部相切，这表明此时在隧道中部几乎没有烟气存在。

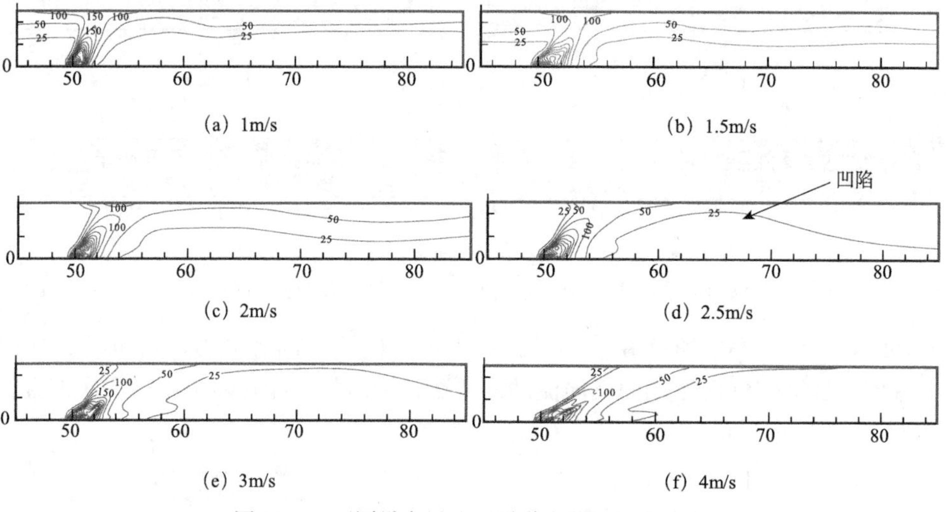

(a) 1m/s　　(b) 1.5m/s

(c) 2m/s　　(d) 2.5m/s

(e) 3m/s　　(f) 4m/s

图 5.55　不同纵向风速下隧道中截面温度分布

图 5.56 显示了不同纵向风时顶棚下方 0.167m 截面处温度分布。从图中可以看出，在纵向风为 1m/s 时，下游烟气在 80m 处基本发展到稳定状态，隧道中部与隧道侧壁处烟气温度没有明显差别。而纵向风速增大至 2m/s 后，由于撞击区上游烟气逆流量的减少，可以向下游补充的烟气量也随之减少，因此隧道中部与侧壁烟气温度差增大至约 10℃。纵向风为 2.5m/s 时，羽流撞击区上游已没有烟气逆流存在，此时隧道烟气产生了分岔流动现象，隧道中部烟气温度比侧壁烟气低了 15～20℃，在隧道中部形成了明显的低温区。当纵向风继续增大时，隧道中部低温区范围进一步扩大，在纵向风为 4m/s 的情况下，低温区长度超过了 30m，其温度比侧壁烟气温度低约 15℃。

(3) 隧道烟气层高度

图 5.57 给出了火源下游不同截面烟气层高度随纵向风的变化情况，其中纵向风为 1m/s 和 1.5m/s 时，火源下游烟气层发展比较平稳，烟气层化现象很快形成，隧道中部和侧壁烟气层高度基本保持一致。而纵向风为 2m/s 时，60m 剖面处形成了较明显的中部凹陷，这是由于顶棚射流与侧壁撞击后形成了反浮力壁面射流，导致隧道侧壁处烟气层高度降低，而隧道中部烟气层高度仍保持在 2m；在 70m 剖面处撞击隧道侧壁后的反向烟气流在隧道中部汇聚，从而使得中

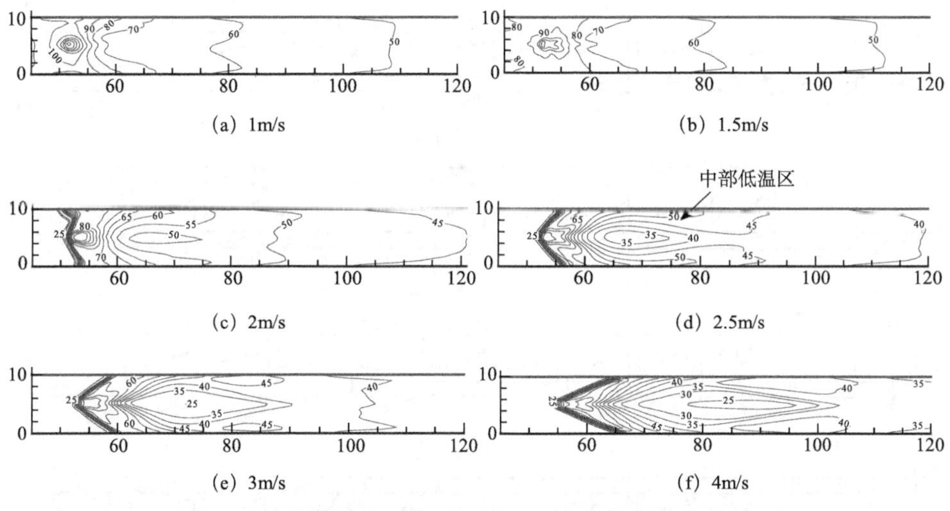

(a) 1m/s　(b) 1.5m/s

(c) 2m/s　(d) 2.5m/s

(e) 3m/s　(f) 4m/s

图 5.56　隧道顶棚烟气温度分布（隧道顶棚下 0.167m 处）

部烟气层高度下降至约 1.5m；在 85m 剖面处烟气层逐渐发展至稳定。纵向风增大至 2.5m/s 时，60～70m 剖面处烟气层均发生了较明显的中部凹陷，其中 65m 处烟气层高度为 4m，可以认为此时隧道内已形成了分岔流动现象；随着反向流动烟气的汇聚，80～90m 剖面处中部烟气层高度降低至 1m，此后逐渐进入稳定发展阶段。在更大的纵向风速下，隧道烟气分岔流动更加明显，当纵向风达到 4m/s 时，隧道中部几乎没有烟气存在，而侧壁烟气层高度则下降至 1.5m，中部低温区的长度则超过了 30m。

（4）火源位置对分岔流动的影响

在实际火灾中火源可能并不位于隧道正中，为了研究火源位置对烟气分岔流动现象的影响，本节仍以火源功率 3MW 为例，通过改变火源在隧道内的横向位置，对不同工况下烟气的流动情况进行分析。

从图 5.58 可以看出，当火源与侧壁距离不同时，隧道内的烟气流动情况也有所不同。随着火源向侧壁的靠近，隧道内的烟气流动由对称的分岔流动逐渐转变为不对称的分岔流动，最后向两侧流动的烟气逐渐汇聚呈现“S”型流动，当火源贴于侧壁处时，由于“镜像效应”，烟气流动仅表现出中心火源烟气流动现象的一半。当火源不在隧道中心处时，烟气羽流在浮力的作用下撞击到顶棚后开始径向蔓延，然而因为火源与两个侧壁的横向距离不再相等，径向蔓延的烟气将不再同时到达两侧壁，这就导致先到达侧壁的烟气提前反向流动向隧道中心，此时火源另一侧的烟气仍在径向蔓延，并不能迅速与之在隧道中心汇聚，使得隧道两侧存在的烟气量有所差异，距离火源较远的一侧烟气量更多，同时在纵向风的作用下，烟气卷吸大量的空气，削弱了顶棚射流和烟气反向流动的

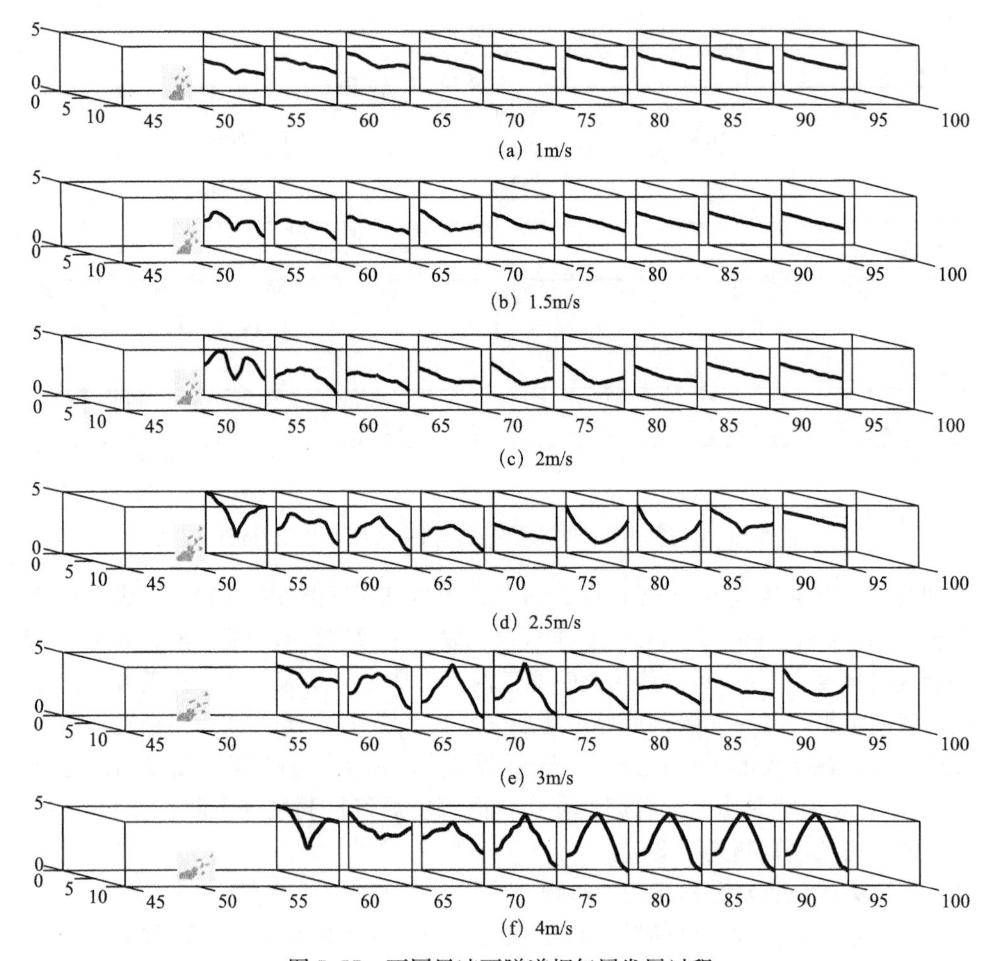

(a) 1m/s

(b) 1.5m/s

(c) 2m/s

(d) 2.5m/s

(e) 3m/s

(f) 4m/s

图 5.57　不同风速下隧道烟气层发展过程

驱动力，导致反向流动的烟气交汇区远离羽流撞击区，因此形成了不对称的分岔流动现象。当火源基本贴壁时，烟气羽流撞击顶棚后几乎所有烟气均径向流动至隧道一侧，当烟气径向蔓延撞击到隧道侧壁时产生反浮力壁面射流，使烟气反向流动，因为纵向风的作用使得烟气的汇聚区远离撞击区，而此时另一侧壁并无反向流动的烟气与之在隧道中心汇聚，使得烟气直接沿侧壁流动并逐渐撞击到另一侧壁，当烟气撞击到隧道另一侧后又反向流动，从而出现了“S”型的烟气流动现象。

图 5.59 给出的是纵向风为 4m/s 时顶棚烟气速度矢量分布。从图中可以看出，当火源中心距侧壁 4.5m，3.5m，2.5m 时，烟气在纵向风的作用下先沿隧道两侧运动，最终汇聚到一起，烟气流动有分岔现象。但是该分岔现象随着火源与侧壁距离的缩小逐渐由对称流动转变为不对称流动，且不对称现象逐渐明

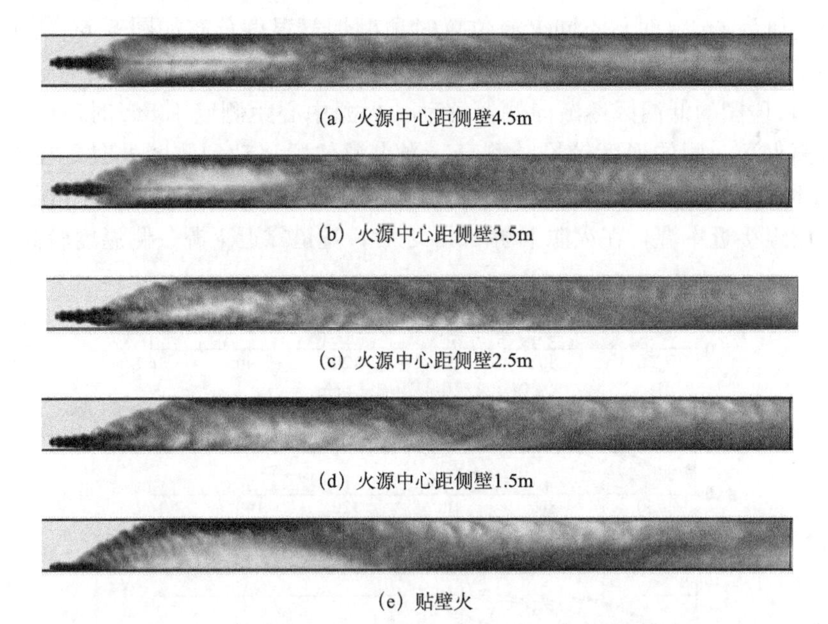

(a) 火源中心距侧壁4.5m

(b) 火源中心距侧壁3.5m

(c) 火源中心距侧壁2.5m

(d) 火源中心距侧壁1.5m

(e) 贴壁火

图 5.58　纵向风为 4m/s 时不同位置火源的烟气流动情况

显。随着火源中心与侧壁的距离缩短至 1.5m，烟气开始呈“S”型流动状态，当火源贴壁时，烟气的分岔现象相当于火源位于隧道中心时的一半。

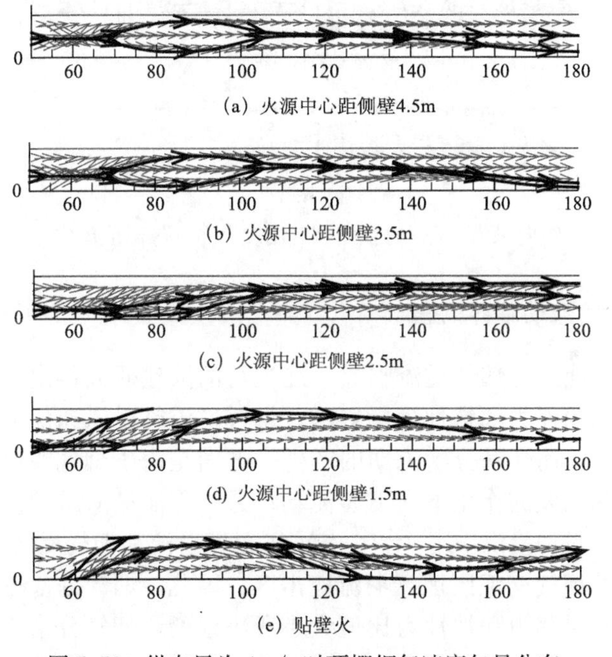

(a) 火源中心距侧壁4.5m

(b) 火源中心距侧壁3.5m

(c) 火源中心距侧壁2.5m

(d) 火源中心距侧壁1.5m

(e) 贴壁火

图 5.59　纵向风为 4m/s 时顶棚烟气速度矢量分布

纵向风为 4m/s 时，不同火源位置时顶棚烟气温度分布如图 5.60 所示。火源中心距侧壁 4.5m 和 3.5m 时，隧道顶棚存在明显的低温区。火源中心距侧壁 2.5m 时，顶棚的低温区逐渐向侧壁移动。火源中心距侧壁 1.5m 时，可以看出隧道远离火源一侧的温度较另一侧高。当火源位置移动到侧壁处时，在火源下游 10m 到 70m 之间，隧道远离火源一侧的温度较另一侧高，且侧壁处温度降至 25℃，已经接近室温，在火源下游 80m 之后，隧道靠近火源一侧温度较高。

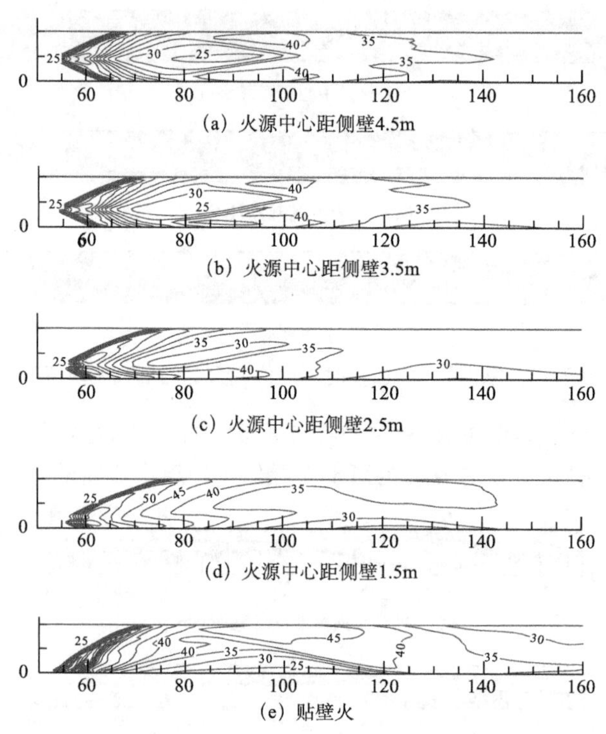

(a) 火源中心距侧壁4.5m

(b) 火源中心距侧壁3.5m

(c) 火源中心距侧壁2.5m

(d) 火源中心距侧壁1.5m

(e) 贴壁火

图 5.60 纵向风为 4m/s 时顶棚烟气温度分布（等温值单位为摄氏度）

5.5.3 烟气分岔流动临界风速

国内外学者通过对烟气逆流临界风速进行的大量研究得出，烟气的流动状态主要受烟气层的浮力和惯性力的影响，烟气逆流临界风速的大小主要是由二者的比值所决定。而烟气分岔流动的产生一方面是由于烟气在浮力的驱动下竖直上升，并在纵向风的作用下向下游流动；另一方面纵向风的惯性力增强了烟气层与空气的卷吸和掺混作用[57,58]，减弱了顶棚射流和烟气反向流动的驱动力，导致反向流动的烟气交汇区远离羽流撞击区。因此，烟气分岔流动的临界风速大小也是由烟气层浮力和惯性力比值大小所决定的，烟气分岔流动的临界风速与烟气逆流临界风速存在一定的关系，隧道烟气分岔流动临界风速预测模型可在烟气逆流临界风速模型基础上建立。

目前，Wu 和 Bakar[28] 的烟气逆流临界风速计算模型应用较为广泛，他们引入隧道水力直径作为特征尺寸，通过一系列的实验和数值模拟研究得出临界风速的预测公式：

$$u_c^* = 0.40 \cdot (0.20)^{-1/3} (\dot{Q}^*)^{1/3}, \quad \dot{Q}^* \leqslant 0.20 \tag{5.15}$$

$$u_c^* = 0.40, \quad \dot{Q}^* > 0.20 \tag{5.16}$$

式中，

$$\dot{Q}^* = \frac{\dot{Q}}{\rho_a T_a C_p g^{1/2} \overline{H}^{5/2}} \tag{5.17}$$

$$u_c^* = \frac{u_c}{\sqrt{g\overline{H}}} \qquad \overline{H} = 4S/P \tag{5.18}$$

式中，$\dot{Q}^*$ 为无量纲火源功率；u_c^* 为无量纲临界风速，$\overline{H}$ 为水力直径，S 为隧道横截面积，P 为隧道截面周长。

从上式中可以得出，烟气逆流临界风速与无量纲火源功率的 1/3 次方成正比，而无量纲火源功率与火源功率及隧道截面尺寸相关，由此可推测烟气分岔流动临界风速也与火源的功率以及隧道截面尺寸有关。因此，可假设烟气分岔流动临界风速为

$$u_b^* = k \cdot u_c^* = k \cdot 0.40 \cdot (0.20)^{-1/3} (\dot{Q}^*)^{1/3} \tag{5.19}$$

1. *烟气分岔流动临界风速数值模拟分析*

为了深入研究无量纲火源功率对烟气分岔流动临界风速的影响，求得 k 值，从而建立烟气分岔流动临界风速的预测模型，本节将采用 FDS 软件在第四章数值模型的基础上改变火源功率和隧道高度，分别研究隧道高度为 4～8m（间隔 1m），火源功率为 1～6MW（间隔 1MW）时共 30 种工况下火灾烟气分岔流动临界风速。因本节所研究的是矩形隧道截面，将选用隧道高度作为特征尺寸。

通过前文隧道火灾烟气分岔流动现象的分析可知，隧道内出现烟气分岔流动的临界条件为羽流撞击区上游的烟气逆流完全消失。因此，可以确定烟气分岔流动的临界风速即为羽流撞击区上游不再出现烟气逆流时的最小风速。图 5.61 给出了以火源功率 3MW 为例纵向风速分别为 2m/s，2.45m/s，2.5m/s，2.55m/s 时的烟气流动情况。从图中可以看到，当风速为 2.45m/s 时，火源撞击区上游仍有烟气，此时未出现明显分岔流动；当风速为 2.5m/s 时，火源撞击区上游烟气消失，开始出现明显分岔流动现象；当风速为 2.55m/s 时，烟气分岔流动现象更加明显。所以，可以确定当火源功率为 3MW 时，烟气分岔流动的临界风速为 2.5m/s。

通过 FDS 模拟得出不同工况下隧道内烟气分岔流动临界风速，将其无量纲

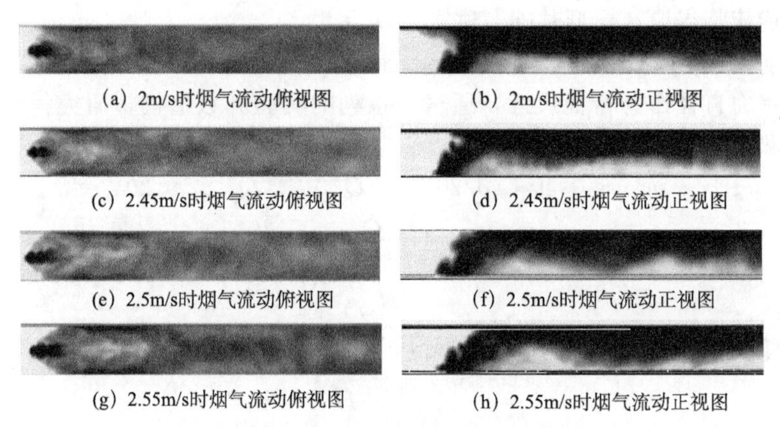

(a) 2m/s时烟气流动俯视图　(b) 2m/s时烟气流动正视图

(c) 2.45m/s时烟气流动俯视图　(d) 2.45m/s时烟气流动正视图

(e) 2.5m/s时烟气流动俯视图　(f) 2.5m/s时烟气流动正视图

(g) 2.55m/s时烟气流动俯视图　(h) 2.55m/s时烟气流动正视图

图 5.61　烟气分岔流动临界风速判据

化，则无量纲临界风速 $u_b{}^*$ 与无量纲火源功率的 1/3 次方（$\dot{Q}^*$）$^{1/3}$ 的关系如图 5.62 所示。

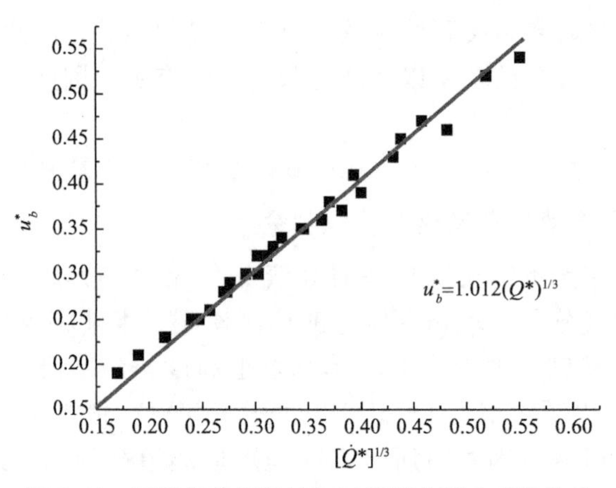

图 5.62　无量纲临界风速与无量纲火源功率的关系

从图 5.62 中可以看出，30 个点都位于一条过原点的直线附近，因此可以把 u_b^* 和 [$\dot{Q}^*$]$^{1/3}$之间的关系表示为

$$u_b^* = 1.012\,(\dot{Q}^*)^{1/3} \tag{5.20}$$

由式 5.19 和式 5.20 可得

$$u_b^* = 1.480 \cdot 0.40 \cdot (0.20)^{-1/3}\,(\dot{Q}^*)^{1/3} = 1.480 \cdot u_c^* \tag{5.21}$$

通过以上的分析可知，烟气分岔流动临界风速是烟气逆流临界风速的 1.48 倍，并可得出烟气分岔流动临界风速的预测模型。

2. 小尺寸实验验证

为了检验分岔流动临界风速模型的正确性，下文通过小尺寸实验对该模型进行验证。实验中采用边长为 6cm，8cm，10cm，12cm，14cm，16cm 共 6 种方形油盘，通过实验测得其临界风速。实验中改变 10cm 油盘的高度，油盘距离顶棚分别为 42cm，34cm，26cm，18cm。各实验工况下火源功率与临界风速经过无量纲化后如表 5.13 所示。

表 5.13　各工况中临界风速

工况	油盘边长 /cm	火源高度 /m	无量纲火源功率 $\dot{Q}^*$	无量纲火源功率 1/3 次方 $[\dot{Q}^*]^{1/3}$	无量纲临界风速 $u_b{}^*$
1	6	0	0.007	0.195	0.21
2	8	0	0.015	0.247	0.25
3	10	0	0.021	0.275	0.29
4	12	0	0.032	0.319	0.33
5	14	0	0.046	0.357	0.36
6	16	0	0.059	0.390	0.39
7	10	0.08	0.032	0.318	0.33
8	10	0.16	0.055	0.379	0.38
9	10	0.24	0.107	0.474	0.49
10	10	0.32	0.268	0.645	0.64

小尺寸实验得到的无量纲临界风速值与模型预测值的比较如图 5.63 所示。从中可以看出，通过隧道火灾烟气分岔流动临界风速预测模型得出的风速值与小尺寸实验结果非常吻合，二者误差在 5%以内，由此说明该烟气分岔流动临界风速理论预测模型是可行的。

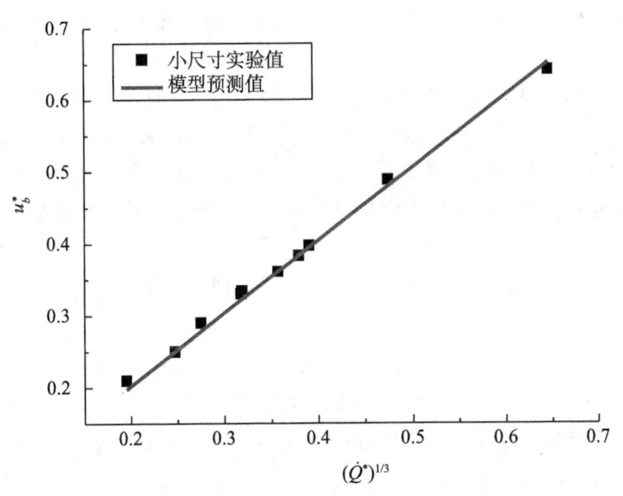

图 5.63　分岔流动临界风速小尺寸实验值与模型预测值对比

参考文献

[1] Vauquelin D T. Definition and experimental evaluation of the smoke "confinement velocity" in tunnel fires [J] . Fire Safety Journal，2005，40：320-330.

[2] Olivier V. Experimental simulations of fire-induced smoke control in tunnels using an "air-helium reduced scale model"：principle，limitations，results and future [J] . Tunnelling and Underground Space Technology，2008，23：171-178.

[3] Vauquelin O M. Smoke extraction experiments in case of fire in a tunnel [J] . Fire Safety Journal，2002，37：525-533.

[4] 胡隆华，霍然，李元洲，等．地下长通道补气口位置对火灾机械排烟效率的影响 [J]．中国工程科学，2005，7（5）：90-92.

[5] Choi B I，Oh C B，Kim M B，et al. A new design criterion of fire ventilation for transversely ventilated tunnels [J] . Tunnelling and Underground Space Technology，2006，21：277-278.

[6] Beard A，Carvel R. Tunnel Ventilation-State of the Art//The Handbook of Tunnel Fire Safety [M] . London：Thomas Telford，2005.

[7] He Y P，Fernando A，Luo M C. Determination of interface height from measured parameter profile in enclosure fire experiment [J] . Fire Safety Journal，1998，31：19-38.

[8] 蒋亚强．不同排烟条件下通道内火灾烟气的输运特性研究 [D]．中国科学技术大学，2009.

[9] McGrattan K B，Hostikka S，Floyd J E. Fire dynamics simulator，user's guide（Version 5）[J] . NIST special publication，2010，1019（5）：1-186.

[10] 西蒙·赫金．信号与系统 [M]．林秩盛，黄元福，林宁等译．北京：电子工业出版社，2004.

[11] Vandeleur P H E，Kleijn C R，Hoogendoorn C J. Numerical study of the stratified smoke flow in a corridor：full-scale calculations [J] . Fire Safety Journal，1989，14：287-302.

[12] GB 50157-2003. 地铁设计规范 [S]．北京：中国计划出版社，2003.

[13] 史聪灵，李元洲，霍然．室内火灾机械排烟效果的模型计算与实验研究 [J]．燃烧科学与技术，2003，9（6）：546-550.

[14] 易亮．中庭式建筑中火灾烟气的流动与管理研究 [D]．合肥：中国科学技术大学，2005.

[15] Lougheed G D，Hadjisophocleous G V. The smoke hazard from a fire in high spaces [J]. ASHRAE Transactions，2001，107（1）：720-729.

[16] McCaffrey B J. Momentum implications for buoyant diffusion flames [J] . Combustion and Flame，1983，52：149-167.

[17] Heskestad G. Engineering relations for fire plumes [J] . Fire Safety Journal，1984，7（1）：25-32.

[18] Zukoski E E，Kubota T，Cetegen B. Entrainment in fire plumes [J]. Fire safety journal，1981，3 (3)：107-121.

[19] Cooper L Y. Smoke and Heat Venting，Chapter 3-9//SFPE Handbook of Fire Protection Engineering (3rd ed.) [M]，Society of Fire Protection Engineers and National Fire Protection Association，Boston，MA，USA，2002.

[20] Vauquelin O. Experimental simulations of fire-induced smoke control in tunnels using an "air-helium reduced scale model"：Principle，limitations，results and future [J]. Tunnelling and underground space Technology，2008，23 (2)：171-178.

[21] Morgan H P，Gardner J P. Design Principles for Smoke Ventilation in Enclosed Shopping Centres [M]. London：Building Research Establishment，1990.

[22] 夏永旭，杨忠，黄骤屹．我国长大公路隧道建设的有关技术问题 [J]．现代隧道技术，2001，(06)：1-3.

[23] 曾艳华，何川．特长公路隧道全射流通风技术的应用 [J]．公路，2002，(07)：129-131.

[24] JTG/TD70/2-02-2014. 公路隧道通风设计细则 [S]．中华人民共和国交通部.

[25] 杨洪海，崔兴华．公路隧道纵向通风系统射流风机选型计算 [J]．风机技术，2000，(02)：17-19.

[26] 彭伟，霍然，胡隆华，等．隧道内纵向风速对火源上方烟气温度影响的试验 [J]．中国科学技术大学学报，2006，(10)：1063-1068.

[27] Hu L H，Huo R，Wang H B，et al. Experimental studies on fire-induced buoyant smoke temperature distribution along tunnel ceiling [J]. Building and Environment，2007，42 (11)：3905-3915.

[28] Wu Y，Bakar M Z A. Control of smoke flow in tunnel fires using longitudinal ventilation systems-a study of the critical velocity [J]. Fire Safety Journal，2000，35 (4)：363-390.

[29] Hamins A，Fischer S J，Kashiwagi T，et al. Heat feedback to the fuel surface in pool fires [J]. Combustion Science and Technology，1994，97 (1-3)：37-62.

[30] Babrauskas V. Estimating large pool fire burning rates [J]. Fire Technology，1983，19 (4)：251-261.

[31] 魏东，赵大林，杜玉龙，等．油罐火灾燃烧速度的实验研究 [J]．燃烧科学与技术，2005，(03)：286-291.

[32] Roh J S，Ryou H S，Kim D H et al. Critical velocity and burning rate in pool fire during longitudinal ventilation [J]. Tunnelling and Underground Space Technology，2007，22 (3)：262-271.

[33] Roh J S，Yang S S，Ryou H S. Tunnel fires：Experiments on critical velocity and burning rate in pool fire during longitudinal ventilation [J]. Journal of Fire Sciences，2007，25 (2)：161-175.

[34] 霍然，胡源，李元洲．建筑火灾安全工程导论 [M]．合肥：中国科学技术大学出版

社，1999.
[35] 付修华．公路隧道火灾及防灾救援安全体系研究［D］．西安：西安交通大学，2003.
[36] 曹智明，杨其新．秦岭终南山特长公路隧道火灾模式下的通风组织试验方案研究［J］．公路，2003，(07)：177-180.
[37] 杨其新，阎治国．秦岭终南山特长公路隧道火灾模型试验研究［J］．广西交通科技，2003，(03)：18-25.
[38] 王明年，杨其新，赵秋林，等．秦岭终南山特长公路隧道防灾方案研究［J］．公路，2000，(11)：87-91.
[39] 赵忠杰，丁恒，田梅．公路隧道交通疏散策略［J］．长安大学学报（自然科学版），2007，27 (1)：50-53.
[40] 赵秋林．秦岭终南山特长公路隧道防灾救援设计［J］．公路，2007，(04)：197-199.
[41] 王备战．秦岭终南山特长公路隧道消防设计［J］．武警学院学报，2007，(12)：47-49.
[42] 刘伟，袁学勘．欧洲公路隧道营运安全技术的启示［J］．现代隧道技术，2001，(01)：5-10.
[43] 夏永旭，王永东，赵峰．秦岭终南山公路隧道通风方案探讨［J］．长安大学学报（自然科学版），2002，(05)：48-50.
[44] 夏永旭，赵峰．特长公路隧道纵向—半横向混合通风方式研究［J］．中国公路学报，2005，(03)：80-83.
[45] 夏永旭，赵峰．特长公路隧道纵向—全横向混合通风方式研究［J］．苏州科技学院学报（工程技术版），2005，(02)：14-18.
[46] 戴国平，田沛哲，夏永旭．二郎山公路隧道火灾通风对策［J］．长安大学学报（自然科学版），2002，22 (6)：42-45.
[47] Li J S M，Chow W K. Numerical studies on performance evaluation of tunnel ventilation safety systems [J] . Tunnelling and Underground Space Technology，2003，18 (5)：435-452.
[48] Grant G B，Drysdale D D. Estimating heat release rates from large-scale tunnel fires [C]. Fire Safety Science-Proceedings of the fifth international symposium，1997，Melbourne.
[49] Ingason H，Lonnermark A. Heat release rates from heavy goods vehicle trailer fires in tunnels [J] . Fire Safety Journal，2005，40 (7)：646-668.
[50] Carvel R O，Beard A N，Jowitt P W，et al. Variation of heat release rate with forced longitudinal ventilation for vehicle fires in tunnels [J] . Fire Safety Journal，2001，36 (6)：569-595.
[51] "川藏公路二郎山隧道防灾救援预案"研究课题组．藏公路二郎山隧道防灾救援预案技术研究报告［R］. 2005-11.
[52] 李开源，霍然，刘洋．随着火灾纵向通风下羽流触顶区温度变化研究［J］．安全与环境学报，2006，6 (3)：38-41.
[53] Kunsch J P. Critical velocity and range of a fire-gas plume in a ventilated tunnel [J]. Atmospheric Environment，1998，33 (1)：13-24.

[54] Hu L H，Huo R，Li Y Z，et al. Full-scale burning tests on studying smoke temperature and velocity along a corridor [J] . Tunnelling and Underground Space Technology，2005，20 (3)：223-229.

[55] Tsai K C，Chen H H，Lee S K. Critical ventilation velocity for multi-source tunnel fires [J]. Journal of Wind Engineering and Industrial Aerodynamics，2010，98 (10)：650-660.

[56] 朱伟 . 狭长空间纵向通风条件下细水雾抑制火灾的模拟研究 [D] . 合肥：中国科学技术大学，2006.

[57] 阳东 . 狭长受限空间火灾烟气分层与卷吸特性研究 [D] . 合肥：中国科学技术大学，2010.

[58] 潘李伟 . 烟气控制条件下狭长空间烟气分层蔓延特性研究 [D] . 合肥：中国科学技术大学，2011.

第 6 章　地铁站机械防排烟系统的有效性

地铁站包括站厅层和站台层，结构以两层居多，有些地铁换乘站则可能是多层，如深圳地铁老街站为地下四层建筑，东京地铁六本木地铁站则为地下七层建筑。地铁站的层与层之间通过楼梯、自动扶梯或者中庭相连，一旦发生火灾，热烟气将在热浮力的驱动下经这些通道向上层蔓延，烟气侵入上层后，不仅威胁到上层人员的生命安全，也不利于起火层人员的安全疏散。因此，下层与上层的连接通道是机械防排烟重点关注的区域。站台层发生火灾时，目前主要的烟气控制策略是开启站台层的机械排烟系统和上层的机械送风系统，在起火层与上层的连接处形成向下的空气流动，将火灾烟气控制在起火层内，不蔓延至上层。

6.1　正压送风挡烟

6.1.1　理论分析

正压送风挡烟是目前地铁站内普遍采用的方法，在我国国家标准《地铁设计规范》中第 19.1.39 条规定[1]：当车站站台发生火灾时，应保证站厅到站台的楼梯和扶梯口处具有不小于 1.5m/s 的向下气流。虽然规范中对临界风速的大小进行了要求，但是该临界风速的适用范围却有待讨论。

考虑高度为 H_0的站台内一个防烟分区，其挡烟垂壁下沿距离地面为 H，当该防烟分区内发生火灾时，烟气将先在该防烟分区顶部的蓄烟空间蓄积，然后向外溢出，并在站台内形成一定厚度的稳定烟气层，如图 6.1 所示：

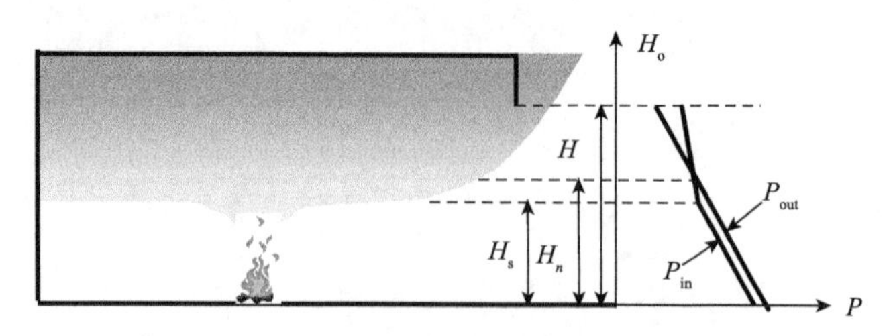

图 6.1　火灾后防烟分区内外压力分布

假设烟气层温度分布均匀，此时防烟分区内外压力分布为

$$\begin{cases} P_{\text{out}} = P_0 - \rho_0 g(h - H_n) & (0 \leqslant h \leqslant H) \\ P_{\text{in}} = P_0 - \rho_s g(h - H_n) & (H_s \leqslant h \leqslant H) \\ P_{\text{in}} = P_0 - \rho_s g(H_s - H_n) - \rho_0 g(h - H_s) & (0 \leqslant h \leqslant H_s) \end{cases} \tag{6.1}$$

式中，ρ_0 为空气密度，ρ_s 为烟气密度，g 为重力加速度。由内外压力分布可知，防烟分区内外压差最大值出现在挡烟垂壁下方，最大压差为

$$\Delta P = \Delta\rho g(H - H_n) \tag{6.2}$$

因此，采用正压送风挡烟时空气流为了阻止烟气进入站厅层，所需的临界风速为

$$u = \sqrt{\frac{2\Delta\rho g(H - H_n)}{\rho_0}} \tag{6.3}$$

由式（6.3）可知，正压送风挡烟所需临界风速与烟气层密度、中性面高度以及挡烟垂壁距地面距离有关，随着火源热释放速率增大，烟气层温度升高，密度降低；烟气层高度下降，中性面高度也随之下降，因此正压送风挡烟所需临界风速也随之增大。对于图 6.1 所示的烟气流动，由伯努利定理可以求出中性面 H_n的大小。

当 $H_n \leqslant h \leqslant H$，防烟分区内压大于外部压力，烟气向外流出，在此区间内任意高度上烟气向外流出速度为

$$u_{\text{out}} = \sqrt{\frac{2\Delta\rho g(h - H_n)}{\rho_s}} \tag{6.4}$$

因此在这段高度上烟气向外流出的质量流率：

$$\dot{m}_{\text{out}} = \int_{H_n}^{H} CW\rho_s u_{\text{out}} \mathrm{d}h = \frac{2}{3} CW (2\rho_s \Delta\rho g)^{1/2} (H - H_n)^{2/3} \tag{6.5}$$

当 $H_s \leqslant h < H_n$，防烟分区内压小于外部压力，空气向内流入，在此区间内任意高度上空气向内流入速度为

$$u_{\text{in1}} = \sqrt{\frac{2\Delta\rho g(H_n - h)}{\rho_0}} \tag{6.6}$$

在这段高度上空气向内流入的质量流率：

$$\dot{m}_{\text{in1}} = \int_{H_s}^{H_n} CW\rho_0 u_{\text{in1}} \mathrm{d}h = \frac{2}{3} CW (2\rho_0 \Delta\rho g)^{1/2} (H_n - H_s)^{2/3} \tag{6.7}$$

当 $0 \leqslant h < H_s$，防烟分区内压小于外部压力，空气向内流入，在此区间内任意高度上空气向内流入速度为

$$u_{\text{in2}} = \sqrt{\frac{2\Delta\rho g(H_n - H_s)}{\rho_0}} \tag{6.8}$$

在这段高度上空气向内流入的质量流率：

$$\dot{m}_{\text{in2}} = \int_{0}^{H_s} CW\rho_0 u_{\text{in2}} \mathrm{d}h = CW (2\rho_0 \Delta\rho g H_n - H_s)^{1/2} H_s \tag{6.9}$$

根据质量守恒可知：

$$\dot{m}_{\text{out}} = \dot{m}_{\text{in1}} + \dot{m}_{\text{in2}} \tag{6.10}$$

将式（6.5）、（6.7）和（6.9）代入式（6.10）整理后可得中性面高度满足的关系式为

$$\rho_s^{1/2}(H - H_n)^{3/2} = \rho_0^{1/2}(H_n - H_s)^{1/2}(H_n + 0.5H_s) \tag{6.11}$$

方程（6.11）比较复杂，大多数情况下无法直接求解出中性面高度的表达式。当起火防烟分区发生轰燃时，烟气层沉降到地面，即 $H_s = 0$，将其代入（6.11）中可知此时，

$$H_n = \frac{H}{1 + (\rho_0/\rho_s)^{1/3}} \tag{6.12}$$

将式（6.12）代入式（6.3）中可知，当防烟分区内发生轰燃后，阻挡烟气进入上层空间所需的最大临界风速为

$$u_{\max} = \sqrt{\frac{2\Delta\rho g H}{\rho_0}\left[1 - \frac{1}{1 + (\rho_0/\rho_s)^{1/3}}\right]} \tag{6.13}$$

在工程上判断是否发生轰燃最常用的判据是顶棚下方烟气温度达到 600℃，因此将 600℃作为站台发生轰燃后的烟气平均温度，可以计算出此时，

$$\rho_0/\rho_s \approx 3.2 \tag{6.14}$$

将此值代入式（6.13）中可知：

$$u_{\max} = \sqrt{\frac{2\Delta\rho g H}{\rho_0}\left[1 - \frac{1}{1 + (\rho_0/\rho_s)^{1/3}}\right]} \approx 0.9\sqrt{gH} \tag{6.15}$$

由于所讨论的情况是防烟分区发生轰燃的极限情况，因此式（6.15）所得到的临界风速就代表了理论上站厅正压送风所需的最大临界风速。从中还可以看出，最大临界风速值和防烟分区挡烟垂壁高度密切相关，降低挡烟垂壁距地面高度可以有效减小临界风速。我国国家标准《地铁设计规范》中 19.1.12 条规定[1]：站台与站厅间的楼梯口处宜设挡烟垂壁，挡烟垂壁下缘至楼梯踏步面的垂直距离不应小于 2.3m。将其代入式（6.15）中可知此时其对应的最大临界风速为 4.27m/s。

6.1.2　正压送风挡烟的数值模拟验证

1. 模型设置

为验证式（6.15）的适用性，采用 FDS5.0 对深圳地铁某岛式站台的一个防烟分区建模，模型中站台长 60m，宽 12m，高 4.25m，两侧均安装有屏蔽门将隧道与站台隔开，距离端部壁面 30m 处有一部封闭式楼梯，楼梯宽度为 6m，向上通向站厅，在楼梯与站台之间设有挡烟垂壁，火源设置在距离楼梯 18m 处，如图 6.2 所示。

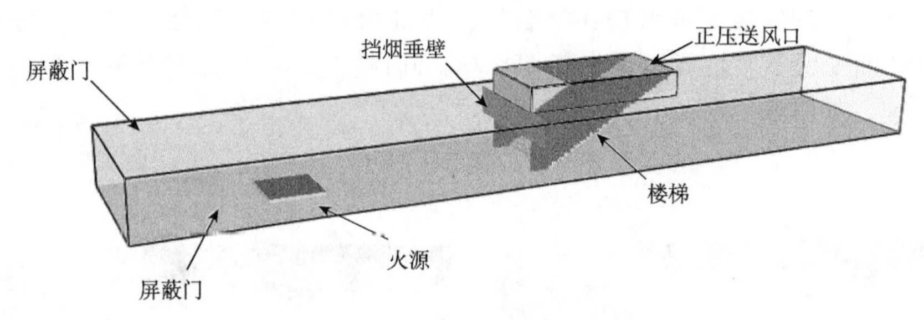

图 6.2　FDS 建立的站台局部模型

站台被划分为站台区与楼梯区两个计算区域，其中站台区网格大小为 0.2m×0.2m×0.2m，楼梯区网格大小为 0.1m×0.1m×0.1m。楼梯上表面为正压送风口，通过改变入口风速可以在挡烟垂壁下方实现不同的水平风速。

周允基[2]在常用交通工具火灾中给出地铁火灾的热释放速率峰值约为 35MW；程远平等[3]通过实验确定出单个列车车厢的热释放速率峰值约 23.8MW。由于站台面积很大，火灾难以发展到极限的轰燃情况，因此选择 30MW 作为地铁火灾可能达到的最大火源功率。

考虑了两个系列的工况，如表 6.1 所示。算例 1 至算例 10 为第一系列，此系列中楼梯口无挡烟垂壁，通过改变火源功率以验证是否存在最大临界风速，以及最大临界风速值与式（6.15）预测值是否相符。算例 11 至算例 20 为第二系列，此系列中固定火源功率不变，改变挡烟垂壁高度，验证临界风速与挡烟垂壁高度的关系。

表 6.1　模拟工况列表

编号	火源功率/MW	挡烟垂壁高度/m	编号	火源功率/MW	挡烟垂壁高度/m	编号	火源功率/MW	挡烟垂壁高度/m
算例 1	1	0	算例 8	20	0	算例 15	30	1.0
算例 2	2.5	0	算例 9	25	0	算例 16	30	1.2
算例 3	5	0	算例 10	30	0	算例 17	30	1.4
算例 4	7.5	0	算例 11	30	0.2	算例 18	30	1.6
算例 5	10	0	算例 12	30	0.4	算例 19	30	1.8
算例 6	12.5	0	算例 13	30	0.6	算例 20	30	1.95
算例 7	15	0	算例 14	30	0.8			

2. 临界风速随火源功率变化

在每个算例中采用烟颗粒是否进入楼梯作为判据，当挡烟垂壁下方风速增加到能够完全阻止烟颗粒进入楼梯，则认为此时对应的风速即为该火源功率下的临界挡烟风速。图 6.3 给出了火源功率为 1MW 时，火灾开始 80s 站台内烟颗粒的分布情况。正压送风风速为 1.6m/s 时，有少量烟气进入楼梯内，风速为

1.65m/s 时，烟气被完全阻挡在站台层。因此可以判定无挡烟垂壁、火源功率为 1MW 的工况下，临界风速为 1.65m/s。同样方法可以得到 10 种火源功率下临界风速，如图 6.4 所示。

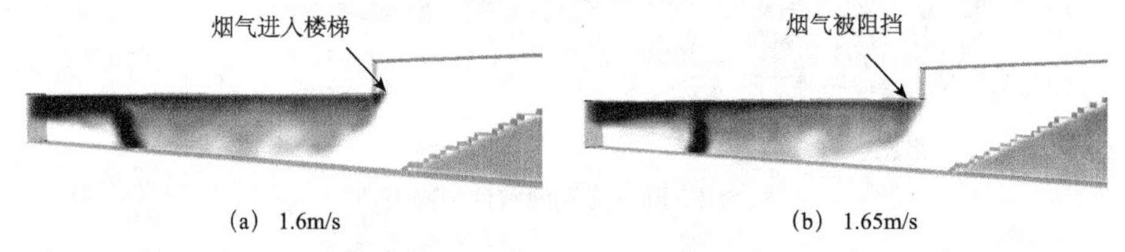

(a) 1.6m/s (b) 1.65m/s

图 6.3 80s 时站台内烟颗粒分布

中国矿业大学顾正洪等[4,5]采用 FDS 数值模拟对地铁站站厅正压送风控制楼梯口的烟气蔓延进行了数值模拟，并拟合得到了临界风速与火源功率和挡烟垂壁高度之间的关系。图 6.4 给出了临界风速模拟值与顾正洪的预测值的对比，可见两条曲线吻合得非常好，这也验证了模拟结果。但顾正洪等未对更大火源功率的情况开展工作，所以他的拟合公式是线性增长的。由 FDS 的模拟结果可以看出，随着火源的持续增加，临界风速的增长速率降低，在 25MW 后，增长速率很小，临界风速有逐渐趋于固定值的趋势，这证明了最大临界风速的存在。本工况下，FDS 的模拟得到的临界风速约为 6.0m/s，根据式（6.15）计算出最大临界风速为 5.81m/s，可见理论预测值和模拟结果吻合得较好。

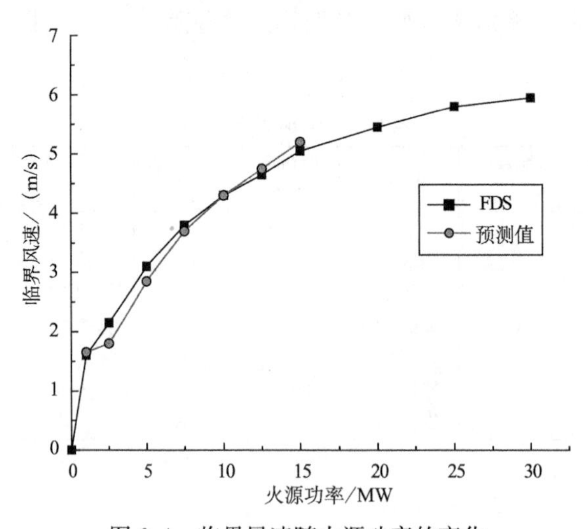

图 6.4 临界风速随火源功率的变化

3. 最大临界风速随挡烟垂壁高度变化

由式（6.15）可知，最大临界风速与挡烟垂壁高度相关度最强。根据《地铁设计规范》，挡烟垂壁下缘至楼梯踏步面的垂直距离不应小于 2.3m。因此在系列 2 中选择了 10 种挡烟垂壁高度，最大为 1.95m，其对应的距楼梯踏步垂直距离为 2.3m。图 6.5 给出了式（6.15）计算得到的的最大临界风速与 FDS 模拟结果的对比。从图中可以看出，尽管公式（6.15）中最大临界风速与挡烟垂壁高度的 1/2 次方成正比，但在本节模拟的工况范围内，其变化基本呈线性。模拟结果同样符合线性规律。计算值与数值模拟值在挡烟垂壁高度较小时符合得很好，随着挡烟垂壁高度的增加，二者的差值逐渐增大。这是由于在式（6.15）的推导过程中假设防烟分区内发生了轰燃，烟气层温度均匀分布。然而 FDS 模拟的 30MW 的情况与假设的情况仍存在较大差别，烟气层温度沿高度方向存在较大的梯度，因此挡烟垂壁高度越大，其下方烟气溢流的平均温度就越低，这就导致了 FDS 计算值与模型预测值的偏差逐渐加大。

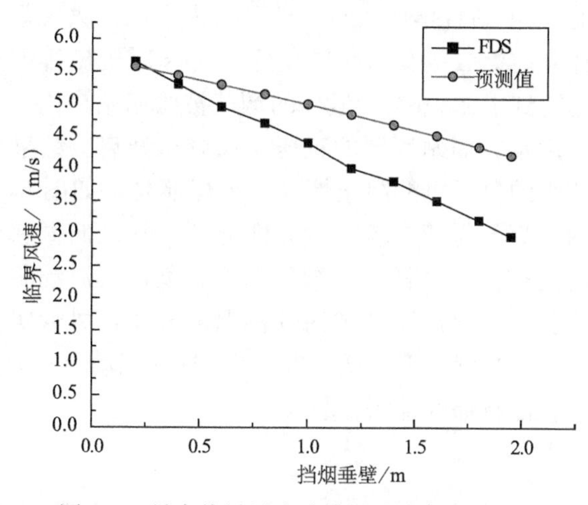

图 6.5　最大临界风速随挡烟垂壁高度的变化

6.1.3　正压送风挡烟的全尺寸实验

为了检验地铁站正压送风挡烟效果，研究不同站台结构形式对正压送风挡烟效果的影响，在深圳地铁会展中心站和岗厦站进行了一系列热烟实验，工况如表 6.2 所示。站台 A 为会展中心站地下二层岛式站台，站台 B 为会展中心站地下三层侧式站台，站台 C 为岗厦站地下二层岛式站台。关于实验介绍请参考第 2.2.2 节。

表 6.2　热烟实验工况列表

编号	实验站台	机械排烟	正压送风	补风口情况
1	站台 A	启动	启动	楼梯
2	站台 B	300 秒启动	300 秒启动	楼梯

续表

编号	实验站台	机械排烟	正压送风	补风口情况
3	站台 B	启动	不启动	楼梯
4	站台 B	启动	不启动	楼梯＋站台两侧门
5	站台 C	启动	启动	中庭
6	站台 C	启动	送风量加倍	中庭
7	站台 C	启动	送风量加倍	中庭（降低挡烟垂壁）

实验 1 中正常启动了站台排烟和站厅正压送风，挡烟垂壁下方平均风速约为 1.325m/s，此时烟气从挡烟垂壁下方溢出，溢出的烟气进入楼梯上方的吊顶后继续向上蔓延，到楼梯出口处被吹回站台。温度测量结果表明实验中有烟气进入楼梯，但在楼梯内烟气温度继续衰减，在正压送风的作用下被送回站台内。

实验 2 中，前 300s 站台排烟和站厅送风均未启动，火灾烟气在站台内自由填充后沿自动扶梯向地上二层和站厅层蔓延，300s 时机械排烟和正压送风同时启动，楼梯口风速达到了 2.5m/s，溢出的烟气被吹回站台内。实验 3 中实验开始后站台排烟正常启动，而站厅层的正压送风则未开启。结果表明在无正压送风时，机械排烟产生的负压也能阻止烟气向上层蔓延，如图 6.6（a）所示。这是由于在该站台内，烟气是双向流动的，即部分烟气流向楼梯口，部分则向站台两端流动，这就使得流向楼梯口的烟气温度较低，其流动驱动力也较小。图 6.6（b）给出了实验 3 中火源至楼梯内顶棚温度分布，尽管实验 3 中火源距挡烟垂壁更近，但其下方烟气温度却低了近 5℃。烟气流动驱动力较弱，故依靠机械排烟产生的负压就能将烟气控制在起火层。

(a) 烟气被控制在起火层

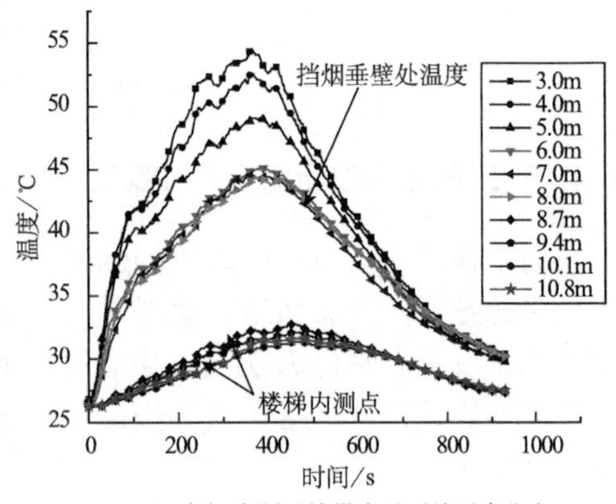

(b) 火源至楼梯内吊顶处温度分布

图 6.6 实验 3 中楼梯处挡烟效果

实验 5 中同时启动了站台机械排烟和站厅送风，由于中庭的面积很大，故挡烟垂壁下方的入口风速较低，约为 0.5m/s。实验中大量烟气通过中庭进入了站厅层，图 6.7（a）给出了中庭内各测点的温度变化，可见实验 5 中在排烟和正压送风启动的情况下，烟气仍很容易从挡烟垂壁下方进入中庭内，这说明在正常启动排烟和送风的情况下难以阻止烟气通过中庭向站厅层蔓延。

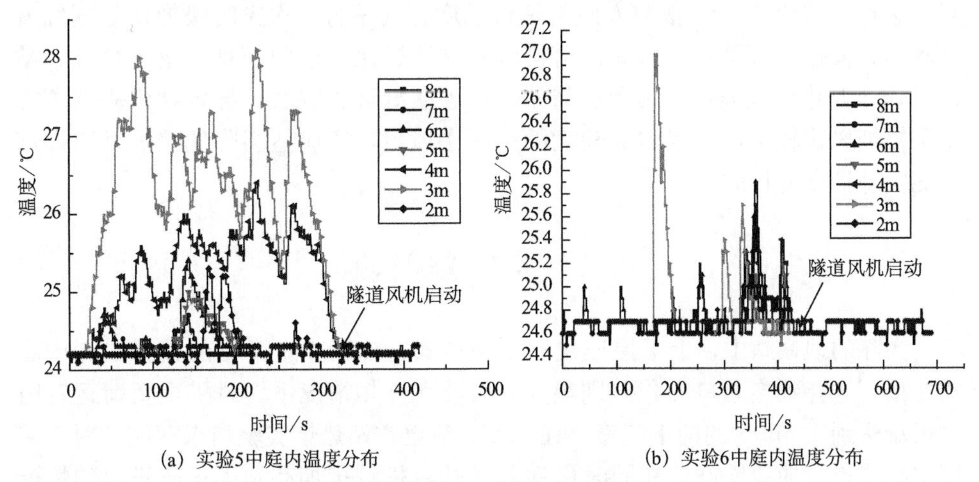

(a) 实验5中庭内温度分布　　(b) 实验6中庭内温度分布

图 6.7　岗厦站实验中庭温度分布

实验 6 将站厅送风量增加了一倍，挡烟垂壁下方的入口风速也增加至 0.9m/s。图 6.7（b）的温度数据表明在实验初期烟气被控制在起火层，但随着烟气温度不断升高，170s 时开始有烟气进入中庭，直至 450s 隧道风机启动。实验结果表明增大站厅层送风量能够增强挡烟能力，但仍不能将烟气完全限制在起火站台。

实验 7 在挡烟垂壁下方加了一个 60cm 高的横幅，并维持站厅层两倍的送风量，挡烟垂壁下方的风速仍维持在 0.9m/s 左右。结果表明，挡烟垂壁的高度降低以后，采用与实验 6 相同的风速就能够将烟气控制在起火防烟分区内。实验过程中没有烟气从中庭进入到站厅内，如图 6.8 所示。

(a) 正视图　　(b) 侧视图

图 6.8　降低挡烟垂壁高度后烟气被控制在起火层

正压送风挡烟的热烟实验表明，不同的站台结构形式对挡烟效果有着显著地影响。对于开展实验的三个站台，站台 B 由于扶梯垂直于站台长度方向，火灾时扶梯口处烟气流动驱动力弱，仅靠站台排烟产生的负压就能将烟气控制在起火站台；站台 A 由于楼梯方向与站台长度方向平行，火灾时楼梯口处烟气流动驱动力较强，需要同时启动站台排烟和站厅送风才能阻挡烟气进入站厅；站台 C 由于是中庭式连接，站台层与站厅层连接处面积很大，导致挡烟垂壁下方水平挡烟风速较小，不仅需要较大的站厅送风量，还应适当降低挡烟垂壁高度才能实现挡烟的目的。

6.2 空气幕挡烟

实际的地铁站中，上下层连接有多种形式，如图 6.9 常见的楼梯式和中庭式连接，这导致连通口面积差别很大，因此在许多情况下，风机全负荷运转时仍很难达到 1.5m/s 的向下气流。在 6.1.3 节地铁站热烟实验结果表明，对于采用中庭式连接的地铁站，在同时启动起火站台机械排烟和站厅正压送风的情况下，挡烟垂壁下方的风速仍然只能达到 0.9m/s。这种情况下空气幕挡烟就提供了一种新的选择。

(a) 楼梯式连接

(b) 中庭式连接

图 6.9 地铁站相邻层间连接形式

空气幕（Air curtain）是由特定装置喷射出的射流所形成的空气面，通过射流产生的空气幕内外压力差可以阻止横贯射流面的气体流动，从而有效地减少空气幕两侧区域的质量、组分与能量交换。空气幕很早就在通风工程中得到了广泛的应用[6,7]，在传统应用中，空气幕常常被安装在环境条件不同的区域交界面处，用于减少受保护区域和其他区域之间的热交换，例如，安装在室内外温差较大而又需要经常开启大门的工业厂房或者公共建筑门口，可以有效地减少这些区域的传热，减轻空气调节系统的负担，降低运营成本。在有些场合，空气幕还用在工作区和人员活动区之间，防止有害气体向工作区蔓延，防止昆虫、灰尘等进入工作区，或者给特定区域通风等。例如，在一些工厂车间，生产环节中会出现有毒气体，为了排出生产过程中工业槽向外散发的有毒气体，在工业槽上方两对侧分别设置吹气口和吸气口，用吹出气流把有害气体卷吸引射入吸气口予以排除，防止有害气体进入作业区。

由于空气幕系统常用于隔绝冷热区域之间的气体流动，并且很有效，而火灾中的烟气蔓延是一种常见的气体流动，受此启发，近年来，一些专家学者提出了使用空气幕系统阻挡烟气蔓延的想法[8~10]，有专家根据工程经验对空气幕挡烟是否可行做了简略分析，开展了初步的理论研究。作为一种柔性的挡烟隔断，与传统的挡烟方式相比，如用于疏散通道口处挡烟的防火门等，空气幕系统挡烟具有明显的优势。防烟空气幕主要有三种类型：吹吸式空气幕防排烟系统；吹吸式空气幕加排烟的防排烟系统；单吹式空气幕加排烟的防排烟系统，其中使用最多的空气幕为单吹式空气幕。

6.2.1　空气幕的流场结构

空气经喷嘴向周围气体的外射流动称为射流，按流态不同，可分为层流射流和湍流射流；按射流进入空间的大小，可分为自由射流和受限射流；按射流初始温度与所进入空间温度的差异，可分为等温射流和非等温射流；按喷嘴形状不同，还可分为圆射流和平面射流等。

定义射流雷诺数为 $Re=u_0d/\nu$，其中 d 为射流厚度，u_0 为空气幕初始速度，ν 为空气的运动黏性系数。根据 Andrade 和 Tsien 对平面层流的测量结果，当 $Re\leqslant30$ 时，射流为层流流动[11]，而工程中的空气幕的 Re 一般远远大于 30，故按照以上分类，可将空气幕归为平面湍流自由射流。

假定空气幕机在出口断面上的射流初始速度均匀分布，可将空气幕近似认为是二维平面射流，空气自喷口喷出后，在运动过程中，射流边界和周围空气不断发生横向动量交换，将周围空气卷入射流内，因而射流流量逐渐增加，射流厚度逐渐扩大，如图 6.10 所示。空气幕射流流量的逐渐增加，造成空气幕轴向速度沿程衰减。在射流轴线上，有一部分中心区的速度保持为初始速度 V_0，这部分区域称为射流核心，存在射流核心的段称为初始段，射流核心消失以后称为基本段。根据前人的实验数据结果，条缝射流起始段的长度约为 $4.5b_0-5b_0$，其中，b_0表示空气幕机喷口的厚度[11,12]。图 6.11 给出了射流轴向速度衰减之后，射流沿程几个特殊点处的轴向中心线上的速度值。其中，u_0表示空气幕的初始速度，轴线左侧 nb_0（$n=0$，5，10，30，50，100）表示轴向上离开空气幕机喷口的距离，轴线右侧相对应的百分比表示轴向上此处中心线的射流速度 u_{mz}占初始速度的比值，即 u_{mz}/u_0。

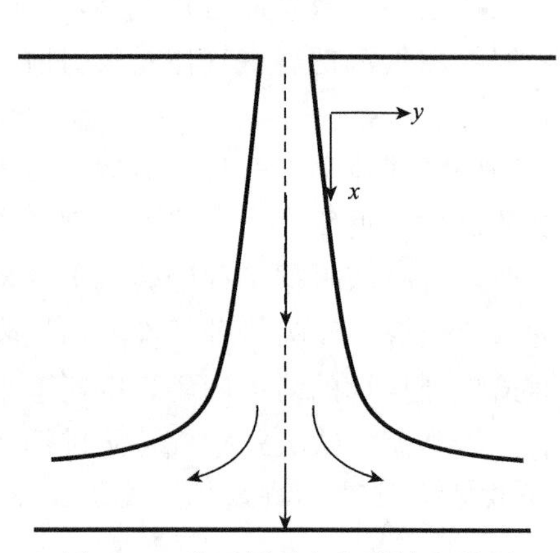

图 6.10　卷吸导致空气幕轴向增厚

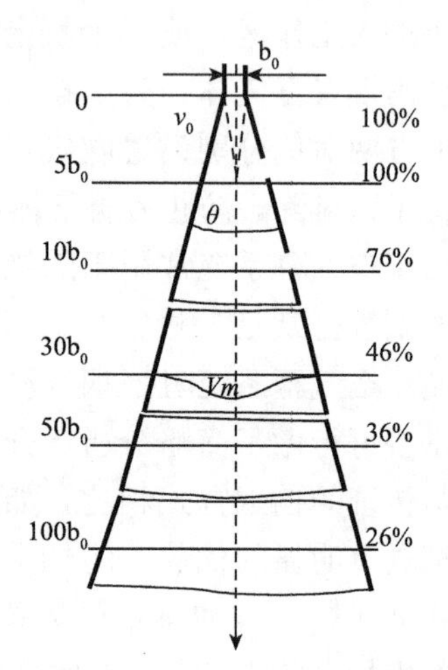

图 6.11　射流轴向速度衰减示意图

6.2.2　空气幕挡烟过程的理论分析

如图 6.12 所示，假定空气幕左侧有一股烟气来流，烟气前锋速度、烟气温度和烟气层厚度分别为 u_1，T_1，h，空气幕出口风速、空气温度和空气幕机喷口宽度为 u_0，T_0，d，喷口方向与竖直方向成 α 角。

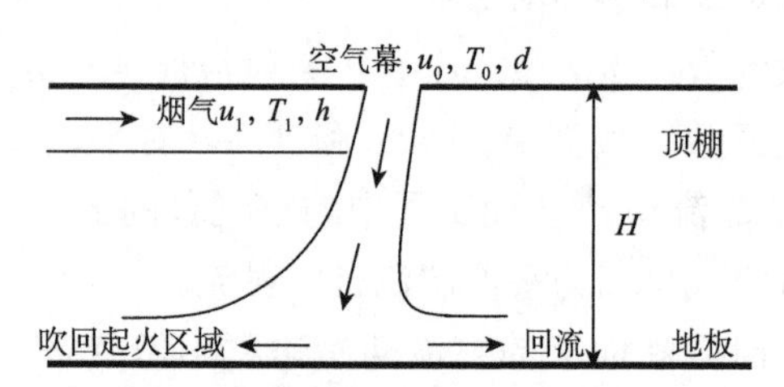

图 6.12　风幕与地面发生撞击时流场示意图

根据流体力学的基础知识[13]，为了能够有效地挡住烟气，必须满足：

$$u_1^2\rho_1 h < (u_0 \sin\alpha)^2 \rho_0 d \tag{6.16}$$

该式的物理意义是空气幕水平方向的动量投影必须大于烟气层水平方向上的动量，才能保证烟气不会穿过空气幕进入到右侧受保护区域。但仅满足 6.16 式是不够的，因为烟气来流撞击空气幕时将与空气幕发生掺混并改变空气幕的夹角，掺混烟气后的空气幕将继续向下运动，一般情况下，空气幕将与地面产生撞击，如图 6.12 所示。当空气幕垂直向下撞击地面时，流体将平均分为两个部分，分别流向左右两侧。当空气幕以一定的夹角撞击地面后，掺混有烟气的空气幕射流将分为两个部分，一部分被吹回起火区域，这部分烟气未进入受保护区域，可以认为被空气幕挡住；另一部分则进入到右侧受保护区域内，称之为回流，是未被空气幕挡住的部分。而只要空气幕撞击地面，就必然会产生一定比例的回流，回流的量主要与撞击时空气幕轴线与地面的夹角相关。因此仅满足 6.16 式是不够的，还必须要求空气幕运动到地面时完全转化为水平流动，即竖直方向上的速度衰减到 0。

空气幕不撞击地面的流场分布如图 6.13 所示，以空气幕出口的中心点为坐标原点，水平方向为 x 轴，竖直方向为 y 轴建立直角坐标系。考虑到地铁车站一般层高较低，且装有机械排烟系统，故仅考虑烟气层厚度不是特别大时的情况。此时，可假设只在顶棚即 $y=0$ 到烟气层分界面处即 $y=h$ 这一段烟气和空气幕射出空气发生完全均匀的掺混，则根据动量在 y 方向上的投影守恒，可以得到烟气和空气幕射出空气混合后即烟气层分界面处空气幕竖直方向上的速度 u_h：

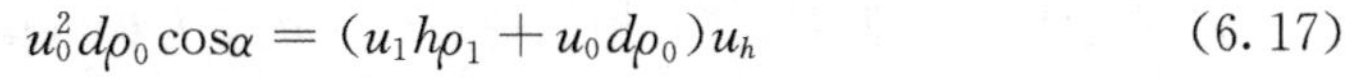

$$u_0^2 d\rho_0 \cos\alpha = (u_1 h\rho_1 + u_0 d\rho_0)u_h \tag{6.17}$$

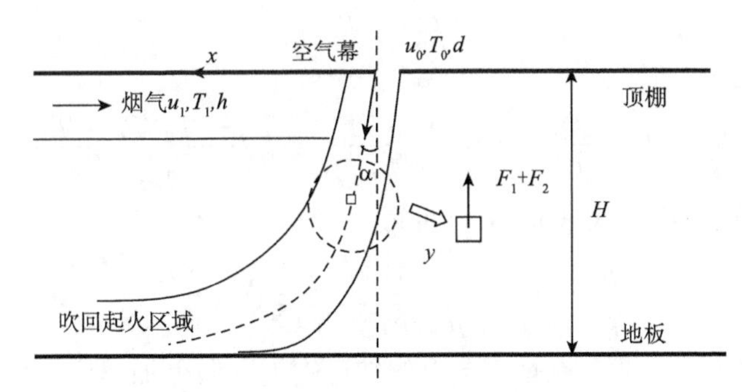

图 6.13　空气幕不撞击地面时流场示意图

其中，密度 ρ_1 可以根据理想气体状态方程，由温度求出

$$\rho T = \text{const} \tag{6.18}$$

混合后即烟气层分界面处的空气幕温度将会升高到 T_h，根据能量守恒方程可得

$$(u_1 h\rho_1 + u_0 d\rho_0)(T_h - T_0) = u_1 h\rho_1 (T_1 - T_0) \tag{6.19}$$

从烟气层分界面处出来的空气幕射流，温度升高，在向下运动的过程中，除与周围空气进行质量和动量交换外，还进行热量交换。而热量的交换较之动量要快，即射流温度的扩散角大于速度扩散角，但在实际应用中，为了简化起见，可以认为温度边界与速度边界相同。非等温射流在向下流动的过程中，由于与周围空气密度不同，受到浮力将使射流发生弯曲，冷射流向下弯曲，热射流向上弯曲，但仍可视作以中心线为轴的对称射流。因此研究轴心轨迹即可知道射流的弯曲程度。

要计算空气幕轴线上的速度衰减，需要知道轴线上的温度以计算所受浮力，而空气幕轴线上的温度衰减是个极其复杂的问题，故此处引入第二个假设，即将从烟气层分界面以下的混合后空气幕假定为二维平面温差射流的主体段。这样即可以采用前人经过理论分析并采用实验校正过的温差射流的轴线温度公式[12]：

$$\frac{T_m - T_0}{T_h - T_0} = \frac{1.04}{\sqrt{\mu S/b_0 + 0.42}} \tag{6.20}$$

其中，T_m是射流轴心温度，T_0是周围空气温度，T_h是烟气层分界面处射流出口温度。S是轴线上距出口点的距离，μ是湍流系数，b_0是出口半宽。轴线上的单位面积射流所受浮力：

$$F_1 = \Delta\rho g = (\rho_0 - \rho_m)g = \rho_m j \tag{6.21}$$

其中，j为垂直向上的加速度。

将烟气认为是理想气体，根据理想气体状态方程可得

$$\frac{\rho_0}{\rho_m} = \frac{T_m}{T_0} \tag{6.22}$$

$$\frac{\rho_0}{\rho_m} - 1 = \frac{T_m}{T_0} - 1 = \frac{T_m - T_0}{T_0} = \frac{T_m - T_0}{T_h - T_0}\frac{T_h - T_0}{T_0} \tag{6.23}$$

将式（6.20）代入式（6.23），可得

$$\frac{\rho_0}{\rho_m} - 1 = \frac{1.04}{\sqrt{\mu S/b_0 + 0.42}}\frac{T_h - T_0}{T_0} \tag{6.24}$$

根据动量定理，则A点垂直向上的加速度为（向上加速度为负），

$$j = \frac{\rho_0 - \rho_m}{\rho_m}g = -\frac{1.04}{\sqrt{\mu S/b_0 + 0.42}}\frac{T_h - T_0}{T_0}\mathrm{g} \tag{6.25}$$

式（6.25）可变为

$$j = \frac{\mathrm{d}u_y}{\mathrm{d}t} = \frac{\mathrm{d}u_y}{\mathrm{d}y}\cdot\frac{\mathrm{d}y}{\mathrm{d}t} = -\frac{1.04}{\sqrt{\mu S/b_0 + 0.42}}\frac{T_h - T_0}{T_0}g \tag{6.26}$$

则

$$u'_y u_y = \frac{\mathrm{d}u_y}{\mathrm{d}y}\cdot\frac{\mathrm{d}y}{\mathrm{d}t} = -\frac{1.04}{\sqrt{\mu S/b_0 + 0.42}}\frac{T_h - T_0}{T_0}g \tag{6.27}$$

其中，S为等温射流的轴线距离，S=（$y-h$）/$\cos\beta$。

式（6.27）变为

$$u_y \mathrm{d}u_y = -\frac{1.04}{\sqrt{\mu(y-h)/b_0\cos\beta + 0.42}}\frac{T_h - T_0}{T_0}g\mathrm{d}y \tag{6.28}$$

将左右两端积分有

$$\int u_y \mathrm{d}u_y = \int -\frac{1.04}{\sqrt{\mu(y-h)/b_0\cos\beta + 0.42}}\frac{T_h - T_0}{T_0}g\mathrm{d}y \tag{6.29}$$

可得

$$\frac{1}{2}u_y^2 = -1.04\frac{T_h - T_0}{T_0}g\cdot\frac{2b_0\cos\beta}{\mu}\sqrt{\mu(y-h)/b_0\cos\beta + 0.42} + C \quad (6.30)$$

初始条件为

$$u_y\big|_{y=h} = u_h$$

将初始条件代入式（6.30）可得

$$C = \frac{1}{2}u_h^2 + 1.04\frac{T_h - T_0}{T_0}g\cdot\frac{2b_0\cos\beta}{\mu}\sqrt{0.42} \quad (6.31)$$

要使空气幕无回流产生，必须要求当空气幕运动到地面时其竖直方向的速度衰减到 0，令 $u_H = 0$ 可得完全挡住烟气的临界条件为

$$\frac{1}{2}u_h^2 \leqslant 1.04\frac{T_h - T_0}{T_0}g\cdot\frac{2b_0\cos\beta}{\mu}\left(\sqrt{\mu(H-h)/b_0\cos\beta + 0.42} - \sqrt{0.42}\right) \quad (6.32)$$

其中 u_h，T_h，$\cos\beta$ 是中间变量，将其用初始参数表示，分别为

$$u_h = \frac{u_0 d\rho_0\cos\alpha}{u_1 h\rho_1 + u_0 d\rho_0} \quad (6.33)$$

$$T_h = \frac{u_1 h\rho_1(T_1 - T_0)}{(u_1 h\rho_1 + u_0 d\rho_0)} + T_0 \quad (6.34)$$

根据动量在 x、y 方向上的投影守恒，在分界面 h 处，

x 方向：

$$u_0^2 d\rho_0\sin\alpha - u_1^2 h\rho_1 = (u_1 h\rho_1 + u_0 d\rho_0)u_x \quad (6.35)$$

y 方向：

$$u_0^2 d\rho_0\cos\alpha = (u_1 h\rho_1 + u_0 d\rho_0)u_y \quad (6.36)$$

$$\cos\beta = \frac{u_0^2 d\rho_0\cos\alpha}{\sqrt{u_0^4 d^2\rho_0^2 - 2u_0^2 u_1^2 dh\rho_0\rho_0\sin\alpha + u_1^4 h^2\rho_1^2}} \quad (6.37)$$

令 $u_1 h\rho_1 + u_0 d\rho_0 = A$，可得

$$\cos\beta = \frac{\dfrac{u_0^2 d\rho_0\cos\alpha}{A}}{\sqrt{\left(\dfrac{u_0^2 d\rho_0\sin\alpha - u_1^2 h\rho_1}{A}\right)^2 + \left(\dfrac{u_0^2 d\rho_0\cos\alpha}{A}\right)^2}}$$

$$= \frac{u_0^2 d\rho_0\cos\alpha}{\sqrt{u_0^4 d^2\rho_0^2 - 2u_0^2 u_1^2 dh\rho_0\rho_0\sin\alpha + u_1^4 h^2\rho_1^2}} \quad (6.38)$$

令 $\sqrt{u_0^4 d^2\rho_0^2 - 2u_0^2 u_1^2 dh\rho_0\rho_1\sin\alpha + u_1^4 h^2\rho_1^2} = B$，将 u_h，T_h，$\cos\beta$ 代入得

$$0.5\frac{(u_0 d\rho_0\cos\alpha)^2}{A^2} \leqslant 0$$

$$1.04\frac{u_1 h\rho_1(T_1-T_0)}{AT_0}g\frac{2b_0u_0^2d\rho_0\cos\alpha}{B}\left[\sqrt{\frac{\mu B(H-h)}{b_0u_0^2d\rho_0\cos\alpha}+0.42}-\sqrt{0.42}\right] \tag{6.39}$$

整理得

$$\frac{d\rho_0\cos\alpha}{A}\leqslant 4.16\frac{u_1h\rho_1(T_1-T_0)b_0g}{BT_0}\left[\sqrt{\frac{\mu B(H-h)}{b_0u_0^2d\rho_0\cos\alpha}+0.42}-\sqrt{0.42}\right] \tag{6.40}$$

将 A，B 代回得

$$\frac{d\rho_0\cos\alpha}{u_1h\rho_1+u_0d\rho_0}\leqslant 4.16\frac{u_1h\rho_1(T_1-T_0)b_0g}{T_0\sqrt{u_0^4d^2\rho_0^2-2u_0^2u_1^2dh\rho_0\rho_1\sin\alpha+u_1^4h^2\rho_1^2}}$$
$$\times\left[\sqrt{\frac{\mu(H-h)\sqrt{u_0^4d^2\rho_0^2-2u_0^2u_1^2dh\rho_0\rho_1\sin\alpha+u_1^4h^2\rho_1^2}}{b_0u_0^2d\rho_0\cos\alpha}+0.42}-\sqrt{0.42}\right] \tag{6.41}$$

其中，$\rho_1=\rho_0T_0/T_1$，$b_0=\mathrm{d}/2$，$\rho_0=1.29\mathrm{kg/m^3}$，重力加速度 g 取 $9.8\mathrm{m/s^2}$，u_1，T_1，h 分别为烟气前锋速度、烟气层温度和烟气层厚度，u_0，T_0，d 分别为空气幕出口速度、温度和宽度，α 为空气幕与竖直方向的夹角，H 为房间高度。

6.2.3　空气幕挡烟的数值模拟验证

1. 数值模拟工具和湍流模型选取

为验证式（6.16）和式（6.41）的适用性，本节采用 Fluent 的二维求解器来模拟分析中庭式楼梯口处的空气幕挡烟效果。Fluent 提供的壁面函数和加强壁面处理的方法可以很好地处理壁面附近的流动问题。Fluent 软件包含有专用的 CFD 前处理器 GAMBIT，其主要功能是几何建模和网格生成。Gambit 拥有强大的网格划分能力，可以划分包括边界层等 CFD 特殊要求的高质量网格，专用的网格划分算法可以保证在复杂的几何区域内直接划分出高质量的四面体、六面体网格或混合网格，并可划分出与相邻区域网格连续的完全非结构化的混合网格。

湍流模型选用由 Shih[14] 提出的带旋流修正的 $k-\varepsilon$ 模型，与标准 $k-\varepsilon$ 模型相比，它采用新的涡黏度公式和扩散方程。该模型适用范围很广，对旋转均匀剪切流、自由流（包括喷射和混合流）、管道和边界流以及分离流等流动的处理优于标准 $k-\varepsilon$ 模型。

带旋流修正 $k-\varepsilon$ 模型的 k 和 ε 的输运方程如下：

$$\frac{\partial}{\partial t}(\rho k)+\frac{\partial}{\partial x_i}(\rho ku_j)=\frac{\partial}{\partial x_i}\left[\left(\mu+\frac{\mu_t}{\sigma_k}\right)\frac{\partial k}{\partial x_j}\right]+G_k+G_b-\rho\varepsilon-Y_M+S_k \tag{6.42}$$

$$\frac{\partial}{\partial t}(\rho\varepsilon)+\frac{\partial}{\partial x_j}(\rho\varepsilon u_j)=\frac{\partial}{\partial x_j}\left[\left(\mu+\frac{\mu_t}{\sigma_\varepsilon}\right)\frac{\partial\varepsilon}{\partial x_j}\right]+\rho C_1 S\varepsilon-\rho C_2\frac{\varepsilon^2}{k+\sqrt{\nu\varepsilon}}$$
$$+C_{1\varepsilon}\frac{\varepsilon}{k}C_{3\varepsilon}G_b+S_\varepsilon \tag{6.43}$$

其中，

$$C_1=\max\left(0.43,\frac{\eta}{\eta+5}\right) \tag{6.44}$$

$$\eta=S\frac{k}{\varepsilon} \tag{6.45}$$

在以上关系式中，G_k是由平均速度梯度产生的湍流动能，G_b由浮力而产生的湍流动能，Y_m是脉动扩散项，C_2 和 $C_{1\varepsilon}$是常数，σ_k 和σ_ε 是k 方程和ε 方程的湍流普朗特数，S_k和S_ε 是用户定义的源项。

与标准 $k-\varepsilon$ 模型和 RNG $k-\varepsilon$ 模型一样，涡黏度由下式计算：

$$\mu_t=\rho C_\mu\frac{k^2}{\varepsilon} \tag{6.46}$$

不同的是带旋流修正 $k-\varepsilon$ 模型中的C_μ 不再是一个常数，它由下式计算：

$$C_\mu=\frac{1}{A_0+A_s\dfrac{kU^*}{\varepsilon}} \tag{6.47}$$

其中，

$$U^*=\sqrt{S_{ij}S_{ij}+\tilde{\Omega}_{ij}\tilde{\Omega}_{ij}} \tag{6.48}$$

$$\tilde{\Omega}_{ij}=\Omega_{ij}-2\varepsilon_{ijk}\omega_k \tag{6.49}$$

$$\tilde{\Omega}_{ij}=\overline{\Omega}_{ij}-\varepsilon_{ijk}\omega_k \tag{6.50}$$

其中，$\overline{\Omega}_{ij}$是在柱坐标下的带有角速度的ω_k 的平均旋转率张量，常数 $A_0=4.04$，$A_s=\sqrt{6}\cos\phi$，$S_{ij}=\frac{1}{2}\left(\frac{\partial u_j}{\partial x_i}+\frac{\partial u_i}{\partial x_j}\right)$。

2. 模型建立和初始条件

选取某站厅层与站台层采用中庭式楼梯相连的双层地铁站作为研究对象，该地铁站站厅层高 4m，站台高 3m，连接站台和站厅的中庭式开口的尺寸为 8m×8m，楼梯角度为 30°，计划将空气幕安装在中庭式开口下边缘处。由于地铁站台内火灾时的起火位置多变，根据最不利原则，选取起火位置正对楼梯口的情况。由于中庭式楼梯口宽度方向的尺度较大，可将其简化为二维问题进行处理，仅取地铁站竖直方向的二维截面进行分析，如图 6.14 所示。

采用前处理器 Gambit 建立该二维中庭式楼梯口截面模型，采用平铺网格，网格尺寸为 0.05m。模拟所用的边界条件和初始条件均由式（6.16）和（6.41）

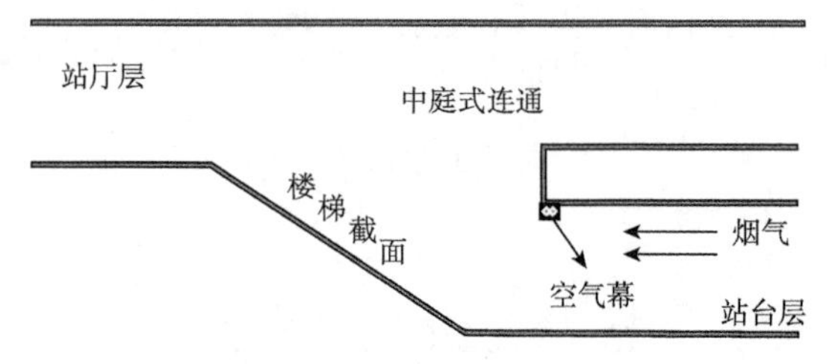

图 6.14 站厅层与站台层间中庭式楼梯口竖直截面示意图

得到，其中重点考虑的是与空气幕有关的参数，如出口速度、出口宽度和与竖直方向的夹角。采用确定空气幕出口宽度和倾角的方法来求解满足式（6.16）和（6.41）的出口速度区间。已知站台层高 H 为 3m，烟气层速度、厚度和温度分别为 1m/s，0.6m 和 390K，空气幕与竖直方向夹角为 30°，空气幕出口宽度为 0.2m，采用迭代法对式（6.16）和（6.41）进行数值求解，得到空气幕出口速度的区间为 3.04～5.3m/s。

采用 Fluent6 的二维稳态求解器求解该问题。模拟中将热烟气假定为高温空气，采用理想气体模型处理。将站厅两端开口设为压力入口边界条件，站台右端开口为压力出口边界条件，回流温度为环境温度 300K。空气幕设为速度出口，速度的角度通过水平（x）和竖直方向（y）上的分量进行设定。站台出口处上方宽度为 0.6m 的速度出口来模拟热烟气层，出口温度为 390K，速度为 1m/s。

3. 结果与分析

首先采用上述模型，计算了无烟气来流的情况下，空气幕出口风速为 5.75m/s 时，地铁站内的空气流动状况，如图 6.15、图 6.16 所示。从图中可以看出，空气幕喷出的空气射流在向下运动的过程中，不断卷吸两侧的空气，在空气幕两侧形成两个明显的大尺度漩涡，射流两侧有明显的边界，卷吸导致射流宽度和质量逐渐增加。在无烟气来流的情况下，空气幕自喷口至撞击地面之前，始终保持轴对称的形状，且中心轴线与竖直方向的夹角保持不变。由于在中心轴界面处射流的动量通量保持不变，所以在向下运动的过程中，随着射流质量通量的增加，射流中心轴线上的速度逐渐下降。当空气幕运动到地面时，与地面发生撞击，撞击使射流分成两个部分，分别流向左右两侧。由于空气幕撞击地面时与地面的夹角小于 90°，而非垂直撞击地面，所以在撞击地面后流向左侧的空气量大于流向右侧的空气量。

图 6.17、图 6.18 为空气幕出口风速为 3.1m/s 时站台内的速度场和温度场图。从图中可以看出由于空气幕最终未与地面发生撞击，故空气幕与烟气相互作用下流场可分为两个阶段，即烟气层分界面上的烟气撞击掺混段和分界面以下的温差射流段。

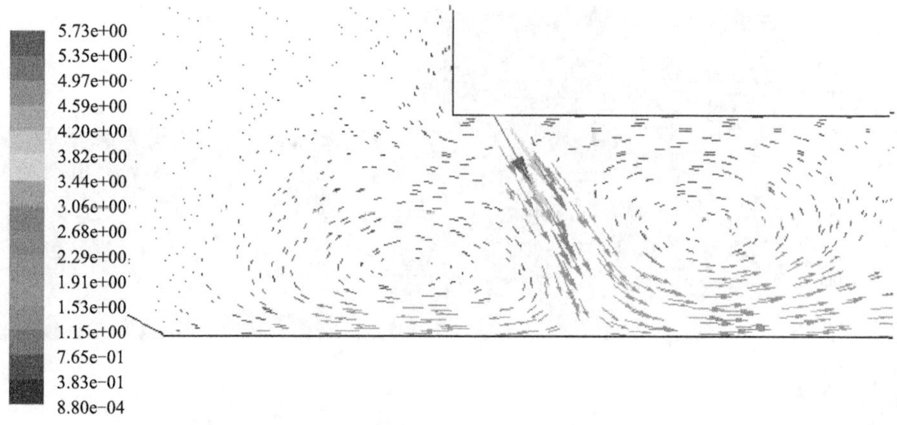

图 6.15　无烟气来流时的速度矢量图

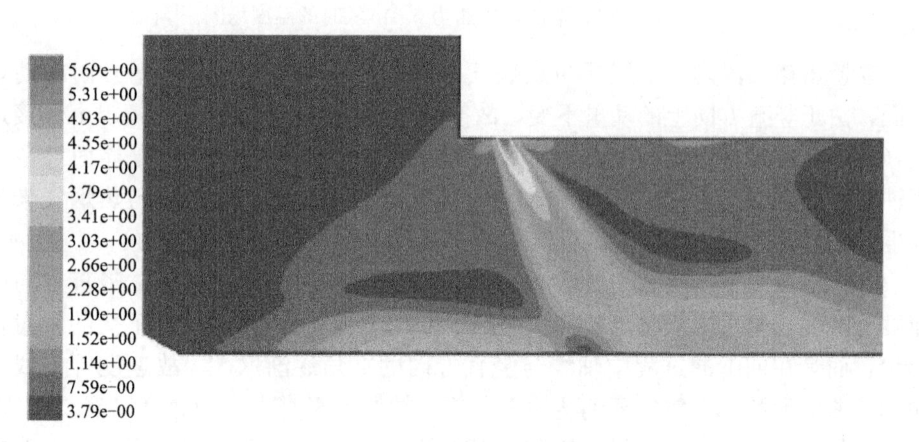

图 6.16　无烟气来流时的温度场图

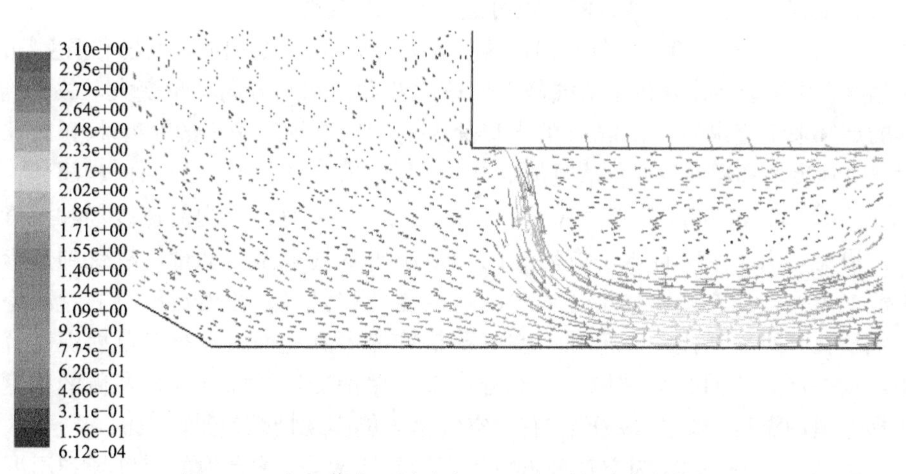

图 6.17　空气幕出口风速为 3.1m/s 时的速度矢量图

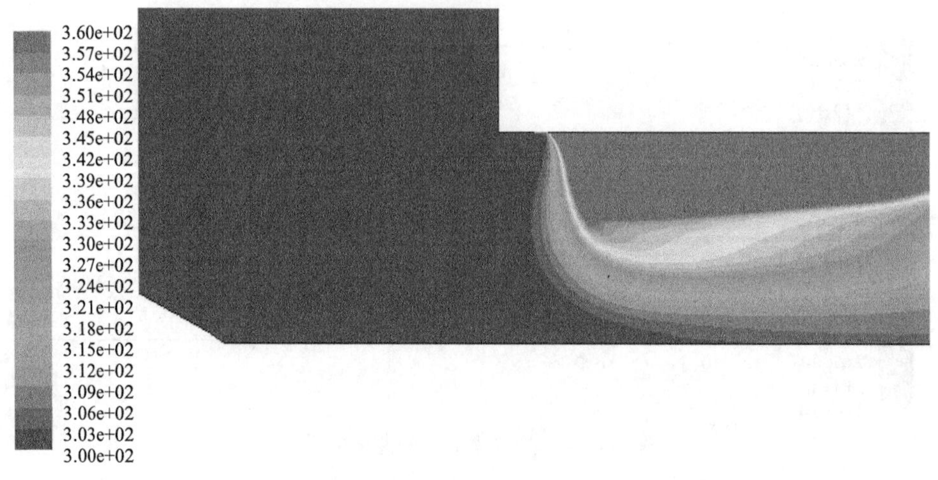

图 6.18 空气幕出口风速为 3.1m/s 时的温度场图

在撞击掺混段内，空气幕与热烟气来流的撞击导致空气幕水平方向的动量降低，由于竖直方向上的动量不变，故空气幕轴线向下偏转，由于 3.1m/s 接近式（6.16）的最小速度 3.04m/s，故可以从图中看出，在烟气层分界面处空气幕轴线与竖直方向上的夹角极小。空气幕射出的环境温度的空气与热烟气来流发生掺混后，导致空气幕温度升高，在空气幕内的温度有明显的梯度。

在分界面以下的温差射流段内，由于受到浮力的作用，空气幕竖直方向的速度衰减比无烟气来流时衰减的快，导致轴线不是图 6.16 的角度不变的轴对称形状，而是在向下的过程中轴线与竖直方向的夹角逐渐增大，故速度等值线呈向上弯曲的形状。在空气幕到达地面之前，轴线上竖直方向的速度已衰减到零，所以空气幕轴线与地面平行。从图 6.18 可以看出，空气幕左侧无温升，说明热烟气完全被当在了空气幕右侧，没有进入空气幕左侧。

图 6.19、图 6.20 为空气幕出口速度为 5.3m/s 时站台内的速度场和温度场图。从速度图中可以看出，由于空气幕出口速度变大使水平方向动量变大，故受到同样的烟气来流撞击后，5.3m/s 的出口速度的空气幕轴线角度的改变小于 3.1m/s 时。其速度场和温度场变化情况基本与与空气幕出口速度为 3.1m/s 时相同。

图 6.21、图 6.22 为空气幕出口速度为 2.8m/s 时站台内的速度场和温度场图。可见，由于空气幕水平方向上的动量小于烟气来流的动量，故受到热烟气来流撞击后偏向左侧，撞击过程中的掺混导致空气幕射流的温度升高，故空气幕轴线在竖直线左侧向上弯曲。空气幕最终撞击到地面，被空气幕射流稀释后的烟气一部分流回起火区域，一部分流至受保护侧，所以空气幕左侧的中庭式楼梯通道内温度升高至 327K 左右，空气幕未能实现挡烟效果。

图 6.23、图 6.24 为空气幕出口速度为 6.2m/s 时站台内的速度场和温度场

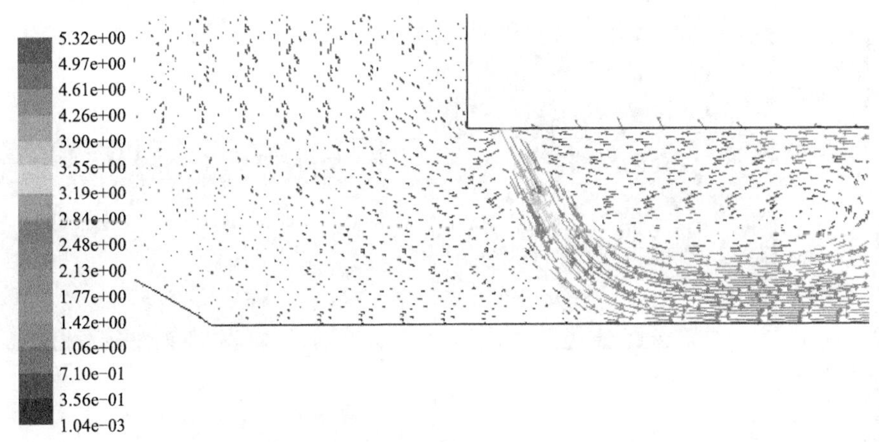

图 6.19　空气幕出口风速为 5.3m/s 时的速度矢量图

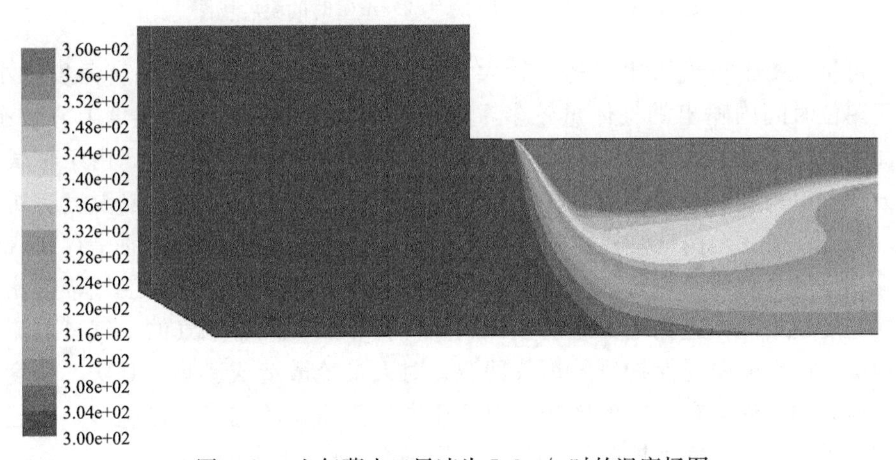

图 6.20　空气幕出口风速为 5.3m/s 时的温度场图

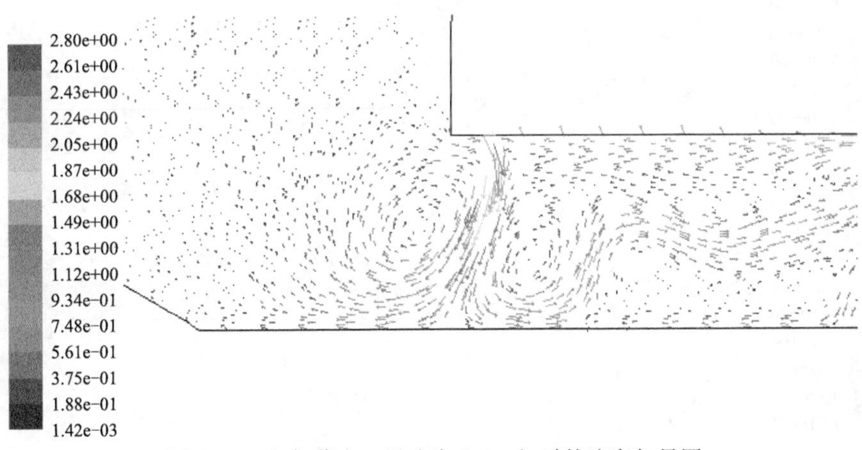

图 6.21　空气幕出口风速为 2.8m/s 时的速度矢量图

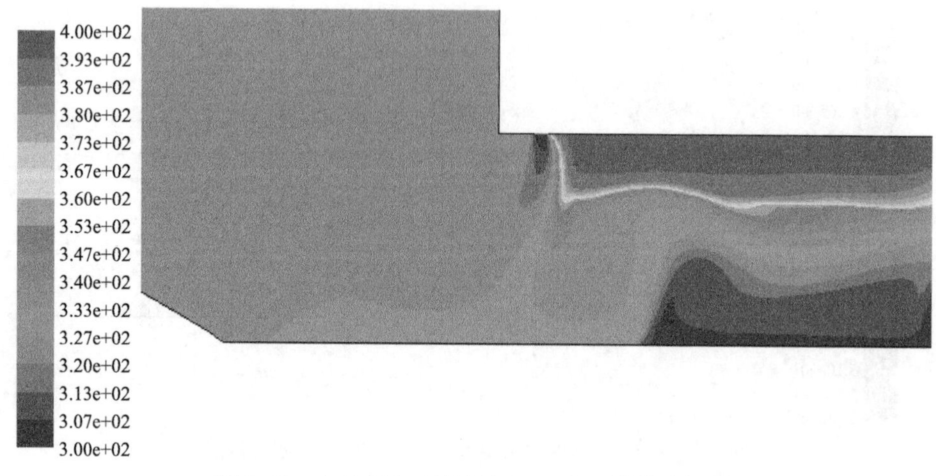

图 6.22　空气幕出口风速为 2.8m/s 时的温度场图

图。可见，由于空气幕出口速度较大，被热烟气来流撞击后，偏转角度很小。由于单位时间内喷出的气体量较多，故与热烟气发生掺混后，温度上升较小，从而导致空气幕轴线并未明显向上弯曲。当空气幕运动至地面时，由于轴线与地面成一定角度，故撞击后有部分气体流向空气幕左侧，导致左侧温度有所上升。可见，要完全挡住烟流，空气幕出口速度，并非越大越好，而是存在一个合理的空气幕射流出口初始速度区间。首先，出口速度越大，则空气幕射流的竖向速度越难以在达到地面之前衰减到零，将导致掺混有烟气的空气幕射流撞击地面，产生流向受保护侧的烟气回流，对人员疏散造成影响。其次，速度过大，对人的行动会有一定的影响，而且速度越大需要的空气量也越多，向起火区域提供的新鲜空气则越多，可能会加剧燃烧，加速火灾的发展。

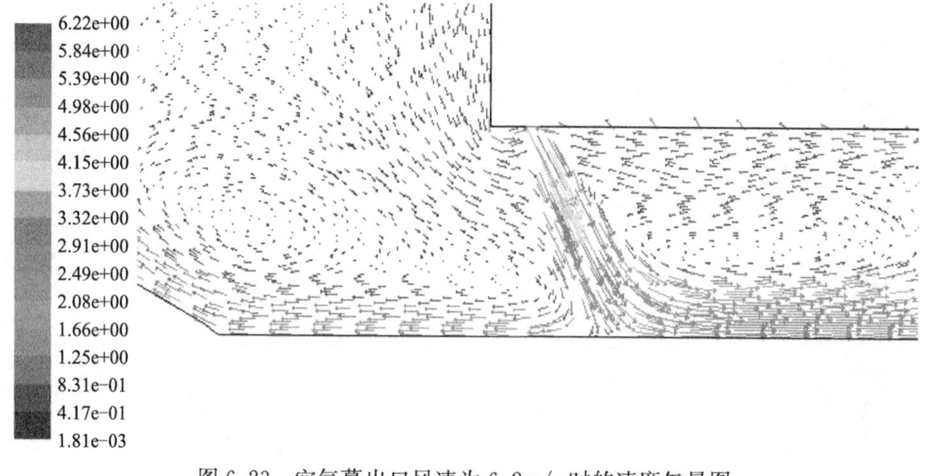

图 6.23　空气幕出口风速为 6.2m/s 时的速度矢量图

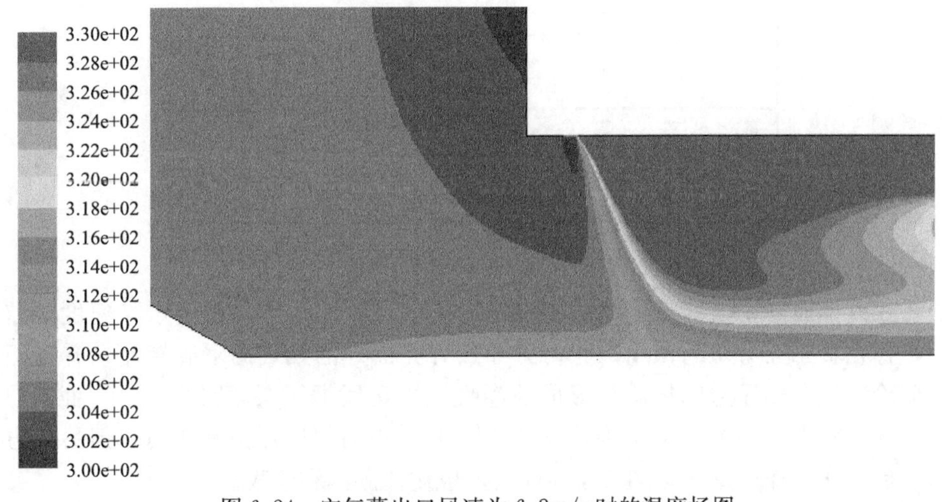

图 6.24　空气幕出口风速为 6.2m/s 时的温度场图

6.3　站台机械排烟

6.3.1　站台火灾烟气流动状况

站台起火位置不同会导致烟气在站台内流动状况有较大的差异，站台起火位置大致可以分为两类情况，第一类是火灾发生在站台端部附近，此时火源一侧是封闭的站台端壁，另一侧是通往上层/下层的楼梯口。第二类是火灾发生在两部楼梯中间位置。

图 6.25 所示为火灾发生在站台端部附近时，站台内的气流流动状况。火灾产生的热烟气羽流向上运动，遇到站台顶棚后形成顶棚射流，向火源两侧流动，其中向端部方向流动的热烟气到达端壁后受到阻挡，形成反浮力壁面射流，然后反向向火源流动，在封闭端形成一定的烟气蓄积，因此，封闭端烟气层厚度将大于火源另一侧等距离处。向楼梯口方向流动的烟气的特点则是纵向蔓延距离较长。新鲜空气只能由一侧楼梯口补入，向火源方向流动，流动方向与烟气相反，经过火源区的扰动后，继续向端部侧壁流动，空气的流动方向为单向流动。站台内的流动状况类似于一端封闭、一端开敞的长通道。

图 6.26 为火灾发生在两个通往上下层的楼梯口之间时站台内的气流流动状况。火灾产生的热烟气羽流向上运动，遇到站台顶棚后形成顶棚射流，向火源两侧流动，空气则由火源两侧开口向火源流动，此时站台内下层空气的流向为双向流动，站台内的流动状况类似于两端开敞的长通道。

当流向开敞端的烟气达到一维水平运动阶段时，烟气和空气形成稳定的分

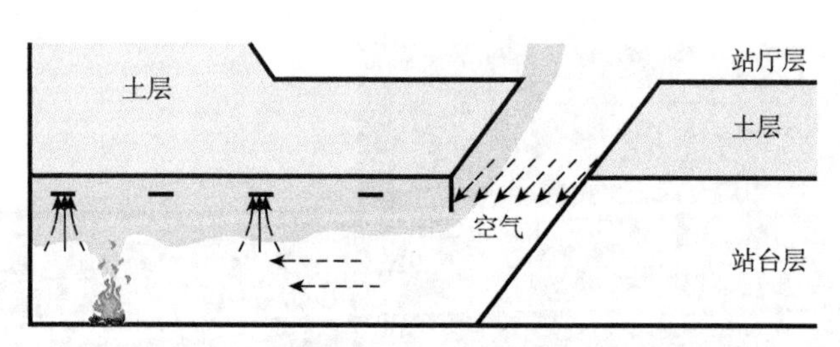

图 6.25　站台端部火灾时的烟气和空气流动状况

层，在分界面处，上部热烟气层与下部冷空气层共用边界，由于水平速度的差异，存在着相互剪切的作用；剪切力导致分界面处的烟气向下旋转流动并卷吸下部冷空气，热浮力则把剪切形成的卷吸流再送回烟气层。因此，一方面，热烟气这种密度分层的层流结构依靠热浮力的作用而得以形成和维持，但另一方面，剪切力的作用则使热烟气层界面处形成湍流漩涡和卷吸。

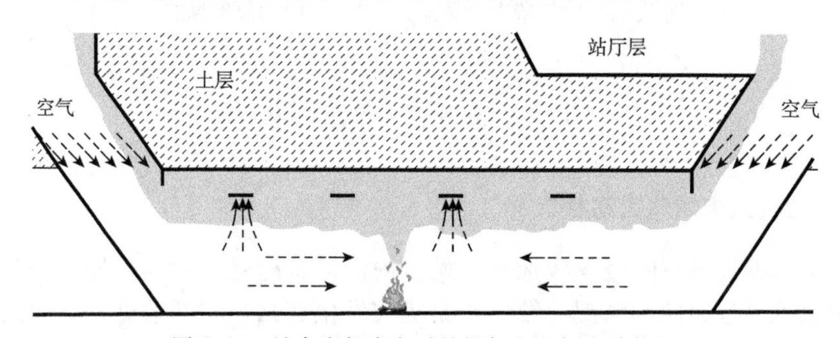

图 6.26　站台中部火灾时的烟气和空气流动状况

当地铁站台内开启机械排烟时，理想的状况是烟气与空气的等量置换；为了有效排出烟气，开口处将补充新鲜空气，此时站台内下层空气流速将比无排烟时明显增大。随着空气水平强迫流动的加强，烟气层界面处的剪切效应也会加剧，流动将向湍流形态转化，烟气层水平卷吸下部冷空气的量不断增大。排烟口附近的空气流场也将受到竖直向上的扰动，流动向湍流形态转化，导致卷吸的冷空气量增大。

由于火灾烟流是一种浮力驱动的分层流形态，启动机械排烟系统后，必然会对烟气层的稳定性造成一定影响。要实现良好的机械排烟效果，一个重要的方面是维持火灾早期烟气分层结构，如果由于机械排烟系统对烟气层增加的外界力破坏了分层结构，加剧了烟气层分界面处的湍流卷吸，将导致排烟效果不佳。

对分层烟气的流动分析，可参考分层流体力学中的 Helmholtz 界面不稳定问题[15]，即两层流体密度和速度均不相同时的界面稳定性。假定上层热烟气的速度、密度为 u_s，ρ_s，下层冷空气层的速度、密度为 u_a，ρ_a。假定烟气和冷空气层的密度在垂直方向上充分接近、逐渐趋于连续分布，可设烟气层内部的密度梯度为

$$\rho_a - \rho_s = -\frac{\mathrm{d}\bar{\rho}}{\mathrm{d}y}d \tag{6.51}$$

其中，d 为参考厚度。而上层烟气层与下层空气层的剪切速度梯度为

$$u - u_a = -\frac{\mathrm{d}u}{\mathrm{d}y}d \tag{6.52}$$

因此，对于这种热烟气和冷空气分层流的稳定性，可用 Richardson 数或者 Froude 数来表征：

$$F_r^2 = \frac{(u-u_a)^2}{g\beta d^2} = \frac{(u-u_a)^2/d^2}{g\beta} = \frac{1}{Ri} \tag{6.53}$$

式中

$$\beta = -\frac{\dfrac{\mathrm{d}\bar{\rho}}{\mathrm{d}y}}{\bar{\rho}} \tag{6.54}$$

Richardson 数表示密度分布的稳定作用同因速度剪切引起的失稳作用之比值。随着起火站台层内机械排烟系统的启动，纵向风速增大，即烟气层流速与下层空气纵向流速的相对剪切速度增大时，Richardson 数将变小，密度分布的稳定作用相对于速度剪切引起的失稳作用的比值也逐渐变小，分层流逐渐向湍流非稳态转变。Van 等[16]对长走廊内烟气和空气的分层流动进行了研究，其得到的结果认为当 Richardson 数大于 0.5 时，烟气-空气分层结构才能得以维持。

由以上分析可知，当地铁站台内由于机械排烟/补风、活塞风等因素导致的纵向风速足够大时，即站台内上层热烟气层流动速度与下层新鲜空气层的纵向流速的相对剪切速度很大时，Richardson 数将超过烟气层结构稳定的临界值，烟气层结构将遭到破坏。

6.3.2　排烟口开启位置对站台机械排烟效果的影响

对于排烟口开启位置和火源位置之间的关系已有一些研究者进行了初步探讨。如胡隆华等[17]在某地下通道中对烟气自由蔓延和机械排烟开展了 7 组实验，研究了不同排烟口与补气口相对位置对机械排烟效果的影响。结果表明，在横向排烟时，若补气口和排烟口的位置相距太近，将形成“气流短路”，造成风压浪费，因此在通道内设计横向排烟系统的排烟口和补气口时，应遵循“远端补气、近端排烟”的定性原则，但文章并未对远端、近端所指的具体距离进行定量研究。本节将对不同排烟口位置对排烟效果的影响进行探讨。

1. 实验设计

本实验在第 2 章介绍的小尺寸地铁实验台内进行，采用实验台一端封闭、一端开敞来模拟地铁站台端部火灾，实验台两端均开敞来模拟地铁站台中部火灾。

实验采用矩形甲醇池火，火源功率为 8.33kW，由于甲醇火无明显烟气，故在火源上方放置烟饼以达到示踪效果。火源位置分别为距站台左端 1.5m 和 3m。其中，火源距左端 1.5m 时，排烟口 1，2 位于烟气蔓延的前 3 个阶段内，而排烟口 3 则位于烟气蔓延的第四阶段——水平蔓延阶段。燃烧时间约为 490s。火源位于距实验台左侧端部 1.5m 处的纵向中心线上。

实验使用安装在顶棚的 3 个尺寸为 20cm×20cm、可独立开闭的机械排烟口，各排烟口距实验台左端分别为 0.75m，2.25m 和 3.75m，分别标记为 1#，2# 和 3# 排烟口，机械排烟量为 0.052m^3/s。实验台顶部布置 1 串水平热电偶，共 28 个测点，均匀分布。沿实验台纵向中心线上布置了 3 个竖向热电偶串，分别距火源左侧 1.2m、右侧 1.5m 和 4.5m，每串 14 个测点，测点间隔为 3cm。实验布置如图 6.27 所示。

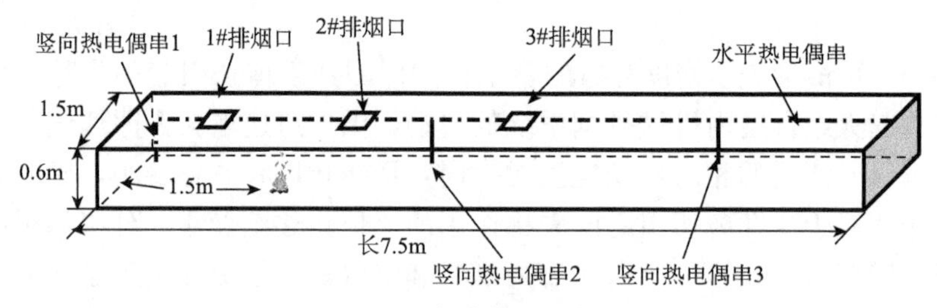

图 6.27　实验装置示意图

表 6.3 列出了实验工况，共 13 组。实验台一端封闭、一端开启的工况为 1～7，其中工况 1 不开启机械排烟，作为对比该开口状况下开启不同机械排烟口时的排烟效果的基准工况，其他工况为单独开启各排烟口、同时开启两个排烟口和三个排烟口全开。实验台两端均开启的工况为 8～13，其中工况 8 不开启机械排烟，为基准工况。

表 6.3　实验工况列表

编号	开口状况	排烟量	排烟口	编号	开口状况	排烟量	排烟口
1		0	无	8		0	无
2			1#	9			1#，2#
3			1#，2#	10			1#，2#，3#
4	左端封闭、右端全开	0.052m^3/s	1#，2#，3#	11	左端开口、右端全开	0.052m^3/s	2#
5			2#	12			3#
6			3#	13			2#，3#
7			2#，3#				

2. 结果与分析

点火后，生成的热烟气向上运动，撞击顶棚后开始向两侧流动，烟气运动到左端时，受到端壁的阻挡，形成反浮力壁面射流，在端壁处蓄积，导致在火源左右两端等距离处，左侧烟气层温度、厚度明显高于右侧。向实验台开敞端流动的烟气，很快形成稳定的分层，上部热烟气层和下部空气层的界面十分清晰且平整，无明显波动。同时，在向远处流动的过程中持续卷吸下方新鲜空气，烟气层厚度逐渐增大，流至开敞端后溢出。开启排烟后，排烟口附近的烟气层厚度变小，整个实验台内的烟气层分界面处出现抖动/波动，烟气与新鲜空气的掺混加剧。

图 6.28 是不开启机械排烟（工况 1）和仅开启 1# 排烟口（工况 2）时 3 个典型顶棚测点的温度值。从图中可以看出，在不开启机械排烟时，顶棚射流温度在 200s 左右达到最大值，在 450s 左右，由于燃料耗尽，顶棚射流温度开始下降。在 200s 时开启风机，顶棚射流温度开始下降，之后大约 50s，顶棚射流温度达到稳定值。将机械排烟系统启动的工况下的温度曲线分为三个阶段，分别为上升段、风机启动段和风机启动后的稳定段。将稳定段的顶棚射流温度平均值作为对比各工况机械排烟效果优劣的一个辅助判据。表 6.4 为实验测得的烟气层厚度，其可作为对比排烟效果优劣的主要判据。

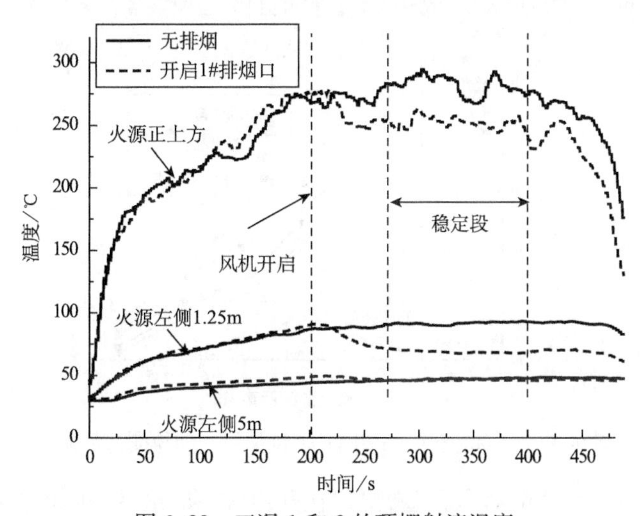

图 6.28　工况 1 和 2 的顶棚射流温度

表 6.4　烟气层厚度

工况	火源左侧 1.2m/cm	火源右侧 1.5m/cm	火源右侧 4.5m/cm	工况	火源左侧 1.25m/cm	火源右侧 1.5m/cm	火源右侧 4.5m/cm
1	17.5	11	15.6	3	14.5	10.3	15.4
2	14.8	10.1	15.4	4	16.6	11	17.9

续表

工况	火源左侧 1.2m/cm	火源右侧 1.5m/cm	火源右侧 4.5m/cm	工况	火源左侧 1.25m/cm	火源右侧 1.5m/cm	火源右侧 4.5m/cm
5	17.3	11	16.8	10	14	9	14.4
6	17.3	10.7	15.1	11	14	9.6	13.5
7	17.5	10.6	15.9	12	14.1	9.79	13.8
8	14	10	13.9	13	14.7	9.31	14.4
9	13.5	9.17	13.6				

图 6.29 为工况 5～7（不开启 1# 排烟口）测得的顶棚射流温度，由于机械排烟对火源附近温度影响不大，故本节的所有温度数据图中均略去了火源附近的顶棚射流温度，仅取火源左侧 0.8m 至 1.2m 和火源右侧 1.2m 至 6m 的顶棚射流温度进行分析。从表 6.4 可以看出，在这三种工况下，实验台封闭端的烟气层厚度与无排烟时基本相同，而封闭端的顶棚射流温度却略高于无排烟时。这是因为在仅开启位于火源右侧的 2# 和/或 3# 排烟口时，由于实验台内下层空气为单向流动，烟气和空气的置换仅发生在火源右侧排烟口附近，无法有效地排出火源左侧的热烟气。同时，由于机械排烟系统的开启使下层空气流动速度大于无排烟时，火源略微向封闭端倾斜，致使热烟气在左侧封闭端聚集，故封闭端的烟气层厚度基本没有减少，而温度比无排烟还高。仅开启火源与开敞端之间的排烟口时，在封闭端形成一个“排烟盲区”。

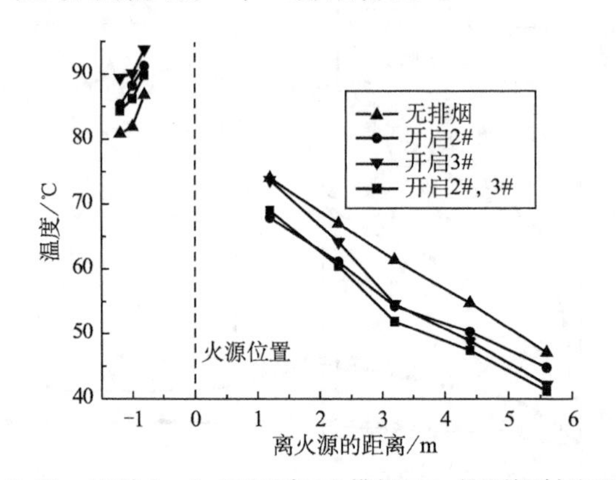

图 6.29　工况 5～7（不开启 1# 排烟口）的顶棚射流温度

结合图 6.29 和表 6.4，可以看出，在开启 2# 和/或 3# 排烟口时，虽然机械排烟排出了一定量的热烟气，但由于排烟口对原有稳定分层结构的扰动，致使界面处烟气和空气的掺混量增加，故虽烟气层温度有所降低，但烟气层厚度并未明显减小。

图 6.30 为工况 2～4（开启 1# 排烟口）测得的顶棚射流温度，结合表 6.4 可以看出，此时实验台封闭端的烟气层厚度和温度均明显低于不开启 1# 排烟口

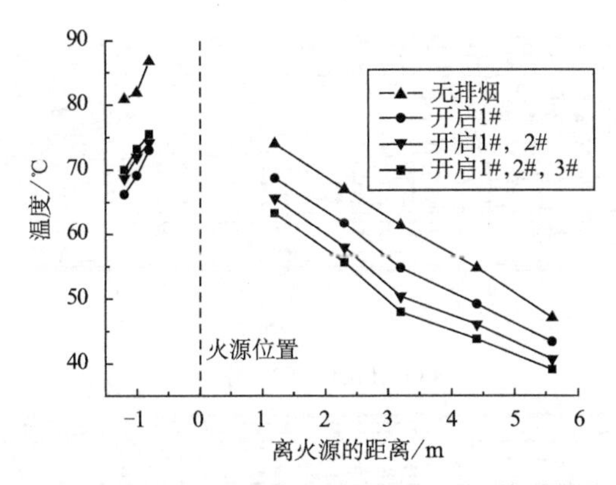

图 6.30　工况 2～4（开启 1# 排烟口）的顶棚射流温度

时，不存在“排烟盲区”。在单独开启 1# 排烟口时，仅增大了一维蔓延阶段烟气和空气的剪切速度，而并未造成明显的竖向扰动，较好地保持了原有的烟气稳定分层流动结构，卷入烟气层的新鲜空气未明显增多，故不但左侧烟气层厚度和温度明显降低，消除了“排烟盲区”，火源右端烟气层厚度也为 6 组工况中最低。由于 2# 排烟口位于烟气蔓延的前三个阶段，所以当同时开启 1# 和 2# 排烟口时，未对一维水平蔓延阶段的空气造成较大的扰动，故排烟效果也较好。

3 个排烟口全开时，虽然火源左右两端的顶棚射流温度为 6 组中最低，但是此时 3 个位置的烟气层厚度均比较大。这与“排烟口越多、分布越均匀，越有利于排烟”的传统观念相悖。这是由于一般地上建筑进行机械排烟时，空间比较大，门、窗等形成的补气口比较多，排烟口下方的空气流动不是单向的。而在地铁这类长通道型的建筑内，当只有一端开敞时，排烟口下方的空气流动是单向流动。当同时开启 1#，2# 和 3# 排烟口时，形成了单侧补气、纵向多点同时排烟的状况，则位于一维蔓延阶段、距右端补气开口最近的 3# 排烟口对附近烟气层下方的新鲜空气造成竖直方向扰动，导致原有的稳定分层流动结构被破坏，烟气层对新鲜空气的卷吸作用加强，被扰动后的新鲜空气继续往火源方向流动，在这个过程中，又被大量卷吸入烟气层，导致烟气层厚度变大、温度降低。

由于在实验中无法获得详细的三维流场数据，故本节采用 FDS5.0 对实验工况进行了数值模拟研究，重点考察流场情况。对照小尺寸实验台的实际情况几何模型并设置边界条件，长宽高三个方向的网格分别为 $0.03(x) \times 0.03(y) \times 0.02(z)$。对火源区网格进行局部加密，网格为其他位置网格尺寸的 1/2。图 6.31 是数值模拟得到的 3 个工况下火源右侧 2～5m 处的流场图。

从图 6.31 中可以看出，在不开启机械排烟时，烟气和空气的分层流动较为稳定，烟气层与空气层分界面处的涡结构尺度较大，且比较稳定，剪切速度很小，故烟气层分界面处的卷吸作用很小，一维水平蔓延阶段烟气质量产生速率

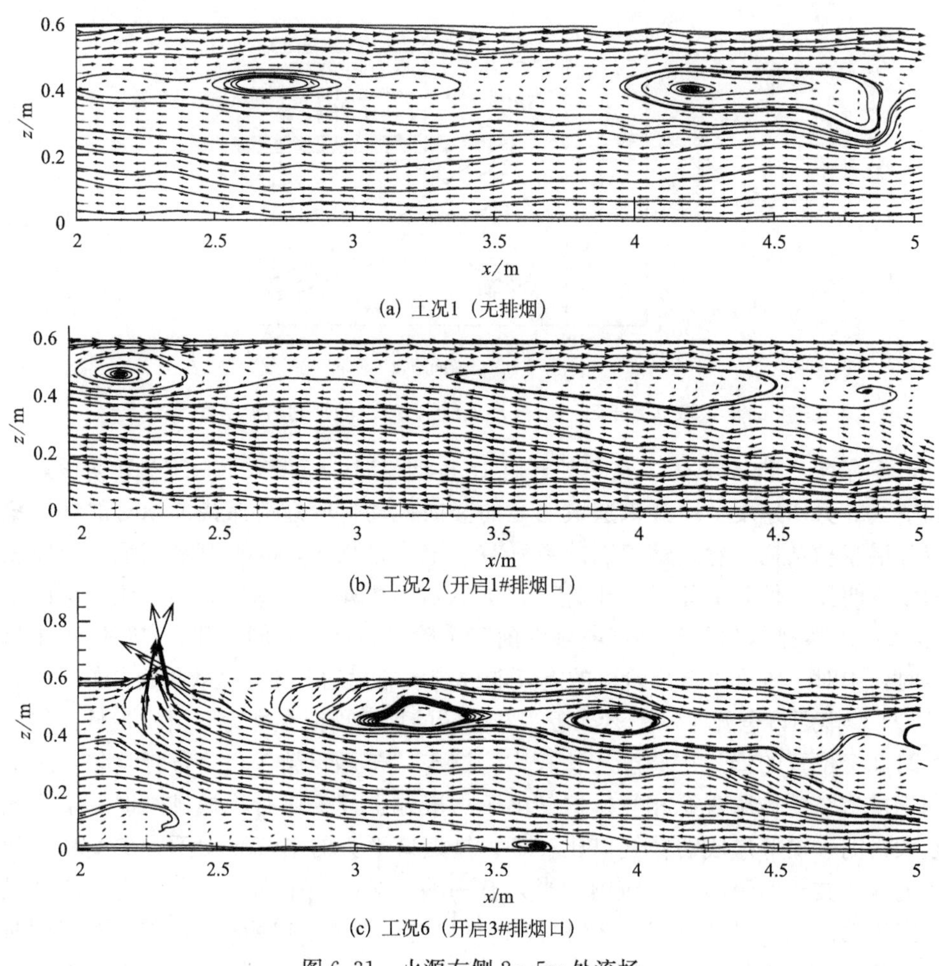

(a) 工况1（无排烟）

(b) 工况2（开启1#排烟口）

(c) 工况6（开启3#排烟口）

图 6.31　火源右侧 2～5m 处流场

较低。开启 1# 排烟口时，下层空气流速增大，但分层流动结构并未被明显破坏，涡结构尺度仍较大且比较稳定，分界面处的湍流强度与无排烟时差别不大。开启 3# 排烟口时，排烟口附近出现明显的小尺寸湍流漩涡，湍流强度显著加大，原有分层流动结构在排烟口附近遭到破坏，可明显观察到有下层空气受到向上的抽吸扰动后，被直接卷吸到上层热烟气层中，导致卷吸入烟气层的空气量较大，排烟效果不佳。

在站台中部起火时，火源两侧的烟气和空气流动可近似认为是对称的，图 6.32 是两端开敞状况下的 6 组工况测得的顶棚射流温度，结合表 6.4 可以看出，排烟时不存在“盲区”，仅开启火源一侧的排烟口时（开启 2# 和/或 3# 排烟口），基本无法排出另一侧的烟气，而当排烟口位于一维蔓延阶段时（3# 排烟口），由于对附近下层空气的扰动较大，破坏了原有稳定分层结构，排烟效果较差。同时开启 1# 和 2# 排烟口进行两侧同时排烟时，由于既减少了对一维水平蔓延阶段的扰动，又有效地排出了火源两侧的热烟气，故排烟效果最佳。

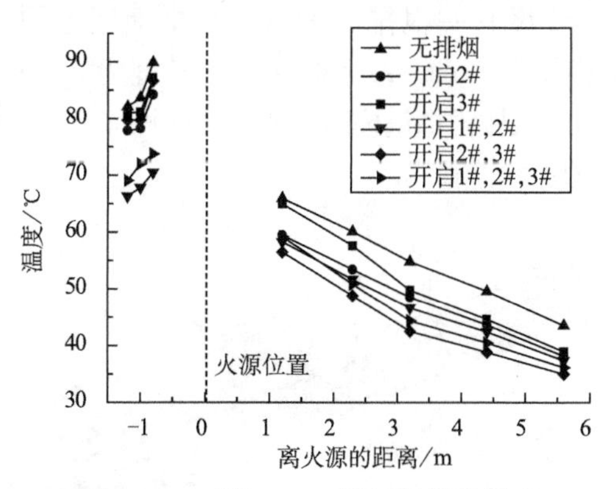

图 6.32　工况 8～13 的顶棚射流温度

小尺寸地铁模型实验和数值模拟结果表明，火灾时不宜启动位于一维蔓延阶段的机械排烟口。启动一维水平蔓延阶段的排烟口对烟气层施加的外力会对烟气分层流动形成扰动，使卷吸加剧，从而导致烟气量明显增多。站台端部起火时，并非排烟口越多、分布越均匀排烟效果越好，宜单独启动靠近站台端壁的排烟口或同时启动火源两侧的排烟口，以形成有效的烟气、空气置换。而对于站台中部起火时，则宜同时启动火源两侧的排烟口。

6.3.3　排烟口高度对站台机械排烟效果的影响

我国的国家标准地铁设计规范中只对站台内排烟量进行了规定，而对机械排烟口的高度并没有限制。地铁站内的机械排烟是通过在站台吊顶上方架设排烟管道来实现的，由于站台内挡烟垂壁的下沿高度通常与吊顶高度相同，这就造成了排烟口位于站台蓄烟空间的底部。当站台内发生火灾时，排烟口下方无法聚积较厚的烟气层。由 5.2 节的结果可知，在排烟口下方烟气层厚度较小的情况下，将有大量空气直接被吸入排烟口，产生吸穿（plug-holing）现象，降低了机械排烟的效率。同时机械排烟还会加剧烟气与空气界面处的扰动，使得更多的空气被卷吸进入烟气层内，增大了烟气量。因此对于地铁站这种地下建筑，机械排烟口的高度对排烟效果将产生明显的影响。本节采用 FDS5.0 对某地铁站含屏蔽门的侧式站台建模，研究不同排烟口高度对站台机械排烟效果的影响。

1. 模型设置

采用 FDS 对深圳地铁会展中心站地下三层侧式站台进行了建模，站台的长度为 140m，宽度为 9m，高度为 4.5m。根据《地铁设计规范》中的规定，一个防烟分区的面积不得超过 750m^2，因此在站台中部设有一个挡烟垂壁将站台分为两个防烟分区，分别记为防烟分区Ⅰ和防烟分区Ⅱ。挡烟垂壁高度与站台通透式吊顶的高度相等，在站台的顶部形成了两个蓄烟池，每个蓄烟池的深度均为1.5m。在站台中央位置设有一根排烟管道，在排烟管道的下方设有17个排烟口，每个排烟口的间距均为8m，每个排烟口的长度为0.8m，宽度为0.6m，如图6.33所示。站台内的机械排烟量按照《地铁设计规范》中的规定设置为$60m^3/h$，总排烟量为$84000m^3/h$。

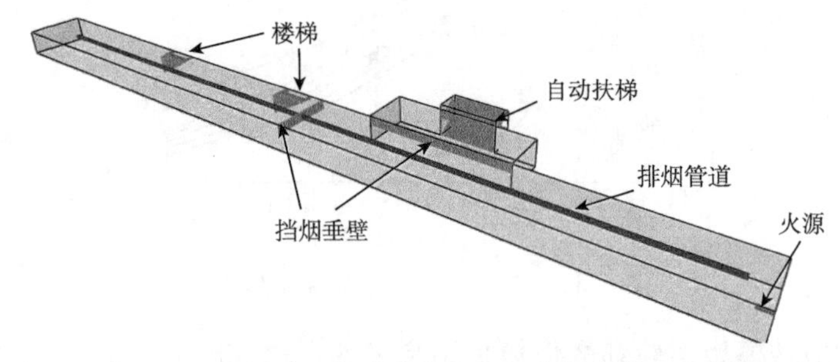

图6.33　FDS建立的会展中心站侧式站台模型示意图

在站台左侧有两部通向上层的楼梯，楼梯宽为1.2m，在站台中部有一块突出的区域与四部自动扶梯相连，自动扶梯分别通向地下二层站台和地下一层站厅，扶梯的总宽度为10m。在站台靠近隧道一侧装有一系列的屏蔽门，将站台与隧道分隔开来，这样整个站台对外界的开口只有两部楼梯和自动扶梯。火源假设为站台一侧的零售商店起火，火源功率设置为1.5MW。

2. 模拟结果与分析

(1) 排烟口高度为3m

当排烟口高度为3m时，所有的排烟口都位于蓄烟池的底面上。当站台内发生火灾以后，烟气首先在起火防烟分区的蓄烟池内蓄积，由于开始的时候排烟口高度是低于烟气层高度的。因此这时排烟风机不能排出的烟气。随着火灾的发展，烟气层的高度不断降低，当烟气层高度下降到排烟口高度以下时，站台内的机械排烟系统才开始有效的排烟。但由于此时排烟口下方的烟气层厚度较小，机械排烟风机的工作效率并不高，有大量空气被排烟风机直接排出，因此此时机械排烟的效果不理想。图6.34中显示了火灾发生后站台中部截面上CO浓度随时间的变化情况。在火灾发生100s后，烟气主要蓄积在起火防烟分区中，防烟分区Ⅰ内只有少量烟气进入，起火防烟分区的机械排烟口下方的烟气层厚度非常小。200s时，整个站台上部都被烟气充满，但机械排烟口下方的烟气层厚度仍然比较小。300s时，排烟口下方的烟气层已经比较厚，但在防烟分区Ⅰ靠近侧壁的位置烟气已经下降到了地面附近。400s时，整个站台基本都充满了烟气。

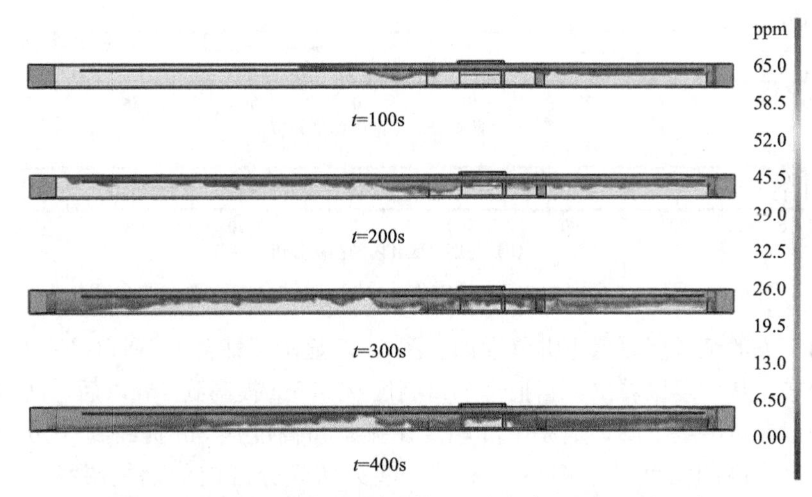

图 6.34　站台中截面不同时刻 CO 浓度高于 5ppm 的区域

由于当排烟口高度只有 3m 时，排烟风机的工作效率很低，有大量的烟气在蓄烟池内蓄积，因此站台上方的烟气温度也比较高。图 6.35 显示了站台中心平面上 400s 时的温度分布，从中可以看出站台内的大部分区域的温度都高于 25℃，站台内烟气层的高度低于 2m。

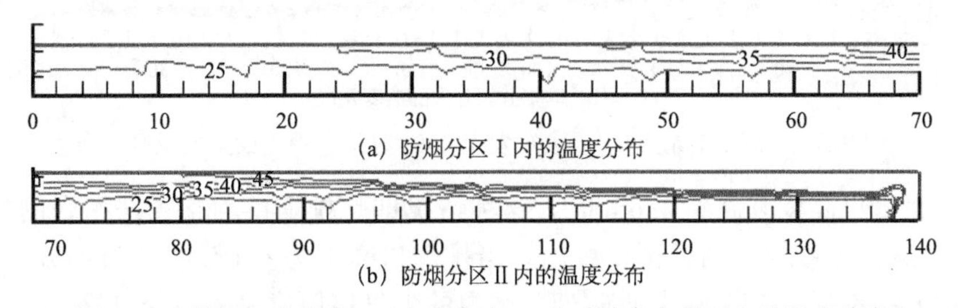

图 6.35　排烟口高度为 3m 火灾发生 400s 时站台中截面上的温度分布

(2) 增加排烟口的高度

由前文可知，增加排烟口高度能够有效提高机械排烟风机的工作效率。因此本节又模拟了排烟口高度为 3.5m，4m 和 4.5m 的三种情况，与前面的算例比较，除了排烟口高度以外，其他条件在模拟计算时均保持不变。模拟计算的结果如图 6.36～图 6.38 所示。

当排烟口的高度增加到 3.5m 时，机械排烟风机有效工作的时间提前了，因此烟气控制效果要比排烟口高度为 3m 时好。图 6.36 是站台中心平面在 400s 时的温度分布情况，从中可以看出，提高排烟口高度以后，防烟分区 I 内的温度有非常明显的下降。

当排烟口高度继续增加时，机械排烟有效运行的时间将进一步提前，同时

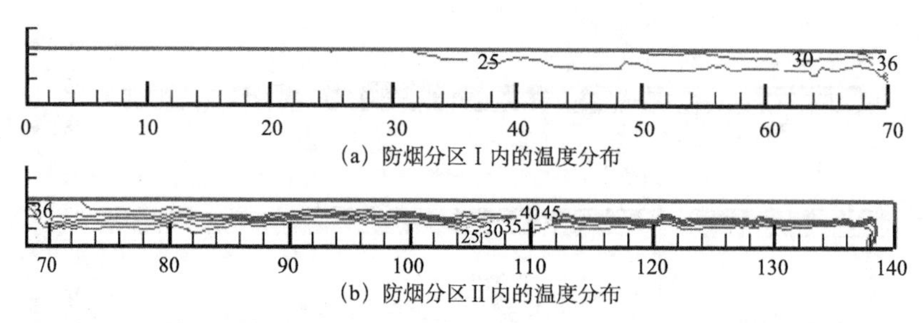

图 6.36　排烟口高度为 3.5m 火灾发生 400s 时站台中截面上的温度分布

排烟口下方的烟气层厚度也继续增加。图 6.37 显示了站台中心平面在 400s 时的温度分布。从中可以看出，当把排烟口高度从 3.5m 提高到 4m 以后，防烟分区Ⅰ内的温度也继续下降，但是下降幅度比排烟口高度从 3m 提高到 3.5m 要小，防烟分区Ⅰ内的温度基本都小于 30℃。起火防烟分区内的烟气层高度明显高于 2m。

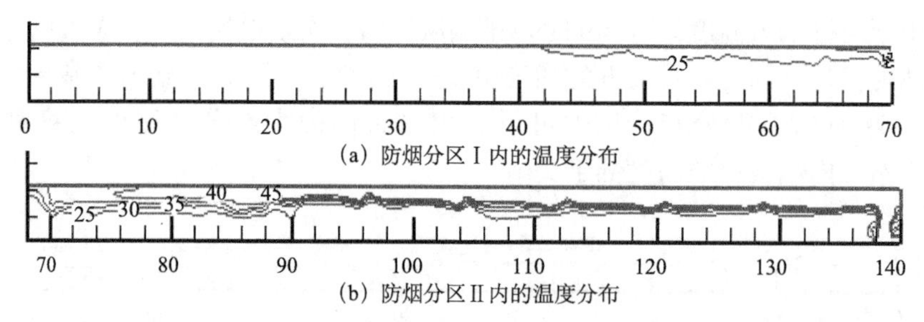

图 6.37　排烟口高度为 4m 火灾发生 400s 时站台中截面上的温度分布

当排烟口高度升高到 4.5m 时，这种情况即是排烟口均布置在站台的顶部。从图 6.38 的温度模拟结果可以看出，当排烟口高度为 4.5m 时，防烟分区Ⅰ内的温度几乎都低于 25℃，起火防烟分区内的烟气层厚度基本维持在 2.5m 左右。在这种情况下，机械排烟风机工作效果最好，站台内的烟气蔓延能够得到最好的控制。

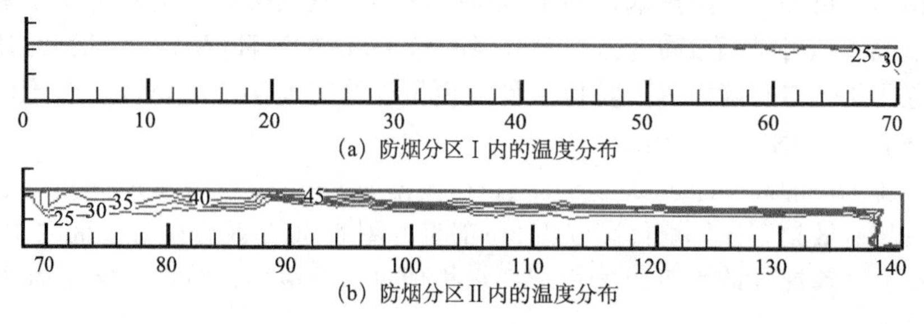

图 6.38　排烟口高度为 4.5m 火灾发生 400s 时站台中截面上的温度分布

从以上 4 个算例的计算结果可以明显看出，机械排烟口的高度越高，排烟风机有效工作的时间就越早，机械排烟系统的烟气控制效果也越好。站台内的温度分布有非常明显的下降，同时站台内烟气层高度也从低于 2m 上升到 2.5m 左右。同时也可以发现排烟口高度从 3m 升高到 3.5m 时，烟气控制效果有非常明显的改善，但从 3.5m 升高到 4.5m 时，烟气控制效果虽然也有改善，但改善的幅度并不明显。这与 5.2 节实验结果一致。

(3) 降低挡烟垂壁的高度

考虑到地铁站台的结构特点，要增加排烟口的高度是比较困难的，但是降低挡烟垂壁的高度却是比较方便的。《地铁设计规范》中规定，楼梯口的挡烟垂壁高度可以降低到 2.3m。因此本节对这种情况也进行了数值模拟。

当把挡烟垂壁高度降低到 2.3m 并保持排烟口高度为 3m 时，虽然机械排烟风机有效工作的时间并没有提前，但是由于蓄烟池的深度增加了，所以排烟口下方的烟气层厚度也随之增加，提高了机械排烟风机的工作效率。因此对站台内机械排烟效果也有一定的改善。图 6.39 显示了将挡烟垂壁高度降低到 2.3m 时，站台中心平面的温度分布。从中可以看出，站台内的温度也有一定的降低，但和排烟口高度为 3.5m 的情况相比，烟气温度降低的幅度并不明显。这说明了降低挡烟垂壁的高度虽然也能改善机械排烟的有效性，但其改善的幅度比不上增加排烟口的高度。同时图 6.39 也反映出当挡烟垂壁下降到 2.3m 后，起火防烟分区内的烟气层高度比挡烟垂壁高度未下降时更低了，因此降低挡烟垂壁高度虽然能对排烟效果有一定的改善，但这种方法会降低站台内的烟气层厚度，对人员安全疏散会产生不利的影响。

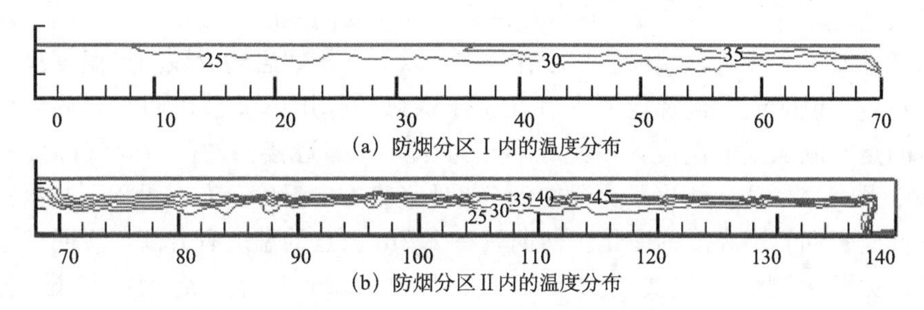

图 6.39　挡烟垂壁高度降至 2.3m 火灾发生 400s 时站台中截面上的温度分布

6.3.4　排烟盲区现象

理想的机械排烟应当是烟气与空气的置换过程，为了有效排出烟气，必须通过一定面积的补风口向建筑物内部补充空气。对于安装有屏蔽门系统的地铁站，其站台与隧道被屏蔽门分隔开来，这样站台与外界联系的通道就只剩下了向上的楼梯与自动扶梯。当启动机械排烟后，站台内形成一定的负压，新鲜空气就由这些楼梯流入站台内。地铁站台是一类狭长结构的建筑，根据《地铁设计规范》的规定，站台内任意一点距离楼梯或自动扶梯的距离不得大于50m。也就是说在机械排烟时，靠近站台端部的区域距离最近的补风口的距离可能达到50m，这样就导致靠近站台端部区域排烟口的效率降低。

另外，火灾烟气在地铁站台内的流动过程中会不断卷吸新鲜空气，其温度不断降低，烟气层高度也会不断下降。当烟气的流动受到端部壁面的阻挡后会形成反浮力壁面射流，烟气向火源反向流动，并在端部区域形成一定的烟气蓄积。由于端部区域排烟口的排烟效率较低，无法将此区域的烟气排出，这样就导致站台两侧被火灾烟气充满，形成了所谓的排烟死角现象。

在站台机械排烟时，通常通过连接上下层之间的楼梯进行补风，站台的不同区域其补风状况有较大差异，在站台两端远离楼梯，补风条件差；而在站台中部由于离楼梯近，补风条件较好，这就造成站台不同区域排烟效果的差别。我们在第6.1.3小节中表6.2的实验中，对这个问题进行了研究。

图6.40为实验1中火源两侧沿站台长度方向上的温度分布。在实验初期两侧对应点温度基本相同，而启动排烟后火源右侧各测点温度增长明显变缓，这是由于在排烟和正压送风作用下更多的烟气流向火源左侧，导致火源右侧各测点温度升高趋缓，而左侧各测点温升更快；对比最高温度也可发现左侧各点均比右侧高出5～10℃，这说明实验过程中有大量烟气在此区域蓄积。

图6.41给出了实验1中火源两侧竖直方向的温度分布，其中图6.41（a）是火源右侧11m挡烟垂壁处温度分布，从中可以看出排烟启动前，吊顶下方各测点温度均较低，只有2.7m测点在机械排烟启动前温度持续增加，表明有烟气从挡烟垂壁下方溢出，烟气层高度在2.2m以上；排烟启动后该测点温度稳定在30℃左右，说明流入楼梯内的烟气在正压送风的作用下又被送回站台内，该点测量的是回流烟气的温度，因此在启动排烟后，靠近楼梯的区域烟气高度高于2.7m。图6.41（b）给出了火源左侧7m处竖直方向温度分布，吊顶下方的6个测点反应了烟气层高度的变化。初期只有2.7m测点的温度有升高，说明启动排烟前，火源两侧烟气层高度基本一致，均在2.2m以上。启动机械排烟后，2.7m测点的温度持续增加。当实验进行到120s后，2.2m至0.2m的五个测点温度也开始升高，这说明该区域烟气层逐渐下降到了地面。到950s时2.7m和2.2m测点的温度仍维持在30℃左右，这说明即使在长时间的排烟后，该区域内的火灾烟气仍无法全部排出。

站台的不同区域在启动排烟后排烟效果有很大差异。靠近楼梯的部分站台排烟效果较好，实验过程中烟气层的高度较高；而远离楼梯口的站台排烟效果很差，烟气层很快沉降到了地面，火灾熄灭后烟气也难以有效排出。其流场示

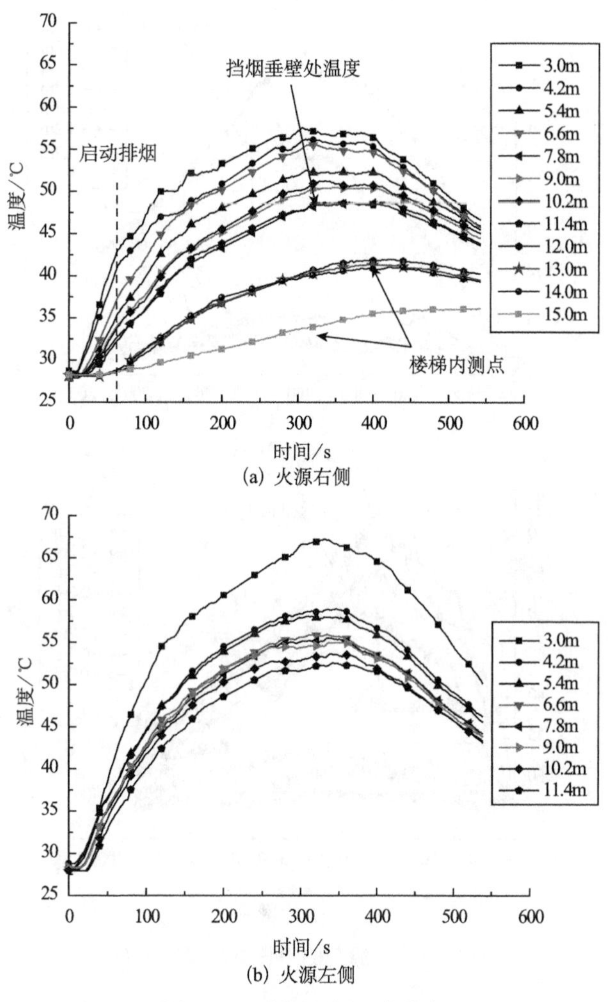

(a) 火源右侧

(b) 火源左侧

图 6.40　火源两侧温度分布

意图如图 6.42 所示。

图 6.43 为实验 3 中烟气在站台北侧的蔓延情况，可见 160s 的时候烟气已经降到人头顶的高度；200s 时烟气高度进一步下降，并且烟气浓度要比 160s 时大；400s 的时候烟气沉降到了站台地面位置，到 520s 的时候站台其余部分烟气都已排净，而站台北侧区域内仍然有大量烟气存在。

通过实验 1 和实验 3 可以发现，站台两侧区域的排烟效果较差，即使实验结束较长时间后仍不能将烟气排净，可以认为在站台两侧的区域存在着排烟死角。这主要是由两个原因引起的，首先站台两侧区域一般都离补风口（楼梯）较远，和站台中部相比其补风条件较差；其次在实验过程中火灾烟气会不断向站台两

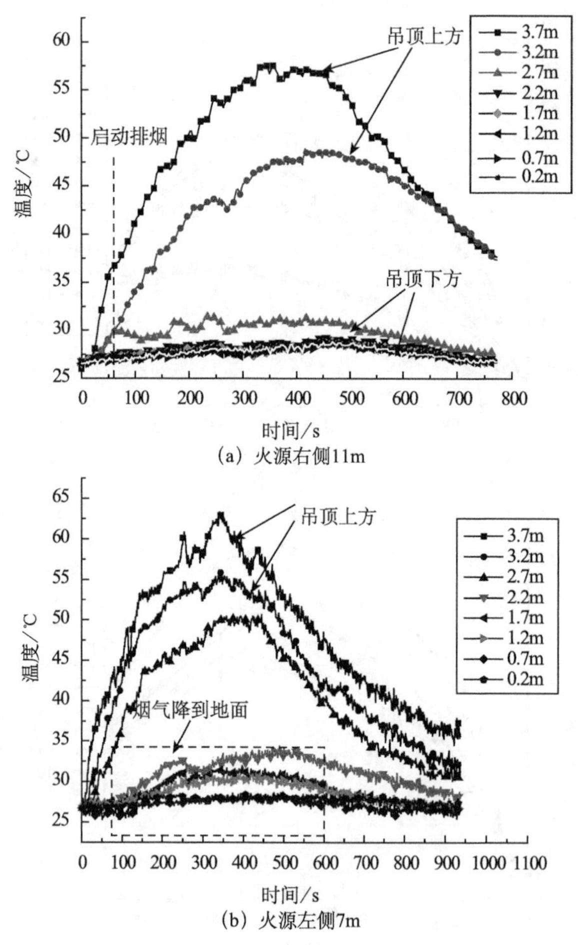

(a) 火源右侧11m

(b) 火源左侧7m

图 6.41　火源两侧竖直方向温度分布

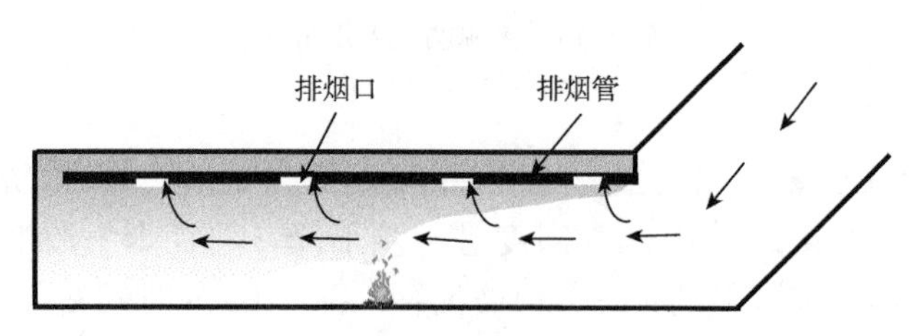

图 6.42　实验 1 站台流场示意图

侧流动并产生蓄积，这两种因素共同导致了站台两侧排烟死角的存在。排烟死角的存在实质上是由于站台两侧没有补风口，导致机械排烟时无法形成从站台两侧到排烟口的流动回路。因此在站台两侧增加补风口即可改善排烟死角现象，为此本节通过实验 4 进行验证。

(a) 160s　(b) 200s

(c) 400s　(d) 520s

图 6.43　火源北侧站台在不同时刻烟气沉降情况

实验 4 中当烟气充满火源北侧站台后，将站台通向隧道的门打开作为补风口，增加了补风口后，此区域内的烟气被迅速排出，此后烟气层高度均未降低到 2m 以下，排烟效果明显优于实验 3。图 6.44 表明了站台通向隧道的门开启后对站台流场的影响，开启前，站台内只存在由楼梯至排烟口的流动回路，烟气必然在站台两侧蓄积难以排出；而开启后出现了由隧道至排烟口的流动回路，能够将蓄积在站台两侧的烟气排出，改善排烟效果。

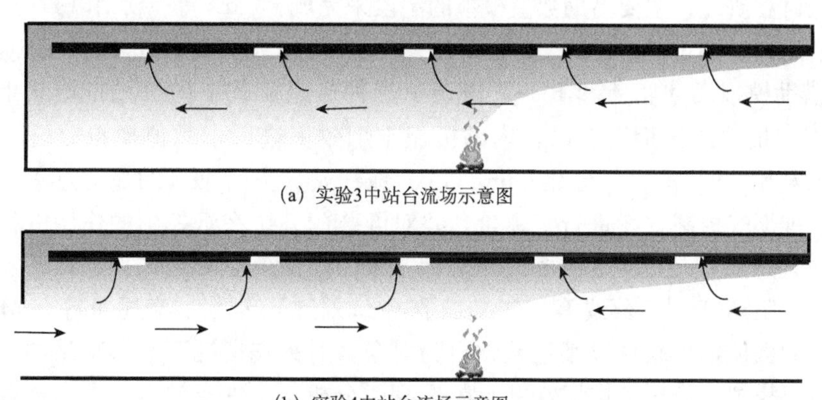

(a) 实验3中站台流场示意图

(b) 实验4中站台流场示意图

图 6.44　增加补风口对站台流场的影响

6.4 地铁站通风排烟模式

6.4.1 地铁站通风排烟模式简介

地铁站通风控制模式是指地铁站内发生火灾时，车站公共区空调通风兼排烟系统的运行方案。不同的通风控制模式所规定的送风机组和回/排机组的运行状况不同，会导致站台公共区内火灾烟气和新鲜空气的流动组织方式、站厅及各站台层的压力等会存在一定的差异。所以，在相同的火灾场景下，采用不同的通风控制模式，其烟气控制效果也会大不相同。根据国家规范，站厅和站台公共区一般划分了一定数量的防烟分区，站厅层和站台层公共区的回风管兼作火灾时的排烟风管；设置专用的排烟风机，通过控制相应的风阀实现公共区正常运行工况和排烟工况的转换。

目前，多层地铁车站通常的控制模式为站台层发生火灾时，站台层送风系统和站厅层回/排风系统关闭，站厅送风系统开启，由站台层回/排风系统将烟气经由风井排至地面；必要时可打开屏蔽门。在站厅层形成正压，站台层形成负压，楼梯及扶梯口形成向下的气流，便于人员安全疏散至站厅层。但对三层以上地铁车站内的中层站台起火时，起火层下层站台的送风系统的运行模式尚未有明确的规定。

如果将各层站厅/站台认为是一个单元，将管道通风、与上/下层空间连通口通风连接归结为上、下和侧面通风，可将典型的站台/站厅的排烟补风组合模式归纳如图 6.45 所示。

由于地铁站内通风控制模式的重要性，目前，国内外的研究人员进行了较多的探讨和研究，主要借助数值模拟的手段来完成。Park 等[18]采用 FDS 对站台火灾下两种不同的机械排烟工况下的烟气运动和火灾特性进行了模拟。Rie 等[19]借助模拟尺寸实验和 FDS，研究了三种通风模式下的机械排烟效果。钟委[20]对“推拉式排烟”在站台内的机械排烟效果进行了数值模拟分析。Chen 等[21,22]利用 CFX 模拟了台北 Gung-Guan 地铁站火灾时烟气的蔓延过程，对火灾时各种烟气控制方案进行了评价，并对屏蔽门系统在烟控中的作用进行了模拟，同时研究了火灾发生在楼梯口附近导致的烟囱效应对地铁火灾烟气控制的影响。欧阳沁等[23]、蔡波等[24]、刘彦君[25]、刘红元等[26]、袁凤东等[27]分别采用不同的数值模拟软件以某地铁站台为对象，对火灾情况下地铁车站的通风模式进行了模拟，对比了排烟效果。常磊等[28]分析了地铁车站内的乘客疏散特点和烟气蔓延规律，提出了一种地铁站台火灾烟气控制的模式。

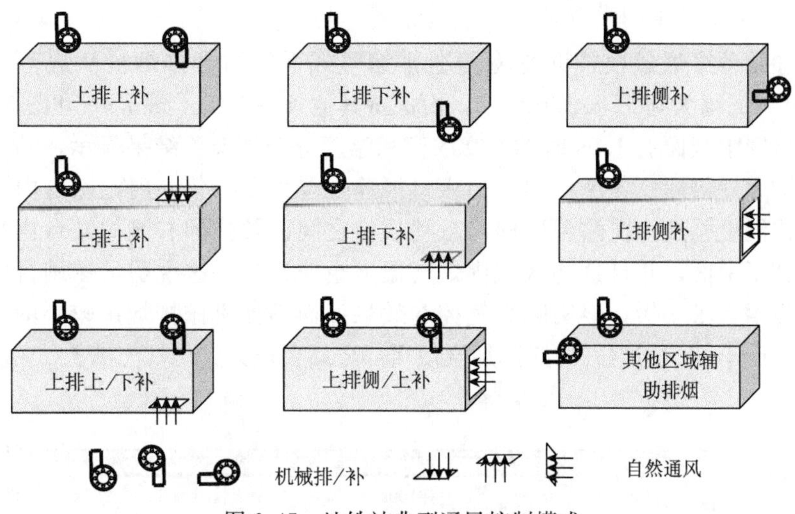

图 6.45　地铁站典型通风控制模式

6.4.2　起火站台层通风排烟模式

站台排烟模式主要有普通排烟模式、增大机械排烟量模式、推拉排烟模式、起火防烟分区排烟模式等。普通排烟模式就是火灾时起火站台层内所有排烟口都开启排烟，同时站厅对站台进行正压送风。增大机械排烟量模式是对普通排烟模式的一种改进，这种排烟模式下所有排烟口均开启排烟，同时加大机械排烟量。推拉排烟模式是指在火灾时只开启起火防烟分区内的机械排烟，同时两侧相邻的防烟分区内机械排烟口改为向下送风，在起火防烟分区两侧形成正压，阻止火灾烟气的蔓延。起火防烟分区排烟模式是指只启动起火防烟分区内的排烟口，并且将相邻防烟分区的排烟量加到起火防烟分区，以加强排烟效果。

国内外学者都非常重视地铁站内的机械排烟模式的研究工作，由于实验条件限制，目前对于地铁站机械排烟模式的研究工作多是通过数值模拟来完成的。本节采用 FDS 作为工具，针对本章第 1 节中的侧式站台采用上述 4 种排烟模式的排烟效果进行了数值模拟分析。

1. 普通模式

在普通排烟模式下，站台机械排烟量根据《地铁设计规范》中的要求设置为 $60m^3/m^2 \cdot h$。图 6.34 和图 6.35 分别为站台内中截面上 400s 时的 CO 浓度和温度分布情况。从中可以看出对于设定的火灾场景，采用普通排烟模式时烟气控制效果较差，不仅大部分区域都有烟气存在，同时站台内大部分区域均有明显的温升。

2. 增加站台排烟量模式

增加站台排烟量模式即是将普通排烟模式下的站台排烟量从规范规定的 $60m^3/m^2 \cdot h$ 增大到 $120m^3/m^2 \cdot h$，而保持其他条件不变。图 6.46 和图 6.47 分别为站台内中截面上 400s 时的 CO 浓度和温度分布情况。结果显示，站台内的排烟量增大一倍后，各个楼梯口的入口风速也增大了一倍，因此站台内烟气和空气的掺混更剧烈。在站台楼梯与自动扶梯之间以及扶梯右侧的站台内烟气层均下降到了地面，并且这些区域内烟气温度也非常高。这说明虽然站台内的机械排烟量增大了一倍，但实际烟气控制效果反而不如机械排烟量较小的普通排烟模式，由于烟气与空气的掺混加剧使得部分站台被火灾烟气充满。

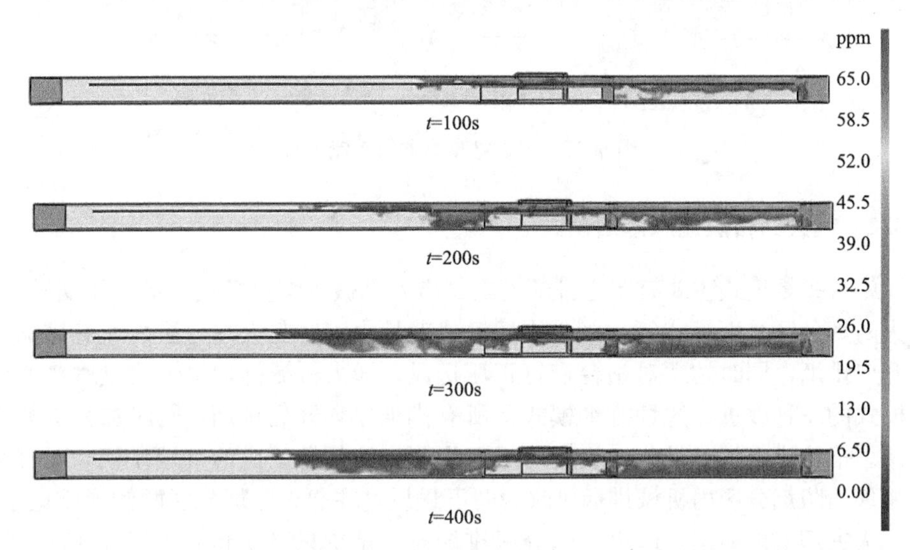

图 6.46　采用增大排烟量模式时站台中心截面 CO 浓度高于 5ppm 的区域

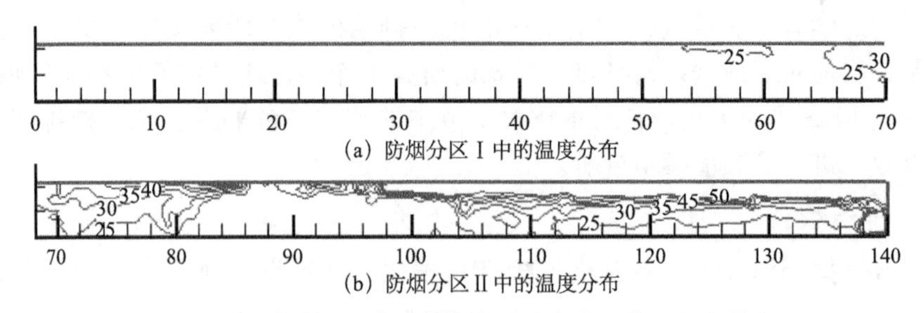

图 6.47　采用增大排烟量模式时站台中心截面温度分布

3. 推拉排烟模式

推拉排烟模式下，起火防烟分区的排烟口启动排烟，而相邻防烟分区则对站台内送风，在站台内形成定向的气体流动，如图 6.48 所示：

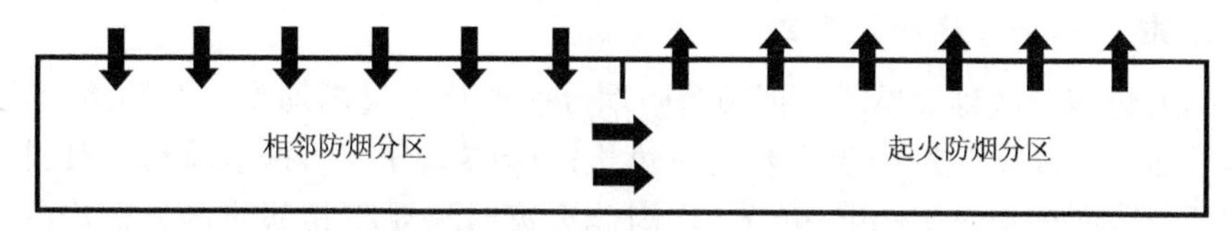

图 6.48　推拉排烟模式下站台内的气体流动状况

Rie 等[19]模拟计算了地铁隧道内发生火灾时采用推拉排烟模式的烟气控制效果，在模拟计算中火源一侧的风机向隧道内送风，另一侧的风机则向外排烟，得到了比较好的排烟效果。但由于站台内的机械排烟量比隧道内要小很多，因此由站台排烟和送风所产生的压差不足以阻止火灾烟气向相邻防烟分区内蔓延。当火灾烟气进入到相邻防烟分区后，在站台送风的作用下烟气将被吹到地面。

图 6.49 和图 6.50 分别为站台内中截面上 400s 时的 CO 浓度和温度分布情况，从 CO 的分布情况可以看出当火灾发生 200s 后，已经有部分烟气被吹向了地面，400s 时地铁站台大部分的区域都被烟气充满了。但由于烟气在被吹向地面的过程中和空气发生了掺混，因此地面附近烟气温度并不高。

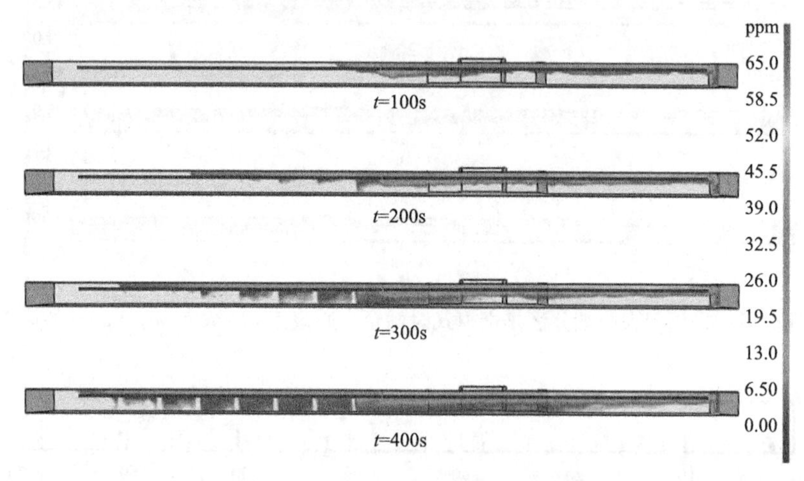

图 6.49　采用推拉排烟模式时站台中心截面 CO 浓度高于 5ppm 的区域

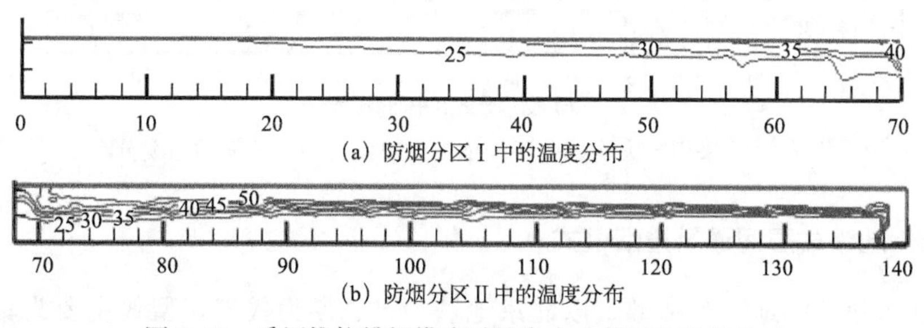

图 6.50　采用推拉排烟模式时站台中心截面的温度分布

4. 起火防烟分区排烟模式

起火防烟分区排烟模式是把两个防烟分区的排烟量都加到一个防烟分区内。根据《地铁设计规范》中规定，同时负担两个防烟分区的排烟风机，其排烟量为防烟分区面积乘以 $120m^3/m^2 \cdot h$。因此火灾时只要将相邻防烟分区内的排烟口关闭，就能将两个防烟分区的排烟量加到起火防烟分区内。

图 6.51 和图 6.52 分别为站台内中截面上 400s 时的 CO 浓度和温度分布情况，从中可以看出在采用起火防烟分区排烟模式后，站台内的火灾烟气得到了比较好的控制，400s 时站台内烟气分层情况良好，烟气层高度均保持在 2m 以上，并且相邻防烟分区内仅有少部分烟气温度超过了 25℃。模拟结果表明起火防烟分区排烟模式能够较好地控制站台内的烟气蔓延，其效果要优于前面三种排烟模式。

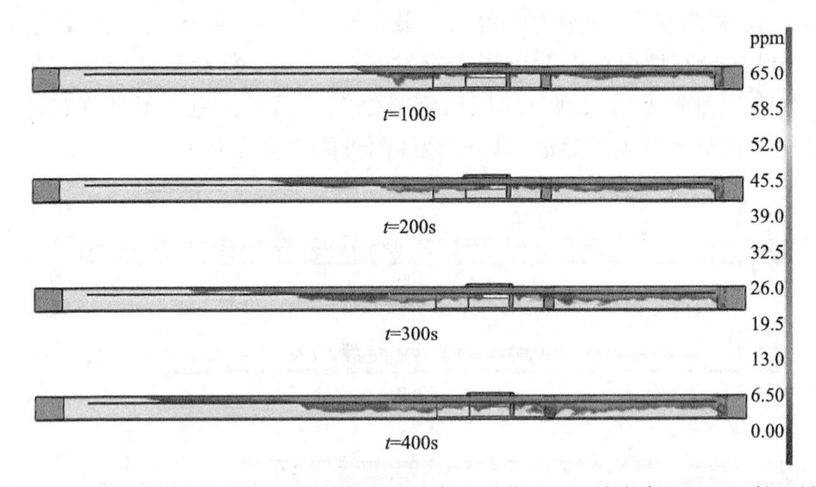

图 6.51　采用起火防烟分区排烟模式时站台中心截面 CO 浓度高于 5ppm 的区域

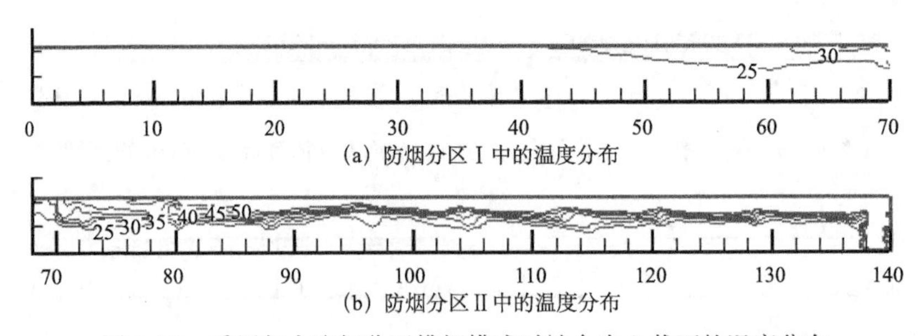

图 6.52　采用起火防烟分区排烟模式时站台中心截面的温度分布

6.4.3　地铁站层间通风排烟模式

我国早期的地铁车站型式以北京地铁一、二期为代表，型式主要为单层三跨岛式车站，局部为两层，上层为站厅，下层为站台。随着地铁交通的飞速发展，车站型式也呈多元化趋势，多层车站型式越来越多。有些为满足多条地铁线路相互交叉时换乘的需要，如深圳地铁会展中心站为三层十字交叉站。在有些地段，不允许中断交通，尤其是某些旧城区商业繁华地带，周围建筑物林立，施工区域相对狭窄，此时就需要车站埋深加大，层数加多，例如深圳地铁老街站为四层侧式站台。

目前国内外学者对地铁车站公共区的通风控制模式进行了较多的分析和研究，可用于地铁火灾模拟的工具也非常多，但研究多是模拟特定的两层地铁车站的站台层在某种排烟模式下的烟气控制效果，较少涉及目前新建地铁中出现较多的多层地铁站的中间层起火时的通风控制模式进行研究。本节以某三层地铁站为例，采用场模拟软件 FDS5.0，研究中层站台端部起火时，地下三层的送风系统运行状况对起火层机械排烟效果的影响。

本节选取了结构较为复杂的某典型三层十字交叉换乘站作为研究对象，图 6.53 为该车站模型图，该车站是两条地铁线路（A、B 号线）上规模最大的交叉换乘站，成短十字形。该地铁车站 A 号线为地下二层双柱三跨框架结构，A 号线与 B 号线十字交叉区为地下三层双柱三跨框架，B 号线为地下三层单柱双跨框架结构。车站总面积 27158m^2，车站地下一层为站厅层，地下商业街和设备、管理用房，车站地下二层为 A 号线站台层、A 号线与 B 号线换乘层和设备管理用房，站台采用岛式站台，地下三层为 B 号线站台层，A 号线、B 号线换乘层，站台采用侧式站台。地下二层和三层站台层均安装全封闭式屏蔽门，车站东西向总长（A 号线）203.8m，屏蔽门全长 136.5m；车站南北向总长（B 号线）164.76m，屏蔽门全长 136.5m。

图 6.53　某三层地铁站示意图

在地下一层公共区的顶部，沿长度方向布置了两根空调送风管和两根回/排风管，如图 6.54 所示，在紧急通风（火灾）时，回/排风机可实现的排风量为 422029m³/h，空调机组可实现的送风量为 240000m³/h。当需要该层送风时，则该层空调送风机组启动，新风由通往下层的楼梯口送入下层。在地下二层公共区的顶部，沿长度方向布置了两根空调送风管和两根回/排风管，如图 6.55 所示，在紧急通风（火灾）时，可实现的排风量为 338688m³/h，送风量为 160000m³/h。地下三层为双侧式站台，在公共区的顶部分别布置了一根空调送风管和一根回/排风管，如图 6.56 所示，在紧急通风（火灾）时可实现的排风量为 180720m³/h，送风量 160000m³/h。当需要该层送风时，则该层空调送风机组启动，新风将沿向二层和三层间的楼梯向上送入地下二层。

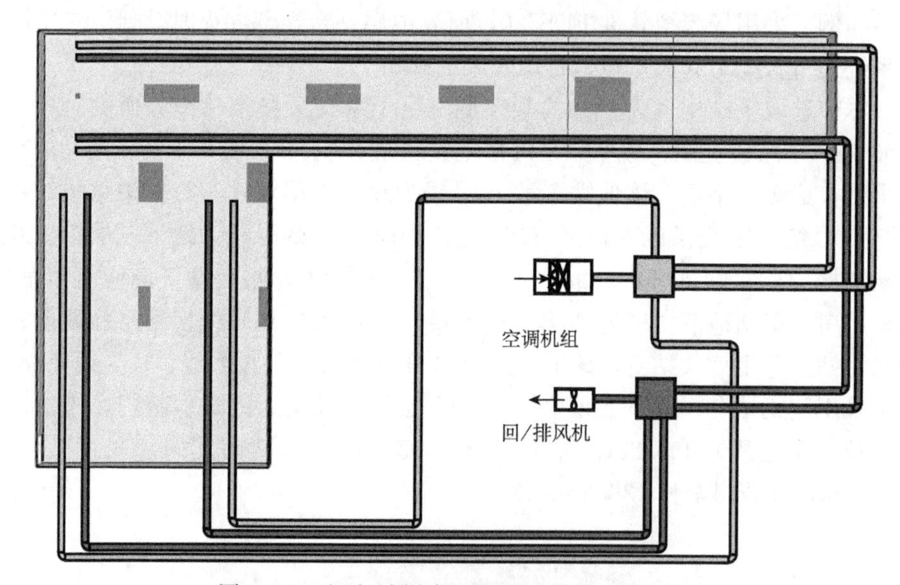

图 6.54　地下一层空调送风机组和回/排风机

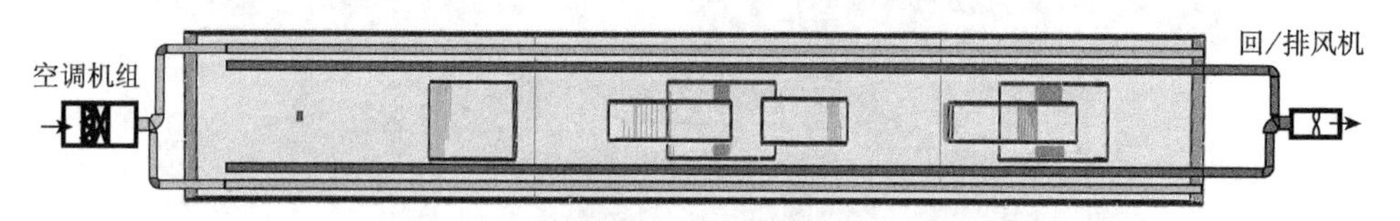

图 6.55　地下二层空调送风机组和回/排风机

1. 火灾场景设计

选取地铁车站的公共区进行建模，模型如图 6.57 所示。由于 FDS 中只能设定矩形的计算区域，采用结构化网格，故该模型中将楼梯作为单独的 MESH（子计算区域）来创建。地下一层的站厅层分为 x 方向和 y 方向两个 MESH，尺

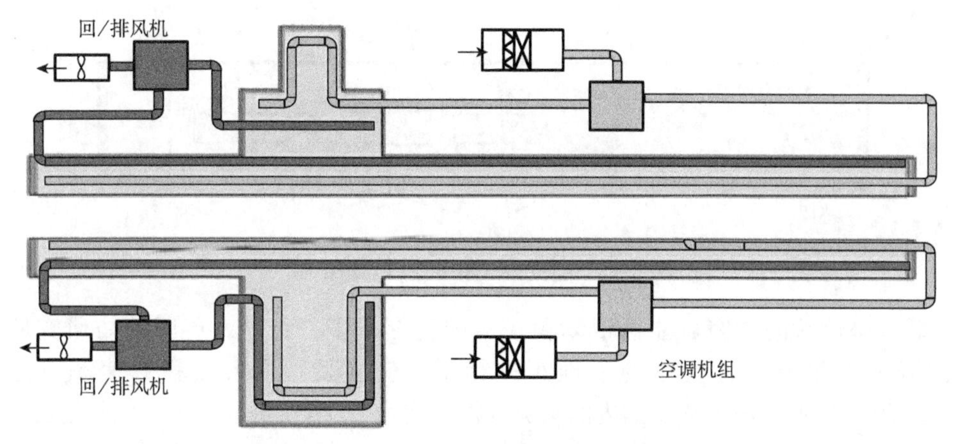

图 6.56　地下三层空调送风机组和回/排风机

寸分别为 86m（x）×38m（y）×3m（z）和 24m（x）×92m（y）×3m（z）。地下二层为起火层，该层为岛式站台划分为一个 y 方向的 MESH，尺寸为 15.4m（x）×125m（y）×3m（z），图 6.58 为该层俯视图。该层按照规范要求划分了三个防烟分区，发生火灾的防烟分区为防烟分区 1。地下三层的侧式站台层为两个 x 方向的 MESH，对称分布在隧道两侧，尺寸均为 75m（x）×7m（y）×3m（z）。

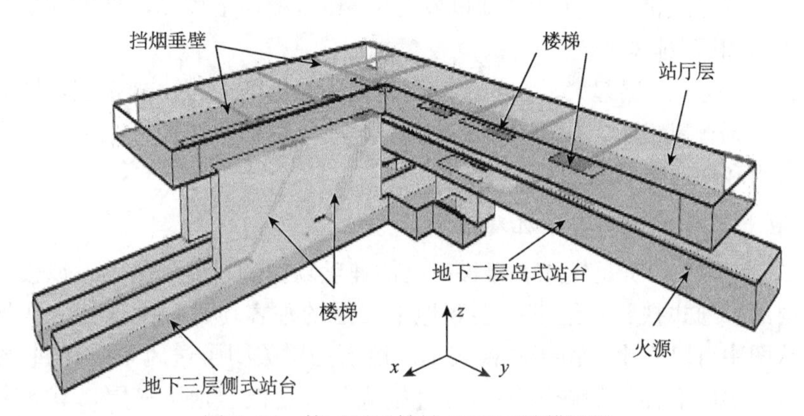

图 6.57　某三层地铁站 FDS 三维模型图

在新建的地铁车站内，内部装修根据国家相关规范进行了严格的限制和管理，地面、墙面和吊顶等基本采用不燃材料，所以站台内的燃烧物主要有垃圾桶和旅客随身携带的物品和行李。其中，垃圾桶内的可燃物主要为废纸、包装纸、塑料袋、果皮等物，其中纸制品占了主要的部分。香港机场曾经针对旅客可随身携带的单件小型手提箱进行了燃烧实验，10kg 的手提箱内装有衣物、纸张和化妆品等，实验时首先点燃箱子的一个角，最大的热释放速率可达 0.3MW。

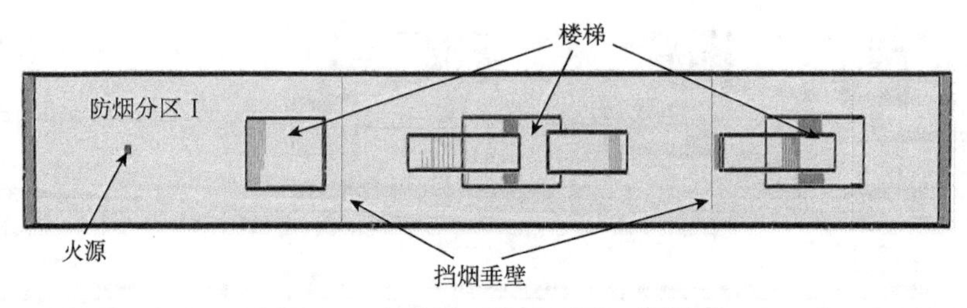

图 6.58 起火层（地下二层）俯视图

有时乘坐地铁的乘客可能携带体积较大的行李或多件行李。英国消防研究所（FRS）对堆有多件行李的手推车进行了火灾实验，最大热释放速率可达 1.2MW。因此，将地铁车站内的火灾规模设定为 2MW，可以代表一般的情况。

计算区域内的所有网格均统一划分为 0.28m（x）×0.25m（y）×0.12m（z）。火源面积为 1m（x）×1m（y），单位面积的热释放速率为 2MW，为 t^2 -增长稳定火，由于火羽流及其附近区域存在较为强烈的流动，故以火源为中心取 4m（x）×4m（y）的区域进行了局部加密，网格尺寸为正常网格尺寸的 1/2。

本节模拟了以下两种紧急通风工况，分别为：

模式 1：地下二层起火，在 60s 时启动地下二层的机械排烟系统，同时开启地下一层空调送风机组，保证楼梯口处有 1.5m/s 的向下风速，地下三层关闭空调送风机组和回/排风系统。

模式 2：地下二层起火，在 60s 时启动地下二层的机械排烟系统，同时开启地下一层空调送风机组，保证楼梯口处有 1.5m/s 的向下风速，地下三层开启空调送风机组和回/排风系统。

2. 地下三层风机运转状况对流场的影响

图 6.59、图 6.61 是模式 1 楼梯口处的速度场图和速度矢量图，该楼梯口为贯穿三层的直通式扶梯，地下一层和地下二层的乘客均可乘坐该处的扶梯抵达三层。从图中可以看出，由于在模式 1 中地下三层关闭了送风系统和回/排风系统，地下一层向下补入的新风一部分直接或间接地流至地下三层，其效果相当于地下一层同时向其下部的两层站台送风，这将导致补向地下二层的风量和地下二层的压力明显低于无地下三层的地铁车站的情况，从理论上来说对机械排烟产生不利。

图 6.60、图 6.62 是模式 2 楼梯口处的流场图和速度矢量图。由于模式 2 中地下三层开启了送风系统并关闭了回/排风系统，地下三层向地下二层送风，与地下一层层向下的送风汇合后，流向地下二层，这将使补向地下二层的风量和地下二层的压力明显高于无地下三层的地铁站的情况，从理论上说对机械排烟有利。

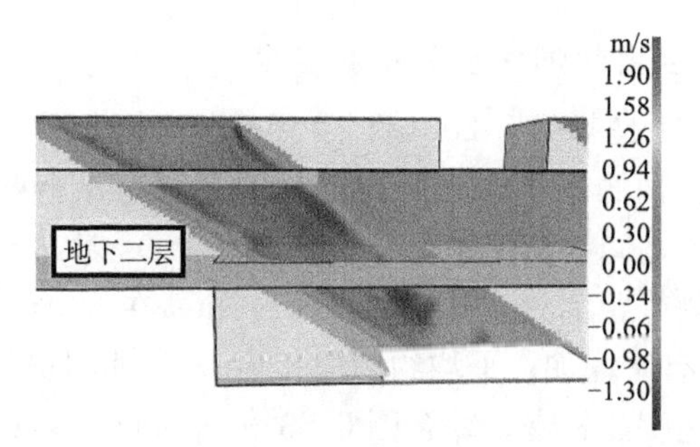

图 6.59　模式 1 起火后 500s 时的楼梯口速度场图

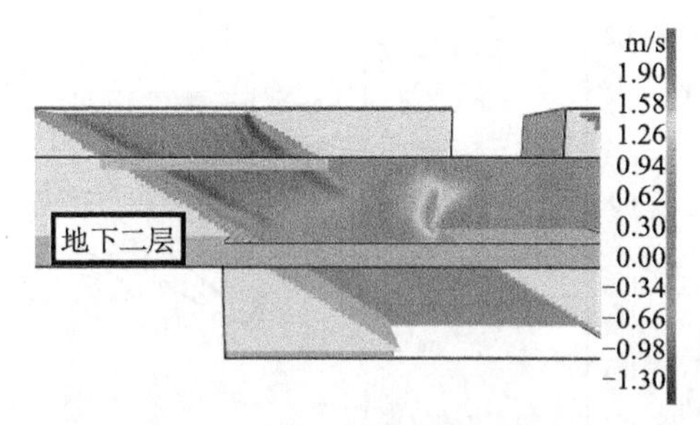

图 6.60　模式 2 起火后 500s 时的楼梯口速度场图

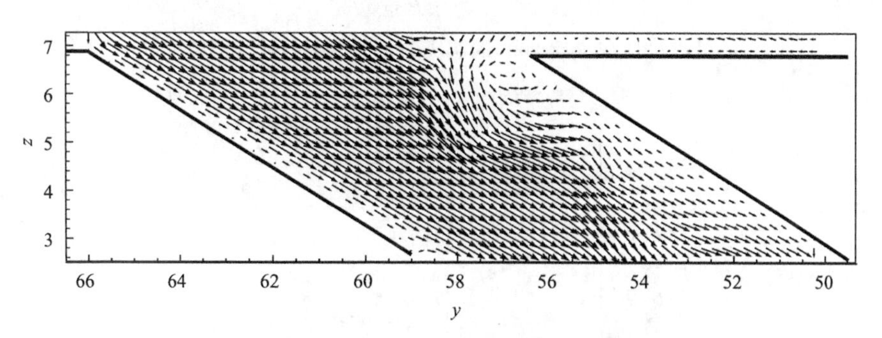

图 6.61　模式 1 起火后 500s 时的楼梯口速度矢量图

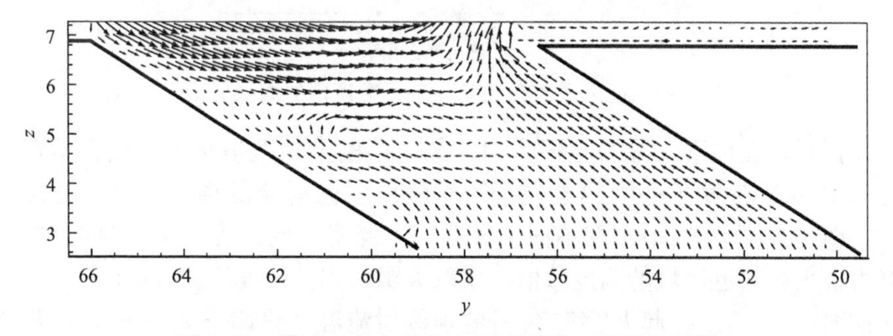

图 6.62　模式 2 起火后 500s 时的楼梯口速度矢量图

3. 起火防烟分区内的烟气层厚度和温度

图 6.63、图 6.64 是起火后 200s 和 500s 时起火防烟分区内火源两侧的烟气层厚度，其中横坐标轴的负半轴表示位置位于火源与站台端部之间，正半轴表示位于火源与楼梯口之间。从图中可以看出，在 200s 时站台端部的烟气层厚度明显大于火源另一侧等距离处，达到 0.9～1.0m。在 500s，两种工况下的烟气层厚度均比 200s 时有所增加，平均约增加 0.1m，说明机械排烟系统有效排除了烟气，烟气沉降的速度比较慢。综合图 6.63 和图 6.64，可以看出地下三层开启送风系统时，起火防烟分区内的烟气层厚度低于关闭时。

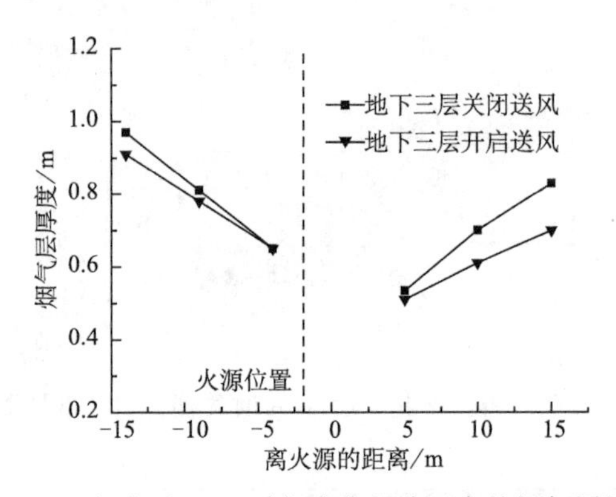

图 6.63　起火后 200s 时起火防烟分区内的烟气层厚度

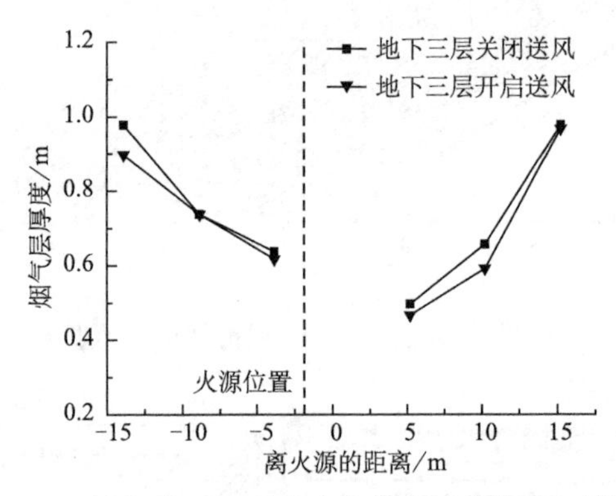

图 6.64　起火后 500s 时起火防烟分区内的烟气层厚度

模拟时，在地下二层的起火防烟分区的顶棚上，沿站台中心线在站台顶棚下方 0.12m 处布置了一串热电偶，用于测量顶棚射流的温度，模拟结果如图 6.65、图 6.66 所示。由于在不同工况下，火源附近的顶棚射流温度差别不大，故略去了火源附近区域的温度数值，仅取火源两侧的温度值进行对比。

如图 6.65 所示，起火后 500s 时的顶棚射流温度略高于 200s 时，但相差不

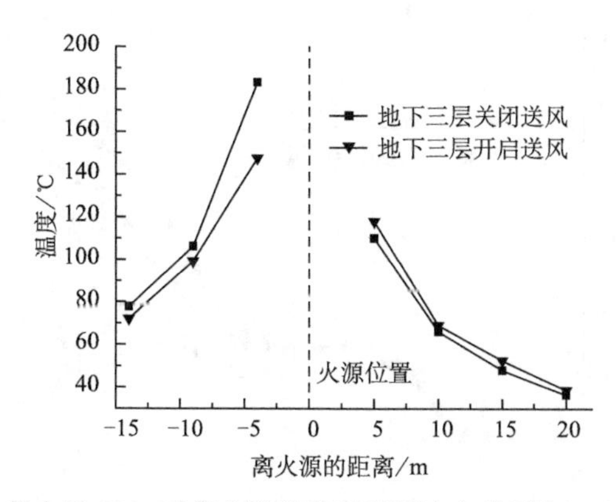

图 6.65 起火后 200s 时起火防烟分区顶棚中心线下方 0.12m 处温度

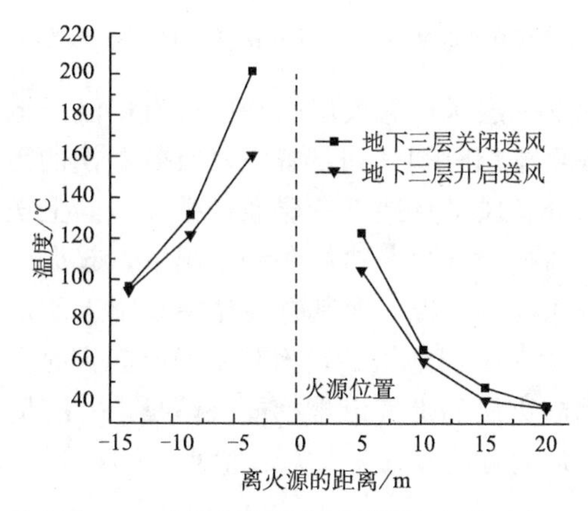

图 6.66 起火后 500s 时起火防烟分区顶棚中心线下方 0.12m 处温度

大，最大不超过 20℃，这表明地下二层的机械排烟系统的烟气控制效果比较理想，300s 内顶棚的温度并没有明显的升高。对比模式 1 和模式 2，可见在模式 2 中地下三层的送风系统开启时，站台顶棚的温度低于模式 1 关闭送风系统时，这是由于地下三层的送风使地下二层内的压力升高，在相同的排烟量下，排出了更多的热量。

该地铁车站在楼梯口下沿四周均装有高度为 0.5m 挡烟垂壁，模拟中，在距火源最近的楼梯口边缘的挡烟垂壁外侧布置了一串竖向热电偶串。图 6.67 为模拟得到的测点温度值。可见，地下三层关闭送风机组时，楼梯口处 1.5m 的高度以上热点偶侧得的温度平均比开启送风机组时高 4～5℃。在 1.5m 高度以下，由于楼梯口送风挡烟导致从挡烟垂壁下方溢出的烟气被吹回起火区域，温度也有所升高，但两种工况差别不大。

通过分析连接地下二层与三层的楼梯口附近的流场，发现当地下三层的送

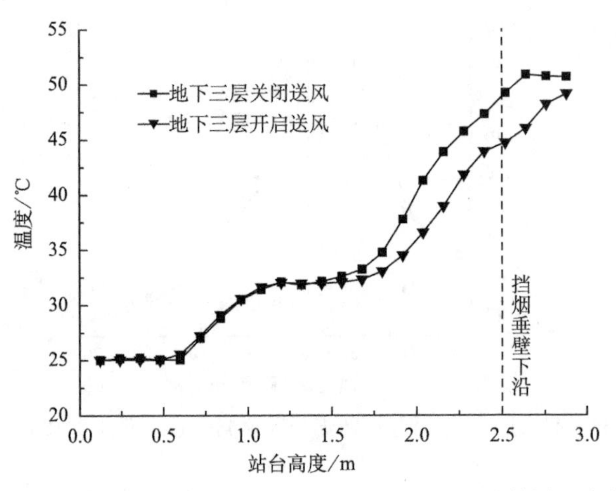

图 6.67　起火后 500s 时距火源最近的楼梯口挡烟垂壁外沿下方的温度

风机组关闭时，由地下一层送往起火层的新风可直接流至地下三层，从而导致补入的新风量无法满足排烟时烟气和新鲜空气有效置换的需要。当地下三层的送风机组开启时，部分新风又从地下三层通过楼梯口向上送入起火层，这有助于阻挡起火层的烟气流向楼梯口。在后一种工况下，起火层内烟气层的厚度与顶棚射流的温度均低于前一工况，尤其是在楼梯口附近的烟气温度比前一工况低 4～5℃。这表明，对于多层地铁站，当其中间层起火时，开启起火层下层的送风机组有助于阻挡起火层的烟气沿楼梯向外蔓延，并有助于排烟时烟气和新鲜空气的有效置换，从而有效地减少火灾烟气对起火层以外区域的危害。

6.5　列车活塞风对防排烟系统的影响

根据站台是否与区间隧道相通可以将地铁站分为封闭式、半封闭式和开敞式三类。早期修建的地铁站多为开敞式，目前在一些高纬度地区国家仍较多采用开敞式站台结构。当列车在区间隧道中运行时，由于隧道壁的限制，列车所排开的空气不能全部绕流到列车后方，有部分空气被列车推动而向前流动，这一现象称为活塞效应，所形成的气流被称为活塞风[29]。当站台发生火灾时，隧道内列车的处置方案通常有两种，一种是停在隧道内并疏散乘客；另一种是列车驶过起火站台停靠在下一个站台；然而在操作失误的情况下列车仍可能停靠在起火站台，如 2003 年大邱地铁火灾。对于开敞式和半封闭式站台火灾，列车停靠站台或者驶过站台所产生的活塞风必然会极大影响烟气在站台内的流动情况。因此研究隧道活塞风作用下站台火灾烟气流动规律具有重要的意义。

近年来，国内外学者通过现场实测或者软件模拟对活塞风进行大量的研究。李涛[30]以北京地铁 1 号线东单地铁站为研究对象，通过对列车从起动、加速、匀速、减速到停止的各种运行工况的实测，总结出地铁活塞风的特性和变化规律，为研究活塞风对地铁站台内环境的影响提供了措施和途径。张璐璐[31]以天津地铁 1 号线瓦房地铁站为研究对象，对有无迂回风道、列车进出站等不同情况下活塞风风速、风温进行了测试分析。结果表明，增加迂回风道的数量或者增大风道截面面积均有利于分流活塞风量，可以有效减少活塞效应对车站环境的影响。同时根据实际尺寸建立三维几何模型，利用 Airpak 模拟软件模拟站台的温度、速度场与测试结果对比分析，验证模型的正确性。包海涛[32]在理论分析活塞风的基础上，分别建立二维、三维活塞风流动的物理数学模型，得出了活塞风的产生和发展规律。Kim 等[33]利用软件 CFX4 模拟分析了列车在隧道内运动时，隧道顶部压力以及出入口处速度随时间的变化规律，并借助 1/20 的小尺寸实验进行印证。Yuan 等[27]以天津某一地铁车站为原型，利用流体动力学软件 Airpak 采用双方程湍流模型对站台内的速度场、温度场进行模拟分析，为侧式站台通风系统的优化提供理论支撑。

上述学者对站台或者站厅火灾进行了较为详细的研究，主要侧重于烟气流动规律、人员疏散、机械通风以及优化排烟方面，较少考虑外界因素，如列车运动产生的活塞风对站台流场结构的干扰作用。另外，有关对活塞风的研究，学者们大都侧重于它的产生机理和控制方法，也得出了一些结论，如活塞风的大小与列车行驶速度、阻塞比、列车行驶的空气阻力系数、地铁系统运行方式以及是否有通风竖井等因素相关。当然，曾经有少量学者关注过活塞风对站台的影响，但也仅限于活塞风对站台环境、温度、湿度以及人员舒适度的影响，却少有学者关注对站台火灾气流组织结构的影响。本节将依据某地铁站台实际结构建模并利用 FDS 进行数值模拟，分析活塞风对站台火灾流场结构的作用机理。

6.5.1　场景设置

本节研究的地铁站为双层岛式站台，车站上层为站厅层，长、宽、高分别为 130m，16m，4m，站厅层通过 4 个出入口与外界相连，尺寸均为 3m×4m×2m。车站下层为站台层，其尺寸与站厅层相同，站台层通过在吊顶上方设置挡烟垂壁划分成 4 个防烟分区。站台层与站厅层由 4 个楼梯相连，楼梯截面面积为 $15m^2$，由左至右编号分别为 1，2，3，4，其中 4 号楼梯处朝向与其他楼梯相反。站台层在吊顶下方设置有机械排烟口，单个排烟口的尺寸为 1m×0.5m，排烟口距地面的高度为 3m。站厅层设置有若干机械送风口，在火灾时对站台层送风，在站台与站厅层相连的楼梯周围设有一定高度的挡烟垂壁。

站台隧道为单洞、单线盾构隧道，隧道断面设置为矩形，尺寸为 4m×5m。如图 6.68 所示，模型中将无列车运动的隧道设置较短，长度为 230m，有列车运动的隧道长度设置为 2120m。本节将列车简化为六面体，其长、宽、高分别为 114m×3m×4m，初始位置位于长隧道的左端。当考虑迂回风道和竖井对活塞风的影响作用时，本节分别在距站台两侧隧道各添加一个迂回风道，其截面尺寸为 3.5m×3m，一个竖井，其截面尺寸为 4m×6m。

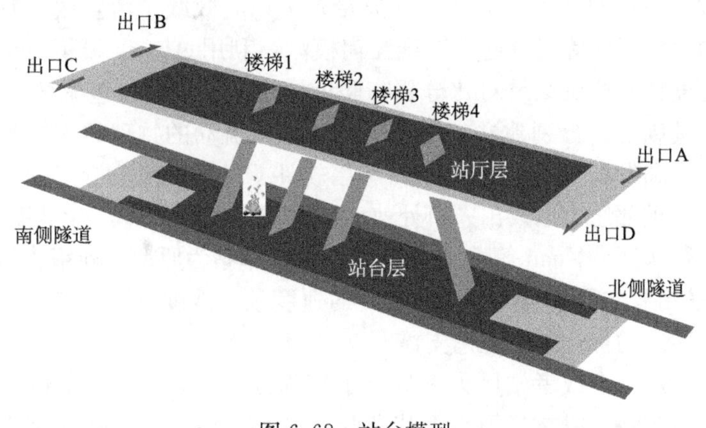

图 6.68　站台模型

火源设置在 1 号楼梯和 2 号楼梯之间，面积为 2m×2m，功率为 2MW，以模拟乘客行李火灾[33]。当火灾发生时，站台层的防排烟系统进入排烟模式，站厅层的防排烟系统进入送风模式。站台层机械排烟量根据《地铁设计规范》GB 50157－2003 确定为 $60m^3/m^2 \cdot h$，站厅层送风量则考虑两种情况，一种是根据地铁站现有站厅送风量确定为 $120000m^3/m^2 \cdot h$，一种是根据《地铁设计规范》要求，当车站站台发生火灾时，应保证站厅到站台的楼梯和扶梯口处具有不小于 1.5m/s 的向下气流，将站厅送风量增大。

起火的站台层在热浮力、活塞风以及防排烟系统的共同作用下，其温度场必然会发生复杂的变化。本节为了研究这一变化过程，在截面 $Y=0$m 的不同位置处分别设置 3 组垂直方向的温度测点，3 组测点由左至右分别记为 X_i，Y_i，Z_i（从上到下 $i=1, 2, \cdots, 8$）。另外，在各楼梯口中间位置处各设置 1 个温度测点分别记为 E，F，G，H。

列车最初停靠在长隧道左端，当火灾发生 120s 后，列车开始启动，由长隧道的左侧驶向车站，到达站台所用的时间约为 55s。考虑站台火灾应急预案，列车为过站台模式（定义为模式 1），其运行速度如图 6.69 所示。

本节综合考虑站厅送风量大小、楼梯口周围挡烟垂壁的高低以及有无迂回风道等情况下，隧道活塞风对站台烟气流动的影响。设置算例如表 6.5 所示，

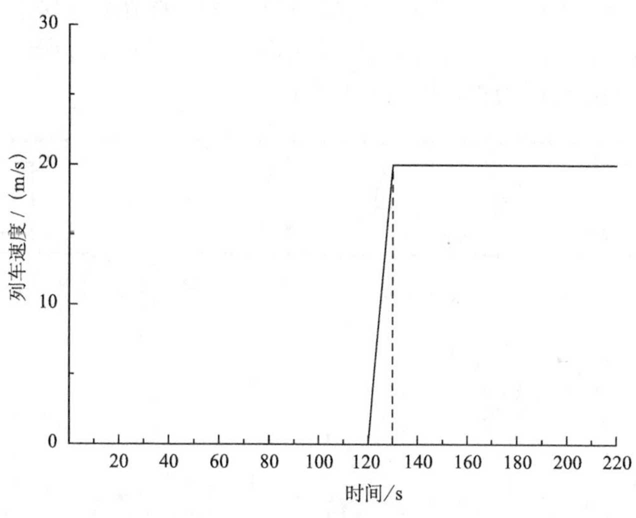

图 6.69　列车运行速度图

其中列车运行模式 0 表示模型中无列车运动。

表 6.5　工况列表

编号	挡烟垂壁距地面高度/m	站厅送风量/(m^3/h)	迂回风道/竖井	列车运行模式	火源功率/MW
工况 1	3	0	无	1	0
工况 2	3	120000	无	0	2
工况 3	3	120000	无	1	2
工况 4	3	360000	无	1	2
工况 5	2.3	360000	无	1	2
工况 6	2.3	360000	有	1	2

由于黏性作用，列车运动产生的活塞风存在湍流、过渡层和层流三种状态，同时当活塞风传递至站台时空气流通横截面发生突然变化，空气流动状态将更加复杂，加上实际的地铁系统结构又极其庞大，因此要对真实的地铁系统进行数值模拟计算是非常困难的。因而需要对研究的问题做一定的简化和假设。为了便于建模，将地铁列车、隧道、站台和站厅简化为长方体。为了便于计算，将地铁站台内低速流动的空气视为不可压缩流体，流动视为湍流，同时满足 Boussinesq 假设，认为流体密度的变化仅对浮力产生影响。

6.5.2　活塞风对站台火灾的影响

1. 活塞风对站台流场结构的影响

为了得到活塞风对站台层流场结构的影响，建立工况 1 模型，在 $z=1.7$m 的截面上，分别在区间隧道与站台层交界处以及各楼梯口中间位置处选取了八个点作为参考点，如图 6.70 所示。模拟得到无火灾的情况下列车从起动到驶过站台这段时间内各测点的速度变化情况，如图 6.71、图 6.72 所示。其中定义气流速度方向流入站台层为正，流出站台为负。

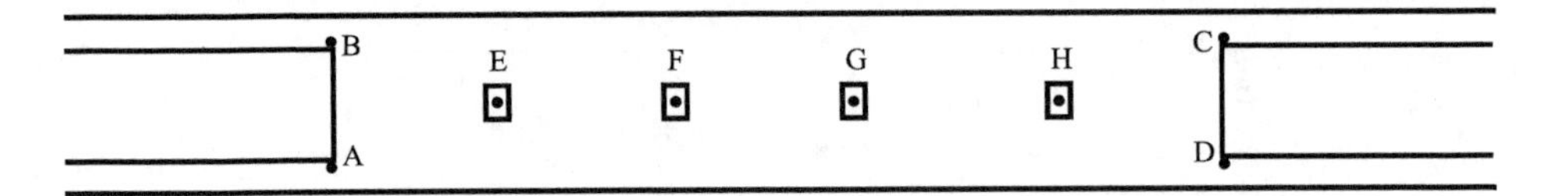

图 6.70 工况 1 截面 z=1.7m 上速度测点分布图

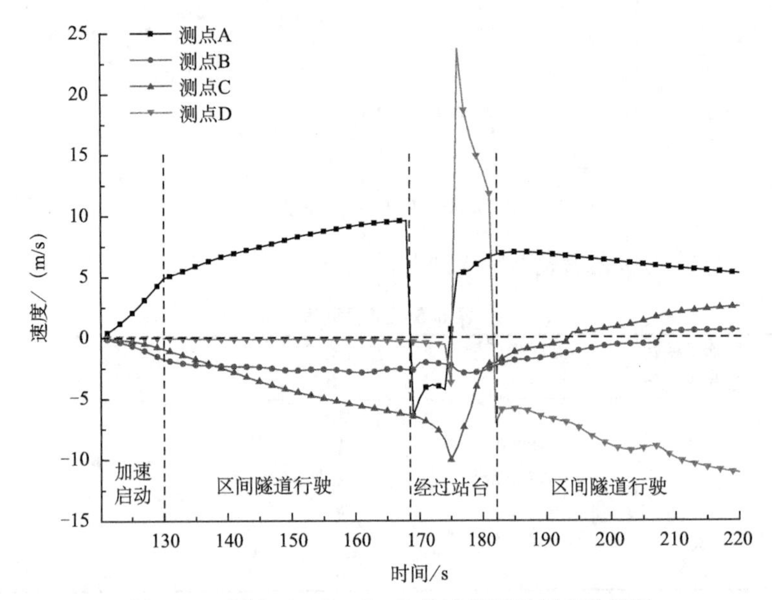

图 6.71 测点 A、B、C、D 的速度随时间变化情况

图 6.71 给出了站台两侧隧道出入口各测点的风速随时间的变化情况。从图中可以看出，当列车在隧道内运行时，测点 A 的速度值保持正值并且不断增大，这是由于列车运动驱使前方空气流入站台层，且列车离站台越近活塞风越大；当列车驶出隧道瞬间，车身周围的气流会向后流动，测点 A 的速度转为负值；当列车驶过测点 A 后，由于车身后方的负压区，驱动列车后方的空气向站台流动，因此 A 点的速度值又转变为正值，并随着列车的离开而逐渐减小。

B 点的速度在列车完全进入站台之前始终保持为负值，并在保持在 2m/s 左右，表明在列车运行过程中 B 点一直存在由站台向隧道的流动，且活塞风对该点的影响较小，当列车过站以后有少量空气由该点流入站台。由 C 点的速度则可以看出，随着列车靠近，活塞风对该点的影响逐渐增大，最大时达到 10m/s，其后开始减弱，当列车全部驶出站台后在活塞效应作用下，该点速度发生反向，气流从区间隧道流向站台层。

D 点的速度在列车进站前一直很小，当列车驶过 D 点后急剧增大，这是因为在活塞效应的作用下，车身周围的空气流向站台层，而当列车驶离后，由于抽吸作用气流方向又由站台层流向区间隧道。

从图 6.72 可以看出，随着列车逐渐靠近站台，活塞风迫使站台层的空气通过各楼梯向站厅层流动，因此速度为负，而速度值逐渐增大说明活塞风的影响作用逐渐增强。列车运行 20s 后，测点 E 的风速开始降低，说明活塞风对 1 号楼梯的影响作用开始减弱，而对 2，3，4 号楼梯继续增强。在列车进入站台之前，1 号和 2 号楼梯的气流方向分别在 $t=149$s，162s 时转变成由站厅层向站台层流动，而在列车经过站台的这段时间内，3 号，4 号楼梯气流方向也相继发生转变。随着列车驶离站台的抽吸作用增强，1 号楼梯流向站台层的气流速度率先达到峰值，紧接着 2，3，4 号楼梯的峰值也依次出现。从图中还看出，列车在远离站台的这段时间内，除 1 号楼梯出现过一次气流方向的短暂改变外，各楼梯口气流方向均保持向站台层流动，虽然气流大小有所波动，但最终随着列车的远去，各测点风速维持在一个较低的范围内，说明活塞风的影响作用正逐渐削弱。

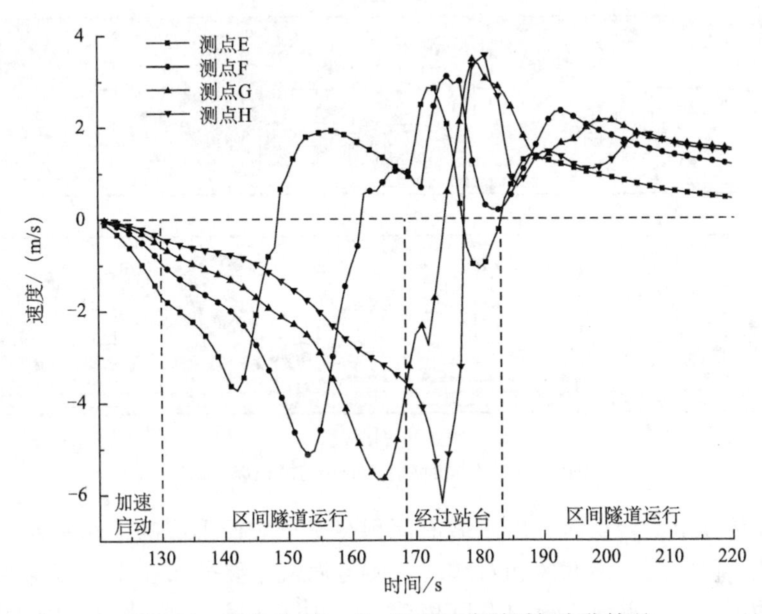

图 6.72　测点 E，F，G，H 的速度随时间变化情况

图 6.73 给出了列车进入并驶出站台这一过程中，不同时刻站台高度为 1.7m 截面上的流场流线图。从中可以看出，在 $t=150$s 时，站台层的左端形成了两个逆时针运动的涡流，这是因为列车前方的空气受到挤压向前运动，形成

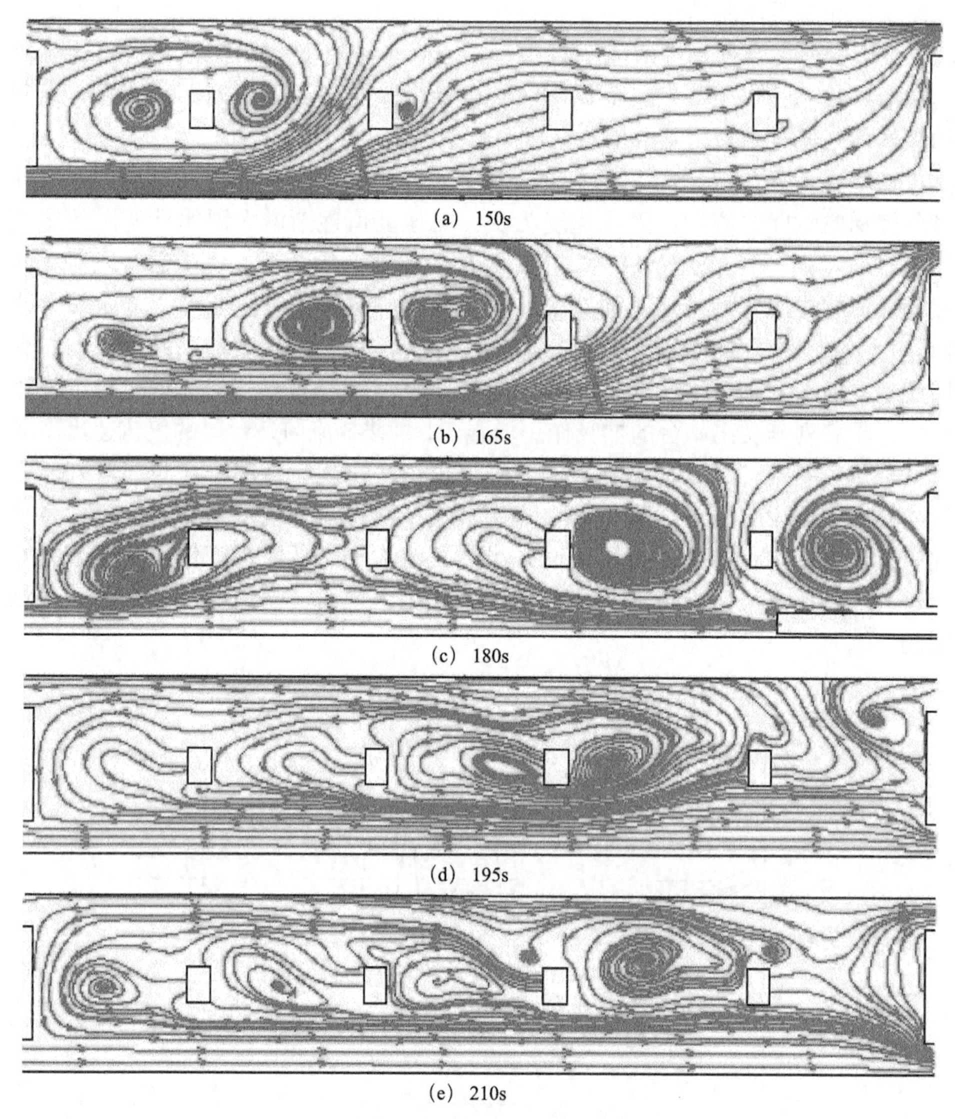

(a) 150s

(b) 165s

(c) 180s

(d) 195s

(e) 210s

图 6.73　不同时刻截面 $z=1.7$m 流线图

的活塞风传导至站台层时，由于截面面积突然增大而形成的，此时列车距站台还有较长一段距离，活塞风相对较弱，使得涡流主要分布在 1 号楼梯附近。随着列车的运动，该涡流逐渐向右侧移动，$t=165$s 时涡流移动到 2 号楼梯附近。当 $t=180$s 时，列车已经大部驶入隧道，由于列车尾流负压区和站台端部壁面的阻挡作用，在站台两侧及 4 号楼梯附近形成了三个涡旋流动；此后随着列车远离站台，涡流逐渐减弱趋于消失。

由以上结果可知，在隧道活塞风作用下，站台内部流场结构将经历复杂的变化，随着列车的运行，楼梯口的风速会出现多次反向，同时站台内存在复杂的涡旋流动。因此在发生火灾的情况下，烟气的流动必然会受到活塞风的极大影响。

2. 活塞风时起火站台流场结构的影响

为了体现活塞风对起火站台层流场结构的影响，作为对照，首先模拟了无活塞风时起火站台层的流场结构情况，即工况 2 模型。如图 6.74 所示，为不同时刻截面 $Y=0\text{m}$ 上的温度等值线图。

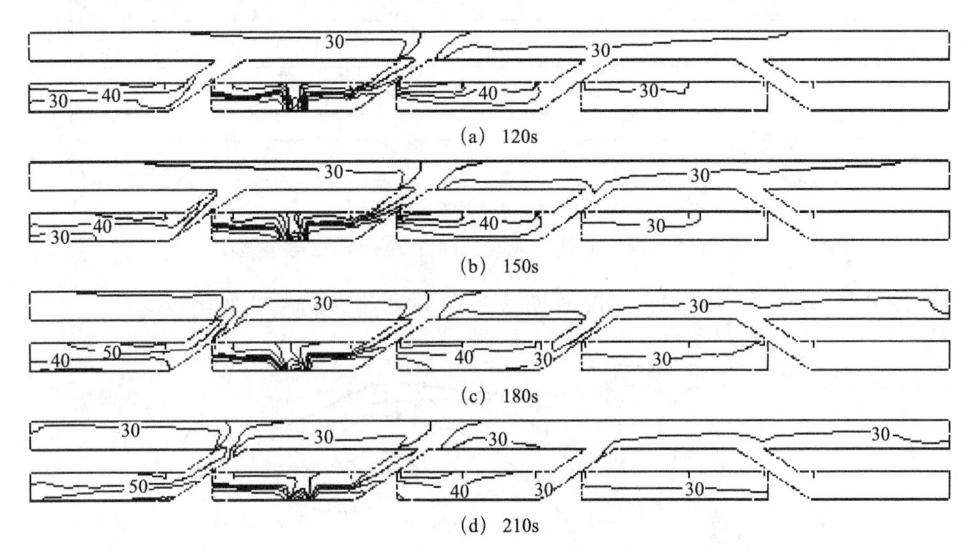

图 6.74　工况 2 无活塞风时截面 $Y=0\text{m}$ 温度等值线图

从图中可以看出，站台起火两分钟后已经有大量烟气通过 2 号楼梯进入站厅层，并且随着时间的推移进入站厅层的烟气量越来越大。当 $t=150\text{s}$ 时，站厅层部分位置的烟气已沉降至地面；起火 3 分钟后，1，2，3 号楼梯均被烟气占据，说明此时能够进行人员疏散的只剩 4 号楼梯，其中 3 号楼梯的烟气流动方向是从站厅层流向站台层。当 $t=210\text{s}$ 时，整个站台已被烟气所笼罩，但烟气的分层现象依旧明显。

图 6.75 所示为工况 3 模型的模拟情况，在活塞风的作用下，站台层温度场分布随时间的变化情形。

列车从 $t=120\text{s}$ 开始启动，启动 30s 后，从图上可以看出列车产生的活塞风已经对站台层有较为明显的影响。与图 6.74 相比，火源发生偏斜，并且有部分烟气从 3 号楼梯进入站厅层，此时由于列车距站台还较远，活塞风影响程度有限，因此烟气分层现象并没有遭到破坏。随着列车向站台的靠近，活塞风影响程度逐渐增强，$t=180\text{s}$ 时，站台和站厅均已布满烟气，同时烟气的分层现象不再明显；$t=210\text{s}$，由于列车远离的抽吸作用，站厅层的部分烟气又回流至站台层。

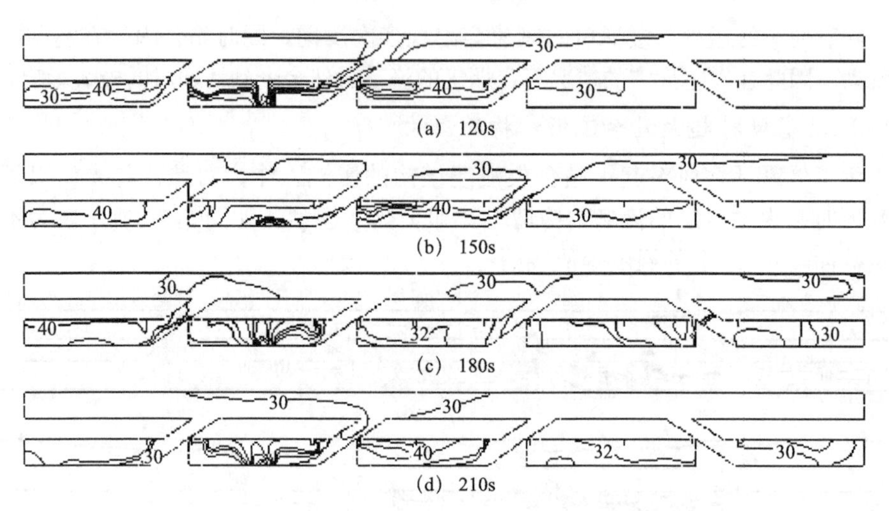

(a) 120s
(b) 150s
(c) 180s
(d) 210s

图 6.75　工况 3 有活塞风时截面 Y=0m 温度等值线图

图 6.76 给出了工况 2、工况 3 模型下 Y 系列测点的温度变化情况。

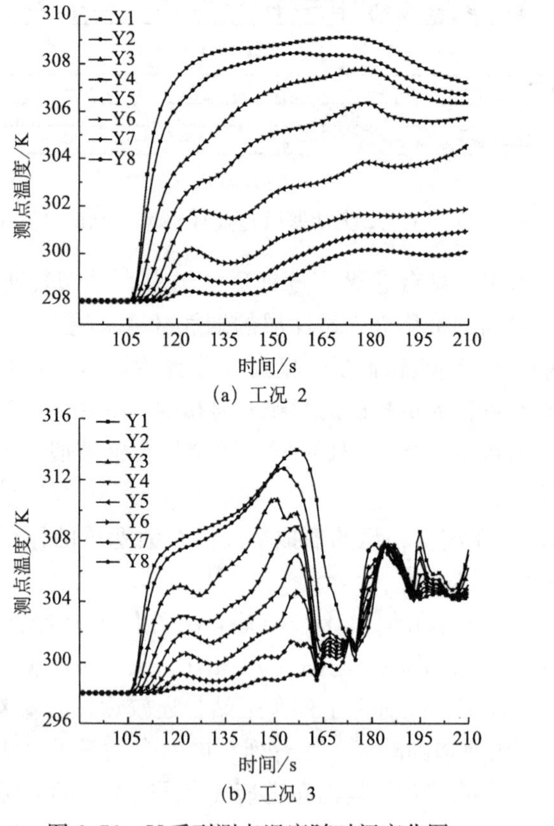

(a) 工况 2
(b) 工况 3

图 6.76　Y 系列测点温度随时间变化图

在列车尚未启动之前，烟气已经蔓延到 Y 系列测点附近。在没有活塞风的情况下，站台内烟气分层现象明显；而在工况 3 模型下，从 160s 开始，各测点的温度值趋于一致，说明烟气分层现象被破坏，随后一直处于交叉波动状态。

3. 增大站厅层送风量

从工况 3 的模拟情况可以看出，如果站台发生火灾，在现有的站厅送风模式下，将会有大量烟气通过各楼梯口进入站厅层，不利于人员疏散。因此，本节建立工况 4 模型，通过加大站厅送风量来研究活塞风对站台烟气流场结构的影响。图 6.77 为截面 $Y=0$m 的温度等值线图。

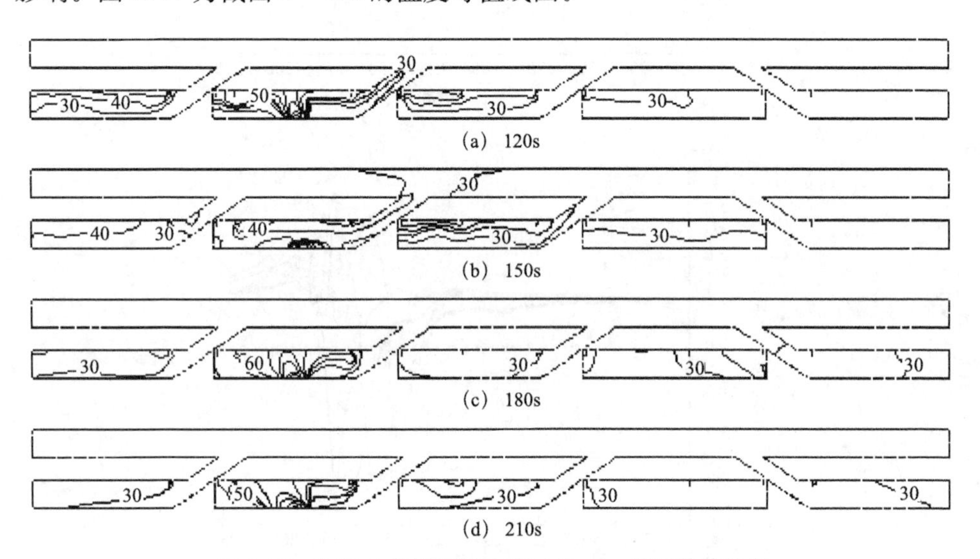

图 6.77　工况 4 有活塞风时截面 $Y=0$m 温度等值线图

从图中可以看出，在 $t=120$s 时，烟气最远到达 2 号楼梯口的位置，但并没有进入站厅层，说明在没有活塞风的作用下，通过加大站厅送风量能够有效抑制烟气进入站厅层的时间和数量。$t=150$s 时，在热浮力和活塞风的共同作用下，少量烟气通过 2 号楼梯进入站厅层。但是，当列车经过站台以后，由于抽吸效应，进入站厅层的烟气有很快回流至站台层。

图 6.78 为工况 3、工况 4 模型下各楼梯口速度测点随时间的变化趋势图。从图中可以看出，工况 4 模型通过加大站厅送风量，各楼梯口向下气流的速度能够在很短的时间内达到不低于 1.5m/s，满足规范要求。另外，在工况 3 模型下，由于站厅送风量较小，火灾发生 40s 后 2 号楼梯口的气流方向就发生了改变，这是烟气向上驱动的热浮力大于楼梯口向下流动的气流驱动力的结果。

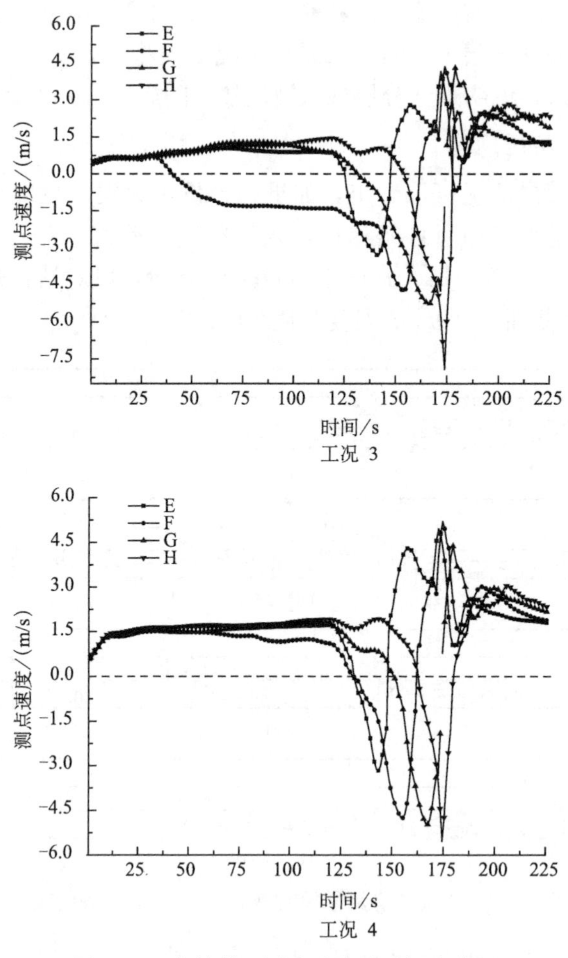

图 6.78 各楼梯口测点速度随时间变化图

4. 降低楼梯周围挡烟垂壁高度

通过工况 4 模型的模拟情况可以看出，虽然加大站厅送风量对烟气进入站厅层有很好的抑制作用，但仍然不能保证活塞风作用下会有部分烟气流入站厅层。因此，本节利用工况 5 模型，通过降低楼梯口周围挡烟垂壁对站台烟气流场结构的影响情况。图 6.79 为不同时刻截面 $Y=0$m 温度等值线图。

在 $t=120$s 时，烟气并没有进入任何楼梯口，说明此时各楼梯口均不影响人员疏散。可以发现，降低挡烟垂壁对于烟气进入楼梯口的时间有一定的延缓作用。在 $t=150$s 时，受活塞风的影响，有少量烟气占据 2 号楼梯，但这些烟气仍然不能进入站厅层。而在其后的一段时间内，当列车经过站台以后，由于活塞风作用，进入楼梯的烟气又被抽吸回站台层。在整个模拟的过程中发现，烟气

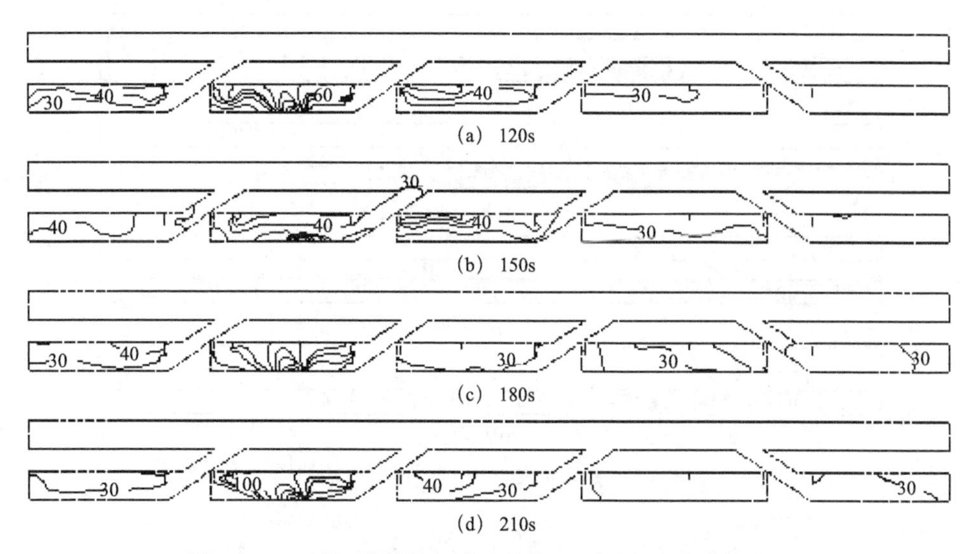

(a) 120s

(b) 150s

(c) 180s

(d) 210s

图 6.79　工况 5 降低挡烟垂壁后截面 $Y=0\text{m}$ 温度等值线图

自始至终对站厅层没有造成任何影响。

5. 增设迂回风道和竖井

为了研究迂回风道及竖井对站台层速度场的影响机理，建立工况 6 模型，并在截面 $z=1.7\text{m}$ 上，区间隧道与站台的交界处分别取 A，B，C，D 四个点作为测速点，具体位置如图 6.80 所示。

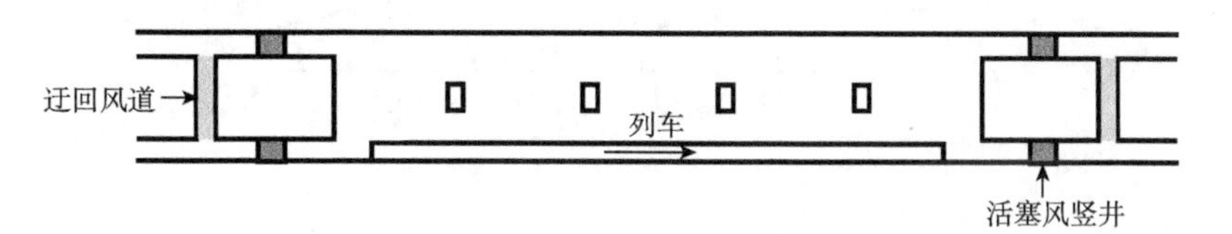

图 6.80　截面 $z=1.7\text{m}$ 上各速度测点分布图

图 6.81 所示为工况 6 模型下，增加迂回风道和竖井时，站台截面 $Y=0\text{m}$ 随时间变化的温度等值线图。

对比图 6.79 和图 6.81 可以看出，$t=120\text{s}$ 时刻两种模型下 $Y=0\text{m}$ 截面温度等值线图近似相同，说明在没有活塞风作用下，增加迂回风道和竖井对起火站台的烟气层分布以及烟气流动没有影响。从图 6.81 中还可以看出，$t=150\text{s}$ 时刻，烟气已占据 1 号楼梯口，但尚未进入站厅层。与工况 5 模型的同一时刻相比明显不同，这说明在工况 6 模型下，此时活塞风对 1 号楼梯口的影响作用大于 2 号楼梯口，另一方面通过火源的偏斜程度也可以看出。当列车驶过站台以后，两种模型下烟气的分布情形又近似相同。

从图 6.82 可以看出随着列车启动向站台逐渐靠近的过程中，受活塞风的影

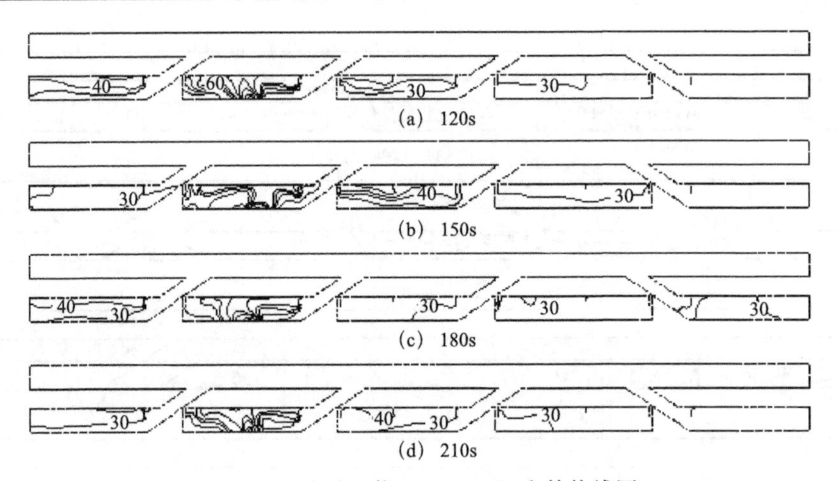

图 6.81　工况 6 截面 $Y=0$m 温度等值线图

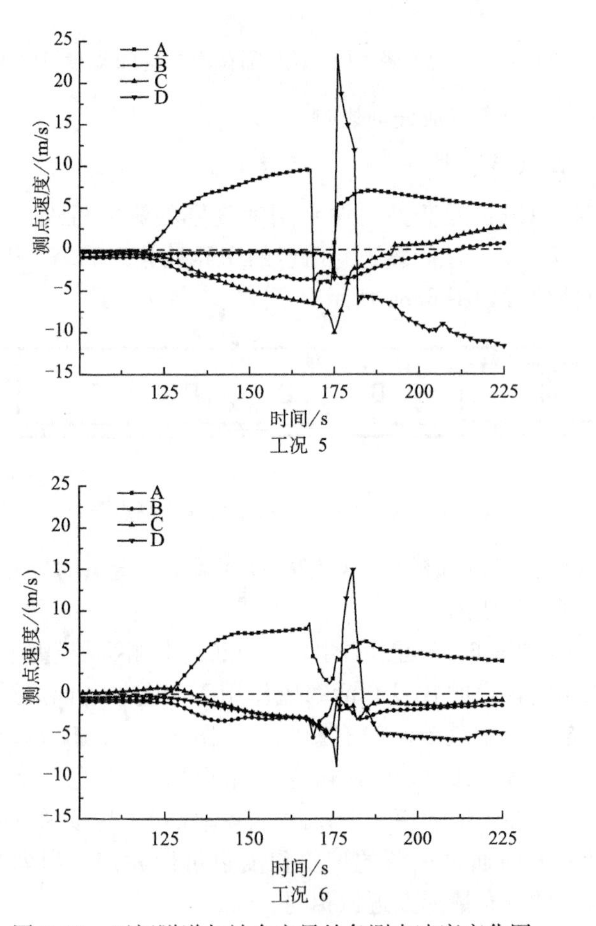

图 6.82　区间隧道与站台交界处各测点速度变化图

响各测点的速度值逐渐增大。但无迂回风道时（工况 5），测点 A、C 的速度值明显大于有迂回风道（工况 6）时两点的速度值，这是因为迂回风道对活塞风的分流作用造成的。而测点 B 的速度值则无明显差别，均在 3m/s 上下波动，说明活塞风对测点 B 附近的影响不大。另外，图中显示在 t＝169s 之后，测点 A 的速度值均迅速衰减，然后又逐渐增大。速度衰减是因为此时列车车头正好驶过测点 A，而之前的研究已经表明活塞风主要对列车前方和后方有较大的影响而对车身周围的影响则较小，同时列车经过站台时车身周围的截面面积又突然增大，因此在二者共同的作用下测点 A 的速度值急速下降；从工况 6 图中还可以看出，增加迂回风道和竖井时，测点 A 的速度只是减小而并没有改变流动方向。速度增大是因为列车驶过之后的抽吸效应造成的。测点 D 在 t＝176s 之后的几秒内，速度反向并急剧增大，这也是列车车身经过造成的，同时还可以看出无迂回风道和竖井时，测点 D 的风速值较大。

6.5.3　活塞风对站厅火灾的影响

1. 站厅层流场结构

为了研究活塞风对站厅层流场结构的影响，选取了无火灾时不同时刻距站厅地面 1.7m 截面的流场流线图，如图 6.83 所示：

从图中可以看出，135s 时即列车刚启动 15s，活塞风已经影响到了站厅层的流场，在 1，2 号楼梯附近出现漩涡，这是由于在活塞风作用下，大量空气由楼梯进入站厅层后撞击顶棚形成了反向流动。150s 时 2，3，4 号楼梯附近均出现漩涡，表明活塞风的影响范围不断变大，此时站厅层各出入口的气流方向仍然保持向外流动。180s 时列车即将驶出站台，此时站厅层流场变得十分紊乱，出现大量漩涡，同时站厅层各出入口气流方向也发生改变，转为向内流入。210s 时列车已经远离站台，但站厅层流场依然混乱，在抽吸效应的作用下，各出入口气流继续流向站厅层。

从图 6.84 可以看出，在 135s 时各楼梯内气流向站厅层流动，由于列车距站台还较远，活塞风影响有限，只有 2 号楼梯口处出现一个漩涡。在 150s 时，2，3，4 号楼梯气流方向继续保持向站厅层流动，但此时 1 号楼梯气流方向发生改变，转为向站台层流动。180s 时，2，3 和 4 号楼梯气流方向转为向站台层流动，1 号楼梯气流又转为向站厅层流动。210s 站台层和站厅层流场结构十分复杂，各楼梯口气流在抽吸效应的作用下，均向站台层流动。

当火灾发生后，连接站厅和站台层的各楼梯处在排烟系统和活塞风的共同作用下，其内的气流组织形式将会发生复杂的变化。假定气流流入站厅层为正，反之，为负。各楼梯口处速度变化情况如图 6.85 所示。

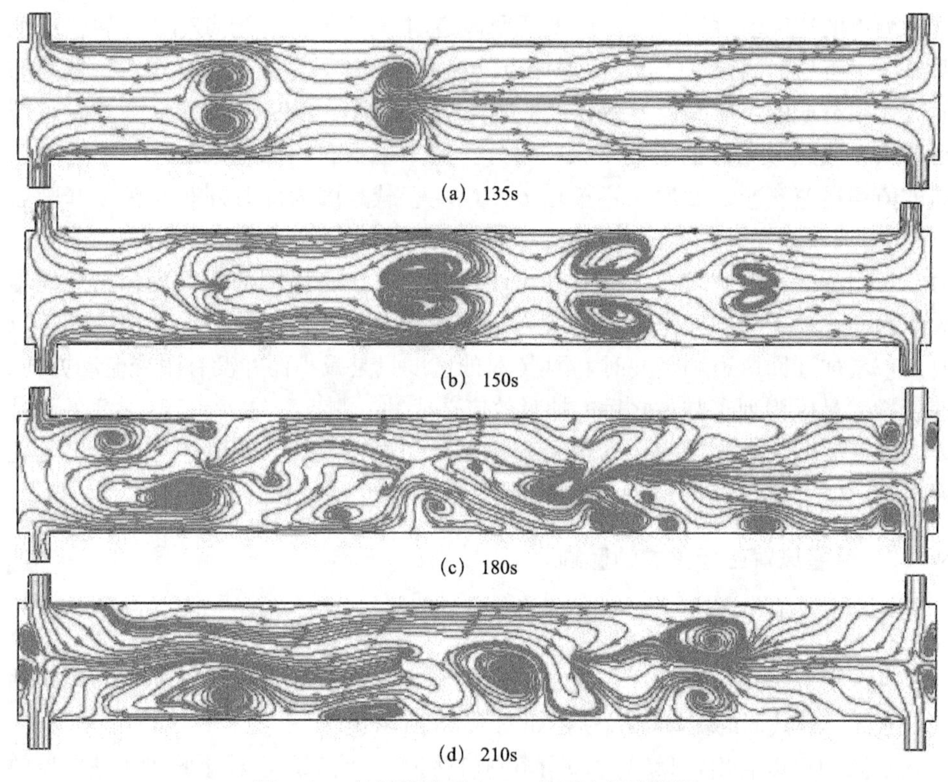

图 6.83 站厅距地面 1.7m 截面流场流线图

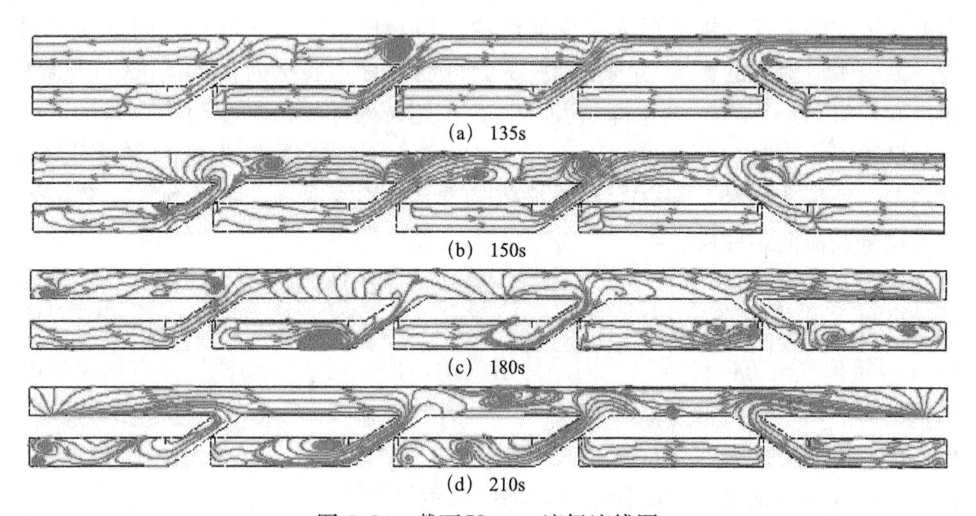

图 6.84 截面 $Y=0$m 流场流线图

从图 6.85 中可以看出，无活塞风时，各楼梯口处的流动情况均从站厅流向站台转变为站台流向站厅。这是由于最初在烟气膨胀力的作用下部分空气被从

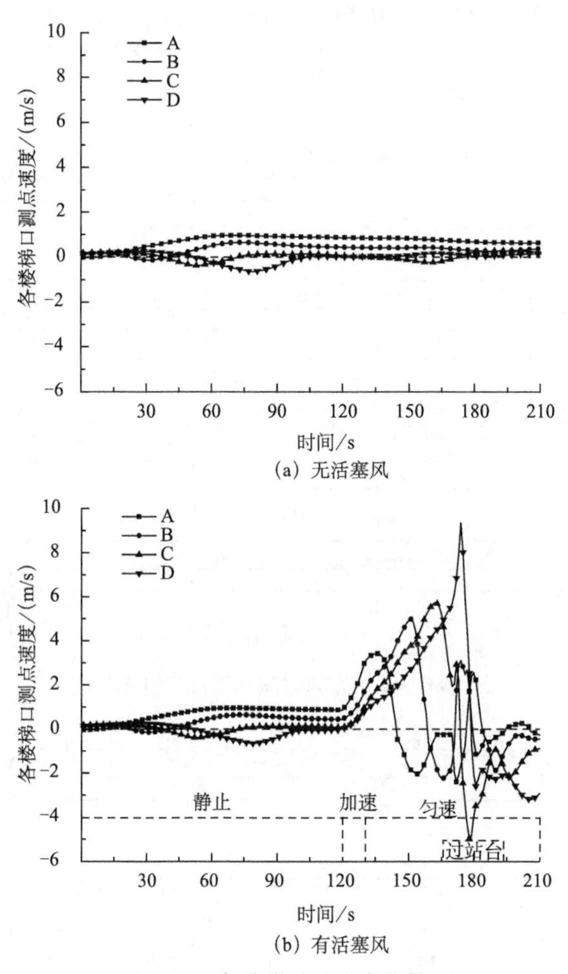

(a) 无活塞风

(b) 有活塞风

图 6.85　各楼梯处速度变化情况

站厅压入站台层，随后在机械排烟和火焰区的负压作用下，又逐渐形成站台向站厅的流动。然而在速度最大的 1 号楼梯口，其最大风速也不足 1m/s，楼梯口处的流动对烟气层扰动很小。而在有活塞风的情况下，各楼梯口的向上风速最大达到了 10m/s，随着列车在站台的不同位置，各楼梯口的气流方向均发生了多次逆转，因此活塞风的存在必然会对站厅火灾烟气蔓延产生极大的影响。

2. 活塞风对烟气流动的影响

图 6.86、图 6.87 给出了有无活塞风时站厅层烟气分布情况。无活塞风时站厅层的烟气分层现象保持得较好。烟气在 120s 到达站厅端部，180s 时烟气完全沉降至地面。然而在排烟系统的作用下，烟气始终未能进入楼梯和站台层。而在有活塞风的情况下，站厅层的烟气分层现象被完全破坏，150s 已有部分烟气

进入到 1 号楼梯；180s 左边三部楼梯均被烟气占据，其中部分烟气已通过 2 号楼梯进入到站台层；210s 时列车已经驶入隧道，在列车的抽吸作用下，大量低温烟气被吸入站台层。

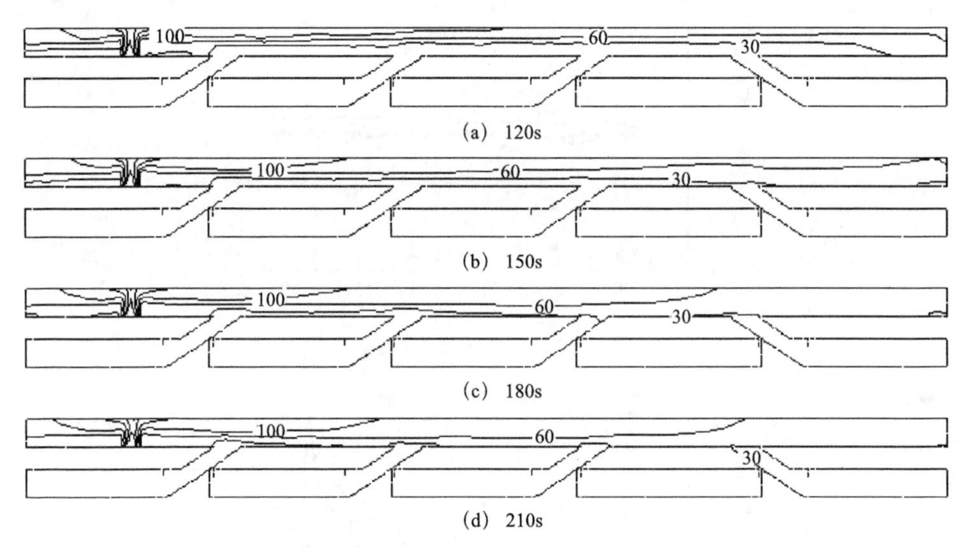

(a) 120s

(b) 150s

(c) 180s

(d) 210s

图 6.86　无活塞风时站厅层烟气分布情况

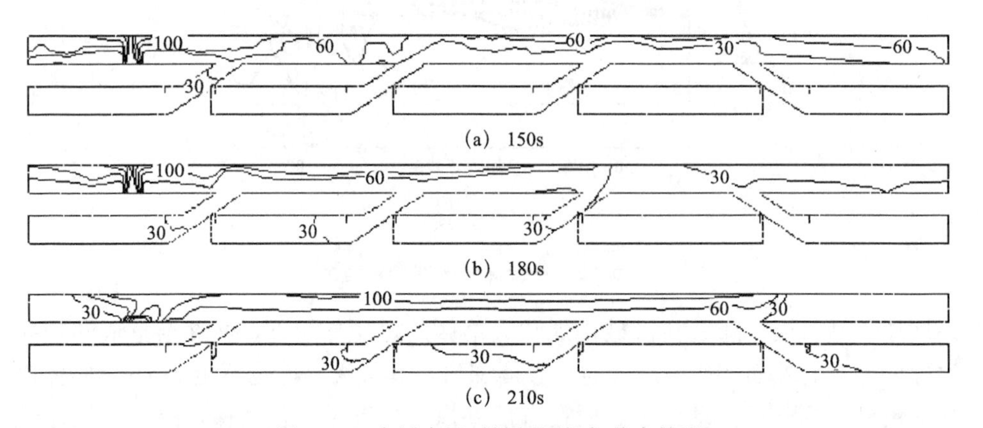

(a) 150s

(b) 180s

(c) 210s

图 6.87　有活塞风时站厅层烟气分布情况

图 6.88 给出了有无活塞风时站厅沿高度方向烟气温度分布情况。在无活塞风的情况下站厅内各处烟气层温度随高度降低而减小，表明烟气分层情况良好。而有活塞风的时，第三组测点的温度均迅速下降至环境温度，这是由于列车进站时产生的活塞风将大量冷空气吹入站厅，破坏了烟气分层，并造成烟气温度降低；而当列车出站后，第一、二组测点的温度重新升高并超过了之前的稳定值，这是由于列车的抽吸作用导致火焰偏斜，使得前两组测点温度升高，而第

三组测点由于靠近站厅右侧出口，大量空气从室外被抽入站厅并进入站台层，因此其温度没有回升。

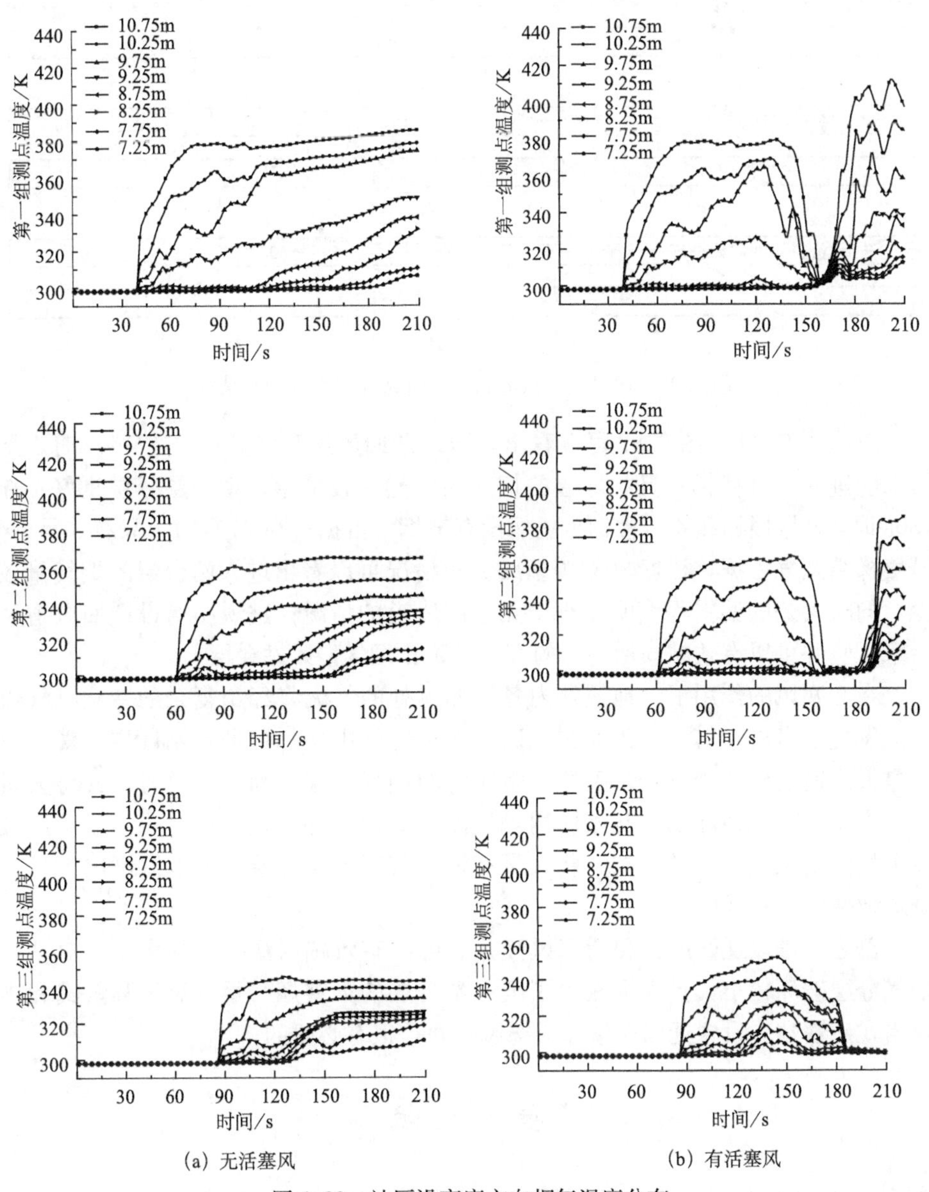

图 6.88　站厅沿高度方向烟气温度分布

3. 增设迂回风道和活塞风竖井

为了削弱活塞风对地铁站的影响，通常会在区间隧道内增设迂回风道和竖井。为了模拟这一情形，分别在车站上下游处各增设一个迂回风道和活塞风竖

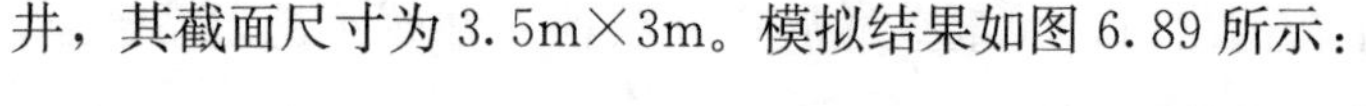
井，其截面尺寸为3.5m×3m。模拟结果如图6.89所示：

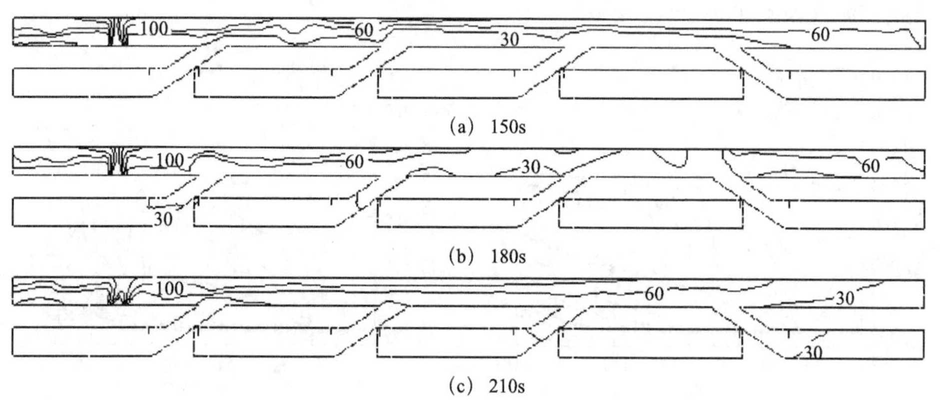

图6.89 增设迂回风道和竖井时站厅层烟气分布情况

对比图6.89和图6.87可以看出，增设迂回风道和竖井后，在150s时，烟气未能进入1号楼梯，且站厅层的烟气层仍然比较平稳，烟气层分层良好；在180s时，3号楼梯和4号楼梯也仍然没有被烟气占据；在210s时，只有3号、4号楼梯被烟气占据，根据30℃等值线分布情况可以看出进入站台层的烟气量较少，同时火焰的偏斜程度明显小于无迂回风道的情况；这说明增设迂回风道和活塞风竖井可以有效减弱活塞风的大小，防止烟气侵入站台层。

在活塞风的作用下，地铁站内各楼梯口处的气流将经历复杂的变化，气流方向发生了多次逆转。在列车进站时，大量空气由楼梯口涌入站厅层，楼梯口的最大风速达到了10m/s，破坏了站厅内的烟气分层；列车出站时，又将大量空气由站外吸入站厅内，与站厅内烟气混合后由楼梯口进入站台层。活塞风破坏了站厅内火灾烟气的分层，将大量有毒烟气吸入站台层，对地铁站内人员安全疏散造成严重威胁。

总之，增设迂回风道和活塞风竖井后可以有效减弱活塞风的大小，对站厅烟气分层破坏较小，且大大减少了吸入站台层的火灾烟气量，对于开敞式和半封闭式地铁站，设置迂回风道和活塞风竖井是很有必要的。

参考文献

[1] GB 50157-2003. 地铁设计规范［S］. 北京：中国计划出版社，2003.

[2] Chow W K. Simulation of tunnel fires using a zone model［J］. Tunnelling and Underground Space Technology，1996，11（2）：221-236.

[3] 程远平，陈亮，张孟君. 火灾过程中火源热释放速率模型及其实验测试方法［J］. 火灾科学，2002，11（2）：70-74.

[4] 顾正洪，程远平，周世宁．地铁车站站台与站厅间临界通风速度的研究［J］．中国矿业大学学报，2006，35（1）：7-10.

[5] 顾正洪，程远平，倪照鹏．地铁车站火灾时事故通风量的研究［J］．消防科学与技术，2005，24（3）：298-300.

[6] 陈涛，梅秀娟，张文良．地下建筑中空气幕流量的计算［J］．消防技术与产品信息，2004，(2)：3-4.

[7] Foster A，Swain M，Barrett R，et al. Effectiveness and optimum jet velocity for a plane jet air curtain used to restrict cold room infiltration［J］. International Journal of Refrigeration，2006，29（5）：692-699.

[8] 李兆文，何嘉鹏，陈忠信，等．防烟空气幕性能测试研究［J］．消防科学与技术，2005，4：428-429.

[9] 陈忠信，孙卫东．关于防烟空气幕的设想［J］．火警，2002，(6)：42-43.

[10] 靳自兵．气幕防排烟系统的设计探讨［J］．消防科学与技术，1999，(4)：32-33.

[11] 魏润柏．通风工程空气流动理论［M］．北京：中国建筑工业出版社，1981.

[12] 董志勇．射流力学［M］．北京：科学出版社，2005.

[13] 潘文全．流体力学基础［M］．北京：机械工业出版社，1980.

[14] Shih T H，Liou W W，Shabbir A，et al. A new k-eddy viscosity model for high reynolds number turbulent flows［J］. Computers & Fluids，1995，24（3）：227-238.

[15] 易家训．分层流［M］．北京：科学出版社，1983.

[16] Van De Leur P C，Kleijn C H. Numerical study of the Stratified smoke flow in a corridor：full-scale calculations［J］. Fire safety journal，1989，14（4）：287-302.

[17] Hu L H，Li Y Z，Huo R，et al. Full-scale experimental studies on mechanical smoke exhaust efficiency in an underground corridor［J］. Building and environment，2006，41（12）：1622-1630.

[18] Park W H，Kim D H，Chang H C. Numerical predictions of smoke movement in a subway station under ventilation［J］. Tunnelling and Underground Space Technology，2006，21（3）：304-304.

[19] Rie D H，Hwang M W，Kim S J，et al. A study of optimal vent mode for the smoke control of subway station fire［J］. Tunnelling and Underground Space Technology，2006，21（3）：300-301.

[20] 钟委．地铁站火灾烟气流动特性及控制方法研究［D］．合肥：中国科学技术大学，2007.

[21] Chen F，Guo S C，Chuay H Y，et al. Smoke control of fires in subway stations［J］. Theoretical and Computational Fluid Dynamics，2003，16（5）：349-368.

[22] Chen F，Chien S W，Jang H M，et al. Stack effects on smoke propagation in subway stations［J］. Continuum Mechanics and Thermodynamics，2003，15（5）：425-440.

[23] Qin O Y，Zhu Y X. Ventilation mode analysis of exhaust smoke system for subway station fire［C］. Proceedings of the 2004 International Symposium on Safety Science and Tech-

nology，2004.

[24] 蔡波，李辉亮，廖光煊．地铁火灾中强制通风烟控系统作用的模拟 [J]．中国工程科学，2005，7 (8)：80-83.

[25] 刘彦君．地铁通风系统火灾研究与疏导措施 [D]．北京工业大学，2003.

[26] 刘红元，胡自林．地铁火灾模式下的通风控制模拟 [J]．广东建材，2005，8：159-161.

[27] Yuan F D，You S J. CFD simulation and optimization of the ventilation for subway side-platform [J]．Tunnelling and Underground Space Technology，2007，22 (4)：474-482.

[28] 常磊，王迪军．地铁站台排烟模式分析 [J]．制冷，2005，4：013.

[29] 任明亮，陈超，郭强，等．地铁活塞风的分析计算与有效利用 [J]．上海交通大学学报，2008，42 (8)：1376-1380.

[30] 李涛．活塞风对地铁站内环境的影响 [D]．天津大学，2005.

[31] 张璐璐．迂回风道及安全门对地铁车站热环境的影响 [D]．天津大学，2007.

[32] 包海涛．地铁列车活塞风数值模拟 [D]．南京：南京理工大学，2005.

[33] Kim J Y，Kim K Y. Experimental and numerical analyses of train-induced unsteady tunnel flow in subway [J]．Tunnelling and Underground Space Technology，2007，22 (2)：166-172.

索　引